教育部哲学社会科学研究重大课题攻关项目

处境不利儿童的心理发展现状与教育对策研究

STUDY ON DISADVANTAGED CHILDREN'S PSYCHOLOGICAL DEVELOPMENT AND EDUCATIONAL SUGGESTIONS

申继亮 等著

经济科学出版社
Economic Science Press

图书在版编目（CIP）数据

处境不利儿童的心理发展现状与教育对策研究／申继亮等著.
—北京：经济科学出版社，2009.9
（教育部哲学社会科学研究重大课题攻关项目）
ISBN 978 - 7 - 5058 - 7602 - 6

Ⅰ. 处…　Ⅱ. 申…　Ⅲ. ①儿童心理学 - 研究②儿童教育 -
研究　Ⅳ. B844.1　G61

中国版本图书馆 CIP 数据核字（2009）第 003638 号

责任编辑：黄双蓉
责任校对：徐领弟　张长松
版式设计：代小卫
技术编辑：潘泽新　邱　天

处境不利儿童的心理发展现状与教育对策研究
申继亮　等著
经济科学出版社出版、发行　新华书店经销
社址：北京市海淀区阜成路甲 28 号　邮编：100142
总编部电话：88191217　发行部电话：88191540
网址：www.esp.com.cn
电子邮件：esp@esp.com.cn
北京中科印刷有限公司印装
787×1092　16 开　26.25 印张　490000 字
2009 年 9 月第 1 版　2009 年 9 月第 1 次印刷
印数：0001— 8000 册
ISBN 978 - 7 - 5058 - 7602 - 6　定价：58.00 元

课题组主要成员

编审委员会成员

主　任　孔和平　罗志荣

委　员　郭兆旭　吕　萍　唐俊南　安　远

文远怀　张　虹　谢　锐　解　丹

总　序

哲学社会科学是人们认识世界、改造世界的重要工具，是推动历史发展和社会进步的重要力量。哲学社会科学的研究能力和成果，是综合国力的重要组成部分，哲学社会科学的发展水平，体现着一个国家和民族的思维能力、精神状态和文明素质。一个民族要屹立于世界民族之林，不能没有哲学社会科学的熏陶和滋养；一个国家要在国际综合国力竞争中赢得优势，不能没有包括哲学社会科学在内的"软实力"的强大和支撑。

近年来，党和国家高度重视哲学社会科学的繁荣发展。江泽民同志多次强调哲学社会科学在建设中国特色社会主义事业中的重要作用，提出哲学社会科学与自然科学"四个同样重要"、"五个高度重视"、"两个不可替代"等重要思想论断。党的十六大以来，以胡锦涛同志为总书记的党中央始终坚持把哲学社会科学放在十分重要的战略位置，就繁荣发展哲学社会科学做出了一系列重大部署，采取了一系列重大举措。2004年，中共中央下发《关于进一步繁荣发展哲学社会科学的意见》，明确了新世纪繁荣发展哲学社会科学的指导方针、总体目标和主要任务。党的十七大报告明确指出："繁荣发展哲学社会科学，推进学科体系、学术观点、科研方法创新，鼓励哲学社会科学界为党和人民事业发挥思想库作用，推动我国哲学社会科学优秀成果和优秀人才走向世界。"这是党中央在新的历史时期、新的历史阶段为全面建设小康社会，加快推进社会主义现代化建设，实现中华民族伟大复兴提出的重大战略目标和任务，为进一步繁荣发展哲学社会科学指明了方向，提供了根本保证和强大动力。

高校是我国哲学社会科学事业的主力军。改革开放以来，在党中央的坚强领导下，高校哲学社会科学抓住前所未有的发展机遇，紧紧围绕党和国家工作大局，坚持正确的政治方向，贯彻"双百"方针，以发展为主题，以改革为动力，以理论创新为主导，以方法创新为突破口，发扬理论联系实际学风，弘扬求真务实精神，立足创新、提高质量，高校哲学社会科学事业实现了跨越式发展，呈现空前繁荣的发展局面。广大高校哲学社会科学工作者以饱满的热情积极参与马克思主义理论研究和建设工程，大力推进具有中国特色、中国风格、中国气派的哲学社会科学学科体系和教材体系建设，为推进马克思主义中国化，推动理论创新，服务党和国家的政策决策，为弘扬优秀传统文化，培育民族精神，为培养社会主义合格建设者和可靠接班人，做出了不可磨灭的重要贡献。

自 2003 年始，教育部正式启动了哲学社会科学研究重大课题攻关项目计划。这是教育部促进高校哲学社会科学繁荣发展的一项重大举措，也是教育部实施"高校哲学社会科学繁荣计划"的一项重要内容。重大攻关项目采取招投标的组织方式，按照"公平竞争，择优立项，严格管理，铸造精品"的要求进行，每年评审立项约 40 个项目，每个项目资助 30 万～80 万元。项目研究实行首席专家负责制，鼓励跨学科、跨学校、跨地区的联合研究，鼓励吸收国内外专家共同参加课题组研究工作。几年来，重大攻关项目以解决国家经济建设和社会发展过程中具有前瞻性、战略性、全局性的重大理论和实际问题为主攻方向，以提升为党和政府咨询决策服务能力和推动哲学社会科学发展为战略目标，集合高校优秀研究团队和顶尖人才，团结协作，联合攻关，产出了一批标志性研究成果，壮大了科研人才队伍，有效提升了高校哲学社会科学整体实力。国务委员刘延东同志为此做出重要批示，指出重大攻关项目有效调动各方面的积极性，产生了一批重要成果，影响广泛，成效显著；要总结经验，再接再厉，紧密服务国家需求，更好地优化资源，突出重点，多出精品，多出人才，为经济社会发展做出新的贡献。这个重要批示，既充分肯定了重大攻关项目取得的优异成绩，又对重大攻关项目提出了明确的指导意见和殷切希望。

作为教育部社科研究项目的重中之重，我们始终秉持以管理创新服务学术创新的理念，坚持科学管理、民主管理、依法管理，切实增强服务意识，不断创新管理模式，健全管理制度，加强对重大攻关项目的选题遴选、评审立项、组织开题、中期检查到最终成果鉴定的全过程管理，逐渐探索并形成一套成熟的、符合学术研究规律的管理办法，努力将重大攻关项目打造成学术精品工程。我们将项目最终成果汇编成"教育部哲学社会科学研究重大课题攻关项目成果文库"统一组织出版。经济科学出版社倾全社之力，精心组织编辑力量，努力铸造出版精品。国学大师季羡林先生欣然题词："经时济世　继往开来——贺教育部重大攻关项目成果出版"；欧阳中石先生题写了"教育部哲学社会科学研究重大课题攻关项目"的书名，充分体现了他们对繁荣发展高校哲学社会科学的深切勉励和由衷期望。

创新是哲学社会科学研究的灵魂，是推动高校哲学社会科学研究不断深化的不竭动力。我们正处在一个伟大的时代，建设有中国特色的哲学社会科学是历史的呼唤，时代的强音，是推进中国特色社会主义事业的迫切要求。我们要不断增强使命感和责任感，立足新实践，适应新要求，始终坚持以马克思主义为指导，深入贯彻落实科学发展观，以构建具有中国特色社会主义哲学社会科学为己任，振奋精神，开拓进取，以改革创新精神，大力推进高校哲学社会科学繁荣发展，为全面建设小康社会，构建社会主义和谐社会，促进社会主义文化大发展大繁荣贡献更大的力量。

教育部社会科学司

前　言

儿童的生存、生活环境是影响儿童身心健康发展的重要因素。基于这一基本认识，世界各国的政府、研究机构都十分关注儿童的生存环境以及儿童的基本权利。

1990 年 8 月 29 日，我国政府在《联合国儿童权利公约》（以下简称《公约》）上签字，成为该公约第 105 个签字国。1992 年 4 月 1 日，该公约对我国正式生效。为履行《公约》，国务院先后颁发了《九十年代中国儿童发展规划纲要》和《中国儿童发展纲要（2001～2010年）》两部文件。《公约》与《纲要》最核心的内容就是坚持"儿童优先"原则，保证儿童享有基本权利，即生存权、保护权、发展权与参与权。十多年来，我国政府认真履行了《公约》内容，使对儿童基本权利的保障得到了显著改善。然而，随着我国社会经济的发展，工业化与城市化的推进，社会保障体系的改革、儿童基本权利的保护又面临着许多新的问题。例如：

（1）由于城市建设和农村经济发展的需要，大量农民工进入城市。而由于相关体制的制约，一部分农民工子女被父母留在农村，托付给他人照看，从而形成了我国一个特有的新弱势群体——留守儿童。这些儿童生活在残缺不全的家庭中，缺乏来自父母的教育和帮助。近年来，如何为留守儿童提供良好发展环境的问题已经开始引起社会的重视。

（2）随着改革开放的深入，从 20 世纪 80 年代开始，流动人口规模和范围急剧增大。截至 2000 年，我国有 1.02 亿流动人口，其中 14 岁以下学龄儿童约 2 000 万人。这些儿童仍沿袭农村的生活方式，又受到城市现代化的冲击，而且要面对来自城市的歧视。

（3）贫困问题是当今人类社会共同面对的最尖锐的问题之一。虽然在我国，绝大多数家庭解决了温饱问题，但贫困人口问题仍然是当前面临着的社会问题之一，特别是城市内经济发展所带来的贫富差距问题。2001 年我国有城镇下岗职工 632 万人，其中很多人处于贫困状态，靠领取政府的最低生活保障维持生活。下岗职工子女虽一直生活在城市中，但是时时刻刻会感受到贫富差距的冲击。

（4）20 世纪 80 年代以来，由于市场经济的深入和社会的转型，国内家庭离婚率急剧上升。目前，我国每年有超过 100 万对夫妇离婚，这使得离异家庭儿童总人数不断增长。根据妇女权益部门的不完全统计，在全国可能有上千万的单亲家庭儿童，而且每年还在以五六十万的数量递增。随着离异家庭儿童数量的增加，他们的身心发展问题日益受到社会关注。

上述四种处境不利儿童，他们应该与正常儿童一样拥有健康的成长环境。为此，通过各种途径对其进行深入了解，进而为这些儿童提供各种具体帮助，便成了每一位教育学、心理学工作者的使命。为了对这些儿童的健康发展尽一份绵薄之力，我们于 2004 年申请了教育部哲学社会科学研究重大课题攻关项目——"处境不利儿童的心理发展状况与教育对策研究"。

在研究过程中，我们认识到，只有深入揭示处境不利儿童的身心发展特点和现状，才能为其健康成长提供更有针对性的保障措施。两年来，我们组织了专门的团队，针对以上四类处境不利儿童的心理发展现状进行了考察，力求深入地揭示其心理发展的现实性、复杂性和多样性。研究团队的具体分工为：申继亮教授带领其研究生主要探讨了农村留守儿童的心理发展状况及其发展资源；邹泓教授和辛涛教授带领其研究生主要考察了流动儿童的生存环境及其感知；刘翔平教授和王建平教授带领其研究生主要负责城市贫困儿童的研究工作；陈英和教授和方晓义教授带领其研究生主要探讨了离异家庭儿童的心理发展状况及影响因素。

本研究主要采用质性和量化的研究方法进行探讨。首先，研究者通过访谈法收集文本等类型的信息，再采用逐级登录、编码的方法对所得材料进行分析，力求通过与研究对象的互动对其行为和意义建构获得解释性理解。然后，在质性访谈的基础上，课题组针对四类处境不利儿童开展了大规模的量化研究，采用了问卷调查的方式，重点考察了四类儿童的心理发展现状，以及影响处境不利儿童发展的主要因素。为了向社会提供一个了解处境不利儿童生活现状的窗口，进一步增强人们对处境不利儿童生存环境、发展状况以及基本权力的重视，我们将研究成果汇编成了这本《处境不利儿童的心理发展现状与教育对策研究》。这既是课题组研究成果的体现，更代表着这类儿童的心声，凝聚着他们对未来的希望。

本书主要分为以下四个部分：

1. 处境不利儿童的社会发展环境。在这一部分中，我们考察并描述了流动儿童、留守儿童、贫困家庭儿童和离异家庭儿童家庭经济资本、人力资本和社会资本及其家庭物质资源和教育资源情况，提出了处境不利儿童的家庭物质资源和教育资源指数，这为客观地描述四组处境不利儿童的家庭环境状况提供了依据，并为进一步的机制探讨奠定基础。

2. 处境不利儿童的心理发展现状。这一部分从处境不利儿童对环境的认识（包括生活满意度、公正感和歧视知觉）、心理健康现状（包括自尊、幸福感、积极、消极情绪和外部问题行为）、认知状况等方面，描述了处境不利儿童的心理发展现状。通过比较四组处境不利儿童之间及其与处境正常的儿童之间在心理发展状况上的差异，对四组儿童心理发展的特点和规律进行了揭示，并讨论了导致这些差异的原因。

3. 处境不利儿童心理发展的影响机制。在质性和量化研究的基础上，这一部分考察并分析了各处境不利儿童群体内部的主要或比较典型的心理问题。具体问题包括：流动儿童的歧视知觉、留守儿童的问题行为、离异家庭儿童的情绪问题和贫困家庭儿童的主观幸福感。然后围绕四组处境不利儿童的主要心理问题，对其影响因素和影响机制进行深入地挖掘。

4. 政策和教育建议。这一部分结合前面三个部分的研究结果，针对每一类处境不利儿童的社会发展环境和心理发展状况及突出心理问题，提出了相应的政策和教育建议，为后续开展的预防和干预措施提供参考和科学依据。

5. 个案研究。为了促进读者对处境不利儿童有更加全面的了解，我们展示了通过访谈获得的各类处境不利儿童的案例，并提出相应的教育建议。

　　本书的内容在一定程度上回答了中国文化背景下四类处境不利儿童的突出心理问题是什么，环境因素是如何影响个体心理发展的，其作用机制是什么等问题，这对于阐释儿童心理发展的基本理论问题具有重要意义，并可以为该研究领域下一步开展相关研究提供重要参考依据。同时，本书也针对四类处境不利儿童的心理发展特点提出了相应的教育干预对策，这不仅能够为家庭、学校、社区等制定详细的干预计划提供科学的指导，同时，也可以为国家有关政策的制定提供一定的参考。

　　本书在撰写中尽量突出以下三个方面：第一，特点突出。不同的环境特点对儿童发展的影响是不同的，因此，四类处境不利儿童的心理发展状况也应当有所不同。本书比较了流动儿童、留守儿童、离异家庭儿童和贫困家庭儿童等四类处境不利儿童发展的环境特点以及心理发展现状，同时针对不同的儿童群体，描述了最能够突出这一群体儿童心理特点的变量。第二，数据真实。在质性的数据处理中，研究者本着真实的原则对访谈录音进行了转录，并在此基础上进行了分析，力求将质性的材料真实地展现出来。在量化的数据处理中，研究者首先对数据进行了整理，删除了无效数据。在统计过程中，研究者本着忠实于原始数据的原则对数据进行计算和分析，得出了相关结论。第三，语言通俗。对于量化的研究过程及统计方法的使用，使一些结果的描述可能有些难懂。在撰写本书的过程中，我们尽可能采取通俗易懂的语言，弱化处理数据的统计过程和技术，在保证科学性的基础上，尽量采用图形表示数据结果，使内容更易理解。

　　本书由北京师范大学发展心理研究所申继亮教授主编。我们期望本书能够为以后的研究者们开展更为深入的研究提供一定依据。不过，考虑到处境不利儿童的发展状况是一个复杂的问题，而且鉴于时间仓促，作者水平有限，书中难免会出现一些疏漏。希望广大读者能够多提宝贵意见，以便我们对本书进一步地修改、完善。

申继亮

摘　要

近年来，随着对处境不利儿童权益的日益重视，深入探讨这些儿童的心理特点及其内在机制，逐渐成为研究者关注的重要课题。本课题采用访谈法、问卷法和测验法，以小学和初中的流动儿童、留守儿童、离异家庭儿童和贫困家庭儿童群体作为研究对象，主要关注以下问题：其一，四组儿童发展的环境资源问题，包括家庭社会经济地位、家庭物质资源、教育资源等；其二，四组儿童在认知、情绪、行为方面的发展特点；其三，环境对于四组儿童心理发展的影响及其内在机制。结合以上三个部分的研究结果，提出了相应的政策和教育建议。最后向读者呈现了一些处境不利儿童的个案研究。

第一章主要考察处境不利儿童的发展环境。这里，我们考察并描述了流动儿童、留守儿童、贫困家庭儿童和离异家庭儿童家庭经济资本、人力资本和社会资本及其家庭物质和教育资源情况，提出了处境不利儿童的家庭物质资源和教育资源指数。这为客观地描述四组处境不利儿童的家庭环境状况提供了依据，并为进一步的机制探讨奠定基础。

本研究发现，流动儿童、留守儿童、离异家庭儿童和贫困家庭儿童的环境资源相对较差。具体来说，流动儿童的资源缺失主要表现在家庭外社会资本、物质和教育资源缺失；留守儿童主要表现在家庭内社会资本、物质和教育资源的缺失；离异家庭儿童主要表现在家庭内社会资本、教育资源的缺失；贫困家庭儿童主要表现为家庭经济资本、人力资本、物质和教育资源的缺失。

第二章主要考察处境不利儿童的心理发展现状。从处境不利儿童的认知能力（流动儿童的创造力）、对环境的认识（包括生活满意度、公正感和歧视知觉）、心理健康现状（包括自尊、幸福感、积极和消极情绪、问题行为）和特点等方面，描述了处境不利儿童的心理发展现状。通过比较四组处境不利儿童之间及其与处境正常儿童之间的差异，对四组儿童心理发展的特点和规律进行了揭示，并讨论了导致这些结果的原因。

我们发现，流动和留守儿童的心理发展既存在消极方面，也存在积极方面。从消极方面来看，这两类儿童的生活满意度、公正感、自尊、积极情绪和幸福感均低于城市儿童，问题行为、消极情绪、群体歧视知觉均高于城市儿童。从积极方面来看，与非留守儿童相比，留守儿童具有较强的生活自理行为；流动儿童的心理发展虽然弱于城市儿童，但其在积极情绪、创造性思维等方面的发展则高于农村的留守和非留守儿童。

从整体上来看，离异家庭儿童和贫困家庭儿童在心理发展方面弱于正常家庭的儿童。其中，离异家庭儿童的生活满意度、公正感、自尊、积极情绪和幸福感均低于完整家庭儿童，歧视知觉、消极情绪和外部问题行为则高于完整家庭儿童。贫困家庭儿童的生活满意度、积极情绪、幸福感、公正感低于一般家庭儿童；群体歧视知觉和消极情绪高于一般家庭儿童。

第三章主要探讨处境不利儿童心理发展的影响因素与机制。在质性和量化研究的基础上，考察并分析了各处境不利儿童群体内部的主要或比较典型的心理问题。具体问题包括：流动儿童的歧视知觉、留守儿童的问题行为、离异家庭儿童的情绪问题和贫困家庭儿童的主观幸福感。然后，围绕四组处境不利儿童的主要心理问题，对其影响因素和机制进行了考察。

通过分析发现，环境因素对于处境不利儿童的心理发展存在重要的影响。相对于远端的环境，如是否留守或流动、家庭社会经济地位等，近端环境因素对于四组儿童的心理发展具有更为重要的影响作用。

第四章主要结合前面三章的研究结果，针对每一类处境不利儿童的发展环境、心理发展状况及突出心理问题，提出了相应的政策和教育建议，为后续开展的预防和干预措施提供科学依据。

　　最后，为了更细致地勾画出流动儿童、留守儿童、离异家庭儿童、贫困家庭儿童的心理发展现状以及突出的心理问题，我们选取了访谈中获得的一些有代表性的个案呈现给读者。在案例后，我们对导致这些案例的原因进行了分析，并提供了一些针对性的教育建议。

Abstract

With growing attention to the rights and interests of disadvantaged children in recent years, deep exploration on the psychological characteristics and the intrinsic mechanism leading to those characteristics has become an important research subject. By adopting methods of interview, questionnaire and testing for research, the study is conducted on a sample of disadvantaged children including migrant children, left-behind children, children of divorced families and children of low-income families in elementary and junior middle schools. The study aims to examine disadvantaged children's psychological development characteristics, and to provide some educational suggestions. More specifically, the first question is about the environmental resources of those disadvantaged children, such as the social and economic status, physical resources and educational resources of their families; the second question is about the characteristics of psychological development of disadvantaged children in terms of cognition, emotion and behavior; the third question is about how the environment affects the psychological development and the intrinsic mechanism of the development of disadvantaged children. Based on the research results attained from these three parts, the authors proposed corresponding policy and educational suggestions. Finally, the authors give some case study on disadvantaged children.

Chapter 1 mainly investigates into the development environment of disadvantaged children. The authors examine and describes the economic capital, human capital, social capital, physical conditions and educational resources of migrant children, left-behind children, children of divorced families and children of low-income families, and proposes the physical resources and educational resources index of families of disadvantaged children. These have provided basis for objective description of the environmental conditions of these disadvantaged children, thus lays the foundation for further mechanism exploration.

As indicated by the research, the environmental resources of migrant children, left-behind children, children of divorced families and children of low-income families are in relative low conditions. Specifically, migrant children had lower scores on the social capital, physical and educational resources outside their families. Left-behind children had lower scores on the social capital, physical and educational resources inside their families. Children of divorced families have lower scores on the social capital and physical resources inside their families. Children of low-income families had lower scores on family economic capital, human capital, physical and educational resources.

Chapter 2 examines the current status of psychological development of disadvantaged children on aspects of cognitive ability (migrant children's creativity), social cognition about their environment (life satisfaction, uprightness and perception of discrimination), mental health (subjective well-being, self-esteem, positive-negative affect and antisocial behavior). By comparing the four groups of disadvantaged children with their counterparts, the author reveals the characteristics of those children's psychological development and discusses causes leading to such consequences.

We found that migrant children and left-behind children have negative and positive aspects in terms of psychological development. More specifically, on negative aspects, the two groups of children had lower scores on life satisfaction, uprightness, self-esteem, subjective well-being, and positive affect, and had higher scores on antisocial behavior, negative affect, and group discrimination than their counterparts. On positive aspects, left-behind-children have more self-supporting behaviors as compared with those whose parents stay at home. Migrant children have higher scores on positive emotion and creativity than rural children while their scores on most questionnaires are lower than urban children.

Generally, psychological development level of children in divorced families and children in low-income families are lower than their counterparts. Children in divorced families have lower scores on life satisfaction, uprightness, self-esteem, subjective well-being, and positive affect, and higher antisocial behavior, negative affect, and group discrimination than the children whose parents are not divorced. Children in low-income families have lower scores on life satisfaction, uprightness, subjective well-being, and positive affect, and higher group discrimination and negative affect than the children in general families.

Chapter 3 investigates into how the influential factors and mechanism of psychological development of disadvantaged children. Based on the results of qualitative research and quantitative research, we explored and analyzed disadvantaged children's most important psychological problems. The problems include the perceived discrimination of migrant children, the antisocial behavior of left-behind children, the positive and negative affect of children in divorced families, and the subjective well-being of children in low-income families. This chapter mainly focuses on these important problems, and explores the intrinsic mechanism of these problems.

We found that environment factors have important effect on the psychological development of disadvantaged children. Compared with distal environment, such as migrant, left home or family social-economic status, proximal environment is more important for the development of disadvantaged children.

In Chapter 4, according to results in former parts, different policy and educational suggestions are given for the development environment, psychological conditions and major psychological problems of the four groups of disadvantaged children. These suggestions will be helpful for the following intervention and prevention for these children.

Finally, in order to describe in detail the psychological development of migrant children, left-behind-children, children of divorced families and children of low-income families, the authors provide some representative cases from interviews for readers. Analyses of causes of these cases are also given, with some educational suggestions for each case.

目 录

Contents

第一章 ▶ 处境不利儿童的发展环境　1

第一节　处境不利儿童概述　1

第二节　处境不利儿童的社会经济地位　6

第三节　处境不利儿童的家庭物质资源指数　32

第四节　处境不利儿童的教育资源指数　42

第二章 ▶ 处境不利儿童的心理发展现状　53

第一节　处境不利儿童对环境的认知　54

第二节　处境不利儿童的心理健康特点　93

第三节　处境不利儿童的认知能力状况——对流动儿童群体的考察　163

第三章 ▶ 处境不利儿童心理发展的影响因素与机制　197

第一节　处境不利儿童的重要心理问题　197

第二节　流动儿童的歧视知觉：如何产生的　207

第三节　不得不面对的现实——农村留守儿童的问题行为　236

第四节　离异家庭儿童情绪的影响因素　268

第五节　环境和父母教养方式对贫困家庭儿童幸福感的影响　287

第四章 ▶ 教育建议　318

第一节　针对流动儿童的教育建议　318

第二节　对留守儿童的政策、教育建议　323

第三节　针对离异家庭儿童的教育建议　327

第四节　对贫困儿童的教育建议　333

第五章▶处境不利儿童的个案研究　　337

　　第一节　流动儿童案例　　337

　　第二节　留守儿童案例　　345

　　第三节　贫困儿童案例　　350

　　第四节　离异家庭儿童案例　　358

参考文献　　362

后记　　393

Contents

Chapter 1   Development Environment of Disadvantaged Children   1

1. General Description of Disadvantaged Children   1
2. Social and Economic Status of Disadvantaged Children   6
3. Physical Resource Index of Disadvantaged Children's Families   32
4. Educational Resource Index of Disadvantaged Children   42

Chapter 2   Psychological Development of Disadvantaged Children   53

1. Environmental Cognition of Disadvantaged Children   54
2. Characteristics of Mental Health of Disadvantaged Children   93
3. Cognitive Ability Condition of Disadvantaged Children: A Study on Migrant Children   163

Chapter 3   Influential Factors and Mechanism of Psychological Development of Disadvantaged Children   197

1. Major Psychological Problems of Disadvantaged Children   197
2. Perceived Discrimination of Migrant Children: Its Characteristics and Predictors   207
3. Antisocial Behavior of Left-Behind-Children: A Must-be-faced Reality   236
4. Influential Factors of Emotion of Children of Divorced Families   268
5. Influence of Environment and Fostering Methods of Parents on Children of Low-Income Families   287

_1_

Chapter 4   Educational Suggestions   318

    1. Educational Suggestions for Migrant Children   318

    2. Policy and Educational Suggestions for Left-Behind Children   323

    3. Educational Suggestions for Children of Divorced Families   327

    4. Educational Suggestions for Children of Low-Income Families   333

Chapter 5   Case Study on Disadvantaged Children   337

    1. Case Study on Migrant Children   337

    2. Case Study on Left-Behind-Children   345

    3. Case Study on Children of Divorced Families   350

    4. Case Study on Children of Low-Income Families   358

References   362

Postscript   393

第一章

处境不利儿童的发展环境

第一节　处境不利儿童概述

对处境不利儿童心理发展问题的关注，实际上就是对环境与儿童发展之间关系问题的关注。作为心理学领域的一个基本理论问题，环境与个体发展的关系一直受到研究者们的广泛关注。本研究中，一方面坚持环境与个体之间的整体交互作用的理论观点，另一方面，也借鉴了人类发展的生态学理论和心理韧性理论中的一些观点，对处境不利儿童心理发展的远端环境和近端环境均进行了考察。其中，远端环境主要考察的是儿童的社会经济地位，包括儿童发展所需的家庭经济资本、人力资本和社会资本；近端环境是儿童日常生活和教育中所需要的具体资源状况，包括物质资源指数和教育资源指数两个方面。通过了解这些儿童的环境资源状况，将有助于我们深入思考其发展背后的原因，实施有效的预防和干预措施。

国内外大量的研究、社会调查表明，儿童的生存、生活环境能够显著影响其身心健康发展。这一观念已经越来越被人们所接受。基于这一认识，儿童的生存环境及基本权利已经得到了世界各国政府和学者的普遍关注。我国也日益重视儿童基本权利的保护问题。1990 年 8 月 29 日，我国政府在联合国《儿童权利公约》（以下简称《公约》）上签字，成为该公约第 105 个签字国，自 1992 年 4 月 1 日起，该公约对我国正式生效。为履行《公约》，国务院先后颁发了《九十年代中国儿童发展规划纲要》和《中国儿童发展纲要（2001～2010 年）》两部文件。《公约》与以上两部文件最核心的内容就是坚持"儿童优先"原则，保证儿童享有基本权利，即生存权、保护权、发展权与参与权。在这十多年来，我国政府认真履行了《公约》内容，使对儿童基本权利的保障得到了显著改善。然而，随着我国社会经济的发展，工业化与城市化的推进，社会保障体系的改革、儿童基本权利的保护又面临着许多新的问题。

目前，由于经济、社会、文化发展水平的不平衡，导致世界各国都存在着一定人数的处境不利群体（郑信军，岑国桢，2006）。当代中国社会正处于快速转型期，正在经历由计划经济体制转变为市场经济体制、由农业经济转变为现代工业经济、由封闭型社会转变为开放型社会的过程。这一过程也导致了社会资源和社会利益的重新分配和整合（陈岚，2006）。在这一时期和发展阶段中，必然会有一些社会成员由于不适应社会转型，失去了一些发展的机会，而暂时处于劣势地位。因此在我国现阶段，处境不利群体问题就显得更为突出（陈岚，2006）。目前，在我国，处境不利群体不仅表现为经济收入偏低，而且由于各种条件的限制，他们的未来发展也有相当大的困难（陆玉林，焦辉，2003）。

在处境不利群体中，处境不利的儿童青少年又是研究者最为关注的对象。在一个社会中，儿童更需要特殊的福利服务和关心照顾，从一般意义上说，儿童这一群体本身就是社会中的弱势群体。然而，在儿童群体中可以分为相对的处境正常和处境不利（陆玉林，焦辉，2003）。目前我国 18 岁以下的人口有 3.6 亿人，其中正处于不利的发展环境中的儿童占有相当大的比重。结合我国的现实情况，我国处境不利儿童概括起来主要包括四种情况：流动人口子女（以下简称流动儿童）、农村留守儿童、离异家庭儿童和贫困家庭儿童（申继亮，王兴华，2006）。

一、流动儿童

随着中国社会高速发展，越来越多的农村剩余劳动力涌入城市，形成了迄今世界上规模最大的人口转移，即"民工潮"（赵景欣，2006）。其中流动人口的家庭化是近年来人口流动的一个突出特点，随着农村劳动力的举家迁移，城市中也出现了数量庞大的第二代移民——流动儿童。有关资料显示，到 2003 年，农村外出务工的劳动力已达 1.14 亿人，其中举家外出的劳动力已达 2 430 万人；随同父母进城的 6～14 岁、处于义务教育适龄阶段的儿童约有 643 万人（王莹，2005）。流动儿童是一个值得关注的特殊群体，其规模庞大，并且数量日益增长，但目前针对流动儿童的心理健康和社会适应状况所做的实证研究较为缺乏，已有的研究获得的数据较为零散，得出的结论不一致，且缺乏有效的解决办法和干预措施。因此，探讨流动儿童的社会适应、心理健康问题，具有较大的理论价值和实践意义。

对于流动儿童概念的界定，大多数研究者倾向于采用1998年国家教委、公安部发布的《流动儿童少年就学暂行办法》中的定义，即所谓流动儿童少年，是指6~14周岁（或7~15周岁）随父母或其他监护人在流入地暂时居住半年以上有学习能力的儿童少年。2000年第五次全国人口普查，将流动人口定义为"居住本乡镇街道半年以上，户口在外乡镇街道"或"在本乡镇街道居住不满半年，离开户口登记地半年以上"的人群。相应地，"流动儿童"是指流动人口中18周岁以下的人口。因此，课题组将流动儿童界定为：6~18周岁随父母或其他监护人在流入城市暂时居住半年以上，且在当地学校就读的儿童青少年。

二、留守儿童

20世纪八九十年代以来，中国城乡间人口流动的限制被打破，大量的农村剩余劳动力涌向城市。在这一背景下，中国农村形成了一类新的弱势群体——"留守儿童"。据最新数据显示，中国农村留守儿童已近2 000万（卢利亚，2007）。由于父母外出打工，这些儿童被留在家中，由未外出打工的父亲或母亲、祖父母或亲戚代为照看。这些生活在残缺不全的家庭中的留守儿童已经成为我国儿童群体中一个不容忽视的弱势群体，并且其数量将会呈现日益增长的趋势。

留守儿童问题已经引起了国家、社会的广泛关注。当前，诸多媒体频频报道了留守儿童的受侵害、自杀身亡事件、反社会事件以及监护事故等。如何保障留守儿童的健康发展成为目前困扰中国社会的热点问题之一。但是，我们也应该认识到，大量负面描述夸大了"留守"作为不良环境因素的消极作用。"留守儿童"不应该作为"问题儿童"的代名词。"留守"对儿童来说，只是他们暂时的一种生活状态，并不是"不良儿童"的标签。因此，如何正确地看待留守儿童问题，考察他们的身心发展现状，从而保障留守儿童的正常发展，也是需要我们研究的一个课题。

课题组将留守儿童界定为：双亲或单亲在外打工而被留在家里的18周岁及以下的儿童（赵景欣，2007）。根据父母的外出情况，又可以把留守儿童分为两种类别：第一，双亲外出，即父亲和母亲都出去打工的留守儿童；第二，单亲外出，即父亲和母亲一方出去打工的留守儿童。

三、离异家庭儿童

随着我国改革开放、经济体制改革的不断深入，社会主义市场经济的逐步确立和发展，不仅使我国的经济生活发生了较大的改变，社会生活也由此产生了广泛而深远的变化。在这一背景下，婚姻家庭所受到的影响尤为显著。自改革开放以来，我国的离婚率迅速上升；而近年来我国离婚率持续攀升，离婚已成为普遍的现象。根据中国民政部公布的《2006年民政事业发展统计报告》，2006年中国办理离婚手续的夫妻有191.3万对，比上年增加12.8万对，粗离婚率为1.46‰，比上年增加0.09个千分点。自1997～2006年十年之间，离婚率一直在不断上升，且2002～2007年上升的幅度进一步加快。在亚洲各国中，我国离婚水平已超过新加坡，与日本和韩国同属离婚率较高的国家。与世界各国相比，由于我国人口基数庞大，使得我国离婚人口的绝对数量也十分庞大。持续上升的离婚率及其产生的诸多问题引起人们的广泛关注。这一现象也说明有越来越多的孩子正在或将要经历父母离异，或者已经生活在单亲或者再婚家庭中。

众所周知，家庭教育对人的一生有着重要的影响，家长的一举一动对孩子的成长都起着潜移默化的作用。在我国，离婚发生率较高的年龄在30～50岁之间，此时正是孩子在中小学读书的阶段。这一阶段是儿童智力、个性和社会性发展的重要阶段，能否得到较好的教育将严重影响其未来的发展。目前，人们越来越普遍认为离婚对儿童青少年心理发展的各个方面都有着不可忽视的消极影响。例如，一些观点认为，父母离婚最直接的受害者是孩子，受伤害最严重的也是孩子。父母的离异行为给孩子带来了被遗弃和不安全的感觉，给他们造成了永远不可弥补的伤害，由此产生的消极影响是十分广泛和深远的。因此，研究离异事件及离异家庭特点对孩子的心理健康究竟产生怎样的影响具有重大的社会意义。

关于离异的界定，《婚姻家庭大词典》中对离异家庭作了这样的定义："离异家庭指的是父亲或母亲与未婚子女共同构成的家庭，它是由核心家庭因夫妻离异而形成的"。在这个定义中，离异家庭只是指离异后父母没有再婚的离异单亲家庭。由于越来越多的夫妻在离婚之后选择再婚，因而越来越多的孩子生活在再婚家庭中。基于此，课题组将离异界定为：儿童报告其亲生父母为离异状态，包括离异单亲家庭和离异再婚家庭两种情况。相应地，将离异家庭儿童界定为：亲生父母通过法定手续离异，与法定监护人生活在一起的6～18岁的儿童。

四、贫困家庭儿童

近几年来随着中国经济的转型，大批城市工厂关闭，企事业单位重组，大批工人和原国属单位的职工下岗，一个新的弱势群体——城市贫民越来越引起人们的关注。近年来，在我国城市贫困的研究文献和反贫困实践中，较多采用城市居民最低生活保障标准来界定贫困者（马晓云，2006）。根据民政部统计的数字，到 2002 年 10 月，全国城市中的"低保对象"为 1 980 万人；到 2004 年这一群体已经达到 3 000 万人以上（何亚平，2005）。由于我国"低保"标准的测算方式和实际工作中对受益者的审核均较为严格，采用"低保对象"的数字可能对城市贫困的实际规模有所低估。按照一些研究者的近期估算，目前我国城市中的贫困人口约占城镇人口的 6%～8%，人数应该在 3 000 万～4 000 万左右（俞俭，金超，杨步月，2001）。

目前城市贫困者的生活相当困难。由于经济的压力，这些家庭会面临着一些突出的难以解决的问题。贫困家庭成员的患病率明显高于正常人群，有相当比例的贫困者在得病后无法去医院看病。许多贫困家庭还在子女上学方面存在着不同程度的困难。另外，贫困人群不仅在数量上有所增加，随着时间的推移，贫困也出现了世袭的现象，也就是城市贫困少年儿童的出现。这种恶性循环好比是一个"贫困陷阱"，即由于受教育程度低、丧失劳动能力等因素导致父母的就业困难，就业困难带来经济来源的缺乏，贫困加剧。而家庭的贫穷又直接使贫困家庭子女的健康状况恶化，不能接受较高水平的教育，导致贫困的悲剧在下一代重演（尹志刚，洪小良，2006）。生活在贫困家庭中的儿童，是城市中一个不幸的群体：他们或因失去双亲、或因父母下岗、或因家人患病而家庭致贫。而当人们把关爱的目光投向农村失学儿童时，却往往忽略了这些城市中的贫困儿童也同样徘徊在辍学的边缘。目前，这类儿童的心理发展现状需要研究者和社会各界的关注。

我国对贫困儿童的研究主要从 20 世纪 80 年代开始，现有的研究主要从社会学、经济学和卫生学的角度开展，对贫困儿童的健康和受教育状况进行了大量的调查性和描述性的研究，而从心理学角度对贫困儿童的发展状况研究较少，尚缺少相应的科学教育对策。课题组将贫困儿童界定为：出生在城市低保家庭中，从小生活环境较为贫苦的 6～18 岁的青少年儿童。

诚然，国务院颁发的《九十年代中国儿童发展规划纲要》和《中国儿童发展纲要》已经对儿童的权利保障做出了较为显著的贡献。但如上所述，由于我国各类处境不利儿童数量庞大，问题多样，加之政府对儿童福利事业长期定位偏差，重视儿童共性发展而忽视了不同环境所造成的心理和情感需求的个性培养，导致目前对流动儿童、留守儿童、贫困家庭儿童、离异家庭儿童等处境不利儿童的关注和帮助还远远不够。但关于处境不利儿童的生活环境究竟如何，心理发展究竟处于何种水平，环境因素到底是如何影响他们心理发展的，其作用的机制是什么，有没有中介因素等这些问题，在以往的研究中并没有完全解决，还有待于进一步的深入探讨。只有对这些处境不利儿童的身心发展特点和现状，以及环境如何影响这些儿童心理发展进行实证性的探究和描述，才能够为其健康成长提供更有针对性的保障措施。

第二节 处境不利儿童的社会经济地位

一、什么是社会经济地位

以上介绍了课题组对四类处境不利儿童的界定。环境对个体发展起着至关重要的作用，而在诸多的环境因素中，家庭又是影响儿童发展最直接的微观环境（姚春荣，2002）。一般认为，流动儿童、留守儿童、离异家庭儿童、贫困家庭儿童等处境不利儿童生活在非常不利于其发展的家庭环境之中（郑信军，2006）。家庭社会经济地位，或"社会阶级"，是考察儿童发展的家庭环境的变量。在国内，有时也将其泛称为"家庭环境"或"家庭背景"（刘浩强，张庆林，2005）。处境不利儿童的一个重要的特征，就是他们的家庭社会经济地位较为低下。

心理学、社会学、教育学方面的研究对处境不利儿童的界定较为多样。但是，综合以往研究对处境不利的定义可以发现，资源的相对缺失是这些儿童所共有的特征。与一般儿童相比，一些处境不利儿童更多地经历了家庭资源的缺失，例如离异家庭儿童和农村留守儿童的父母亲情缺失、贫困家庭儿童家庭的物质资源缺失等。另一处境不利儿童群体——流动儿童更多地经历了受教育权益、教育资源的缺失，而受教育权益的缺失也是由于相对不利的家庭因素（从农村迁移到城市）造成的。这些资源的缺失，导致了处境不利儿童的家庭社会经济地位处于较低的水平上。那么，与生活在正常家庭环境中的儿童相比，处境不利儿童家庭社会经济地位究竟处于何种水平，他们的家庭社会经济地位有什么样的特点，需要实证研究的探讨。在第一部分中，我们将介绍我国的四类处境不利儿童——流动儿童、留守儿童、贫困家庭儿童、离异家庭儿童的社会经济地位特点。

二、社会经济地位的衡量指标

本研究采用经济资本、人力资本和社会资本作为衡量儿童家庭社会经济地位的指标。"资本"（capital）一词最早出现在经济学领域，最初包括土地、劳动等生产要素等物质资本，它能够生产产品，带来价值的增值（刘祖云，2005）。20世纪50年代，美国经济学家舒尔茨（Schultz）和贝克尔（Becker）首先提出了人力资本的概念。他们认为，个人的教育水平、所获得的技能培训等也可以被看做是一种投资，并认为这种投资组成了个人的"人力资本"（human capital）（刘祖云，2005）。1980年，法国社会学家布迪厄正式提出了"社会资本（social capital）"这一概念，将它界定为：人与人之间形成的相互默认的、实际的或潜在的社会关系网络。在早期的论述中，研究者就指出，资本有三种形态：经济资本、社会资本和文化资本（刘祖云，2005）。后来，这一理论被科莱曼（Coleman）等人加以完善。科莱曼认为，儿童发展需要三种资本，即经济资本，人力资本和社会资本。这三种资本都是需要由家庭提供的。

目前，一些心理学家建议，心理学意义上的社会经济地位以科莱曼提出的"资本"理论为基础，以经济资本、人力资本和社会资本作为衡量指标（谭静，2004）。科莱曼提出的"资本"理论为我们提供了比较系统、全面的考察社会经济地位的理论框架（Coleman，1988）。

1. 经济资本

经济资本（financial capital）指家庭为儿童发展能够提供的物质条件和物质资源。例如，为了保证儿童的发展，家庭必须为儿童提供物质条件，如食物、衣物等生活必需品。这些家庭能够为儿童提供的物质资源就形成了家庭经济资本。在以往的研究中，家庭收入是经济资本必须要包括的内容，而家庭收入常常会受到父母职业声望的影响。将父母的职业地位作为经济资本的衡量指标是否具有代表性常常受到争议，但是一些研究者认为，将家庭收入和父母职业地位相结合，作为经济资本的指标可能会更加恰当（Bradley，2002）。而在我国，职业地位的分层研究尚不全面（李春玲，2005）。根据我国特有的文化特点，我国的家庭经济条件不仅由家庭月收入决定，而且还会受到家庭借债情况的影响。因此，课题组将儿童家庭的经济资本界定为家庭月收入与借债情况的综合指标。

2. 人力资本

社会学家认为，人力资本表现为劳动者所拥有的知识、技能、体力（如健康状况）等价值的总和（刘祖云，2005），它存在于个人掌握的知识和技能之中。而在家庭中，父母所学到的知识或受教育水平会为儿童提供发展资源，这些资源是非物质的，即家庭人力资本。例如，受到良好教育的父母能够辅导儿童的学业和语言技能，并且能够鼓励儿童完成学业。而且，人力资本理论认为，人力资本是可以通过投资形成的（张转玲，2004）。拥有较多人力资本的家庭，会更加注重对儿童人力资本的投资，使他们接受更高级的教育，从而使下一代也获得较多的人力资本。在这种情况下的儿童，成年后可能会取得更高的成就（张转玲，2004）。因此，在家庭中，人力资本是能够被代际传递的。

人力资本一般的测量指标有教育水平、工作经验、职业技能等（刘祖云，2005），在家庭中表现为父母的受教育程度和工作技能，而在我国主要表现在儿童父母的受教育水平。课题组将儿童的家庭人力资本界定为父母受教育水平的综合指标。

3. 社会资本

在早期对社会资本的界定中，布尔迪厄（Bourdieu，1980）强调社会资本是个体加入到群体中获得的收益，个体通过这个过程形成了自己的资源。而科莱曼（1988）认为社会资本由一些社会结构组成，在这样的结构中能够促进人们的互动。洛克内（Lochner，1998）在综合了以往定义的基础上提出，社会资本由以信任和互惠（reciprocity）为特点的社会关系网络组成。正是这些元素的结合能够保持公民的社会性并且使人们为了共同的利益而行动。

家庭社会资本主要是家庭成员形成的，建立在信任、规范、制度或责任基础上的人际关系网络，包括家庭内的社会资本和家庭外的社会资本（李宏利，张雷，2005）。家庭内社会资本主要指儿童的父母、监护人、兄弟姐妹等与儿童形成的各种关系情况，也就是指家庭内部成员的关系。科莱曼（1988）最初关注了父母与子女的关系，他提出家庭社会资本应当测量成人在家中的人数和他们给予孩子的关注程度，最后家庭成员之间的"联系强度"是家长对孩子的比率。同时，一些研究者认为，儿童的兄弟姐妹越多，分享家庭成员的相互关心、帮助等社会支持也就越多，因此儿童本人得到的家庭内成员的关注，即家庭内社会资本就会越少（Meier，1999）。例如，鲁尼恩（Runyan）认为社会资本指数应当包括家庭中父母的数量和孩子的数量（李宏利，张雷，2005）。综合以往的研究，课题组将儿童的家庭内社会资本定义为与儿童生活在一起的成人数目与家庭中儿童数目的比值数目。

家庭外社会资本指父母自身的社会关系网络（例如与同事、邻居、社区的关系），这些社会关系也能对儿童产生影响。可见，家庭外社会资本是指儿童通过父母以及其他家庭成员与外界产生联系，由此形成的社会关系网络。由于家庭系统存在于更为广泛的社会生态背景下，家庭成员之间的社会网络特征所构成的社会资本可能受到邻里、社区、学校等社会资源的影响（李宏利，张雷，2005），这些社会资源构成了儿童的家庭外社会资本。根据以往的研究者对家庭外社会资本的界定，课题组认为，家庭外社会资本主要指儿童家庭与外界的联系情况，包括与家庭有联系的亲友的数量，以及家庭与亲戚、同事、朋友的相互联络、相互帮助的频率等。

在儿童发展的过程中，家庭社会资本起着重要的作用。对于儿童来说，家庭内社会资本是人力资本从父母传递给孩子的途径。而家庭外社会资本能够为儿童提供更多潜在的社会支持，是儿童获得更多的外界信息的途径。例如，如果单亲家庭中的父母没有起到儿童与外界联系的桥梁作用，无论家庭有多富有，儿童的发展也会受到阻碍。

经济资本、人力资本和社会资本缺一不可，都是儿童发展所必需的。并且，这三种资本对家庭获得相应的社会经济地位有重要影响（刘祖云，2005）。一些研究者认为，"资本"理论提供了对社会经济地位更确切的描述（Guo& Harris，2000）。可见，从科莱曼的"资本"理论的角度出发，可以更全面地考察家庭能够为儿童提供的资源。

综上所述，课题组以经济资本、人力资本、社会资本作为衡量儿童家庭经济地位的指标，这些指标在以往的研究中常常被用于社会学领域，目前，在心理学领域，从经济资本、人力资本和社会资本的角度，实证性地考察并描述儿童的家庭环境的研究较少。本研究将经济资本、人力资本、社会资本引入到心理学的研究范畴中，考察处境不利儿童家庭环境的特点。在本书第一章的第二、三、四节中，我们将通过实证调查的方式，描述流动儿童、留守儿童、离异家庭儿童和贫困家庭儿童的社会经济地位特点，以及这些儿童的家庭物质条件和能够获得的教育资源，从而为四类处境不利儿童家庭环境现状提供较为全面的了解。

三、社会经济地位对儿童发展的影响

1. 环境与个体发展的关系

如上所述，课题组将通过实证研究描述处境不利儿童的家庭环境。考察处境不利儿童的心理发展问题，也就是探讨处于不利的环境中对儿童的发展结果的影响，因此，其实质上也是考察环境与人的发展之间的关系问题。作为发展心理学研究中的一个基本理论问题，环境与个体发展之间的关系也一直受到研究者们的广泛关注。下面，我们首先简要介绍有关环境与个体发展关系理论的发展。

（1）单向因果模式

早期的发展理论家往往用一种单向因果模式（unidirectional causality）来解释环境在个体发展中的作用。例如，沃森（Watson）等人提倡的 S - R 模型认为，除极少数的简单反射外，一切复杂行为都取决于环境的影响。沃森提出，如果让他在可以完全控制的环境里去培育婴儿，他能使任何一个健康婴儿变成任何一种人物。而弗罗伊德（Freud）则着重强调早期童年经验对个体发展的重要作用。以上这些理论都是典型的环境决定论的观点，它们都认为个体只是被动地接受外界不可控制力量的影响，环境与个体是孤立的两个个体，儿童的发展直接决定于外界环境，且二者之间的因果关系是单向的。单向因果模式虽然在早期得到了一些实验证据的支持，然而由于其忽视了个体的主动性，因而受到了许多研究者的批判。

（2）交互作用论

20 世纪六七十年代以来，随着认知发展理论的兴起，经典交互作用论（classical interactionism）开始逐渐为人们所认识。经典交互作用论强调了以下观点（Magnusson，Stattin，1998）：①个体与其所处的环境形成了一个总体系统，其中，个体是一个积极的、有目的性的行动者；②个体与环境之间的因果关系是相互的，而不是单方向的。近些年来，随着认知科学、神经心理学和系统论的迅猛发展以及纵向研究的复兴，整体交互作用论（holistic interactionism）逐渐浮出水面。整体交互作用论理论家认为，心理事件不但反映了个体与环境之间交互作用的过程，也反映了个体内部生理、心理和行为等诸多因素之间持续进行的交互作用过程。

从单向因果模型到整体交互作用论的转变，实际上反映了研究者对个体与环境关系的认识逐渐趋于生态化的过程。其中，基于交互作用论思想的人类发展的生态学理论更为我们理解社会处境不利状况与个体发展之间的关系提供了一个重要的理论框架。

（3）人类发展的生态学理论

美国心理学家布朗芬布伦纳（Bronfenbrnner，1979）提出的人类发展生态学理论对环境与个体发展的关系进行了系统、深入地阐释。他认为，儿童的发展是一个以自身为主体、与周围环境系统相互作用的过程。这一过程受到个体所生活的不同直接环境之间关系的影响，也受到这些直接环境所在的更大环境的影响。它是一个由小到大层层扩展的复杂的生态系统，包括微系统、中间系统、外部系统和宏系统四部分。每个层次的系统都和上下级系统相互包含、交互作用。微系统是个体直接面对和接触的一些活动、角色和人际关系模式，对于儿童来说，主要包括家庭、班级、邻里等；中间系统是这些微观系统的相互联系，例如可以理解为伙伴关系对儿童发展的影响等；外部系统是将中间系统延伸到其他的社会组织，诸如家长的工作单位、朋友等；而宏系统则是指儿童所处的社会或亚文化中的社会机构的组织或意识形态，可以看做是某个文化、亚文化或其他更广阔的社会背景，它们通常是指社会阶层、种族或地区、不同的职业、时代或生活风格等。

需要指出的是，宏系统只是一些本身缺乏解释力的标签，例如儿童的留守和非留守、家庭是否为"离异家庭"、家庭是否申请低保等，这是个体的一种最远端的环境。这一远端环境（distal environment）不能直接勾勒因它们引起的生活环境和要求，也不能描述它们所要求的适应性过程（DeLongis，Coyne，Dakof，Folkman，Lazarus，1982）。根据这一观点，只有更近端（proximal）的个体 – 环境互动以及能够说明儿童青少年直接日常体验的发展环境，才能最为直接地影响个体在面对高生活压力和处境不利时的适应能力（Felner，Farber，Primavera，1983）。因此，人类发展的生态学观点为我们理解处境不利儿童与个体发展之间的关系提供了一个重要的理论框架。它给予我们的重要启示是：儿童的处境不利状况，至少是部分地通过作用于更为近端的环境条件和体现儿童青少年生活特征的经历，来影响个体的适应性结果。

以上这些理论都从各自的角度阐述了环境影响个体发展的问题。我们所关注的处境不利儿童都是由于发展环境中的某一部分产生了失衡，进一步影响到儿童发展环境的其他系统。其中，流动儿童虽然生活在城市，但由于户籍制度的限制而徘徊在城市的"边缘人群"中，他们处于城市的亚文化中而不能适应，由此导致了家庭的外部系统（例如家庭联系的亲友减少）、内部系统（如亲子关系）等产生了改变。留守儿童由于亲情的缺失导致其家庭环境的失衡，进一步波及儿童生态环境中的其他系统，如学校生活、同伴交往等。离异家庭儿童主要是由于微系统中的家庭环境发生了巨大的变化，造成了父母亲情、家庭的亲情相对缺失，进而影响他们的班级、邻里关系，甚至家长的社会关系网络等。而贫困家庭儿童是由于家庭经济资源不足，进而影响到父母的教养方式、家庭与外界的联系等。我们考察处境不利儿童的家庭社会经济地位现状，就是考察儿童发展环境中出现了哪些"缺口"，或者儿童发展环境中存在着哪些失衡之处。

2. 儿童发展的个体差异性：心理弹性及相关理论的探讨

虽然较低的社会经济地位能够带来个体发展环境的变化，但是个体并不是被动地受到环境的影响。在早期对处境不利儿童的研究中，研究者认为不利的环境一定会导致不良的发展结果。自20世纪70年代以来，研究者们开始探讨为什么面对同样的压力，有的个体发展良好而有的个体发展较差，也就是探讨儿童发展存在着个体差异性的问题（曾守锤，李其维，2006）。研究者们从而提出了"心理弹性"的理论。近年来，心理弹性成为心理学家和精神病学家普遍关注的一种心理现象。

所谓心理弹性，是指在显著不利的背景中积极适应的动态过程（Luthar，2000）。它包括两个关键的条件：第一，遇到了重大威胁或严重的不幸；第二，尽管个体的发展过程受到了重大抨击，但仍然取得了积极的适应成就。马斯滕（Masten，1994）区分了三种心理弹性现象：①高危个体表现出了意想不到的好的发展结果；②尽管在压力情境下，仍然保持积极的适应；③创伤后的良好恢复。当前，心理弹性研究在发展心理学界已经成为一个较为活跃的研究领域。虽然目前研究者关于心理弹性的界定、研究方式等尚未达成一致，但是该领域研究中所隐含的指导思想为处境不利儿童的研究提供了重要理论借鉴。

（1）危险因素

如果个体没有遭遇重大威胁或不幸，那么就不能认为个体会表现出心理弹性。换言之，如果要考察个体的心理弹性，必须要有危险的存在，而且这些危险要被证明是个体不良发展结果的基本预测因素（Kraemer et al.，1997）。因此，危险因素是心理弹性研究中的一个核心概念。在已有的心理弹性研究中，对于危险因素的操作性定义多种多样（Masten，2001），包括社会经济地位（SES）的测量、最近或一生中已经发生的生活事件数量的核查、巨大的社会创伤、出生体重低、离婚，以及结合上述不同种类的危险因素的累积等。因此，所谓危险因素，主要是指个体发展的一些不利条件（Luthar，Cicchetti，Becker，2000）。当前，许多研究者已经认识到（Masten，2001；Seiger，Sameroff，1987）：发展中的特定问题或一般问题的危险因素往往会同时出现，这些危险因素在某一时刻或随时间的累积会显著地提高多种不良发展结果出现的可能性（如心理社会能力、心理社会问题或健康等）。

（2）保护因素

心理弹性是由于人类基本适应系统的运行而产生的一种普遍现象，即所谓"普通中的神话"（Masten，2001）。如果这一适应系统受到了保护并处于良好的工作状态，即使在面临严重不幸时，个体的发展依然是稳健的（robust）；如果这些主要系统受到了损害，并成为不幸的先决条件或结果，那么个体出现发展性问题的可能性就较大，这在不利环境持续的情况下表现得尤为明显。因此，在心理弹性的研究中，一个重要的理论观点就是：不利环境并不必然导致儿童的发展不良，处在不利环境中的儿童仍有机会保持正常的发展，并且其发展水平甚至会超出正常儿童的发展水平。这一观点引出了心理弹性研究中的另一个核心概念：保护因素（protective factors）。

我们可以从两方面来理解保护因素的内涵（Magnusson，Stattin，1998）：第一，它是指那些使来自危险性环境中的个体避免出现后期不良适应性结果的因素；第二，它是指那些能够打破个体已经出现的不良发展进程，并引导其进入积极发展进程的因素。在某种意义上，保护因素与危险因素相对应。保护因素这一概念的提出，使研究者从关注与个体不良发展相关的危险因素，转向了增加对高危个体向良性发展的环境的关注。随着时间的发展，保护因素会逐渐地平衡、战胜、补偿或削弱以往危险情境对个体的消极影响。当前研究中已经确认了的保护因素大致可以分为三类（曾守锤，李其维，2003；Luthar et al.，2000）：个体因素（智力水平、气质、性别、对经历的认知－情感加工等）、家庭因素（父母关系和谐、良好的教养方式等）和家庭以外的较为广泛的社会环境因素（友谊、社会支持网络等）。

（3）危险因素和保护因素的绝对性和两极性

在当前研究者已经认可的危险因素和保护因素中，有绝对性和相对性的危险或保护因素之分。有些因素是个体发展的绝对或纯粹的危险因素，如车祸、战争或天灾等。当这些危险存在的时候，必然能够预测个体的不良结果。有些因素则是个体发展的绝对或纯粹的保护因素，例如天才或朋友等。危险因素和保护因素的相对性则是指许多因素具有两极性，在连续体的一端为保护因素，另一端则为危险因素（如好的教养与不好的教养；高教育水平与低教育水平等）（Masten，2001）。保护性的一端与个体积极的发展相关联，危险性的一端则与不良的发展相关联。在这种情况下，研究者往往根据自己的研究需要人为地定义这些因素的性质。

当前，心理弹性研究中所隐含的理论观点为处境不利儿童心理发展问题提供了重要启示：不仅要关注处境不利儿童心理发展的危险因素，还要关注能够促进处境不利儿童健康发展的保护因素；在确定保护因素的同时，还要进一步探讨保护的机制（protective mechanisms），即对"如何导致高危个体危险性的降低"这一问题进行解答。这就需要借助生态学的观点，在考察个体的行为结果时，综合考虑保护因素和危险因素的交互作用，并分析其内部作用机制。近期，心理弹性研究领域中还取得了一个重要的进展，即研究者开始质疑保护因素的普遍性（Luthar，Zelazo，2003）：与其他个体相比，某种类型的个体在特定的发展结果上是否更受益于某种保护因素？这意味着保护因素的保护效应可能具有群体的特定性。这也使得对处境不利儿童的保护因素或保护机制的研究显得更有意义。因此，探讨处境不利儿童发展结果的影响因素问题，也就是探讨在较低的社会经济地位下，儿童发展中危险性因素和保护性因素所起的作用问题。

3. 社会经济地位对儿童发展结果的影响

如前所述，处境不利儿童的家庭社会经济地位偏低。那么，较低的社会经济地位会对儿童的发展产生怎样的影响呢？社会经济地位对儿童的身体健康发展、认知和学业成绩、社会情感的发展都会产生影响，而后两者主要是心理学工作者所探讨的问题。

关于社会经济地位对儿童认知和学业成就的发展，以往的研究主要集中于考察家庭经济收入、父母受教育水平对认知发展的影响。例如，默西（Mercy）等人发现，母亲的教育程度对儿童的智力发展有一定的预测作用。一些研究者进一步发现，社会经济地位的指标，例如父母的收入、教育水平与教养方式有关，而教养方式又会影响儿童的学习成绩（刘浩强，张庆林，2005）。在我国，一些实证研究表明，家庭社会经济地位对儿童的创造力有显著的影响（师保国，2007）。

早期的研究认为，社会经济地位能够显著地影响儿童的认知功能，而较少地影响儿童的社会性发展。近年来，社会经济地位对儿童社会性和情感方面发展的影响，已经越来越受到研究者的重视。国外的许多研究表明，低社会经济地位的儿童更容易表现出行为和情感上的问题。对于3岁以前的年幼儿童，这种关联其实并不明显。而当儿童发展到童年早期时，社会经济地位与儿童的社会情感问题的关系开始显现出来。这种消极影响逐渐更多地反映在儿童的外化行为问题或反社会行为上（如不服从、打架、同伴关系恶劣、易怒等）（谭静，2004）。到青少年期，低社会经济地位与较差的适应能力之间的相关性显著，并对抑郁和犯罪行为有着更强的预测作用（谭静，2004）。我国的一项研究综述表明（郑信军，岑国桢，2006），处境不利儿童的指向未来的自我概念较少，区分性低，容易表现出焦虑、抑郁、害羞等情绪特征；这些儿童的亲子依恋往往属于不安全型；这些儿童的同伴关系较差，容易表现出适应不良的特点；他们也容易出现攻击、退缩等问题行为。综合国内外的研究结果可以发现，社会经济地位不仅能够影响儿童的认知发展水平，而且确实能够影响儿童的社会性、心理健康、情绪情感等方面的发展。

在我国，一些研究考察了处境不利儿童的社会性发展情况，例如对农村留守儿童的社会适应、孤独感、抑郁、自尊的考察，对流动儿童的自尊、生活满意度、师生关系的考察，对贫困大学生社会适应的考察等。目前，大多数研究发现，家庭社会经济地位较低的儿童社会性发展也较差。例如，对流动儿童的自尊现状考察发现，流动儿童的自尊显著低于城市儿童（许晶晶，2006）。同时，流动儿童的控制感较低，主观幸福感显著低于城市儿童（王瑞敏，2007），内、外化的问题行为显著高于城市儿童（李晓巍等，2008）。对留守儿童心理发展现状的考察发现，留守儿童的心理健康水平较差。与非留守儿童相比，留守儿童的违法、违纪行为显著高于非留守儿童（刘霞，2006）。另外，研究表明，父母外出打工半年后的留守儿童，心理控制源、自尊和社会适应水平显著低于非留守儿童

（周宗奎等，2005）。董奇（1993）对离异家庭儿童的考察发现，与完整家庭的儿童相比，离异家庭的儿童倾向于在智力、同伴关系、亲子关系、情绪等方面表现出一定问题。另外，一些研究表明，离异家庭儿童中，男生的异常行为显著高于完整家庭儿童，而女生的不良情绪显著高于完整家庭儿童（贺红梅等，2001）。此外，大量的研究表明，贫困学生的幸福感显著低于正常学生（胡瑜凤，唐日新，2007）。

目前，对流动儿童、留守儿童的社会性发展现状的研究较为多样，而对离异家庭和贫困家庭儿童的研究较少。并且，以往的研究大多是对单一的处境不利儿童的群体进行考察，较少地涉及多组处境不利儿童群体发展现状的对比研究。在本研究中，课题组较为全面地考察了处境不利儿童的认知、社会性与情感的发展特点，并进行了比较分析。在本书的第二部分，我们将通过综合比较和分组比较，具体介绍四种处境不利儿童——流动儿童、留守儿童、离异家庭儿童和贫困家庭儿童对环境的认知、心理健康、认知能力的发展特点。

4. 社会经济地位对儿童发展结果的影响机制

综上所述，很多研究表明，低社会经济地位的儿童往往会表现出不良的发展结果。那么，社会经济地位是怎样影响儿童的认知和社会性发展的呢？研究者对社会经济地位对儿童发展的影响机制进行了大量的探讨，探讨的内容主要包括影响的中介因素和调节因素。

社会经济地位影响儿童发展的中介因素主要包括资源的获取、父母教养方式和教师行为等方面（谭静，2004）。家庭社会经济地位较低的儿童，在相应的维持他们发展的资源获得方面处于劣势，例如成长所必需的营养得不到保障、缺乏较好的医疗条件等。同时，他们也缺乏接受教育、发展认知功能所必需的资源，例如学习所必备的书籍、参加一些丰富知识的课余活动课程等。父母的教养方式也会受到低社会经济地位的影响。经济压力和来自社会的压力会导致父母的抑郁、焦虑水平提高，父母冲突增多，这些因素进而会影响父母的教养方式，使不良的教养方式增加。而不良的教养方式会对儿童的认知、社会性发展带来不利影响。例如，流动儿童的父母教养方式会影响流动儿童的自尊水平（许晶晶，2006）。同时，低社会经济地位的父母往往忽视对儿童的人力资本的投资，无法为儿童提供相应的认知方面的教育。教师的行为和态度也是影响学生发展的重要因素。在学校中，如果教师倾向于以消极的态度看待低社会经济地位的儿童，并对他们抱有较低的期望，给这类儿童提供较少的机会，当这些儿童表现较好时也不及时给予强化，这必然会导致儿童的学业受挫（谭静，2004）。

社会经济地位还会通过一些调节变量，例如通过学校、社区等影响儿童的发展（谭静，2004）。学校会对儿童的获取资源、学习指导方面产生一定的影响。面向低社会经济地位儿童开设的学校，例如为了解决农民工子女上学问题而设置的流动儿童学校，往往教学条件较差，缺乏基本的经济和物质资源，以及相应的活动场地。社区也会对儿童的发展产生影响。低社会经济地位家庭聚居的社区往往会出现社会秩序不良、儿童发展的资源较少等特点。例如，贫困家庭往往居住在人口较为密集、活动空间狭小的社区，流动儿童家庭往往居住在城乡结合部，这些社区为儿童提供的资源较少，并且居住的人口较为多样，儿童很容易受到社区中一些不良行为的影响。

总之，家庭社会经济地位会通过各种因素作用于儿童，影响儿童的发展。我国以往的研究主要注重于揭示处境不利儿童的心理发展现状，而对处境不利儿童心理发展现状的影响因素和内在机制的探讨较少。本研究以适应的个体差异性作为理论指导，通过对流动儿童、留守儿童、离异家庭儿童和贫困家庭儿童主要心理问题的内在机制进行探讨，在一定程度上回答了"为什么在同样处境不利的条件下，有的儿童能够健康成长，有的儿童却出现了发展上的缺陷？"这一问题。并且，由于儿童生活在一个复杂多变的生态环境中，本研究根据儿童发展的生态环境模型，同时考虑了远端环境因素、近端环境因素对儿童发展的作用，从多变量的角度系统考察了家庭环境这一微系统的变化对儿童心理发展的影响，并探讨了影响处境不利儿童发展现状的中介因素和调节因素的作用机制。在第三部分中，我们将具体深入地探讨低社会经济地位对儿童发展的关键结果的影响机制。

四、四类处境不利儿童家庭社会经济地位的比较

1. 研究目的

为了比较四类儿童家庭社会经济地位的特点，课题组分别对流动儿童、留守儿童、离异家庭儿童、贫困家庭儿童的家庭经济资本、人力资本和家庭内、外社会资本进行了考察，比较四类处境不利儿童的家庭社会经济地位的差异。

2. 研究方法

（1）取样情况

采用方便取样的方法，从北京市选取流动儿童 1 311 名，从河南省洛阳市某乡镇选取留守儿童 645 名，从天津市选取贫困儿童 189 名，从福建厦门市选取离异家庭儿童 323 名。具体的取样情况如表 1 - 1 所示。

表1-1 　　　　　　　　　处境不利儿童的取样情况 　　　　　　　单位：人

	四年级	五年级	六年级	初一	初二	初三	总计
流动儿童	—	410	337	329	235	—	1 311
留守儿童	15	162	145	199	124	—	645
离异家庭儿童	45	51	67	103	57	—	323
贫困家庭儿童	29	22	32	29	27	50	189
总　计	89	645	581	660	443	50	2 468

（2）测量工具

课题组根据科莱曼提出的儿童发展的资本理论，采用相应的题目，组成了儿童发展的家庭环境问卷。该问卷旨在考察儿童发展所需的家庭经济资本、人力资本和社会资本。其中，经济资本包括家庭收入、家庭借债情况；人力资本包括父母文化水平；社会资本分为家庭内社会资本和家庭外社会资本，前者主要包括与儿童一起生活的家庭成员，后者包括与家庭的社会关系网络，例如父母的同事、亲戚、邻居等。

对家庭经济资本的考察包括家庭月收入、借债情况，项目如："你家中现在的借债情况如何？"等。对人力资本的考察包括父母受教育水平，如："你爸爸的文化水平是_____。（相应的选项）"等。对家庭内的社会资本的考察主要包括与儿童一起生活的家人，如："你现在和谁一起住？"等。对家庭外的社会资本的考察主要包括与家庭经常联系的亲戚、朋友等，例如，"当你们家遇到困难或者重大事情时，帮助你们的亲戚多吗？"等。

该问卷的计分方式如下。对家庭内社会资本的计分，根据以往的研究，采用与儿童生活在一起的家人人数除以儿童的兄弟姐妹的个数。对经济资本、人力资本和家庭外社会资本的计分，是根据不同的选项进行编码赋值，最后将数值相加，得到被试在这类资本上的分数。例如，对家庭经济资本的考察包括家庭月收入和借债情况，前者按照"500元以下"、"500～1 000元"、"1 000～2 000元"、"2 000～4 000元"、"4 000～6 000元"、"6 000～8 000元"、"8 000元以上"分别赋予1～7的分值，后者按照"没有"、"500元以下"、"500～2 000元"、"2 000～4 000元"、"4 000～6 000元"、"6 000～8 000元"、"8 000元以上"分别赋予1～7的分值（其中，借债情况为反向计分），然后将这两个分值相加，即家庭经济资本的得分。人力资本、家庭外社会资本的计分方式与经济资本类似。家庭经济资本、人力资本、内、外社会资本的最高分分别为：14、10、10 和 78。

（3）数据处理

采用 SPSS13.0 统计软件包进行数据分析。

3. 结果与分析

（1）四类处境不利儿童家庭经济资本特点

对流动儿童、留守儿童、离异家庭儿童、贫困家庭儿童的经济资本得分进行考察。四类儿童经济资本得分的平均数如图 1—1 所示。

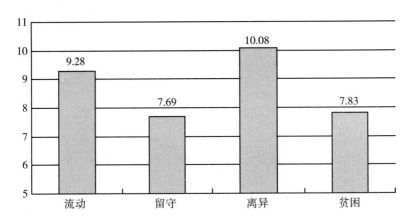

图 1—1　四类处境不利儿童的经济资本得分分布情况

可见，四类儿童中，离异家庭儿童的家庭经济资本得分最高，而留守儿童家庭经济资本得分最低。方差分析表明，四组儿童经济资本得分存在显著性差异，$F(3, 2\ 464) = 119.00$，$p = 0.00$。进一步进行平均数差异检验发现，除贫困家庭儿童和留守儿童的经济资本得分无显著性差异外，其余各类儿童得分都存在显著性差异。

可见，城市贫困家庭的经济情况与农村留守儿童类似，都比较低。农村留守儿童的父母正是由于家庭收入较低、家庭借债水平较高而选择外出打工的，同时他们又没有足够的经济实力将儿童带在身边。我们在调查中也发现，农村留守儿童的父母往往从事较为低级、城市居民不愿做的体力劳动，例如在砖窑做工、给人按摩等，这些工作带来的收入普遍较低。

与留守儿童家庭经济资本情况相近的是城市贫困家庭儿童，这些儿童父母基本上没有工作，或失去了劳动能力。一项对北京市低保家庭的调查发现，这些家庭的户主虽然大多数都处于就业的最佳年龄，但是在这些家庭中，户主身体健康的家庭仅占 33.9%，有劳动能力的人仅占 65.1%（尹志刚，2006）。可见，城市贫困家庭成员由于身体等原因而不能工作，为家庭带来稳定收入。而由于为家庭成员看病等因素又使这些家庭借债较多。在调查中我们也发现，贫困家庭中，有借债的家庭占26.7%，而非贫困家庭中有借债的家庭占11%。因此这类家庭的经济资本必定较为低下，与农村留守儿童家庭持平。

流动儿童的家庭有较为稳定的月收入，能够使家庭在城市中立足，表明他们的家庭经济状况较好。虽然这些家庭从外地来到城市，存在着一定的适应障碍，但流动儿童的父母大多能够为家庭带来稳定的收入。并且，与在农村时相比，流动儿童家庭的收入有了明显的改善。这些因素都导致了流动儿童家庭经济资本的提高。离异家庭儿童虽然也存在着父母亲情相对缺失，但是经济条件并不是他们面临的主要问题。虽然离异会带来父母一方离开家庭，而导致家庭收入的下降，但在离异家庭中，儿童的监护人大多拥有稳定的收入。因此这类儿童的经济资本最高。

（2）四类处境不利儿童家庭人力资本特点

四类儿童的家庭人力资本得分的平均数如图1-2所示。

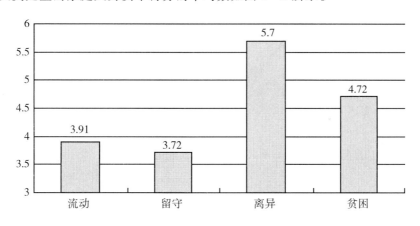

图1-2　四类处境不利儿童的人力资本得分分布情况

四类儿童中，离异家庭儿童人力资本得分最高，留守儿童家庭得分最低。方差分析表明，四类儿童的人力资本得分存在显著性差异，$F(3, 2\,464) = 173.65$，$p = 0.000$。进一步进行多重比较发现，四类儿童的人力资本都存在着显著性差异。

留守儿童、流动儿童的家庭人力资本偏低。由于流动儿童、留守儿童的父母都属于农民工，而在农村，农民接受教育的机会普遍较少。由于生活所迫，他们不得不中途放弃学业而从事农业生产劳动，因此留守儿童、流动儿童的父母一般只具有初中文化水平。而贫困家庭儿童父母文化水平也较低，但是由于他们在城市中生活，能够享受到较好的教育保障，同时在城市氛围的影响下倾向于接受较高水平的教育，因此他们的文化程度较高。离异家庭儿童的父母大多受教育水平较高，有相应的职业，能够负担孩子的生活，因此这类儿童父母的人力资本最高。

（3）四类处境不利儿童家庭内社会资本特点

四类儿童的家庭内社会资本得分的平均数如图 1 - 3 所示。

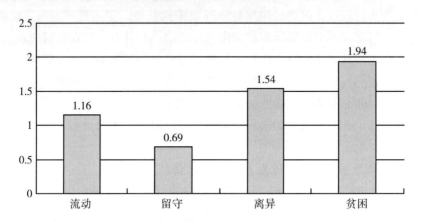

图 1 - 3　四类处境不利儿童的家庭内社会资本得分分布情况

四类儿童中贫困家庭儿童的家庭内社会资本最高，而留守儿童的家庭内社会资本最低。方差分析表明，四类儿童的家庭内社会资本得分存在显著性差异，$F(3, 2\,464) = 223.86$，$p = 0.000$。进一步进行多重比较发现，四类儿童的家庭内社会资本都存在着显著性差异。

留守儿童的家庭内社会资本最低。由于父母在外打工，留守儿童会被托付给祖父母、亲戚监护，或者自行监护，因此这类儿童的父母亲情相对缺失。同时，由于农村家庭一般有两个以上的孩子，因此这类儿童分享到的家长或监护人的支持和帮助也较少。特别是对于生活在亲戚家里或自行监护的留守儿童，他们的家庭内社会资本会更少。这就导致了留守儿童家庭内社会资本最低的现象。而流动儿童由于生活在父母身边，能够得到父母的照看。一些调查表明，与留守儿童相比，外出打工的父母将孩子带在身边，能够满足儿童对父母亲情的需要，使儿童得到父母较好的监护（张秋凌，2003）。但是，由于农民工家庭的孩子数目也较多，因此流动儿童感受到的父母支持也相对较少。

离异家庭儿童也面临着父母亲情相对缺失的问题，但是他们大多是独生子女，能够感受到来自监护人较多的支持和帮助。贫困家庭的儿童大多生活在完整的家庭中，因此与家庭亲情相对缺失的离异家庭儿童、留守儿童相比，家庭内社会资本最多。

（4）四类处境不利儿童家庭外社会资本特点

四类儿童的家庭外社会资本得分的平均数如图 1 - 4 所示。

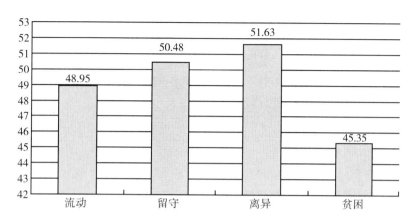

图 1 - 4　四类处境不利儿童的家庭外资本得分分布情况

四类儿童中离异家庭儿童的家庭外社会资本最高，而贫困家庭儿童的家庭外社会资本最低。方差分析表明，四类儿童的家庭外社会资本得分存在显著性差异，$F(3, 2\ 464) = 13.61$，$p = 0.000$。进一步进行多重比较发现，除离异家庭儿童和留守儿童的家庭外社会资本没有差异外，其余两类儿童的家庭外社会资本都存在着显著性差异。

贫困家庭儿童的家庭外社会资本最低。由于贫困家庭父母文化水平较低，没有固定的职业和收入，维持家庭生计都有困难，因此与外界的联系较少。例如，一些家庭可能会由于申请低保、家庭困难产生自卑感，会自觉不自觉地减少与外界的联系。同时由于社会上的一些偏见和对贫困家庭的歧视，与贫困家庭主动联系的人员、家庭也不会很多。这两种因素的结合，导致了贫困家庭的社会联系较少。流动儿童的家庭由于经历了从农村到城市迁移的"背井离乡"过程，与原先在农村保持联系的亲戚联系较少，同时由于生活在相对陌生的城市中，与城市居民或家庭的联系也会较少，不能很好地融入城市居民中去。因此流动儿童家庭的家庭外社会资本也较少。而对于留守儿童家庭和离异家庭，这两类家庭都生活在相对熟悉的环境中，与他人的联系自然也会相对较多。因此这两类儿童的家庭外社会资本相对较多。

（5）对四组结果的比较分析

综合上述的结果可以发现，各类处境不利儿童在四类资本上的得分，各组之间存在着较为显著的差异。也就是说，衡量社会经济地位的四类资本指标能够较好地区分出四类儿童的家庭环境。可见，课题组采用的经济资本、人力资本和社会资本能够较好地体现各类处境不利儿童的家庭社会经济地位特点，反映出儿童家庭资源相对缺失的情况。

各类处境不利儿童家庭都会面临着一个或多个的家庭资本相对缺失的问题。在四类处境不利儿童中，流动儿童的人力资本和家庭内、外社会资本，离异家庭儿童的家庭内社会资本，贫困家庭儿童的经济资本、家庭外社会资本，留守儿童的家庭经济资本、人力资本和家庭内社会资本存在着较为严重的缺失。这些缺失会对儿童造成一定的影响。下面，我们将就四类处境不利儿童的社会经济地位特点及其可能带来的影响分别进行分析。

4. 结论

（1）离异家庭儿童的家庭经济资本得分最高，其次为流动儿童；留守儿童、贫困家庭儿童家庭经济资本得分最低。

（2）离异家庭儿童的人力资本得分最高，其次是贫困家庭儿童；留守儿童、流动儿童家庭人力资本得分最低。

（3）贫困家庭儿童的家庭内社会资本得分最高，离异家庭儿童家庭内社会资本得分次之；流动儿童的家庭内社会资本得分较低，而留守儿童的家庭内社会资本得分最低。

（4）离异家庭儿童和留守儿童家庭外社会资本得分最高，其次为流动儿童家庭；贫困家庭的家庭外社会资本最低。

五、四类处境不利儿童家庭社会经济地位的特点

1. 研究目的

以上比较了四类处境不利儿童的家庭社会经济地位的特点，可以看出四类处境不利儿童的家庭经济资本、家庭内社会资本、家庭外社会资本和人力资本的差异情况。那么，与非处境不利儿童相比，处境不利儿童的家庭社会经济地位又体现出了怎样的特点呢？为了探讨处境不利儿童与非处境不利儿童社会经济地位的差异，课题组分别考察了四类儿童与非处境不利儿童的社会经济地位特点，并进行比较。

2. 研究方法

（1）取样情况

课题组对流动儿童、留守儿童、离异家庭儿童和贫困家庭儿童的取样情况同上。同时，非处境不利儿童（即对照组儿童）的取样情况如表 1－2 所示。

表1-2 　　　　　　　　**非处境不利儿童的取样情况**　　　　　　　单位：人

	四年级	五年级	六年级	初一	初二	总计
北京市的正常家庭儿童	—	87	84	48	42	261
河南洛阳市的农村儿童	—	111	102	173	95	481
厦门市的正常家庭儿童	45	50	68	102	58	323
总　　计	45	248	254	323	195	1 065

（2）测量工具

采用课题组编制的儿童家庭环境问卷，具体描述见上文中对家庭环境问卷的介绍等内容。

（3）数据分析

同上。

3. 结果与分析

（1）流动儿童的家庭环境特点

① 流动儿童的家庭环境特点。

表1-3 显示了打工子弟学校的流动儿童、公立学校的流动儿童和城市儿童的家庭经济资本、人力资本和社会资本的得分情况。

表1-3 　　　　　**流动儿童和城市儿童的家庭资本得分** （$M \pm SD$）

	经济资本	人力资本	家庭内社会资本	家庭外社会资本
打工子弟学校的流动儿童	9.04 ± 2.25	3.76 ± 1.31	1.10 ± 0.58	48.49 ± 12.10
公立学校的流动儿童	10.07 ± 1.92	4.37 ± 1.50	1.35 ± 0.65	49.47 ± 12.30
城市儿童	10.36 ± 1.97	5.47 ± 1.66	2.32 ± 1.12	50.71 ± 12.10
$F(p)$	57.26 （0.00）	158.99 （0.00）	314.02 （0.00）	2.75 （0.06）

城市儿童的经济资本、人力资本、家庭内社会资本、家庭外社会资本都最高，而打工子弟学校的流动儿童这四类资本得分最低。方差分析表明，三组儿童的经济资本、人力资本和家庭内社会资本存在着显著性差异，而家庭外社会资本的差异达到了边缘显著的水平。

多重比较结果显示，打工子弟学校流动儿童的家庭经济资本显著小于公立学校的流动儿童和城市儿童，而后两者无显著性差异。在打工子弟学校就读的流动

23

儿童大多生活在城乡结合部，父母一般会从事较低级的体力劳动，家庭收入也相对较少，因此无力负担借读费等费用。较低的家庭收入导致这些流动儿童不能继续接受较高级的教育，辍学率较高（邹泓，2005）。而在公立学校的流动儿童，其家庭能够负担孩子的借读费等费用，将孩子送入公立学校，可见这些家庭能够较为适应城市生活，收入相对较为稳定，因此这类儿童的家庭经济资本与城市家庭相差不大。

三组儿童的家庭人力资本的差异都达到了显著性水平。打工子弟学校的流动儿童父母文化程度最低，而公立学校的流动儿童父母的文化程度相对较高，能够从事较为高级的劳动。并且，由于农民工进入城市后，为了适应城市工作会参加各种培训，学习一些技术知识。但是，流动儿童父母的文化水平与城市儿童父母相比，仍然存在着一定的差距。

三组儿童的家庭内社会资本也达到了显著性水平。打工子弟学校的流动儿童或公立学校的流动儿童家庭，一般有两个甚至多个孩子，因此能够分享到的父母的支持较少。例如，课题组的量化调查结果表明，流动儿童中多子女家庭较多，54.6%的流动儿童家庭有 2 个孩子，3 个孩子的家庭占 18.7%，1 个孩子的家庭仅占 20.6%。相比之下，城市儿童中 86%的家庭只有一个孩子，2 个孩子的家庭仅占 11%。较多的子女会使得流动儿童家庭的开支增加、经济压力增大，也使得每个孩子能享受的资源减少。而城市家庭一般都属于核心家庭，因此这类儿童能够得到父母较多的支持。但是，与留守儿童的家庭内社会资本得分（见后文）相比，流动儿童在家庭亲情获得方面仍然存在着优势。

打工子弟学校的流动儿童的家庭外社会资本得分显著低于城市儿童，这可能是由于打工子弟学校的流动儿童家庭从家乡来到陌生的城市，除了家庭成员，城市中能够交往的亲戚、朋友并不多，而且这些家庭由于住地的迁移，可能与原先的社会网络也失去了联系。因此，这类家庭的家庭外社会资本较为贫乏。一些调查研究的结果也支持了这一现象，例如，流动儿童在进入城市后会觉得朋友和亲人的数量减少了，与亲戚联系的频率也少了，认为城里人冷漠，邻里之间的联系也较少（张秋凌，2003）。而公立学校的流动儿童家庭虽然与老家的亲戚联系也较少，但他们能够相对较好地融入到城市生活中去，在城市中建立起相应的社会网络，因此这类家庭的家庭外社会资本与城市儿童无显著性差异。

在这里，我们发现了打工子弟学校的流动儿童和公立学校流动儿童在经济资本、人力资本和社会资本上都存在着显著性差异，打工子弟学校的流动儿童家庭经济地位各指标均低于公立学校的流动儿童。这与一些社会调查的结果相符合。研究表明，当农民流动到城市后，这一群体会开始产生分化。一部分农民工通过较高的人力资本或较为紧密的社会关系网络，能够在适应城市生活的基础上，逐步提升社会经济地位（刘祖云，2005）。而另一部分农民工仍然停留在刚进城的状态，从事的工作较为低级，社会经济地位并没有明显的提高。本研究的结果也表明了这一现象。一些家庭城市适应性较好，在取得了较高的社会经济地位后，能够将儿童送入公立学校就读；而另一部分家庭却缺乏这一实力。这一结果提示我们，对于生活在城乡结合部、在打工子弟学校就读的流动儿童以及他们的父母，是最需要社会广泛关注的群体。但是，我们的调查结果也发现，虽然农民工的家庭社会经济地位有所提升，但是在三类资本的得分上毕竟低于城市家庭。这也是流动家庭、流动儿童在城市中较难适应和感受到歧视的原因之一。这一结果提示我们，应当采取适当的培训、干预等措施，促使进城农民工在提高其人力资本的前提下，提高他们的经济资本和社会资本，从而使流动家庭社会经济地位有所提高。

此外，对照后文中非留守儿童的家庭经济资本得分（7.93）可以看出，虽然流动儿童的家庭经济资本与城市居民相比较低，但是与农村非流动家庭相比有了较大的提高。可见，流动虽然带来了社会经济地位的相对下降，但确实能够带来经济资本的提升。对照流动儿童家庭和非留守儿童家庭的其他几类家庭资本的得分发现，除家庭外社会资本外，流动儿童家庭在人力资本上的得分与非留守儿童基本一致。因此，城乡流动现象在一定程度上对家庭、儿童是有益的，能够略微提升家庭的社会经济地位。

② 流动时间对流动儿童家庭环境的影响。

表 1-4 显示了不同流动时间的流动儿童家庭经济资本、人力资本和社会资本的得分情况。

表 1-4　　　　　不同流动时间的流动儿童家庭资本得分（*M* ± SD）

	经济资本	人力资本	家庭内社会资本	家庭外社会资本
2 年以下	8.70 ± 2.24	3.79 ± 1.15	1.17 ± 0.64	46.73 ± 13.21
2 ~ 8 年	9.39 ± 2.06	3.88 ± 1.35	1.15 ± 0.61	48.81 ± 11.77
8 年以上	9.43 ± 2.39	3.99 ± 1.51	1.17 ± 0.59	49.99 ± 12.14
F(*p*)	9.03（0.00）	1.62（0.20）	0.10（0.90）	5.16（0.01）

不同流动时间的流动儿童，家庭内社会资本和人力资本之间无显著性差异，而家庭经济资本、家庭外社会资本差异显著。

多重比较表明，流动时间为 2 年以下的流动儿童家庭经济资本显著小于流动时间为 2 ~ 8 年和 8 年以上的流动儿童家庭。可见，流动时间越长，能够带给家庭的经济收入也就越多。这从另一个角度说明了流动对家庭的影响，虽然流动能够导致家庭社会经济地位与城市人相比较低，但是能够带来收入的改善。一些调查也表明，对于农民来说，虽然家庭经营收入仍然是家庭总收入的主要来源，但是农民外出务工的工资收入所占的份额也不断增加（师迎春，王良健，2007）。可见，人口流动会对农民家庭带来一定的收益。

相应地，流动时间为 2 年以下的流动儿童家庭外社会资本显著小于流动时间为 2~8 年和 8 年以上的流动儿童家庭。这反映了流动儿童家庭逐渐建立起在城市的社会网络的过程。当流动儿童家庭刚来到城市时，尚未建立起相应的社会网络，当逐渐适应城市生活和所在社区的生活后，家庭会与周围的城市居民以及自己的同乡形成一定的社会关系，从而建立起相应的社会网络，获得一定的社会资本。

（2）留守儿童的家庭环境特点

表 1-5 显示了留守儿童与非留守儿童四类资本得分情况。

表 1-5　　　　　　留守儿童与非留守儿童家庭资本的得分（$M \pm SD$）

	经济资本	人力资本	家庭内社会资本	家庭外社会资本
单亲在外的留守儿童	7.70 ± 2.25	3.69 ± 0.94	0.65 ± 0.46	51.06 ± 11.41
双亲在外的留守儿童	7.65 ± 2.56	3.84 ± 1.12	0.73 ± 0.50	48.72 ± 11.57
非留守儿童	7.93 ± 2.34	3.94 ± 1.04	1.09 ± 0.61	54.57 ± 11.46
$F(p)$	1.57 (0.20)	7.80 (0.00)	85.17 (0.00)	20.70 (0.00)

除经济资本外，单亲在外打工、双亲在外打工的留守儿童和非留守儿童在四类资本上的得分上均存在着显著性差异。我们的取样地点——河南省人口较多，导致了人均能够享有的土地等资源较少，农村家庭较为贫困；而外出打工能够带来一些收入，缓解家庭的经济压力。根据本次调查数据显示，留守儿童中有 65.4% 的家庭月收入在 1 000 元以下，有 55% 的留守儿童家庭处于欠债的状况中，共 18.5% 的留守儿童家庭欠债达 4 000 元以上。可见，留守儿童的父母外出打工主要是为了改变家庭的贫困状态，特别是由于借债带来的经济压力。从数据分析结果我们可以看到，由于父母外出打工，家庭经济得到了一定的改善。因此留守儿童的家庭经济资本虽然仍然较低，但是与非留守儿童家庭无显著性差异。

多重比较表明，单亲在外打工的留守儿童的家庭人力资本显著小于非留守儿童。可见，单亲外出打工的留守儿童的父母文化水平普遍较低，不能维持在农村的基本生活，只能在城市中从事较低级的体力劳动来维持生计。由于较低的人力资本，留守儿童的父母外出带来的家庭经济资本的提高也较为有限，因此他们不能将孩子接到城市中一起生活。

多重比较表明，非留守儿童的家庭内社会资本显著高于单亲在外和双亲在外的留守儿童，而后两者之间差异不显著。父母一方在外打工的留守儿童主要与留守在家的父亲或母亲居住，这类家庭中兄弟姐妹较多，分享到的成人的监护行为最少。而双亲在外打工的留守儿童会被寄养在祖父母或亲戚家中，与他们住在一起的成人一般有两个以上（例如祖父母、外祖父母、叔伯、舅舅、姑妈、姨妈等亲戚），因此与单亲在外打工的留守儿童相比，他们能够得到的成人监护行为较多。但是，收留留守儿童的家庭一般也会有自己的子女，因此双亲在外打工的留守儿童家庭内社会资本仍然很少。可见，留守儿童由于父母在外造成亲子关系的松散，家庭内社会资本较低（姜又春，2007）。事实上，这一现状是留守儿童这一处境不利群体的突出特点。

三组儿童的家庭外社会资本也存在着显著性差异。家庭与外界的联络一般是父母与外界组成的社会关系网络。在农村家庭中，一般情况下，儿童的父亲是家中的"一家之主"。父亲能够为家庭带来经济上的收入，也能够为家庭提供各种外界的信息，他们是家庭与外界联络的主要渠道。单亲在外，特别是父亲在外的留守儿童家庭，与外界的联络可能会减少。同时，由于父亲的外出，家庭内部所有的家务等劳动全都落在了母亲身上，因此母亲也无暇去顾及与他人保持联系，维持家庭的外部社会关系。双亲在外的留守儿童家庭一般由孩子的祖父母或亲戚与孩子本人组成。孩子的祖父母可能也会由于年龄较大，行动不便，与外界的联系相应减少。由亲戚照看的留守儿童，虽然在亲戚家里也会感受到较为周到的照顾，但是毕竟不能感受到在父母身边的温暖。同时，亲戚的家庭也会有自己的交往范围和社会网络，孩子在这一环境中可能更容易产生被孤立的感觉。因此，在亲戚家的留守儿童可能会更容易感到自己家庭的外部社会网络的丧失。事实上，对于双亲外出打工的家庭，将孩子托付给祖父母或其他亲戚代为照看的过程，本身就是家庭利用自身社会关系网络，特别是调动家庭的亲属网络的过程（姜又春，2007）。因此，当儿童被托付给亲戚等家庭时，留守儿童家庭本身的社会资本就会相应地减少。这也是双亲在外的留守儿童家庭外社会资本缺失的一个原因。

由于不同留守时间的留守儿童的四类家庭资本之间无显著性差异，在这里不做进一步的探讨。

（3）离异家庭儿童的家庭环境特点

① 离异家庭儿童的家庭环境特点。

表1-6显示了离异家庭儿童与正常家庭儿童的四类资本的得分情况。

表1-6　　　离异家庭儿童与正常家庭儿童的家庭资本得分（$M \pm SD$）

	经济资本	人力资本	家庭内社会资本	家庭外社会资本
离异家庭儿童	10.08 ± 2.42	5.70 ± 2.11	1.55 ± 1.05	51.63 ± 12.04
正常家庭儿童	10.05 ± 2.30	5.30 ± 2.02	1.73 ± 1.01	54.36 ± 12.64
$t(p)$	0.19（0.85）	2.45（0.02）	2.18（0.03）	2.81（0.01）

可见，离异家庭儿童与正常家庭儿童的家庭经济资本无显著性差异。而其余三类资本都存在着一定程度的差异。

离异家庭儿童的家庭人力资本高于正常家庭儿童，这可能是由于离异家庭儿童的监护人文化程度普遍偏高所致。离异家庭儿童的家庭内社会资本与正常家庭儿童相比较低，达到了边缘显著的水平。这一结果体现了由于父母离异，儿童不能与父母中的一方住在一起而导致家庭内社会资本有所下降的现象。由于生活在单亲家庭中，这些儿童只能感受到他们监护人的管理和支持，导致了这类儿童的父母亲情相对缺失。但是，父母亲情的相对缺失、得不到父母的照顾只是离异家庭的一个方面。离异家庭儿童的情况与父母外出打工、家庭仍然相对完好的留守儿童不同，后者只是暂时出现的父母亲情缺失，并且这一缺失现象是由于家庭经济原因被迫造成的。离异家庭儿童的父母由于感情破裂等原因离婚，亲情的缺失是父母主动造成的结果，并且儿童在这一过程中会感受到强烈的父母冲突，这一过程会对儿童造成极大的伤害。父母离异后，儿童与父母中的一方长期生活在一起，但是并不能体会到亲子关系的和谐。相反，由于父母离异造成的自卑、被遗弃感等情绪可能会迁移到监护他们的父母身上，使已经残缺不全的家庭遭遇亲子关系的冷淡、疏远（陶琳瑾，2007）。长期生活在这种环境中，离异家庭儿童更容易形成不良的社会适应。我们在访谈中也了解到，离异家庭儿童更倾向于表现出自卑、粗暴和孤僻等情绪问题。

离异家庭儿童的家庭外社会资本得分也显著低于正常家庭儿童。由于离异家庭属于单亲家庭，与正常家庭的父母拥有较多的亲戚、朋友相比，离异家庭相互保持联系的亲戚、朋友的数目会减少，并且由于离异家庭儿童的监护人可能要承担比正常家庭父母更多的家务、照料孩子等责任，因此对外的联系会相应减少。另外，一些离异家庭由于监护人工作较忙等原因，有时会将孩子托付给亲戚或父母照看。这一举措本身就占用了一些家庭外社会资本，使原本较少的家庭外社会资本更加缺乏。而且，这也会对孩子的心理健康、个性发展以及社会适应都产生了很多不良的影响，例如，儿童得不到关心照顾、与家长沟通较少等。离异家庭的家庭内、外社会资本的减少，会导致儿童能够获得的社会支持较少。实证研究也表明，生活在离异家庭的高中生感受到的客观支持、主观支持和社会支持的利用度都显著少于完整家庭中的儿童（刘庆，2007）。

虽然离异家庭儿童家庭外社会资本较低，但是，对于离异家庭儿童来说，来自家庭外界的社会支持，特别是亲友的支持对儿童的发展是十分重要的。例如，在我们的访谈中发现，有些离异家庭儿童的亲戚愿意给这些儿童提供社会支持，虽然这些支持有强有弱，但是能够被孩子感知到。单亲家庭的家长也报告亲戚给了孩子很大的支持，这种支持主要表现在孩子们的相互陪伴和玩耍上。另外，如果离异家庭的孩子，得到姨妈、姑姑的支持很充足，他们的心理发展状况就要好得多。因此，离异家庭儿童的家庭外社会支持十分重要，如何使这些家庭获得更多的家庭外社会资本，也需要社区、离异家庭周围的亲友等的共同关注。

② 不同离异时间的离异家庭环境特点。

表1-7显示了不同离异时间的离异家庭儿童家庭经济资本、人力资本和社会资本的得分情况。

表1-7 不同离异时间的离异家庭儿童家庭资本得分（$M \pm SD$）

	经济资本	人力资本	家庭内社会资本	家庭外社会资本
半年以下	9.95 ± 2.09	5.25 ± 2.00	1.05 ± 1.36	54.82 ± 11.57
半年~2年	10.05 ± 2.44	5.63 ± 2.42	0.48 ± 1.29	55.13 ± 10.90
2年以上	10.11 ± 2.40	5.76 ± 2.03	0.44 ± 1.30	50.01 ± 12.09
$F(p)$	0.05（0.95）	0.60（0.55）	2.01（0.14）	4.45（0.01）

可见，除家庭外社会资本外，不同离异时间对儿童经济资本、人力资本和家庭内社会资本无显著性影响。多重比较表明，父母离异时间为2年以上的离异家庭儿童的家庭外社会资本显著少于父母离异时间为半年以下和半年至2年的儿童。可见，离异时间越长，与家庭联系的亲友也会逐渐减少，家庭关系网络趋于弱化。这一过程体现了家庭由双亲变为单亲的过程中，由于监护人的精力分配、家庭解体后亲友的减少、社会对离异家庭的偏见等造成的家庭与外界联络的减少。当家庭完整时，家庭的亲友包括夫妻双方的亲友，因此能够为家庭提供较多的社会支持；一旦家庭离异，原来父母一方的亲友可能都不再与这个家庭发生联系。因此，这时的家庭会表现出家庭外社会资本的下降。另外，社会上对离异家庭的看法也为这些家庭在寻找家庭外社会资本时带来了压力。目前，离异家庭很容易被贴上"破碎家庭"、"残缺不全的家庭"等标签，导致人们对这些家庭产生歧视或敬而远之的态度，这种流行的看法会使得离异家庭更难于获得社会资本。

29

总之，对于离异家庭，较低的社会经济地位具体表现为家庭的内、外社会资本较低。但是，离异家庭儿童更多地经历了情感上的巨变和亲情的缺失，只运用较低的社会经济地位这一指标可能不能准确地描述出这类儿童发展面临着的主要困难。

（4）贫困家庭儿童的家庭环境特点

表1－8显示了贫困家庭儿童与正常家庭儿童的四类资本的得分情况。

表1－8　　　　贫困家庭儿童与正常家庭儿童家庭资本的得分（$M \pm SD$）

	经济资本	人力资本	家庭内社会资本	家庭外社会资本
贫困家庭儿童	7.83 ± 2.42	4.72 ± 1.40	1.96 ± 1.11	45.35 ± 12.63
正常家庭儿童	10.42 ± 1.99	5.52 ± 1.68	2.39 ± 1.28	51.16 ± 12.10
$t(p)$	12.81（0.00）	5.25（0.00）	4.15（0.00）	4.79（0.00）

在贫困家庭儿童的四类家庭资本都显著低于正常家庭儿童。其中，经济资本较低是贫困家庭儿童最突出的典型特点，也是影响贫困家庭儿童发展的最基本的因素。较低的人力资本表明，贫困家庭儿童的父母文化程度较低，不能从事稳定的职业，为家庭带来较多的收入。以往的研究表明，低人力资本会导致劳动者就业和再就业较为困难，并且由于知识基础较差，不能很好地学习新的知识技能，使家庭收入不稳定，从而陷入贫困之中（阙祥才，2004）。家庭的人力资本的缺失还表现为家庭成员劳动能力的丧失。例如，在我们的访谈对象中，有盲人、驼背、精神分裂症、癫痫等，还有因为以前工作受伤致残的。大部分低保家庭都有一个这样的人，他们丧失了劳动力，同时还消耗这个家庭稀少的物资，甚至有些还需要不断的治疗。这给低保家庭加上了更为沉重的负担。对于一个劳动者来说，知识、技能和健康是他获得人力资本的重要因素。其中，知识存量表现为个体的文化程度，技能存量指个体的工作特长，而健康存量指个体的身体状况。在贫困家庭中，人力资本的稀缺是一个重要的特点，表现在贫困家庭的知识存量、技能存量和健康存量都显著缺乏（阙祥才，2004）。另外，家庭中人力资本的减少，会影响到父母的人力资本传递给下一代的过程。

可见，贫困家庭中的经济资本和人力资本是相互影响的，经济资本的缺失导致家庭接受教育、医疗卫生等条件较差，人力资本下降；较低的人力资本不能为家庭带来稳定的收入，使家庭经济资本更加匮乏。贫困家庭人力资本的缺失也会带来儿童能够获得的人力资本减少。例如，贫困家庭父母文化水平不足以辅导孩子的功课，所以在孩子向他们求助学业上的困难时束手无策；贫困家庭在儿童教育投资上也存在着更多的困难。

家庭贫困导致家庭除了主要成员外，无法容纳更多的家庭成员，因此与儿童居住在一起的成人数量较少，从而使家庭内社会资本降低。一项对北京市贫困家庭的调查表明，贫困家庭中会出现离婚率高、丧偶率高、单亲家庭比例高等"三高"现象（尹志刚，洪小良，2006）。这也体现了贫困家庭的一个突出问题，即家庭中经济资本的缺乏会导致儿童亲情的缺失，儿童得到成人的教育相对较少。在对贫困家庭的访谈中我们也了解到，由于工作负担、照顾生病的亲属，使父母没有多余的精力教育子女；贫困家庭父母教育理念较为落后，常常以粗暴的方式对待子女；同时由于经济条件的限制，亲子沟通的机会较少，沟通方式也较为单一。这就导致了贫困家庭中父母的教养方式不良，进而影响儿童的发展。在第三部分中我们将具体讨论这一机制。

同时，由于家庭的贫困，儿童的父母每天面对着家庭资源稀缺的现状，无暇顾及家庭与他人的联系，而且家庭的贫困也会导致外界与家庭的联系减少。因此家庭外社会资本也会减少。另外，我们在访谈中也了解到，贫困家庭能够接触到的亲戚、朋友和同事经济状况并不会好太多，也就是说有限的家庭外社会资本也并不能减轻贫困家庭的经济压力。可见，与正常儿童家庭相比，贫困家庭儿童的家庭资本都存在着较为严重的缺失。

（5）对四组结果的比较分析

通过对处境不利儿童与生活在正常家庭中的儿童家庭社会经济地位的比较，我们可以发现，不同处境不利儿童家庭社会经济地位与其对照组儿童均存在着一定的差异。

四类处境不利儿童的社会经济地位都较低。除了离异家庭儿童父母的人力资本略高于完整家庭外，其余各类家庭资本均低于对照组儿童。其中，流动儿童、贫困儿童的家庭经济资本、人力资本、社会资本都显著低于城市中正常家庭儿童；留守儿童的家庭人力资本、社会资本显著低于非留守儿童；离异家庭社会经济地位的下降，主要表现为家庭内、外社会资本的降低。这些差异体现了导致处境不利儿童家庭社会经济地位较低的关键性因素，也是四类处境不利儿童的共同特点。

各类处境不利儿童表现出了不同的社会经济地位特点。由于户籍制度的限制，流动儿童家庭与城市家庭相比，在物质条件和社会支持资源等方面还存在着各方面的差距；留守儿童的家庭经济条件得到了改善，但由于父母亲情的缺失，导致了人力资本、社会资本的相对不足；离异家庭儿童也表现为父母亲情的缺失，而导致家庭内、外社会资本的减少；贫困家庭儿童主要是由于经济资本、人力资本的缺乏也导致了家庭内、外社会资本较少。

可见，儿童家庭社会经济地位的相对下降，是由于他们的家庭与当地社区或家庭生存环境的整体水平存在着一定的差距。例如，流动儿童家庭经济条件、人力资本与他们周围的城市家庭相比较差，留守儿童的家庭环境与非留守的农村家庭环境相比也较差。同时，我们也可以看到，流动儿童家庭虽然与城市家庭相比社会经济地位较低，但与留守儿童家庭，或农村儿童家庭相比，人力资本、经济资本有所提高。可见，社会经济地位的差异是相对的，这一差异的相对性是处境不利儿童家庭社会经济地位的重要特征。

4. 结论

（1）打工子弟学校的流动儿童的家庭经济资本显著低于公立学校的流动儿童和城市儿童；打工子弟学校的流动儿童的家庭内社会资本和人力资本显著低于公立学校的流动儿童，而后者又显著低于城市儿童。打工子弟学校的流动儿童的家庭外社会资本得分显著低于城市儿童。流动时间较长的流动儿童家庭，其经济资本和家庭外社会资本得分显著高于流动时间较短的流动儿童家庭。

（2）留守儿童的家庭经济资本与非留守儿童相比无显著性差异。单亲在外打工的留守儿童的人力资本显著低于非留守儿童。非留守儿童的家庭内社会资本显著高于单亲在外和双亲在外的留守儿童。双亲在外打工的留守儿童家庭外社会资本显著低于单亲在外打工的留守儿童，而后者又显著低于非留守儿童。留守儿童的四类家庭资本不存在留守时间上的差异。

（3）离异家庭儿童的经济资本与正常家庭儿童无显著性差异；离异家庭人力资本显著高于正常家庭儿童；离异家庭儿童的家庭内、外社会资本显著低于正常家庭儿童。

（4）贫困家庭儿童的家庭经济资本、人力资本和家庭内、外社会资本得分均显著低于正常家庭儿童。

第三节　处境不利儿童的家庭物质资源指数

一、家庭物质资源指数概述

1. 处境不利儿童的家庭经济条件及其影响

较低的社会经济地位会通过各种途径影响儿童的发展，其中最直接的影响途径是家庭的物质条件。处境不利儿童，特别是这类儿童中的小学五、六年级和初一、初二的学生，正处于青春发育期，他们需要充足的营养、衣物等物质资源保证身体的正常发育。同时，他们也需要家庭为他们提供属于自己的空间。为保证儿童的健康发展，家庭需要为儿童提供维持发展所需的充足的营养，保证他们生存的空间，并且提供必备的物质环境。

一些研究表明，社会经济地位较低的家庭中，儿童的健康会受到影响。影响儿童健康的直接原因就是家庭的物质条件较为缺乏。例如，低社会经济地位的儿童在胎儿期更可能表现出发育障碍，例如，早产、较低的出生体重、营养不良等问题。这些问题的出现主要是由于母亲在怀孕期间缺乏营养、医疗条件较差等因素引起的（谭静，2004）。在童年期，低社会经济地位会导致儿童身体发育受阻（如营养不良等），这些儿童也更容易产生各种疾病。与高社会经济地位的儿童相比，这些儿童普遍缺乏营养，生活的物质条件和医疗条件较差（谭静，2004）。童年期的低社会经济地位带来的健康问题也会影响到成人阶段，即使在成年期社会经济地位有所提升，也不会减弱早期社会经济地位对健康的消极影响（谭静，2004）。这些不良的发展结果是因为受到了低社会经济地位儿童发展环境的直接影响。同时，家庭的物质资源缺乏也会导致儿童不能获得发展智力、情感的必备条件，例如儿童在成长的关键期需要较丰富的外界环境的刺激，如电视机、电脑等能够为儿童提供知识的媒介。因此，家庭物质资源是否充足，是我们考察低社会经济地位儿童发展环境的一个重要指标。

2. 家庭物质资源指数的构成

我们设计了相应的题目考察儿童的家庭所拥有的物质资源。为便于对不同家庭的生活状况进行综合比较，课题组采用家庭物质资源指数来代表家庭生活水平。家庭物质资源指数的构成情况见表1-9。

表1-9　　　　　家庭物质资源指数的构成要素及权重表

	儿童房间		厕所或厨房			冰箱		彩电		洗衣机		空调		家用电脑		食品				
权数	20		15			7		7		7		7		12		2				
	是	否	两样都有	只有一样	两样都无	有	无	有	无	有	无	有	无	有	无	1种	2种	3种	4种	5种
赋值	1	0	2	1	0	1	0	1	0	1	0	1	0	1	0	1	2	3	4	5

（其中，食品是指每天能够吃到的食品种类，包括牛奶、水果、蔬菜、鸡蛋、肉等5种。）

将各项目的得分乘以权重，然后相加，即能够得到儿童的家庭物质资源指数。指数满分为100分，根据家庭物质资源指数，大致可以将儿童的家庭生活条件分为三类：

较好：家庭物质资源指数在66分及以上，这类家庭与城市一般家庭的生活水平接近。

一般：家庭物质资源指数为 36 ~ 65 分，这类家庭能保证城市生活的基本需求。

较差：家庭物质资源指数为 0 ~ 35 分，这类家庭不能保证城市生活的基本需求。

二、四类处境不利儿童家庭物质资源指数的比较

1. 研究目的

考察流动儿童、离异家庭儿童、贫困家庭儿童、留守儿童家庭所拥有的物质条件的现状，并进行比较。这些物质资源是儿童发展的必备条件。

2. 研究方法

（1）取样情况

见上文中对流动儿童、离异家庭儿童、贫困家庭儿童、留守儿童的取样描述。

（2）测量工具

课题组采用上述的家庭物质资源指数作为考察儿童家庭经济条件的指标，见表 1 - 9 所示。

3. 结果与分析

四类儿童的家庭物质资源指数得分如图 1 - 5 所示。

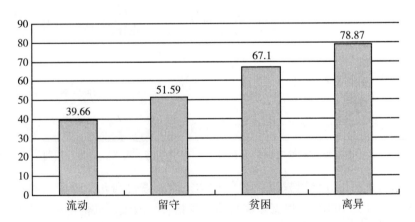

图 1 - 5　四类处境不利儿童的家庭物质资源指数得分分布情况

方差分析表明，四类处境不利儿童的家庭物质资源指数得分有显著性差异，$F(3, 2\ 464) = 322.56$，$p = 0.000$。多重比较表明，四类儿童的家庭物质资源指数差异均达到了显著水平。

流动儿童由于父母都在城市打工，虽然他们的家庭收入较高，但是城市只是他们暂时居住的地点，因此流动家庭并不注重改善家庭的物质条件。流动家庭大多没有固定的房屋，与同乡、亲友杂居在一起，或者临时搭建住所，生活设施简陋。流动儿童的父母由于工资较低，在城市生活所需要的消费又较高，因此他们无法为儿童提供充足的物质资源。这些原因导致了流动儿童家庭物质条件最差。

而农村家庭生活环境也较为简陋，留守儿童一般没有自己的房间，拥有的物质资源（例如营养充足的食物、家用电器等）也会较少，因此农村留守儿童的家庭物质资源指数较低。但是，农村家庭的收入、消费水平都较低，并且留守儿童的父母在外打工使家庭的收入有所增加，因此留守儿童家的经济条件比流动儿童家庭稍好。

流动儿童、留守儿童家庭主要由农民构成，父母的文化水平、职业声望较低，家庭经济资本较少，这两类家庭的物质条件远远不如生活在城市中的贫困家庭和离异家庭。而在城市中生活的贫困家庭，虽然家庭收入较低，但是与在城市中暂住的流动儿童家庭不同，这类家庭很多享有低保的补助，能够拥有维持城市生活所必备的消费品，因此能够为儿童提供较多的物质资源。对于离异家庭，家庭经费稀缺、经济条件较差并不是这类家庭面临的主要问题，因此这类家庭的家庭经济条件最好。

四类处境不利儿童的家庭物质资源指数得分有显著性差异，按照上述对儿童家庭生活条件的划分标准来看，贫困家庭的经济条件刚刚能够维持城市生活的基本水平，离异家庭儿童的家庭经济条件能够较好地保证城市生活的基本需求，而流动儿童、留守儿童的家庭经济条件却不能维持城市的基本生活需求。

4. 结论

四类处境不利儿童中，离异家庭儿童的家庭物质资源指数得分最高，其次为贫困家庭儿童；流动儿童家庭物质资源指数得分最低。

三、处境不利儿童家庭物质资源指数特点

1. 研究目的

以上比较了四类处境不利儿童之间的家庭物质资源的差异情况。为了进一步

了解处境不利儿童与非处境不利儿童家庭物质资源的差异，课题组分别考察了四类儿童与非处境不利儿童的家庭物质资源指数，并进行比较。

2. 研究方法

（1）取样情况

见上文中对流动儿童、离异家庭儿童、贫困家庭儿童、留守儿童的取样描述，以及上文中对四类处境不利儿童的对照组取样的情况描述。

（2）测量工具

课题组采用上述的家庭物质资源指数作为考察儿童家庭经济条件的指标，见表 1 - 9 所示。

3. 结果与分析

（1）流动儿童家庭物质资源指数的特点

① 流动儿童家庭物质资源指数与城市儿童的对比情况。

表 1 - 10 显示了打工子弟学校、公立学校的流动儿童和城市儿童的家庭物质资源指数得分情况。

表 1 - 10　　　流动儿童和城市儿童的家庭物质资源指数得分 $(M \pm SD)$

	打工子弟学校的流动儿童	公立学校的流动儿童	城市儿童
家庭物质资源指数	34.40 ± 21.05	56.50 ± 26.19	78.40 ± 22.23

方差分析表明，三类儿童的家庭物质资源指数得分有显著性差异，$F = 457.27$，$p = 0.00$。多重比较表明，三类儿童的家庭物质资源指数差异均达到了显著水平。

流动儿童家庭多以租用住房或临时搭建住所为主，且大多数儿童没有自己的独立房间。课题组的调查数据显示，绝大多数流动儿童家庭居住在租赁的房屋中，并且大部分流动儿童家庭中没有独立厨房和独立厕所。由于城市中农民工聚居的社区较为狭小，住房较简陋，约有1/5 的流动儿童没有自己的房间。除了住房条件以外，耐用消费品的拥有情况和家庭日常食物种类都能从不同方面体现家庭经济状况。例如，流动儿童中55.8%的家庭没有冰箱，13.9%的家庭没有彩电，57.0%的家庭没有洗衣机，78.3%的家庭没有空调，83.3%的家庭没有电脑，只有25.0%的家庭能够每天都吃到牛奶、水果、蔬菜、鸡蛋、肉等食品，有11.9%的家庭甚至不能每天都吃到蔬菜。其中，打工子弟学校流动儿童的家庭经济条件最为恶劣。

对照后文中非留守儿童家庭物质资源指数的得分（58.48）我们可以发现，流动儿童的家庭物质资源指数与在农村的非流动家庭相比较低，特别是打工子弟学校的流动儿童，其家庭物质资源指数显著低于农村的非流动家庭。事实上，后两者之间的确存在着显著性差异（$t=22.06$，$p<0.01$）。可见，虽然外出打工能够增加收入，但是却不能够带来这些家庭在城市临时居住地的环境的改善。并且，对比打工子弟学校的流动儿童和留守儿童家庭物质资源指数可以发现，打工子弟学校流动儿童的家庭物质资源指数最低。可见，家庭流动能够使儿童享受到父母亲情，但却是以减少儿童发展的相应资源为代价的。

② 流动时间对家庭物质资源指数的影响。

表 1-11 显示了不同流动时间的流动儿童家庭物质资源指数的得分情况。

表 1-11　　不同流动时间的流动儿童家庭物质资源指数得分

	2 年以下	2~8 年	8 年以上
家庭物质资源指数	32.33 ± 22.58	36.82 ± 23.75	46.01 ± 25.38

方差分析表明，三类流动儿童家庭物质资源指数有显著性差异，$F=28.37$，$p=0.00$。多重比较表明，三类流动儿童的家庭物质资源指数两两之间差异均显著。可见，家庭流动时间越长，家庭的物质资源指数就越高。这一结果反映了流动家庭逐渐在城市中安家落户、物质资源提高的现象，也表明了流动会为流动家庭带来物质水平的提高。

（2）留守儿童家庭物质资源指数的特点

① 留守儿童家庭物质资源指数。

表 1-12 显示了单亲在外打工、双亲在外打工和农村非留守儿童的家庭物质资源指数得分情况。

表 1-12　　留守儿童和非留守儿童的家庭物质资源指数得分（$M \pm SD$）

	单亲在外打工的留守儿童	双亲在外打工的留守儿童	非留守儿童
家庭物质资源指数	51.05 ± 18.23	53.20 ± 20.42	58.48 ± 19.38

方差分析表明，三类家庭的家庭物质资源指数得分有显著性差异，$F=19.28$，$p=0.00$。多重比较表明，非留守儿童的家庭物质资源指数得分显著高于单亲在外打工和双亲在外打工的留守儿童。

课题组在调查中发现，留守儿童家庭中，拥有电冰箱、洗衣机等物质资源的家庭所占的百分比小于非留守儿童家庭。也就是说，留守儿童家庭的物质条件要比非留守儿童差。由于留守儿童的父母外出打工，顾不上安排、添置家中的相应物质资源，造成了留守儿童家中的物质资源较少。同时，调查中也发现，留守儿童能够吃到的营养充分食物，特别是肉类食品远少于非留守儿童。这也反映了留守儿童由于父母不在身边，在家中得不到较好照顾的一个方面。并且，他们拥有自己房间的人数也少于非留守儿童。特别是双亲在外的留守儿童，长年与祖父母或者亲戚住在一起，这些监护人没有能力或者不能顾及留守儿童在这方面的需要。因此，留守儿童家庭的经济条件与农村非留守儿童相比较差。其中，单亲在外打工的留守儿童家庭物质资源指数最低，这可能是由于单亲在外打工的留守儿童家庭收入比双亲在外打工的留守儿童家庭少的缘故。

不同留守时间的留守儿童，其家庭物质资源指数无显著性差异。因此，本研究不再进一步分析。

② 留守儿童的贫困知觉。

课题组对留守儿童贫困知觉现状的考察也能够反映出留守儿童对自身家庭条件的认识。家庭物质基础的缺乏，从一定程度上折射出了家庭经济条件的不佳。因为经济来源的不稳定性甚至缺失，可能带来的就是对生存质量的直接威胁。留守儿童对于自己家庭经济情况的认识以及从社会对比中获得自己所在家庭的经济条件处于劣势地位的认知，就是这里所指的贫困知觉。图 1－6 显示了在本次调查中留守儿童和非留守儿童贫困知觉的得分情况，分数越高表明儿童知觉到的家庭贫困程度越高。

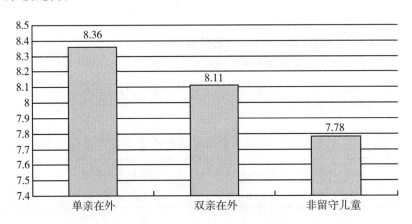

图 1－6　留守与非留守儿童的贫困知觉差异

方差分析表明，三类儿童的贫困知觉有显著性差异（ $F = 6.44$ ， $p < 0.01$ ）。进一步多重比较发现，单亲在外的留守儿童贫困知觉显著高于非留守儿童。这一结果与留守儿童的家庭客观的物质资源指数分布情况类似。留守儿童的贫困知觉较高，可能正是因为留守儿童理解自己的家长是为了改善家庭经济状况而离开家

乡外出务工的，这会成为他们认知自己家庭经济贫困情况的归因依据。留守儿童也可能通过在日常生活中其他家人告知家庭所欠外债的多少、家庭的经济条件与非留守儿童家庭的差异等，体验到这种"贫困知觉"。单亲在外打工的留守儿童，由于感受到家庭的物质资源最为缺乏，因此贫困知觉最高。

为了考察留守儿童的贫困知觉是否存在随年龄的增长呈现贫困知觉升高的效应，我们分析了贫困知觉的年龄差异。从结果分析可知，贫困知觉的确存在着极其显著的年龄差异（$F = 5.61$，$p < 0.01$）。其中，六年级、初一年级和初二年级都比五年级表现出更高的贫困知觉，并且呈现从五年级到初二年级逐年增长的趋势（见图 1 - 7）。由于贫困知觉要求儿童对自己家庭的基本社会经济地位有大致的认知，并且有一定的社会知觉能力，而年龄较小的留守儿童的社会知觉能力较弱，所以对贫困知觉也比较差，而随着年龄的增长，随着自我意识的增强，对家庭经济情况的认识得到发展，社会知觉也得到较大的发展。因此，留守儿童表现出贫困知觉在年龄上的增长效应。

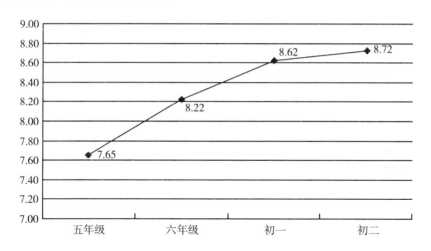

图 1 - 7　不同年级的留守儿童的贫困知觉

可见，留守儿童对家庭经济条件的知觉，从一定的角度反映出了留守儿童家庭经济资源、物质条件的缺乏。结合上文中对留守儿童家庭经济资本、物质资源指数的描述，可以看出留守儿童家庭资源的稀缺是由于较低的家庭经济资本和较少的物质资源决定的，事实上，留守儿童家庭物质资源指数和家庭经济资本之间的相关系数为 0.29（$p < 0.01$）。总之，留守儿童的家庭经济条件、物质条件都处于较低的水平。

（3）离异家庭儿童家庭物质资源指数的特点

表 1 - 13 显示了离异家庭儿童和正常家庭儿童的家庭物质资源指数得分情况。

表 1 – 13　　　　　　离异家庭儿童和正常家庭儿童的家庭物质
资源指数得分（$M \pm SD$）

	离异家庭儿童	正常家庭儿童
家庭物质资源指数	78.87 ± 20.48	81.54 ± 20.13

方差分析表明，虽然离异家庭儿童的家庭物质资源指数略低于正常家庭儿童，但二者之间差异不显著。虽然与正常儿童家庭父母都能够为家庭带来收入的情况相比，离异家庭的月收入可能有所减少，但离异家庭儿童的监护人大多都有稳定的工作和收入，能够为儿童的成长提供较好的物质条件。结合第一章中对离异家庭的经济资本的分析可以发现，在离异家庭中，经济收入、经济条件并不是这类家庭的最突出的问题。我们的访谈也支持了这一现象。在访谈中，很少有家长和孩子提到由于离婚而发生了显著的经济变化，主要原因是现代女性大部分有自己的工作，能够维持自己和孩子的基本生活。我们的访谈对象中只有 4 个孩子提到家庭的经济状况不是很好，但是这种困难在父母离婚之前就已经存在了。因此，离异并不能导致家庭经济条件的下降。

（4）贫困家庭儿童家庭物质资源指数的特点

表 1 – 14 显示了贫困家庭儿童和正常家庭儿童的家庭物质资源指数得分情况。

表 1 – 14　　　　　　贫困家庭儿童和正常家庭儿童的家庭物质
资源指数得分（$M \pm SD$）

	贫困家庭儿童	正常家庭儿童
家庭物质资源指数	67.10 ± 19.42	78.44 ± 21.94

方差分析表明，贫困家庭儿童和正常家庭儿童的家庭物质资源指数得分有显著性差异，$t = 5.60$，$p = 0.00$。与正常家庭的儿童相比，贫困儿童拥有的家庭经济资源显著处于劣势。可见长期的贫困环境，会使个体长时间处于资源稀缺的状态下。然而，仅仅采用"贫困"或者"资源稀缺"很难真正描述低保家庭子女所面临的困境，这些困境体现在家庭生活的各个方面。根据调查的结果，90%的贫困儿童没有自己专有的房间；贫困家庭中只有厕所或厨房，或两样都无的占54%；而冰箱，彩电，洗衣机，空调，家用电脑等用品，只有30%的贫困家庭拥有3种以上，大部分贫困家庭只拥有冰箱、彩电、洗衣机中的一样或几样。在食品上，贫困家庭和正常家庭的差异并不显著，70%的贫困家庭都能吃到牛奶、水果、蔬菜、鸡蛋、肉中的四种或四种以上，但是在调查过程中也有遇到个别的贫困家庭只能吃到三种或三种以下。例如，在调查中一位鳏居的父亲带着 10 岁

的女儿，父亲丧失劳动能力只能靠低保救济，在调查问卷上女儿只选择了蔬菜一项作为"你经常能够吃到的食品"的答案。

在访谈中我们也了解到，低保家庭的经济资源稀缺表现在生活的方方面面，如孩子的学习经费，生活经费，医疗经费等。即使申请了低保，对于家庭的日常开支也是杯水车薪。例如，一些家庭应付日常开销困难，省吃俭用，经常吃剩菜；为了压缩开支，捡别人的衣服穿，或者买很便宜的衣服。并且，这类家庭的家庭环境较为拥挤，没有自己的房子，租房住或者住在公房、地下室里，空间较小；孩子在家没有学习或玩耍的地方，居住条件较差。因此，城市贫困家庭的家庭经济资源虽然能够维持生活的基本水平，但在城市生活水平整体较高的情况下，仍然表现出了一定的劣势。由于经济资本较低导致的贫困家庭的家庭经济资源稀缺，使这些家庭处于长期的应激环境中。贫困生活会使人们逐渐丧失各种资源，常感到沮丧、无助；同时，在面对生活中的应激事件方面，贫困人群比一般人更加容易受到伤害；而有时对一般人威胁不大的事件，例如生病、子女上学等，对贫困人群来说是足以威胁到温饱的应激事件。可以说，长期贫困、物质资源稀缺是一个巨大的应激环境，也是贫困家庭的突出特点。

（5）对四组结果的比较分析

综合四类处境不利儿童的家庭物质资源与其对照组比较的结果，可以发现家庭物质条件稀缺是一些处境不利儿童家庭，例如，流动儿童家庭、留守儿童家庭和贫困家庭面临的主要问题。其中，与城市儿童家庭和农村非流动家庭相比，流动儿童家庭的物质条件缺少尤为突出；贫困家庭儿童和城市家庭儿童、留守儿童和非留守儿童之间家庭物质条件也存在较大的差异。而另一些处境不利儿童家庭，例如离异家庭中，家庭物质条件的缺少却并不突出。较少的物质资源可能会导致儿童不良的发育情况，也可能会导致流动儿童、城市贫困儿童等与城市正常家庭儿童进行比较后自尊下降，情感、社会性也得不到健康的发展。

处境不利儿童家庭物质条件的缺少，体现了由于社会经济地位下降带来的影响。我们发现，处境不利儿童群体的家庭经济资源指数与家庭各类资本之间存在着显著的相关。表 1 - 15 显示了处境不利儿童群体（包括流动、留守、离异和贫困家庭儿童）家庭社会经济地位指标与家庭物质资源指数的相关情况。

表 1 - 15　　　　处境不利儿童群体家庭物质资源指数与
家庭社会经济地位指标的相关

	经济资本	人力资本	家庭内社会资本	家庭外社会资本
家庭物质资源指数	0.21^{***}	0.38^{***}	0.13^{***}	0.22^{***}

注：*代表 $p < 0.05$；**代表 $p < 0.01$，***代表 $p < 0.001$，下同。

以上四项相关系数都达到了显著水平。处境不利儿童的家庭社会经济地位越低，家庭物质条件也就越差。其中，人力资本与家庭物质资源指数的关联最大，这体现了儿童父母文化水平越高，给家庭带来的收入和经济来源就越多，家庭物质条件也就越好。家庭内社会资本与家庭物质资源指数关联最小，这在一定程度上体现了家庭中孩子数目对家庭经济条件的间接影响作用：家庭中孩子数越多，抚养孩子的开支也就越大，同时家庭中成人的收入分配在改善家庭环境的比例也就越少。导致家庭物质条件下降。这提示我们，要改善处境不利儿童的家庭经济条件，可以从提高家庭的人力资本做起。

4. 结论

（1）打工子弟学校的流动儿童家庭物质资源指数显著低于公立学校的流动儿童，而后者又显著低于城市儿童。

（2）单亲在外打工和双亲在外打工的留守儿童家庭物质资源指数显著低于非留守儿童。

（3）离异家庭儿童的家庭物质资源指数略低于正常家庭儿童，但是两类儿童无显著性差异。

（4）贫困家庭儿童的家庭物质资源指数显著低于非贫困家庭儿童。

（5）处境不利儿童家庭社会经济地位各指标与家庭物质资源指数的相关均显著。

第四节 处境不利儿童的教育资源指数

一、教育资源指数概述

1. 处境不利儿童的教育资源及其对儿童的影响

家庭社会经济地位较低，不仅能够导致家庭拥有较少的物质资源，也会影响儿童能够获得的教育资源。一方面，低社会经济地位的家庭拥有的经济资本较少，导致家庭无法支付儿童所需的接受教育、与教育有关的费用，如兴趣班的学费、购买课外书籍、杂志的费用等。如，据美国一项调查显示，生活在贫困家庭的儿童从小就很少有机会获得各种不同的娱乐所需的玩具，以及相应的学习材料，并且去旅游、图书馆和博物馆的机会也较少。这些儿童也很少参与提高学习技巧的课程和培训。这些教育资源缺乏的现状，可能在较低的家庭社会经济地位与儿童智力和情感发展之间起着中介的作用（刘浩强，2005）。同时，经济条件较差的家庭，无法支付儿童进入较好的学校的费用。例如，流动儿童家庭支付不起高额的择校费，就只能将孩子送进设施较为简陋、师资水平不高的打工子弟学校。另外，课题组的调查发现，有些贫困儿童甚至面临着辍学的危险。低社会经济地位家庭儿童所拥有的教育资源的缺乏，会对儿童智力的发展和学业的进步带来消极影响，也会通过各种途径影响儿童的社会性和情感方面的发展。特别地，当家庭面临更大的经济压力时，这种消极影响也会更大（刘浩强，2005）。

另一方面，低社会经济地位的家庭所拥有的人力资本较少。父母受教育水平偏低，就会导致父母没有关心、辅导孩子学习的能力，也缺乏良性的教养方式。这类父母常常忽视与儿童的沟通，回答孩子的提问较少，与儿童谈话的内容也较为贫乏，从而在学习上不能为孩子提供相应的支持。同时，文化水平较低的父母常常忽视对儿童教育的投资，例如，这些父母往往忽视为孩子购买课外读物和学习材料，也不会带孩子参加教育培训、带领孩子参观游览等活动，很少限制孩子看电视和娱乐的时间，也很少有策略地督促孩子学习（刘浩强，2005）。这种现状会导致儿童得不到家长应有的教育和帮助，从而更多地体验到学业失败，更倾向于表现出问题行为和学业退缩行为（谭静，2004）。

另外，低社会经济地位的家庭儿童拥有的家庭内社会资本也较少，这就导致了儿童在家庭中获得成人的帮助、指导的机会也较少，体验到较少的关心和帮助。这一因素也可能会间接地导致儿童教育资源的减少。家庭外社会资本的减少也会对儿童的教育资源产生一定影响，主要表现在儿童信息的获取、社会支持减少等方面。

因此，考察处境不利儿童所拥有的教育资源是十分必要的，它能够帮助我们了解低社会经济地位家庭的儿童拥有教育资源的现状，为政策制定者提供改善这些儿童教育环境的建议。课题组采用了教育资源指数作为衡量儿童教育资源的指标。

2. 教育资源指数的构成

教育资源指数是指儿童拥有的与教育相关的软硬件方面的数量和质量，使用该指数有利于对学生所占有的教育资源进行综合比较，有关的指标及权重见表1-16。将11个项目上的得分相加就得到总体的教育资源指数，满分为100分。其中，专门书桌、学习环境是指家中是否有专门供儿童学习用的书桌和安静的学习环境；订阅报刊是指家里订阅了几种报刊；课外书考查的是儿童除了教科书以外拥有的书籍数量，如童话故事、漫画等；电子学习用品是指电子词典、随身听或复读机、CD或mp3等电子产品；校园环境考察的是校园环境中令儿童还不太满意的地方有哪些，为多项选择题，选项有空气质量、噪音、建筑风格、空间面积、绿化情况等以及都满意，前面五个方面选择几种则记为不满意有几种；学校设施与校园环境的记分类似，考查学校设施中儿童觉得还比较缺乏的方面，选项有电脑室、音乐教室、体育器材、图书室及图书、活动场地以及都很充足，前面五个方面选择的种类越多则在学校设施这个题目上的得分越低；辅导班和兴趣班分别考查儿童在课余时间参加的与学习有关的辅导班（比如奥数班、英语班等）以及文体类的兴趣班（比如绘画班、舞蹈班等）的个数。

表1-16　　　　　教育资源指数及权重表

	专门书桌		学习环境		订阅报刊					课外书					电子学习用品				父母辅导能力		
权数	7		6		2					3					4				3		
	有	无	有	无	没有	1种	2种	3种	4种以上	没有	1至10本	11至30本	31至50本	50本以上	没有	1种	2种	3种	基本不能	能辅导一些科目	所有科目都能辅导
赋值	1	0	1	0	0	1	2	3	4	0	1	2	3	4	0	1	2	3	0	1.5	3

	校园环境						学校设施						教室拥挤程度					辅导班					兴趣班				
权数	2						3						1					2					2				
	5种	4种	3种	2种	1种	都满意	5种	4种	3种	2种	1种	很充足	非常拥挤	比较拥挤	一般	比较宽敞	非常宽敞	没有参加	1个	2个	3个	4个以上	没有参加	1个	2个	3个	4个以上
赋值	0	1	2	3	4	5	0	1	2	3	4	5	0	1	2	3	4	0	1	2	3	4	0	1	2	3	4

二、四类处境不利儿童教育资源指数

1. 研究目的

考察流动儿童、离异家庭儿童、贫困家庭儿童、留守儿童所拥有的教育资源现状，并进行比较，探讨四类处境不利儿童拥有的教育资源的整体情况。

2. 研究方法

（1）取样情况

见上文中对流动儿童、离异家庭儿童、贫困家庭儿童、留守儿童的取样描述。

（2）测量工具

课题组采用上述的儿童教育资源指数作为考察儿童教育资源的指标，如表 1 – 16 所示。

3. 结果与分析

四类儿童的家庭教育资源指数得分如图 1 – 8 所示。

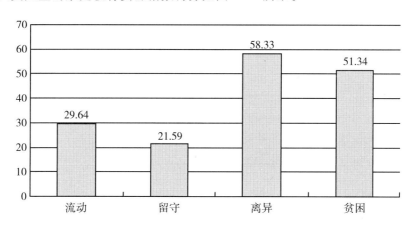

图 1 – 8　四类处境不利儿童的教育资源指数得分分布情况

方差分析表明，四类处境不利儿童的教育资源指数得分有显著性差异，$F(3，2 464) = 242.99$，$p = 0.00$。多重比较表明，四类儿童的教育资源指数差异均达到了显著水平。

留守儿童拥有的教育资源最低。留守儿童由于父母外出打工，不能顾及他们的学业状况，对他们的教育投资也较少。同时，他们一般会在乡镇、农村设立的学校就读，这类学校设施较为简陋，不能满足儿童多方面的发展需求。例如，这类学校缺乏电脑教室和实验室，教室比较简单、拥挤，学生的活动空间也较为狭小。而流动儿童由于生活在父母身边，父母会重视、督促孩子的学习，并且会对孩子的教育进行适当的投资。但是由于城乡二元户籍制度的限制，部分流动儿童在设施较差的打工子弟学校就读，能够获得的教育资源也较少。

与流动儿童、留守儿童相比，贫困家庭儿童和离异家庭儿童的教育资源指数较高。这两类儿童生活在城市中，城市公立学校的教学设施相对较为齐全，能够满足儿童所需的相应的教育条件。但是贫困家庭儿童由于家庭经济条件差，家长对儿童的教育投资也会相应地减少。同时，贫困家庭儿童的家长由于文化程度较低，也不能辅导孩子的功课。因此贫困家庭儿童获得的教育资源与离异家庭儿童相比较少。对于离异家庭儿童，他们的监护人都具有稳定的收入，满足儿童相应的教育资源相对容易。

4. 结论

离异家庭儿童的教育资源指数最高，其次为贫困儿童，留守儿童的教育资源指数最低。

三、处境不利儿童教育资源指数的比较

1. 研究目的

以上比较了四类处境不利儿童之间的教育资源指数的差异情况。为了进一步了解处境不利儿童与非处境不利儿童可获得的教育资源的差异，课题组分别考察了四类儿童与非处境不利儿童的教育资源指数，并进行比较。

2. 研究方法

（1）取样情况

见上文中对流动儿童、离异家庭儿童、贫困家庭儿童、留守儿童的取样描述，以及上文中对四类处境不利儿童的对照组取样的情况描述。

（2）测量工具

课题组采用上述的教育资源指数作为考察儿童家庭教育资源的指标，如表1－16所示。

3. 结果与分析

（1）流动儿童教育资源指数的特点

① 流动儿童教育资源指数与城市儿童的比较。

表1－17显示了打工子弟学校的流动儿童、公立学校的流动儿童和城市儿童教育资源指数的得分情况。

表1－17　　　　流动儿童和城市儿童教育资源指数得分（$M \pm SD$）

	打工子弟学校的流动儿童	公立学校的流动儿童	城市儿童
教育资源指数	27.57 ± 12.35	36.26 ± 12.69	45.60 ± 12.73

方差分析表明，三类儿童的教育资源指数得分有显著性差异，$F = 242.99$，$p = 0.00$。多重比较表明，三类儿童的教育资源指数差异均达到了显著水平。

流动儿童在学校能够获得的教育资源较少。这与流动儿童在城市入学存在着或多或少的困难有关。在流动儿童入学的问题上，国家最初采取了"限制"流动的态度，允许流入地的公立学校接收流动儿童，但要收取借读费。到2003年，国家六部委的联合文件规定，流入地政府负责解决流动儿童入学问题，收费也要"一视同仁"。在政策的鼓励下，越来越多的流动儿童家长将孩子送进正规的公立学校。以北京市为例，61%的流动儿童在公立学校就读。但是，由于公立学校较为昂贵的收费项目和复杂的入学手续，仍然使得一部分流动儿童家庭望而却步，选择将孩子送入打工子弟学校。因此，从打工子弟校的流动儿童、公立学校的流动儿童的教育资源指数得分，以及前文中描述的家庭社会经济地位和物质资源指数的得分不难发现，流动儿童家庭存在着一定程度的分化性。

打工子弟学校的流动儿童能够享受到学校的教育资源较少。课题组的调查显示，有些打工子弟学校的初中班级人数过少。这是因为有些打工子弟学校初中生源不足，特别是初中二年级的班级规模更小，因为升高中受户籍所限，他们大多会选择回生源地学习。在打工子弟小学，有些学校的班级规模过于庞大，严重影响了每个学生所能分享到的教学资源。而在公立学校的流动儿童，会享受到公立学校较好的教学设施、宽敞的教学环境。另外，打工子弟学校流动儿童中，认为学校设施中的电脑室、音乐教室、体育器材缺乏的人数都远高于公立学校的流动儿童和公立学校的城市儿童。特别是，虽然有些打工子弟学校在近几年条件有了很大的改善，但是在初中阶段，这些学校几乎没有做实验的条件，这就使得物理、化学课仍然处于"一根粉笔、一块黑板"的状态，不利于初中阶段流动儿童的学习。在参加课外辅导班方面，打工子弟学校和公立学校的流动儿童与城市儿童之间有显著差异，大部分流动儿童没有参加过辅导班。

家庭能够为流动儿童提供的教育资源也严重不足。前文中也谈到，流动儿童父母的人力资本普遍较低，这使得他们无力辅导孩子的功课。另外，由于家庭经济条件的限制，流动儿童中拥有专门学习书桌的家庭仅占46%，而在城市儿童中这一比例达到92%。流动儿童在家学习也会受到各种因素的干扰，缺乏安静的学习环境。另外，流动儿童由于家庭生活所迫，不得不参加一些体力劳动，帮助父母维持生计、做家务等。在我们的调查中，38%的流动儿童要帮助家里做家务或者赚钱。繁重的家务生活导致这些儿童娱乐、学习的时间较少，课余生活较为贫乏。

综合以上因素，我们可以看到，打工子弟学校的流动儿童由于学校环境、家庭条件的限制，可获得的教育资源最少；公立学校的流动儿童学校环境较好，但是由于家庭经济条件（包括宽敞、安静的学习环境等）、父母辅导能力等条件的限制，这些儿童拥有的教育资源仍然少于城市儿童。

另外，对比后文中农村非流动家庭儿童的教育资源指数的得分（24.53）可以发现，虽然流动能够使家庭的物质资源下降，但是儿童的受教育资源却有所提高。平均数差异检验表明，打工子弟学校的流动儿童教育资源指数显著高于农村非流动儿童（$t = 4.70$，$p = 0.00$）。城市的生活条件虽然较差，但是流动儿童与原先在农村老家相比，可能会享受到更多的教育资源。这一差异体现在哪里呢？以往的研究表明，进入大城市后，流动儿童父母的教育观念有所改善。在农村很多家长对儿童的教育漠不关心，甚至在家庭经济压力下迫使孩子退学；而到了城市后，流动儿童的父母受到了城市的影响，改变了以往强制的教育方式，开始注重对儿童教育的投资，并逐渐关心儿童的学习情况（张秋凌，2003）。因此，流动儿童的教育资源与农村儿童相比有所提高。

② 流动时间对儿童教育资源指数的影响。

表 1 - 18 显示了不同流动时间的流动儿童教育资源指数情况。

表 1 - 18　　　　　　不同流动时间的儿童教育资源指数得分

	2 年以下	2 ~ 8 年	8 年以上
教育资源指数	26.17 ± 12.25	28.70 ± 12.47	32.69 ± 13.30

方差分析表明，三类儿童的教育资源指数得分有显著性差异，$F = 22.56$，$p = 0.00$。多重比较表明，三类儿童的教育资源指数两两之间的差异均显著。可见，流动时间越长，会带来儿童的教育资源不断提高。这一方面是流动儿童家庭经济收入的增加，使父母有能力为儿童的教育进行投资；另一方面也体现了流动儿童父母人力资本的提高，父母的教育理念、教育方式也有所改善。

（2）留守儿童教育资源指数的特点

表 1 - 19 显示了单亲在外打工、双亲在外打工和农村非留守儿童的教育资源指数得分情况。

表 1 - 19　　　　留守儿童和非留守儿童的教育资源指数得分（$M \pm SD$）

	单亲在外打工的留守儿童	双亲在外打工的留守儿童	非留守儿童
教育资源指数	21.30 ± 9.56	22.46 ± 12.33	24.53 ± 10.61

方差分析表明，三类儿童的教育资源指数得分有显著性差异，$F = 11.99$，$p = 0.000$。多重比较表明，非留守儿童的教育资源指数得分显著高于单亲在外打工和双亲在外打工的留守儿童，而后两者无显著性差异。

农村留守儿童与非留守儿童都在当地的乡镇学校就读，学校的差异并不是造成两类儿童教育资源指数差异的原因。但是留守儿童的教育资源指数小于非留守儿童，这体现了虽然父母外出打工能够带来经济收入的改善，但是留守儿童受教育所需的一些具体的资源却不能得到满足。课题组的调查表明，在家里拥有自己良好学习环境的留守儿童人数少于非留守儿童，同时，留守儿童拥有的学习资源，例如课外书、报纸杂志、电子学习用品等也少于非留守儿童。同时，留守儿童的父母在外地生活，与儿童的沟通较少，对孩子学习的关心也较少，更谈不上辅导孩子的功课。留守儿童的监护人一般只注重满足留守儿童生活的物质条件即可，缺少对留守儿童教育的投资，也缺乏对留守儿童学习情况的关心。因此留守儿童的教育资源的缺乏主要体现在由于父母亲情相对缺失而带来的相应教育资源的减少。

留守时间对儿童的教育资源指数无显著性影响，因此不再进一步分析。

（3）离异家庭儿童教育资源指数的特点

表 1 - 20 显示了离异家庭儿童和正常家庭儿童的家庭教育指数得分情况。

**表 1 - 20　　　　离异家庭儿童和正常家庭儿童的教育
资源指数得分（$M \pm SD$）**

	离异家庭儿童	正常家庭儿童
教育资源指数	58.33 ± 11.76	61.26 ± 12.15

平均数差异检验表明，这两类儿童的教育资源指数得分有显著性差异，$t = 3.12$，$p = 0.002$。离异家庭儿童和正常家庭儿童都生活在城市中，在公立学校就读，学校环境差异较小。课题组的调查显示，较多的离异家庭儿童家中没有安静的学习环境和学习用的书桌，并且这类儿童参加兴趣班、辅导班的人数也较少。这些因素是导致离异家庭儿童和正常家庭儿童教育资源指数差异的主要原因。

离异家庭的家庭经济资本与正常儿童家庭无显著性差异，家庭人力资本甚至高于正常家庭儿童，那么是什么原因导致了这类家庭儿童教育资源的减少呢？离异后与儿童居住在一起的父母，可能会由于维持生计、工作较忙，或其他种种缘故，顾不上关心、支持儿童的学习情况，也无暇注重对儿童的教育投资。例如，我们在访谈中发现，在离异家庭中由于父亲或母亲工作繁忙，早出晚归，孩子的一日三餐都没有基本保证，都是家长多给零花钱，自己在外面吃。在这种情况下，孩子的饮食都没有保障，更谈不上家长关心、辅导孩子的学习了。

另外，还有一些家长不注意对孩子的学习进行管教，特别是当儿童的监护人是父亲的情况。我们在访谈中也发现，母亲的心思更细腻、对孩子的关注和沟通较多；而父亲的心则较粗，更多地只关注孩子的物质生活方面。例如，一名儿童常常不交作业，谎称自己已经写完了但是忘记带到学校去。但是孩子的父亲认为作为男性不可能像女性那样去监督孩子的作业。正如监护人忽视对儿童日常起居的照管一样，监护人也往往会忽视对孩子教育需求的满足。家长对子女教育的"非不能也，实不为也"的态度和做法，也是导致离异家庭儿童享有的教育资源较少的原因之一。

（4）贫困家庭儿童家庭教育资源指数的特点

表1-21显示了贫困家庭儿童和正常家庭儿童的教育资源指数得分情况。

表1-21　　　　　　　　贫困家庭儿童和正常家庭儿童的教育
资源指数得分（$M \pm SD$）

	贫困家庭儿童	正常家庭儿童
教育资源指数	51.34 ± 12.71	62.20 ± 11.88

平均数差异检验表明，贫困家庭儿童和正常家庭儿童教育资源指数得分有显著性差异，$t = 8.97$，$p = 0.00$。可见，和正常家庭的儿童相比，贫困儿童能获得的教育资源显著缺乏。由于贫困家庭儿童与正常家庭儿童都在城市的公立学校就读，他们的学校环境差异不大。那么，造成贫困家庭儿童教育资源缺乏的主要原因，在于贫困家庭的经济资本和人力资本与正常儿童存在着显著性差异。课题组的调查结果显示，绝大多数的贫困家庭无法给孩子提供专门的书桌和安静的学习环境，而贫困儿童列出的头三项打搅他们安静学习的原因分别是：帮助父母做家务；家中人来人往；给父母帮工赚钱。贫困家庭订阅报刊的平均数量不到一种；绝大多数的贫困儿童只拥有10本以下的课外书，60%的贫困孩子拥有一种或少于一种的电子学习用品。并且，两组家庭的父母在辅导孩子功课能力上差异显著，正常组儿童普遍报告父母"能够辅导一些功课"，而贫困组的儿童报告"父母能够辅导功课"或"所有科目都能辅导"的人数只占不到15%。

对于贫困家庭，满足孩子日益增长的教育方面的需求是家庭难以解决的困难。对于贫困家庭，孩子的教育问题深入每家每户，对于这些家庭来说，孩子就是希望。父母希望将来孩子出人头地，不会像自己这样将贫困延续下去，而且父母晚年也指望孩子能够有足够的经济实力赡养。因此对孩子的教育，父母是愿意投资的，但贫困家庭的投资对于现代教育昂贵的消费来说，无异于杯水车薪。我们在访谈中也了解到，由于经济困难，贫困家庭没有钱给孩子报辅导班、请家教；没有钱供孩子上学，以及将来上大学。购买孩子的学习用具和种类较多的书本费、学习资料费等开销困难，也没有钱承担孩子业余爱好的学习，例如上辅导班等。可见，贫困家庭满足孩子教育资源的"力不从心"的现实是造成贫困儿童教育资源缺失的主要原因。

（5）四类儿童教育资源指数的比较

由上面的比较可知，流动儿童、离异家庭儿童、贫困家庭儿童和留守儿童能够获得的教育资源存在着显著差异，并且四类处境不利儿童的教育资源都少于其对照组。但是造成这些差异的原因却各有不同。

四类处境不利儿童的教育指数之间的差异，主要体现在这四类儿童就读的学校环境上。其中，留守儿童就读的农村、乡镇设立的学校，以及流动儿童就读的处于城市中的打工子弟学校的条件、设施较差，而贫困家庭儿童、离异家庭儿童就读的城市公立学校条件较好。父母的文化程度也是造成四类儿童教育指数差异的原因之一。人力资本较多的家庭，会注重关心孩子的学习情况，并重视对儿童的教育投入。较多的家庭内社会资本也是父母关心儿童学习、注重教育投资的必要保障。另外，家庭经济资本也为儿童的教育资源提供了经济保障。

导致流动儿童与城市儿童的教育资源指数的差异原因，部分在于这两类儿童就读学校的差异，也是由于流动儿童的父母文化水平较低、家庭对流动儿童教育的投入不够等造成的。而贫困家庭儿童的教育资源缺失，主要是由于家庭经济条件和父母文化水平较低造成的，即由家庭经济资本和人力资本较少造成。而离异家庭儿童、留守儿童家庭的教育资源缺失，是由于家庭的亲情缺失所致。

由上面的分析可知，家庭社会经济地位仍然是影响儿童教育资源的主要因素。表 1-22 显示了处境不利儿童群体教育资源指数与家庭社会经济地位各指标的相关情况。

表 1-22   处境不利儿童群体教育资源指数与家庭
社会经济地位指标的相关

	经济资本	人力资本	家庭内社会资本	家庭外社会资本
教育资源指数	0.32***	0.49***	0.33***	0.20***

由表 1-22 可以看出，人力资本确实是影响处境不利儿童教育资源获得的重要因素。家庭内社会资本也是处境不利儿童获得教育资源的必要条件。当家庭中成人数量较多而儿童数量较少时，成人更倾向于关心孩子的学习、受教育情况，并能够为他们提供一定的教育资源。另外，家庭经济资本、家庭外社会资本也起

着重要的作用。可见，处境不利儿童能够获得的教育资源也会受到家庭社会经济地位的影响。

4. 结论

（1）打工子弟学校的流动儿童教育资源指数最低，其次为公立学校的流动儿童，城市儿童的教育资源指数最高。

（2）单亲在外打工和双亲在外打工的留守儿童教育资源指数显著低于非留守儿童。

（3）离异家庭儿童的教育资源指数显著低于完整家庭儿童。

（4）贫困家庭儿童的教育资源指数显著低于非贫困家庭儿童。

（5）处境不利儿童的家庭社会经济地位各指标与教育资源指数的相关均显著。

第二章

处境不利儿童的心理发展现状

前面主要从外在环境的角度，考察了流动儿童、留守儿童、离异家庭儿童和贫困家庭儿童的发展环境状况，对其家庭社会经济地位、家庭物质指数和教育资源指数进行了界定和探讨。本部分主要从处境不利儿童个体角度出发，关注四组处境不利儿童心理发展的具体现状和特点。具体来说，我们主要从三个方面考察四组儿童的心理发展状况，即处境不利儿童对环境的认知、处境不利儿童的心理健康特点和流动儿童的认知能力特点。

与一般正常家庭中的儿童相比，我们关注的四组儿童均面临不同程度的家庭环境的改变，这些环境条件的变化不可避免地会对其心理发展带来不同程度的影响。其中，流动儿童的家庭环境特点主要是家庭环境的变迁，由原来的农村居住环境迁入到城市中居住；留守儿童的家庭环境特点主要是家庭成员的不完整，父母亲外出打工，造成家庭内部亲情的缺失；贫困儿童的家庭环境特点主要是家庭经济和物质条件的匮乏；离异家庭儿童的家庭环境特点则主要是家庭成员的残缺，即父亲或母亲一方离开原有家庭，另组新家庭，甚至有的离异家庭儿童父母双方均离开，儿童自己跟着其他监护人生活。本部分研究的主要目的，即是考察这些不利的家庭环境条件对于处境不利儿童的影响，例如，随着家庭环境条件的改变，处境不利儿童在心理发展方面会表现出哪些独有的特点？这些特点在四组处境不利儿童群体中存在怎样的差异性和共同性？下面将分别进行具体介绍。

第一节　处境不利儿童对环境的认知

一、生活满意度

1. 什么是生活满意度

近年来，随着积极心理学的理念与呼声日益强烈，以主观生活质量等为内容的研究逐渐增多，这些研究主要着力于关注个体的主观方面的积极心理体验，其中，生活满意度就是一个非常重要的热点问题。那么，什么是生活满意度呢？

所谓生活满意度，是一个人根据自己选择的标准对其生活质量所做的总体评价，主要分为一般生活满意度和特殊领域的生活满意度。一般生活满意度是对个人生活质量的总体评价，特殊生活满意度是对不同生活领域的具体和总体评价，如婚姻满意度，收入满意度，工作满意度等。关于一般生活满意度和特殊生活满意度之间的关系，一般来说，个体的一般生活满意度是由对其有重要意义的特定生活领域所决定的，但一般生活满意度较之特殊生活满意度更为稳定。为此，我们在研究中主要关注的是处境不利儿童的一般生活满意度。

近年来，在生活满意度的研究对象方面，研究者们目前已由主要关注成人群体，开始转向对儿童和青少年的生活满意度进行日益关注。就我国的研究现状来说，国内的实证研究主要围绕两个方面进行，一是对不同地区或国家青少年生活满意度的跨文化比较研究；二是对影响青少年生活满意度的相关变量进行揭示（刘洁，2007）。这其中，对来自不同地区或者国家的儿童青少年的生活满意度状况进行比较，找出差异和共同点，分析社会文化因素对其的影响，一直是研究者们比较关注的问题。国内很多研究者即从亚文化的角度入手，对同一国家内部不同地区之间儿童青少年的生活满意度的差异特点进行了考察。例如，刘旺（2006）对1 152名城市和农村中学生的生活满意度进行测查，结果表明，城市学生在所有维度的满意度均高于农村学生，城乡学生自我满意度差异有统计学意义。这些研究结果表明，不同地区青少年学生的生活满意度确实存在差异，社会文化背景是影响中学生生活满意度的重要因素。本研究中，我们即主要着眼于亚文化群体的比较，考察不同环境背景下的处境不利儿童的生活满意度状况及其差异特点。

关于生活满意度的测量，从理论建构上来讲主要分为单维模型和多维模型两种，研究者在两种理论建构的指导下分别发展了不同的测查工具（刘洁，2007）。单维模型认为，个体在进行生活满意度判断时通常是根据自己对生活的一般感觉做出，与特殊生活满意度无关。因此，单维模型主要用于测量一般生活满意度，即在测量时只给出一些诸如"我生活得很好"、"总的来说，我对我的生活感到满意"等不涉及任何具体生活领域的项目。多维模型的观点认为，个体的一般生活满意度是由对其有重要意义的特定生活领域决定的，因此，其既可以测量特殊生活满意度，也可以测量一般生活满意度。总体来说，目前国内外用于测量青少年生活满意度的量表，既有单维模型方面的也有多维模型方面的，比较有代表性的是《生活满意度量表》、《学生生活满意度量表》、《多维学生生活满意度量表》、《综合生活质量量表——学校版》和《简明多维学生生活满意度量表》等。这些量表的信度、效度都得到了一定程度的考证，它们的跨文化的稳定性也逐渐得到初步验证。本研究中，我们主要采用的是《学生生活满意度量表》来考察四组处境不利儿童的一般生活满意度状况。

总之，探讨儿童青少年的生活满意程度，不仅有助于了解其主观生活质量，也是考察其学校适应状况的重要指标。我国目前正在推行的基础教育改革的目的之一，即在于培养学生的情感、态度、价值观，培养多元化的评价理念，通过考察处境不利儿童对客观生活的主观评价和体验，可以在很大程度上反映其接受教育的结果，也就是说，考察儿童的生活满意度实际上也可以作为考察学校教育质量的重要参数。尤其是对于处境不利儿童来说，由于其所处的环境劣势，考察他们的生活满意度对了解其生活和教育质量，以便及时发现问题所在并采取措施帮助其改善环境的不利方面，具有重要意义。

2. 我们关注的问题

前面提到，目前国内外对儿童青少年生活满意度的研究正处于起步阶段，尤其是对于处境不利儿童青少年的研究，还有待于进一步丰富和扩展。本研究主要从亚文化比较的角度，考察在中国大的社会文化背景下，不同家庭环境条件下流动儿童、留守儿童、贫困儿童和离异家庭儿童的一般生活满意度状况，具体包括三个方面的问题：四组处境不利儿童之间在一般生活满意度方面的差异特点；四组处境不利儿童各自与其对照组的差异特点及其共同点；人口学变量对于四组处境不利儿童的一般生活满意度的影响。

本研究的对象在第一章中已经做了介绍，这里不再赘述。对于一般生活满意度的测查，我们主要采用的是许布纳（Huebner, 1994）编制的《学生总体生活满意度量表》，该量表共有 7 个项目，5 点计分，1 表示"完全不符合"，5 表示"完全符合"，要求学生对其整体生活的满意程度做出评价，总分越高表示总体生活满意度越高。本研究中，该量表在流动儿童、留守儿童、贫困儿童和离异家庭儿童群体中的内部一致性信度系数分别为 0.69，0.74，0.73，0.75。

3. 研究结果与讨论

(1) 四组处境不利儿童在一般生活满意度方面的差异比较

通过差异检验考察四组处境不利儿童在生活满意度方面的差异情况，结果表明，四组儿童在生活满意度方面存在显著性差异（$F = 33.94$，$p < 0.01$），后续比较发现，四个儿童群体两两之间的差异均达到了显著水平。

通过图 2 − 1 可以看出，四组处境不利儿童中，留守儿童的生活满意程度最低，其次是离异家庭儿童和流动儿童，贫困家庭儿童的生活满意度相对较高。通过分析四组儿童的家庭环境特点，我们发现，生活满意度较低的留守儿童和离异家庭儿童，其共同的特点之一就是家庭成员的不齐全，留守儿童的父母外出打工，离异家庭儿童的父母也是分别在不同的地方生活，两种家庭环境条件下，都会因为父母不在身边而造成家庭环境中情感成分的丧失，而情感的缺失必然会使得家庭亲情氛围淡化，这让生活于其中的儿童体会不到家庭的温暖，从而降低对自己家庭的归属感和依恋感。这也说明，家庭情感成分的丧失是影响儿童生活满意度的一个非常重要的因素。

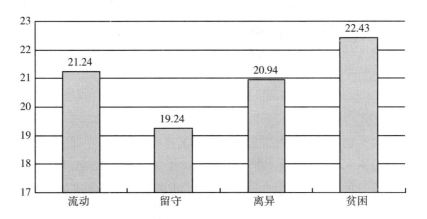

图 2 − 1　四组处境不利儿童在生活满意度上的差异

相对于离异家庭儿童和留守儿童，贫困家庭儿童的特点是家庭物质资源的缺乏，我们可以发现，虽然物质条件的缺乏会对儿童的生活质量带来一定消极影响，但相对于情感资源的缺乏来说，物质资源的缺乏对生活满意度的影响较小，这也进一步提示我们，造成儿童生活满意程度降低的，主要是情感资源的丧失。因此，家长们为了孩子的健康成长，应该更多从情感上对孩子进行支持，而非简单地提供物质上的帮助。尤其是对于留守儿童和离异家庭的儿童来说，很多家长为了弥补自己不在孩子身边的愧疚，就在物质上尽量满足孩子，以为这样就可以让孩子健康顺利的成长，这种想法是不正确的，家长应该更多从情感上关心孩子，只有情感资源充分的儿童，才会对生活表现出更多的满意度。

（2）四组处境不利儿童与其对照组儿童之间的差异比较

我们分别比较了四组处境不利儿童与其对照组儿童之间的差异情况，结果见表2-1和图2-2。差异分析结果表明，四组处境不利儿童的生活满意度与对照组儿童之间均存在显著性差异（$p < 0.01$），四组处境不利儿童的生活满意程度均低于其对照组儿童。这说明，家庭环境的不利条件确实对四组儿童的生活满意程度带来了重要影响，无论是家庭情感资源的缺失、物质资源的缺乏，还是家庭居住环境的变迁，都降低了儿童主观知觉到的生活质量。具体来看，这种降低可以是直接的，例如贫困家庭的儿童，由于经济条件的缺乏，他们可能无法像正常儿童一样在学习用品、生活用品、饮食等方面得到正常保障；也可能是间接的，例如离异家庭的儿童，由于父母的离异，可能会给儿童的性格带来很大的影响，有的儿童变得比较内向，有的则变得比较暴躁和易怒，这些性格方面的原因可能会进一步影响到儿童与同伴和老师的交往模式，从而给其正常的学习生活带来各种不利影响。不过，无论是直接的降低还是间接的降低，都体现了不利的环境条件在儿童发展中的危险本质。

表2-1　　四组儿童与其对照组儿童在生活满意度方面的差异

	处境不利儿童	对照组儿童	t	p
	$M \pm SD$	$M \pm SD$		
流动组	21.24 ± 4.89	24.51 ± 4.80	-9.99	0.00
留守组	19.24 ± 5.11	20.28 ± 5.23	-3.41	0.00
离异家庭组	20.94 ± 5.30	23.66 ± 4.78	-6.87	0.00
贫困家庭组	22.43 ± 5.28	24.70 ± 4.93	-4.22	0.00

（3）人口学变量对处境不利儿童一般生活满意度的影响

① 流动儿童

1）流动儿童生活满意度的年级和性别差异。差异检验表明，流动儿童的生活满意度存在显著的年级差异（$F = 9.43$，$p < 0.01$），并且，差异主要体现在五、六年级流动儿童与初一和初二年级流动儿童之间，相对而言，小学流动儿童的生活满意程度较高。说明随着年级的升高，流动儿童对自己生活质量的满意程度逐渐下降。与小学流动儿童相比，中学流动儿童面临更多的问题，例如升学问题等，很多打工学校的流动儿童都无法进入流入地的普通高中学校继续就读，只能回老家去读书，也有一些流动儿童不得不在中学毕业后直接参加工作，从事一

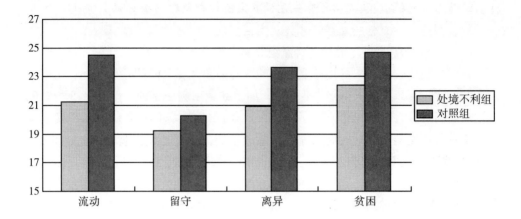

图 2 - 2　处境不利儿童与对照组儿童的生活满意度比较

些服务性行业的工作。因此，初中阶段的流动儿童开始更多地思考自己的人生和以后的生活方式，日益把自己的生活轨迹和城市儿童的生活发展轨迹进行比较，并体会到更多的不如意，对生活质量的抱怨也就逐渐增多。图 2 - 3 形象地表现了不同年级流动儿童的生活满意度情况。

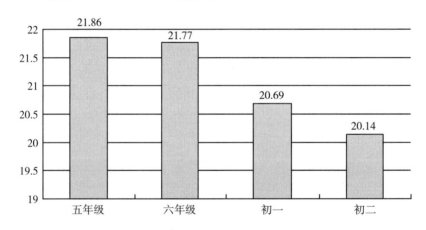

图 2 - 3　流动儿童生活满意度的年级差异

　　进一步，分析不同性别儿童的生活满意度情况，结果表明，虽然城市儿童在生活满意度方面不存在显著的性别差异，但是在流动儿童群体中，男生流动儿童的生活满意度显著高于女生，女生流动儿童对自己目前生活质量的主观满意程度较低。该结果提示我们，在现实生活中，学校和家长要加强对女生流动儿童生活各方面的关注，通过提高她们的主观生活质量进一步提高其主观幸福感受。具体如表 2 - 2 所示。

表 2 - 2   流动、非流动儿童生活满意度的性别差异（M ± SD）

	男	女	t	p
流动儿童	21.55 ± 4.78	20.83 ± 5.05	2.67	0.01
对照组儿童	24.59 ± 4.76	24.46 ± 4.88	0.21	0.83

2）学校类型和流动时间对流动儿童生活满意度的影响。目前，流动儿童在城市的就读学校主要分为两类：打工子弟学校和公立学校。两类学校中流动儿童的生活满意度是否存在一定差异呢？我们对这一问题进行了分析，结果表明，不同类型学校儿童的生活满意度存在显著性差异（$F = 59.94$，$p < 0.001$），具体来看，与对照组儿童相比，打工子弟学校和公立学校流动儿童的生活满意度均相对较低，且打工子弟学校流动儿童生活满意度也显著低于公立学校的流动儿童。该结果提示我们，应该对打工子弟学校的流动儿童进行更多的关注，改善他们的生活和学习环境，提高他们对自己目前生活的满意度。不同学校类型儿童的生活满意度如图2 - 4 所示。

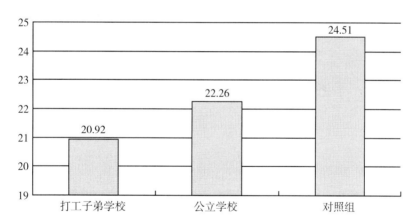

图 2 - 4   不同学校类型儿童的生活满意度

流动时间也是影响流动儿童生活满意程度的重要方面，通过考察不同流动时间儿童的生活满意程度，我们发现，短期流动（2 年以下）、中期流动（2 ~ 8 年）和长期流动（8 年以上）儿童的生活满意程度之间存在显著性差异（$F = 13.81$，$p < 0.01$），随着流动时间的增加，流动儿童的生活满意程度逐渐提高。生活中，随着流动儿童在流入地居住时间的增加，他们逐渐渡过城市适应的初级阶段，开始融入到城市生活中去，同时，他们在城市中的社会交往范围也逐渐扩大，开始有了自己的同伴和朋友群体，不再像最初来城市时那样孤单和缺乏归属感，这些

无疑都会在一定程度上提升流动儿童对自己生活的满意程度。不同流动时间儿童的生活满意度如图2-5所示。

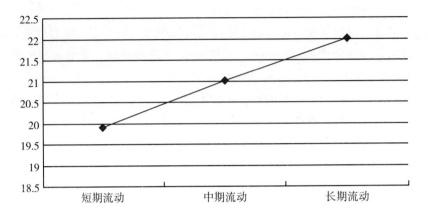

图2-5　不同流动时间儿童的生活满意度

② 留守儿童

1）留守儿童生活满意度的年级差异。图2-6显示了各年级留守儿童、非留守儿童生活满意度的平均数。方差分析表明，不同年级的学生生活满意度有显著的差异（$F = 7.76$，$p < 0.01$）。

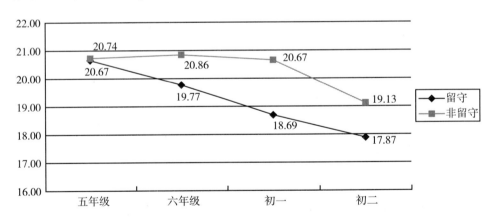

图2-6　留守和非留守儿童生活满意度的年级差异

进一步，通过多重比较来考察哪些年级的差异比较大。结果显示，五年级和六年级、六年级和初一都不存在显著差异，初一和初二却存在显著差异。同时，五年级和初一、六年级和初二的生活满意度平均数也差异显著。这说明随着年级的升高，学生的生活满意度在降低，在初一和初二间出现了一个显著的降低，这个断层有可能是初二学生进入了青春转型期造成的。初二阶段是儿童心理发展的一个非常重要的转折期。进入青春期后，初中生的心理发展开始出现明显的变化，他们的思维逐渐表现出两极性、矛盾性，个性品质也开始表现出自我意识高涨的特征。这个阶段的学生开始面临更多的压力，容易出现很多心理问题。这些都可能在一定程度上影响到其生活满意度的变化。

以上反映的是生活满意度的基本情况，并未涉及留守问题。对留守儿童和非留守儿童做生活满意度的统计分析，结果显示，只有留守儿童的年级差异显著（$F = 7.78$，$p < 0.01$），非留守儿童的年级差异并不显著。进一步的多重比较发现，留守和非留守儿童随年级增长，生活满意度降低的模式是不一样的。非留守儿童和总的趋势一样，在初一和初二间出现一个断层，初一与初二儿童的生活满意度有显著差异。但留守儿童相邻两个年级之间的差异并不显著，并且，前面分析发现的初一和初二儿童生活满意度之间的显著差异也不存在，差异仅仅体现在相隔一个年级的儿童之间，即五年级和初一留守儿童之间、六年级和初二留守儿童之间。这个结果提示我们，留守儿童生活满意度的降低是比较稳定的，并且这种降低开始的时间要早于正常家庭的儿童，即从六年级开始，留守儿童的生活满意度即已经出现较为明显的下降趋势，这种下降趋势可能与儿童认知能力的发展有关。随着儿童年级的增高，其社会认知能力也越来越强，开始对父母的外出进行更加深刻的认知和评价，并进一步对自己目前的生活状况进行更多的思考和反思，此外，他们也会逐渐把自己的生活与其他儿童的生活进行对比和分析，从而对目前生活的质量产生较多的不满意。

2）不同性别儿童的生活满意度差异。图2-7显示了留守儿童、非留守儿童生活满意度的平均分的情况。对留守和非留守儿童分别进行分析，发现留守儿童的性别差异不显著（$F = 1.80$，$p > 0.05$）。但是，无论男孩还是女孩，留守儿童的生活满意度显著低于非留守儿童（$F = 7.65$，$p < 0.01$；$F = 4.05$，$p < 0.05$）。可见，留守普遍造成了儿童的生活满意度下降。

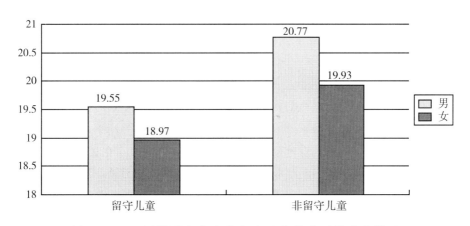

图2-7　不同性别留守和非留守儿童的生活满意度情况

3）父母打工情况和留守时间对儿童生活满意度的影响。图2－8显示了单亲在外留守儿童、双亲在外留守儿童以及非留守儿童生活满意度的得分情况。具体来看，非留守儿童对生活的满意度得分要高于单亲在外打工的留守儿童，单亲在外打工的留守儿童的生活满意度又高于双亲在外打工的留守儿童。进一步做方差分析，结果表明三者的差异非常显著（$F = 6.08$，$p < 0.01$）。后继的多重比较发现，双亲在家的正常家庭儿童的生活满意程度显著高于单亲或双亲在外打工的留守儿童，单亲在外打工和双亲在外打工的留守儿童的生活满意度之间没有显著差异。也就是说，影响儿童生活满意度的主要因素是父母中有没有人在外打工，一个人在外还是两个人均在外并没有太大区别。父母中只要有一个人在外打工，儿童对生活的满意度就会降低。

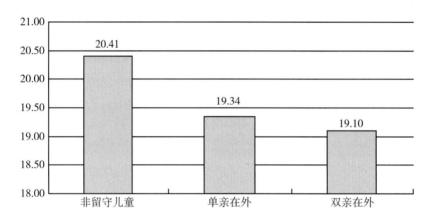

图2－8　不同留守情况的留守儿童生活满意度差异

那么，儿童生活的满意度和父母在外打工的时间会不会有关系呢？由图2－9可以看出，儿童的生活满意度随留守时间的增加而降低，留守时间越长的儿童生活满意度越低。但进一步做方差分析，结果却显示，这种差异其实是不显著的（$F = 0.58$，$p > 0.05$）。也就是说，对生活的满意度并没有受到父母亲在外打工时间的显著影响。

综合以上结果可以看出，虽然从变化趋势上来看，家庭里在外打工的人越多、时间越长，孩子的生活满意度会越低。但是，从整体上来看，父母在外打工的人数和打工时间并非导致留守儿童生活满意度降低的敏感因素，或者说，这并不是导致留守儿童生活满意度降低的主要原因。对此结果，我们认为，父母外出打工人数和打工时间可能并非导致儿童生活满意度降低的直接原因，由于父母外出而导致的亲情缺失以及由于"留守"而带来的消极生活事件等，可能才是影响留守儿童主观生活满意度的更为重要的因素。

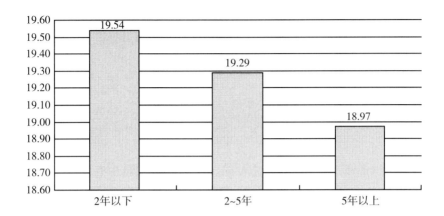

图 2 - 9　不同留守时间的留守儿童生活满意度差异

③ 离异家庭儿童

1）年级对离异家庭儿童生活满意度的影响。年级对离异家庭儿童生活满意度的影响见图 2 - 10。多元方差分析显示，在对生活满意度的评定过程中，离异家庭四年级学生的评分显著高于其他各年级，其他各年级之间没有显著差异。从图中我们可以看到，小学阶段离异家庭儿童的生活满意度低于完整家庭，但是到了初中阶段，这两个群体的生活满意度几乎没有什么差异，我们认为这是因为随着儿童年龄的增长，对父母离异这一事件的认识越来越客观成熟所导致的。在前期的访谈过程中我们也发现，在谈论到自己对父母离婚这件事情的看法时，不少孩子觉得父母离异对他们来说不是一件坏事，没有争吵、没有冷战，家庭氛围反而更好了。

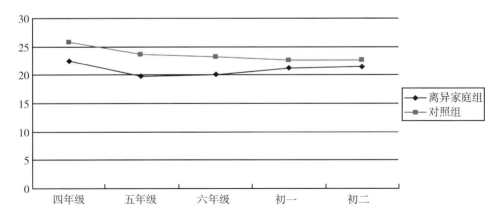

图 2 - 10　年级对离异家庭和完整家庭子女生活满意度的影响

对处于义务教育阶段的儿童来说，学习是他们生活中的主要任务，学习压力是目前中小学生面临的主要压力，影响着他们的幸福体验，对儿童青少年的生活质量起着消极的影响作用。从上图可以看出，四年级儿童的生活满意度显著高于其他年级的孩子，我们认为，一方面，这与随着年级的升高课业压力也随之加大有很大的关系。另一方面，随着年龄的增长，儿童青少年的认知与思维发展日趋成熟，他们关注的生活和社会问题日益丰富，看待问题日益深刻，这也会在一定程度上导致高年级儿童的生活满意度低于低年级儿童。

2）性别对离异家庭儿童主观幸福感的影响。性别对离异家庭儿童生活满意度的影响见图2－11。总体上而言，无论是男孩还是女孩，他们的生活满意度都在中等水平之上，但不存在性别差异，这说明他们对自己的生活还是比较满意的。但是对比完整家庭的孩子，他们的生活满意度显著较低。这说明父母离婚作为一个消极的生活事件，还是会影响到这些孩子的生活满意度。

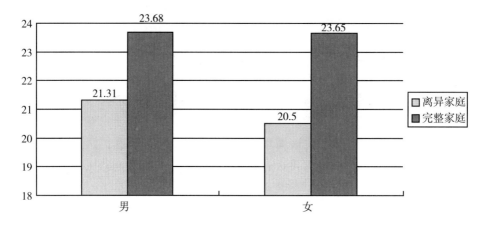

图2－11　性别对离异家庭和完整子女生活满意度的影响

3）离异时间对儿童生活满意度的影响。方差分析表明，离异时间对于儿童的生活满意度不存在显著的影响（$F = 0.10$，$p = 0.91$），不过，从平均数的分布来看，随着父母离异时间的增加，儿童的生活满意度有逐渐上升的趋势（$M_{半年以下} = 20.45$，$M_{半年至2年} = 20.81$，$M_{2年以上} = 21.11$）。具体见图2－12。

④ 贫困家庭儿童

通过比较贫困家庭儿童生活满意度的年级差异，我们发现，与小学贫困家庭儿童相比，初中阶段贫困儿童的生活满意程度较高（$t = -2.15$，$p < 0.05$），这一趋势与对照组儿童的趋势相一致（$t = -2.01$，$p < 0.05$），说明年级因素并非影响贫困儿童生活满意程度的特有因素，无论是否贫困，儿童的生活满意程度都会表现出初中阶段高于小学阶段的趋势。另外，我们发现无论是对照组儿童还是贫困家庭儿童（贫困儿童：$t = -0.08$，$p > 0.05$；对照组儿童：$t = -0.05$，$p > 0.05$），其生活满意程度均不存在显著的性别差异。具体见图2－13、图2－14。

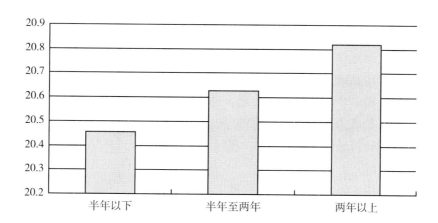

图 2 - 12　父母离异时间对生活满意度的影响

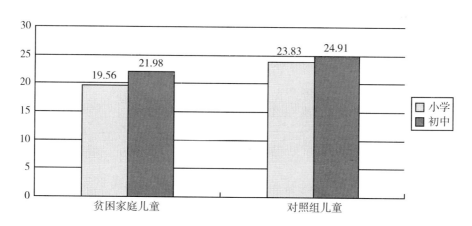

图 2 - 13　贫困、非贫困儿童生活满意度的年级差异

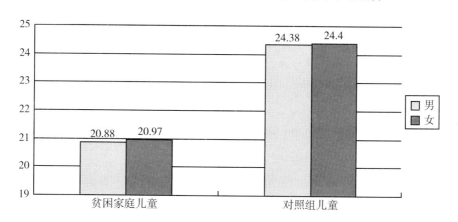

图 2 - 14　贫困、非贫困儿童生活满意度的性别差异

⑤ 小结

通过比较四组处境不利儿童生活满意度的年级和性别差异，可以发现，年级因素对于流动儿童、留守儿童、离异家庭儿童和贫困家庭儿童均具有显著的影响作用，但在具体作用趋势上存在一定的差异，其中，流动儿童、留守儿童和离异家庭儿童的生活满意程度表现出随着在读阶段的升高而降低的趋势，即小学阶段的生活满意程度高于初中阶段，贫困家庭儿童的生活满意程度则相反，其随着在读阶段的升高而增加，即初中阶段贫困儿童的生活满意度高于小学阶段。

在性别差异方面，除流动儿童群体中，流动男孩的生活满意度显著高于流动女孩以外，其余三个群体的生活满意度均不存在显著的性别差异。

最后，关于时间因素对处境不利儿童生活满意度的影响，我们主要关注了流动儿童、留守儿童和离异家庭儿童三个群体，结果发现，流动时间对于流动儿童的生活满意度具有显著的正向影响，随着流动时间的增加，流动儿童的生活满意度也呈现增加趋势；留守时间对于留守儿童的生活满意度也具有显著影响，但其影响方向是相反的，随着留守时间的增加，留守儿童的生活满意程度逐渐下降；父母的离异时间不是影响离异家庭儿童生活满意度的敏感变量，随着父母离异时间的变化，儿童的生活满意度没有出现显著的改变。

4. 结论

（1）留守儿童的生活满意度最低，其次为离异家庭儿童和流动儿童，贫困家庭儿童的生活满意程度相对较高。

（2）与正常家庭的儿童相比，流动儿童、留守儿童、离异家庭儿童和贫困家庭儿童的一般生活满意程度相对较低。

（3）小学流动儿童比初中流动儿童具有较高的生活满意度，流动男孩比女孩具有较高的生活满意度；打工学校流动儿童的生活满意度最低，其次为公立学校的流动儿童，最高的是公立学校的本地儿童；随着流动时间的增加，流动儿童的生活满意度也呈现增加趋势。

（4）随着年级的升高，留守儿童的生活满意程度逐渐降低；男女留守儿童的生活满意度不存在显著差异；与正常家庭儿童相比，双亲均外出打工的儿童的生活满意程度最低，其次是单亲外出打工的儿童；随着留守时间的增加，儿童的生活满意程度逐渐下降。

（5）四年级离异家庭儿童的生活满意度相对最高。性别和父母离异时间对离异家庭儿童的生活满意度不存在显著性影响。

（6）初中贫困家庭儿童比小学贫困家庭儿童的生活满意程度较高，不同性别的贫困家庭儿童的生活满意程度不存在显著差异。

二、歧视知觉

1. 歧视知觉的界定

歧视和歧视知觉是两个不同的概念，其中，歧视主要是从歧视行为发起者的角度来界定的，而歧视知觉则主要是从受害者——被歧视者的角度来界定的。为了进一步澄清两者之间的联系和区别，下面，我们分别对二者的概念内涵进行详细阐述。

（1）歧视及其与偏见、污名的关系

简单说，歧视（discrimination）是指"相同的人（事）被不平等地对待，或不同的人（事）受到同等的对待"（Ansel M. Sharp，2000）。在心理学研究中，歧视主要指由于某些人所属的群体成员资格（group membership）而引发的指向于他们的伤害性行为（Fishbein，1996）。具体来说，就是不以能力、贡献、合作等为依据，而以诸如身份、性别、种族或社会经济资源拥有状况为依据，对社会成员进行"有所区别的对待"，以实现"不合理"的目的，其结果是对某些社会群体、某些社会成员形成一种剥夺，造成一种不公正的社会现象（黄家亮，2005）。在这里，群体成员资格就是个体的性别、种族、宗教信仰、出生地区或者社会经济地位等。歧视可以表现为实际的行为动作，也可以表现为拒绝性的态度或者某些不合理的社会制度、政策法规等。

歧视是一种复杂的现象，涉及的范围非常广泛。从程度上来看，歧视的形式既可以是轻微的忽略某人，也可以是恶劣的身体伤害，程度不等。从歧视行为的可见性来看，歧视形式可以是微妙、模糊的，也可以是公开、外显的。与外显的歧视相比，歧视的模糊形式很难觉察，但其对个体的伤害并不因此而减弱，例如制度上的歧视，虽然有时很难被知觉，但其危害性却非常大。目前，由于性别、种族、年龄等各种歧视越来越不被社会接受，歧视行为变得更加微妙和模糊，需要个体对他人的认知进行深入的理解，并根据一定的情境信息来对他人的行为动机进行归因。歧视行为的这种隐蔽化趋势，使得研究者在考察个体的歧视知觉时，更加关注个体是如何对他人的行为动机、目的意图等进行理解和判断的。

现实中，人们通常把歧视与偏见（prejudice）、污名（stigma）联系在一起，澄清它们之间的关系将有助于我们更深入地理解歧视概念的心理和社会内涵。

67

偏见是一种缺乏客观依据的、固定的、先入为主的观念和态度，是认知和情感的基本反应。在社会心理学中，偏见多指否定性、排斥性的态度。从心理根源上分析，歧视作为一种行为是由偏见导致的，"偏见是一种基于某种信念上的认识态度，歧视则是一种基于偏见上的外显行为"（朱力，2002）。当然，偏见和歧视并非是一对一的必然联系。有的偏见转化为实际的歧视行为，有的则没有，只存在潜在的歧视倾向。歧视与偏见的区别主要表现在两个方面：首先，偏见是一种主观的否定性社会态度，它只存在于人的头脑中，而歧视则已经上升为一种实际存在的行为甚至被固化为一种不公平的制度安排，如种族隔离制度。其次，偏见和歧视所针对的对象不一样。偏见可发生在任何地位的社会成员之间，可以是强势群体对弱势群体存有偏见，也可以是弱势群体对相对强势的群体存有偏见。而歧视针对的则是相对弱势的群体，如少数民族、女性、特殊疾病患者、边缘群体（如流动儿童、留守儿童）等。

在国内，对"stigma"一词的翻译存在很大的分歧，主要有"污名"、"耻辱感"等，也有学者直接翻译成"歧视"。本研究主要采用"污名"这一概念，以便与歧视（discrimination）进行区分。"污名"一词最初指希腊人"用身体标志来标明道德上异常的或者坏的东西，这些标志被画在或刻在人体上，表明他们是奴隶、罪犯或者叛徒"。1963年，戈夫曼（E. Goffman）最早提出了"污名"的概念，把它作为社会歧视的起点。戈夫曼认为，污名是由于个体或群体具有某种社会不期望或不名誉的特征，而降低了个体在社会中的地位。与污名相对应的一个概念是污名化（stigmatization），就是目标对象由于其所拥有的"受损的身份"而在社会其他人眼中逐渐丧失其社会信誉和社会价值，并因此遭受到排斥性社会回应的过程（Goffman，1963）。林克（Link，2001）把污名化分解为由5个相互关联的社会要素所构成的过程，即贴标签、原型化处理、地位损失、社会隔离和社会歧视。可见，污名和歧视之间既存在区别也存在联系。污名主要是一种社会性状，这种社会性状使其拥有者在其他人眼中丧失了社会信誉或社会价值；歧视则指社会对被贴上污名标签的人所采取的贬低、疏远和敌视的伤害性行为，是污名化的结果。

（2）什么是歧视知觉

从理论上来说，歧视研究需要对个体现实生活中的具体歧视经历进行客观测量。但这种研究在现实中很难实现，它不仅需要考虑到歧视者持有偏见的客观历史，还需要决定歧视行为什么时候出现、歧视行为是偶然的还是故意的、歧视行为是否被受害者知觉到或者是否造成真实的伤害等，而这些都是非常困难的。正如克罗克和梅杰（Crocker & Major，1989）指出的，对于被歧视的弱势群体成员来说，引发消极事件的原因通常是不明确的，一方面可能是由于个体的品质问题、能力问题或者其他缺点，另一方面，也可能是基于个体群体成员资格的偏见态度而引发的。正是由于客观测量歧视存在很大的困难，因此，研究者逐渐把注意力转向了目标者知觉到的歧视——歧视知觉。

所谓歧视知觉（perception of discrimination），即个体知觉到由于自己所属的群体成员资格而受到了有区别的或不公平的对待（Sanchez，Brock，1996）。可见，歧视知觉涉及直接与群体成员资格相关的主观体验，它既包括知觉到的指向于自己的歧视，例如人们通常说的个体的歧视知觉或者被歧视感，也包括知觉到的指向于自己所在群体的歧视，例如群体歧视知觉。虽然目前无法确定歧视知觉是否真正反映了客观歧视，但其作为弱势群体成员的重要心理现实，已经越来越受到研究者的关注。例如，戴恩（Dion，1996）等人强调了区分歧视知觉和客观歧视的重要性，他们指出"歧视知觉体现了一种重要的心理现实"，而正是心理的现实作为实际的变量影响着人的行为和发展。

通过对已有研究的回顾后发现，关于歧视知觉的测量主要有两种：其一，在归因框架下考察个体的歧视知觉（Crocker，Major，1989；Branscombe et al.，1999）。根据这一观点，能否知觉到歧视，涉及某一潜在的受害者是否把他人的行为归因于偏见，因此，可以通过考察个体对消极事件的归因来考察个体的歧视知觉。其二，让个体报告自己感到的受歧视程度，或者由歧视引起的伤害程度（Tom，2006），这是研究者采用较多的一种方式。目前，研究者主要从两个层面考察个体感到的受歧视程度：①对个体的歧视知觉进行整体性的考察，比如，"由于你的种族、民族、性别或者其他特征，你是否感到自己受到了歧视？"（Operario，Fiske，2001）。②考察不同方面或不同情境下的歧视知觉，例如，克拉厄（Krahe，2005）等人根据奥尔波特（Allport，1954）对歧视本质的分析，从语言歧视、避免、直接歧视和身体攻击四个方面考察了外国留学人员的歧视知觉。奥尔波特（1954）指出，这几种歧视在严重性上是逐渐递进的，而且严重水平较高的歧视通常都伴随着低水平的歧视行为，如直接歧视可能和言语歧视同时出现。根据奥尔波特（1954）的区分方法所形成的歧视知觉测量工具，已经被应用于种族歧视知觉、年龄歧视知觉以及留学生歧视知觉的研究。

除了考察个体指向的歧视知觉，一些研究也考察了群体指向的歧视知觉，即知觉到的指向于自己所在群体的歧视行为（Cameron，2002），并发现个体和群体指向的歧视知觉之间存在一定的差异。例如，来自成人的研究发现，弱势群体成员一般认为其所属群体受到的歧视要多于自己受到的歧视，即他们认为自己所属的群体是主要的歧视目标，而非自己本人（Crosby，1984；Moghaddam，Stolkin，Hutcheson，1997）。也就是说，与群体的大多数成员相比，他们觉得自己很少受到歧视。这种对自己和自己所在群体的歧视判断不一致的现象，被称为个体与群体的歧视差异（personal – group discrimination discrepancy，PGDD）。克罗斯比（Crosby，1984）最先对这一现象进行了界定，他通过研究发现，女性通常认为其他女性在工作过程中更容易受到歧视，而自己本身却很少受到歧视。

为什么会出现个体与群体的歧视知觉差异现象呢？一种解释认为，这可能与个体对自己和他人了解的程度不同有关（Quinn，Roese，Pennington et al.，1999）。当评价自己是否成为歧视对象时，个体一般具有丰富的可用信息，如关于自己能力、过去的成就以及努力方面的信息，因此，很容易发现一些与消极结果相一致的证据；相反，当评价他人是否成为歧视对象时，个体的可用信息非常有限，缺乏关于他人的细节知识，因此很容易把一些消极后果归于歧视现象。另一种解释认为，把自己作为歧视受害者会引起巨大的心理代价，需要承认个体曾被不公平的对待。因此，个体趋向于否认自身指向的歧视，从而导致了与群体指向的歧视知觉的分离（Crosby，1984）。此外，杜蒙特（Dumont，2004）等人认为这是由于个体在判断个体和群体歧视时的社会比较过程不同所导致。当评价指向于自己的歧视现象时，个体主要与内群体成员进行社会差异性检验，"歧视的危险性超过了检验自己与内群体相似性的默认倾向，并促使个体寻求证据来表明自己与内群体不具有同样的困境"（Quinn，2003），因此较少知觉到歧视；相反，当评价群体受到的歧视时，个体则倾向于与外在优势群体进行比较，并寻求自己所在群体与外在群体经历的不同待遇，因此很容易知觉到群体水平的歧视现象。

与成人一样，当歧视目标是他人而非自己时，儿童也更容易知觉到歧视现象的存在。对此，布朗（Brown，2003，2004）等人在对儿童性别歧视知觉的研究中进行了证实。研究中，布朗（2003，2004）等人设计了两种实验任务，其中一个任务以故事中的人物为被歧视对象，另一个任务则直接以自己为被歧视对象。结果发现，在第一个研究任务中，当故事人物受到持有偏见的老师的消极评价时，72%的小学儿童把老师的行为归于歧视（Brown，Bigler，2004）；在第二个研究任务中，当自己受到持有偏见的老师的消极评价时，仅有13%的儿童把老师的行为归于歧视（Brown，2003）。可见，儿童对指向于自己和他人的歧视现象进行判断时，也存在一定的差异或者分离现象。不过，由于已有研究只考察了儿童在性别歧视方面的PGDD现象，对于经历其他类型的歧视的儿童而言，其歧视知觉是否也存在PGDD现象？这还有待于进一步的考察。

2. 我们关注的问题

截止到目前，研究者们主要关注成人群体的歧视知觉问题，有关儿童歧视知觉的研究仍处于起步阶段。并且，以往的实证研究主要是在国外文化背景下进行的考察，在中国文化背景下进行的量化研究非常有限。鉴于此，我们选取中国文化背景下四组比较典型的处境不利儿童群体，从个体和群体水平两个方面，系统考察了中国处境不利儿童的歧视知觉特点。关注的问题主要包括：四组处境不利儿童在个体和群体歧视知觉方面的差异特点；四组处境不利儿童与其各自对照组儿童在个体和群体歧视知觉方面的差异特点；重要的人口学变量对于四组处境不利儿童的个体和群体歧视知觉的影响。

对于处境不利儿童歧视知觉的考察，我们主要采用自编歧视知觉问卷，从个体和群体水平上考察处境不利儿童知觉到的受歧视程度。问卷的编制参照波斯特麦斯（Postmes，2002）等人的外群体拒绝问卷和克拉厄（2005）等人的歧视知觉问卷，并结合对儿童的开放式问卷调查、实际访谈等，最终形成。本研究中，该问卷在流动儿童、留守儿童、离异家庭儿童和贫困家庭儿童群体中的内部一致性信度系数分别为 0.83、0.77、0.84 和 0.84。

3. 研究结果与讨论

（1）四组处境不利儿童在歧视知觉方面的差异比较

方差分析结果表明，流动儿童、留守儿童、离异家庭儿童和贫困儿童在个体歧视知觉方面存在显著性差异（$F = 14.13$，$p < 0.01$），进一步比较发现，差异主要体现在贫困儿童群体与流动儿童、留守儿童和离异家庭儿童之间，与流动儿童、留守儿童和离异家庭儿童相比，贫困家庭儿童的个体歧视体验相对最少。在群体歧视知觉方面，四组处境不利儿童之间也存在显著性差异（$F = 5.46$，$p = 0.01$），后继比较发现，差异也是主要体现在贫困家庭儿童与其他三组儿童之间，贫困家庭儿童的群体歧视知觉相对较少。四组儿童在个体和群体歧视知觉方面的差异比较如图2–15 所示。

前面已经提到，贫困家庭儿童主要是物质和经济资源的缺乏，而留守儿童和离异家庭儿童则主要是亲情资源的缺乏，流动儿童则是面临新环境的适应问题。从这里的结果可以看出，与新环境适应和亲情资源缺乏相比，物质经济资源的缺乏带给儿童的个体和群体歧视体验最少，这也进一步提示我们，为了降低处境不利儿童的歧视知觉问题，重点需要考虑为儿童提供足够的情感资源和亲情支持，同时需要帮助儿童顺利度过新环境的适应阶段，而不是单纯地从物质角度进行考虑。

（2）四组处境不利儿童与其对照组儿童之间的差异比较

分别比较四组处境不利儿童与各自对照组儿童之间在个体和群体歧视知觉方面的差异情况，结果如表2–3和图2–16、图2–17 所示。在个体歧视知觉方面，离异家庭儿童和流动儿童与其对照组儿童之间存在显著性差异，与正常家庭

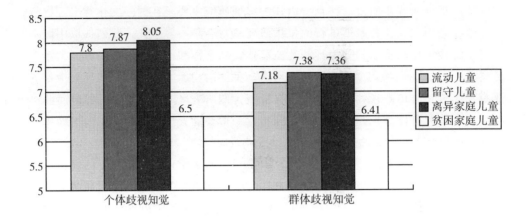

图 2 - 15　四组儿童在个体和群体歧视知觉方面的差异比较

儿童相比，离异家庭儿童和流动儿童具有相对较高的个体歧视知觉；留守儿童和贫困家庭儿童的个体歧视知觉与对照组儿童之间不存在显著性差异。这提示我们，个体歧视知觉可能并非留守儿童和贫困家庭儿童中的敏感变量，即并非这两个儿童群体中的突出问题，但其却是流动儿童和离异家庭儿童群体中的突出心理问题，因此，我们在现实生活中应该更加重视对流动和离异家庭儿童的歧视体验进行预防和干预，帮助他们掌握一些应对歧视事件的技巧，使其可以顺利克服歧视事件带来的不利影响。

表 2 - 3　　　　　　四组儿童与其对照组儿童在个体和群体
歧视知觉方面的差异

		处境不利儿童	对照组儿童	t	p
		$M \pm SD$	$M \pm SD$		
个体歧视知觉	流动组	7.87 ± 2.92	6.69 ± 3.22	5.25	0.00
	留守组	7.81 ± 2.60	7.85 ± 2.70	0.16	0.88
	离异家庭组	8.04 ± 2.39	7.18 ± 2.92	3.52	0.00
	贫困家庭组	6.50 ± 2.68	6.68 ± 2.30	− 0.66	0.51
群体歧视知觉	流动组	7.28 ± 2.93	5.67 ± 2.70	8.23	0.01
	留守组	7.32 ± 2.70	7.00 ± 2.58	2.38	0.02
	离异家庭组	7.16 ± 3.38	5.95 ± 2.83	4.95	0.00
	贫困家庭组	6.41 ± 2.89	5.68 ± 2.71	2.77	0.01

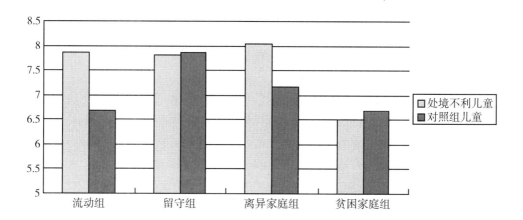

图 2 - 16　四组儿童与对照组儿童在个体歧视知觉方面的比较

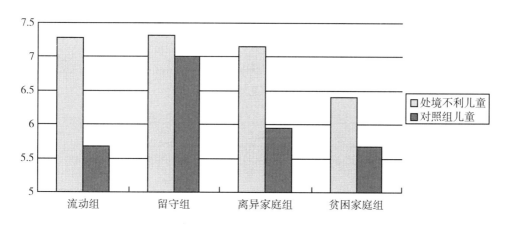

图 2 - 17　四组儿童与对照组儿童在群体歧视知觉方面的比较

在群体歧视知觉方面，四组儿童与对照组儿童之间均存在显著性差异，流动儿童、留守儿童、离异家庭儿童和贫困家庭儿童的群体歧视知觉水平均高于正常家庭儿童。这里我们会发现，虽然留守儿童和贫困家庭儿童的个体歧视知觉与对照组儿童之间没有显著差异，但其群体歧视知觉却存在显著不同，为什么会出现这一现象呢？我们认为，这可能与个体和群体歧视知觉对儿童自尊的影响不同有关。前面提到，如果承认自己受到了歧视，实际上是承认自己在社会中的弱势地位，这会在一定程度上对个体的自尊带来不利影响，降低个体的自我价值感和自尊水平。相反，如果承认自己的群体受到社会的歧视，则不会对个体的自我价值感带来直接影响，而且，承认自己群体受到歧视这一现象，还可以在一定程度上为自己的失败和消极体验提供一个合理的借口，可以使个体有机会把自己的失败和消极经历归于他人的偏见态度，而不是归于自己的能力不足或者努力不够，这样会在一定程度上保护儿童的自尊水平不受到伤害，因此，儿童一般不会否认群体水平的受歧视现象。

（3）人口学变量对于处境不利儿童歧视知觉的影响

① 流动儿童

1）流动儿童歧视知觉的年级和性别差异。图 2 – 18 显示了不同年级流动儿童的个体和群体歧视知觉的变化情况。方差分析结果表明，不同年级的流动儿童在个体歧视知觉方面具有显著的差异（$F = 6.58$，$p < 0.01$），在群体歧视知觉方面也存在显著性差异（$F = 7.31$，$p < 0.01$）。进一步的后继比较发现，差异主要体现在五、六年级流动儿童与初一、初二年级流动儿童之间，与小学流动儿童相比，中学流动儿童具有相对较高的个体和群体歧视知觉体验。随着年级的升高，流动儿童的社会认知能力不断发展，社会交往范围也不断扩大，这在一定程度上增加了流动儿童与外群体成员的接触频率和程度，因此，也必然会在一定程度上增加儿童经历歧视事件的可能性，随着流动儿童经历歧视事件的增多，他们的个体和群体歧视体验也必然会增加。这也告诉我们，需要对中学流动儿童的歧视体验进行特别关注，及时教给他们应对歧视事件的方法和技巧，帮助他们正确看待外群体成员的偏见行为和态度，缓解和克服歧视带来的不良影响。

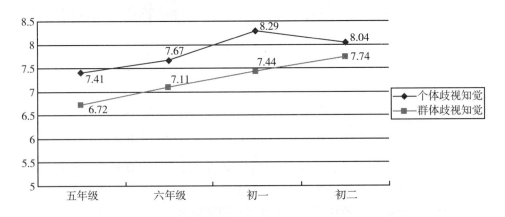

图 2 – 18　不同年级流动儿童的个体和群体歧视知觉

通过考察流动儿童个体和群体歧视知觉的性别差异发现（见图 2 – 19），虽然男生流动儿童在个体和群体歧视知觉方面均略高于女生流动儿童，但是，男女流动儿童在个体歧视知觉（$F = 2.95$，$p > 0.05$）和群体歧视知觉（$F = 1.22$，$p > 0.05$）方面均不存在显著性差异。这与已有的研究结果存在一定差异。

已有研究发现，在弱势群体中，女生会比男生具有更多的歧视知觉体验，因为女生儿童同时属于多个弱势群体，例如女生流动儿童同时属于女生群体和流动儿童群体，这种多重弱势群体成员资格会使得儿童体验到更多的歧视现象。本研究结果没有支持这一结论，这可能与我国特有的现实国情有关。现如今，中国的独生子女政策已经实施了很多年，大部分家庭都是一个孩子，因此，无论是男孩还是女孩，家长都会对其倾注所有的关爱，重男轻女现象已不再如几年前那么严重。而且，女生一般比较文静和懂事，较少出现打架闹事等违规违纪行为，因此，很多老师和其他成人甚至更喜欢女孩，这也可能使得女生较少体验到指向个体和群体水平的歧视现象。

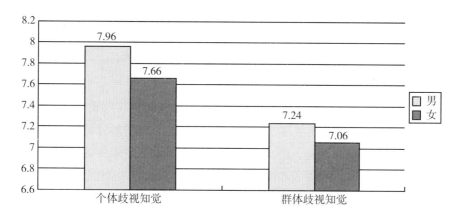

图 2-19　不同性别流动儿童的个体和群体歧视知觉

2）学校类型和流动时间对流动儿童歧视知觉的影响。方差分析结果表明，不同学校类型流动儿童的个体歧视知觉（$F = 10.69$，$p < 0.01$）和群体歧视知觉（$F = 39.15$，$p < 0.01$）均存在显著性差异，图 2-20 形象地表现了不同学校类型流动儿童的歧视知觉状况。

由图 2-20 可以看出，无论是在个体歧视知觉还是在群体歧视知觉方面，打工子弟学校的流动儿童均比公立学校的流动儿童报告更多的歧视体验。这说明，打工子弟学校的流动儿童更容易知觉到来自外群体的歧视。根据标签理论，把某一群体进行特殊的区分和教育，实际上表现了对该群体的歧视行为。对于打工子弟学校的流动儿童来说，打工子弟学校本身就相当于一个大的标签，在这个标签下生活的流动儿童已经被人为地区分了出来，因此，他们对于指向于自己群体和自身的歧视行为更加敏感，从而更容易体验歧视现象。

随着流动时间的变化，流动儿童的个体和群体歧视知觉会表现出怎样的变化呢？通过分析不同流动时间下儿童的歧视知觉发现，流动时间仅对于群体歧视知觉存在显著性影响，不同流动时间下儿童的群体歧视知觉存在显著差异（$F = 9.95$，$p < 0.01$），流动时间对于个体歧视知觉的影响没有达到显著水平（$F = 1.50$，$p > 0.05$），具体如图 2-21 所示。

对短期流动、中期流动和长期流动儿童群体的群体歧视知觉进行后续分析，

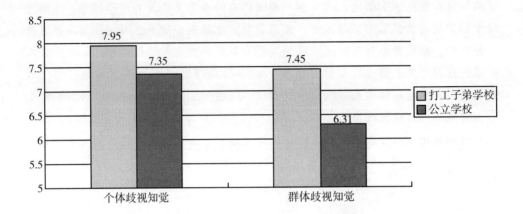

图 2-20　不同学校类型流动儿童的个体和群体歧视知觉

我们发现，不同流动时间下儿童群体歧视知觉两两之间的差异均达到显著水平，这说明随着流动时间的发展，流动儿童的群体歧视知觉表现出逐渐下降的趋势。流动时间表明的是儿童在流入地的居住时间，随着儿童居住时间的增加，他们的适应程度会越来越好，逐渐融入当地人的生活，外地人身份对其生活的影响会逐渐减弱。而且，随着居住时间的增加，一些儿童会对所在地产生一种归属感，不再把自己完全列入外地人的行列，很多儿童甚至觉得自己就是当地人，因此，与最初来城市时相比，他们体验到的指向于所在群体的歧视现象必然会降低。

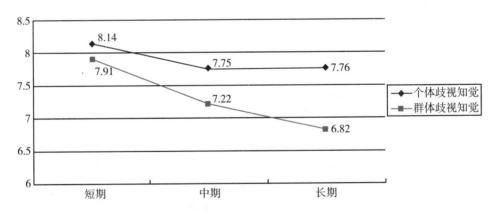

图 2-21　不同流动时间下儿童的个体和群体歧视知觉

② 留守儿童

本研究所涉及的留守儿童主要是农村留守儿童。当人们将这些孩子标定为"留守儿童"的时候，就已经将留守儿童作为一个不同于正常儿童的特殊群体了。而当这种看待他们的眼光变得具有排斥性和否定性的时候，就形成了对这种群体的歧视。比如，也许有了进一步的学习机会时，农村留守儿童却会因经济状况难以负荷而与机会擦身而过；抑或是他们在日常生活中受到周围同学或老师不公平的对待，遭到故意的疏远、冷落与排斥；又或者是因为他们缺少父母的保护而被人看不起或被欺负……那么，当歧视指向留守儿童时，他们是怎样感知与认识这种现象的呢？哪些人口学变量对于他们的歧视知觉存在重要影响？

为了考察留守儿童的歧视知觉与哪些因素有关，本研究初步从不同的性别、年级（五年级，六年级，初一和初二）和留守时间（2 年以下，2~5 年，5 年以上）等因素角度来考察留守儿童的歧视知觉差异。通过分析发现，男女农村留守儿童，以及不同留守时间的儿童在两种歧视知觉方面均不存在显著差异（如表 2–4 所示），即性别和留守时间的长短对于留守儿童歧视知觉不存在重要影响。

表 2–4　　　不同性别、留守时间对留守儿童歧视知觉的影响

	性别		留守时间	
	t	p	F	p
个体歧视知觉	−0.79	0.43	0.89	0.41
群体歧视知觉	−0.02	0.98	0.82	0.44

为了考察随着年级的升高留守儿童的个体歧视知觉与群体歧视知觉是否会发生相应的变化，我们分析了歧视知觉的年级差异。图 2–22 显示了不同年级留守儿童歧视知觉的得分。方差分析表明，留守儿童在个体歧视知觉（$F = 4.83$，$p < 0.01$）和群体歧视知觉（$F = 4.66$，$p < 0.01$）方面均存在显著的年级差异。在个体歧视知觉方面，初一、初二年级的留守儿童的得分明显地高于五年级的留守儿童；在群体歧视知觉方面，初一、初二年级的得分仍然显著地高于五年级的留守儿童；初一年级的留守儿童得分高于六年级。

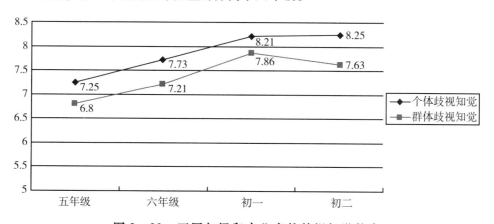

图 2–22　不同年级留守儿童的歧视知觉特点

这里，我们大致可以看到，无论是个体歧视知觉还是群体歧视知觉，都随留守儿童的成长而呈现增长的趋势。这也是一个很有意思的结果，为什么会出现这种差异呢？造成这种现象的原因可能是，这一阶段的儿童正处于社会知觉不断发展的重要时期，随着儿童社会认知能力的提高，他们越来越能够清楚、正确地识别和知觉到来自他人的偏见态度和行为，从而体验到的歧视也越来越多。具体来说，小学期间的留守儿童尚未发展完全的社会知觉能力，所以对指向于个体和群体的歧视的敏感度较低，而进入初中阶段，留守儿童的认知能力逐渐发展并接近成熟，同时个体的自我意识开始增强，对外界的感受变得更加敏感，在自我报告时倾向于以较冒进的方式表达自己内心的真实感受，报告出较高的歧视知觉。

总之，是否留守的生活经历是使儿童的个体与群体歧视知觉有差异的重要原因。这可能与父母不在身边，不能提供充分的情感关怀和必要的保护与指导有关，也就是说，很多孩子往往把造成歧视的原因归结于父母是否在身边，是否有一个完整、共同生活的家庭。此外，年级也是一个重要的影响因素，随着年龄的增长，个体与群体歧视知觉呈现增长的趋势。

③ 离异家庭儿童

1）年级对离异家庭儿童歧视知觉的影响。年级对离异家庭儿童歧视知觉的影响见图 2 - 23 和图 2 - 24。多元方差分析显示，不同年级的儿童，其个体歧视知觉得分具有显著的差异，群体歧视知觉得分的差异不显著。进一步，对不同年级儿童的个体歧视知觉进行多重比较发现，小学五年级和六年级得分显著高于初一和初二，其他各年级之间得分无显著差异。不同年龄阶段对歧视知觉有不同的体验，我们认为这可能是因为小学儿童对家庭依赖性强，因此，对不良环境因素更多表现出消极体验。

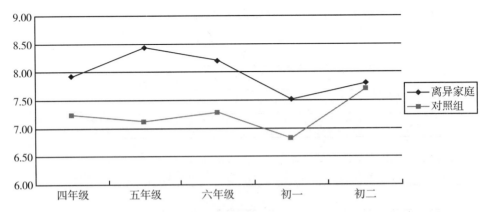

图 2 - 23　年级对离异和完整家庭子女个体歧视知觉的影响

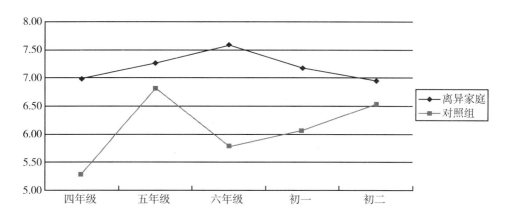

图 2 - 24　年级对离异和完整家庭子女群体歧视知觉的影响

2）性别对离异家庭儿童歧视知觉的影响。性别对离异家庭儿童歧视知觉的影响见图 2 - 25 和图 2 - 26。通过平均数的分布可以看出，无论是个体歧视知觉还是群体歧视知觉，男孩得分均显著高于女孩。并且，无论是个体歧视知觉还是群体歧视知觉，离异家庭男孩都比完整家庭男孩的得分高。我们认为这一现象再次印证了前人的观点，即认为男孩受到父母离异影响的程度更大、更深。凯利和沃勒斯坦（Kelly & Wallerstein，1976）认为男孩的发展很脆弱，易受到诸如父母离婚这类事件的伤害。约翰·歌德堡等人的研究也发现，在社会适应方面存在着显著的性别差异：随着年级的升高，离婚家庭的男孩与完整家庭中的男孩的差异进一步增加，而离婚家庭的女孩与完整家庭中的女孩的差异则逐渐减少。也就是说，离婚家庭的女孩比男孩能更好地适应父母离婚和单亲家庭生活。这在一定程度上解释了在我们的研究中为什么男孩感受到更多的歧视。

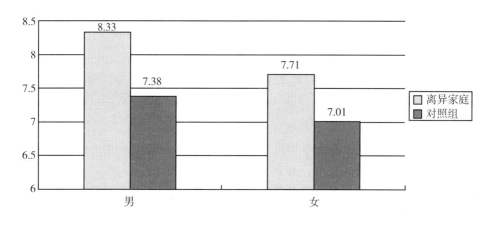

图 2 - 25　性别对离异和完整家庭儿童个体歧视知觉的影响

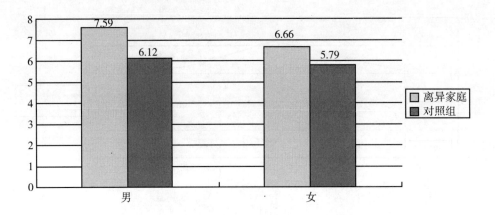

图 2 – 26　性别对离异和完整家庭儿童群体歧视知觉的影响

3）离异时间对离异家庭儿童歧视知觉的影响。方差分析表明，离异时间对于儿童的个体歧视知觉（$F = 0.13$，$p > 0.05$）和群体歧视知觉（$F = 0.27$，$p > 0.05$）均不存在显著的影响，不过，从平均数的分布来看，随着父母离异时间的增加，儿童的歧视知觉有逐渐下降的趋势。

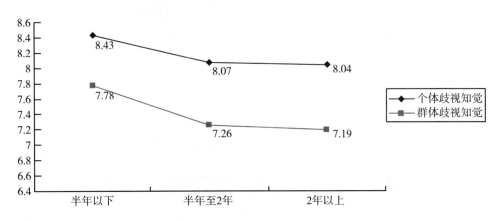

图 2 – 27　离异时间对离异家庭子女个体和群体歧视知觉的影响

④ 贫困家庭儿童

通过比较贫困家庭儿童在歧视知觉方面的年级差异，我们发现，无论是个体歧视知觉还是群体歧视知觉，小学贫困儿童和初中贫困儿童之间均不存在显著差异（个体歧视知觉：$t = -1.31$，$p > 0.05$；群体歧视知觉：$t = -1.20$，$p > 0.05$）。进一步，比较贫困家庭儿童在个体和群体歧视知觉方面的性别差异，结果表明，男女贫困儿童之间均不存在显著性差异（个体歧视知觉：$t = -1.17$，$p > 0.05$；群体歧视知觉：$t = 1.54$，$p > 0.05$）。这说明，在读阶段和性别因素并非贫困儿童歧视知觉的重要影响因素。具体如图 2 – 28、图 2 – 29 所示。

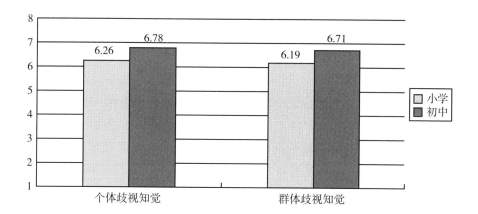

图 2-28　贫困儿童歧视知觉的年级差异

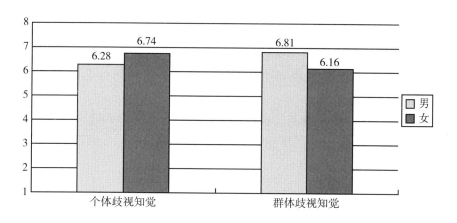

图 2-29　贫困儿童歧视知觉的性别差异

⑤ 小结

通过比较上述结果可以发现，首先，年级因素只对流动儿童和离异家庭儿童的歧视知觉存在显著性影响，不过，随着年级的增长，流动儿童和离异家庭儿童歧视知觉的变化趋势是相反的。对于流动儿童来说，初中流动儿童比小学流动儿童具有较多的个体和群体歧视知觉体验；但对于离异家庭儿童来说，小学离异家庭儿童的个体歧视知觉显著高于初中离异家庭的儿童。其次，性别因素只对离异家庭儿童的个体和群体歧视知觉存在显著影响，男孩的个体和群体歧视知觉显著高于女孩，性别对流动儿童、留守儿童和贫困家庭儿童的歧视知觉不存在显著性影响。最后，关于时间因素对歧视知觉的影响，本研究发现，时间只对流动儿童的歧视知觉存在显著影响。对于流动儿童来说，随着流动时间的增加，流动儿童的群体歧视知觉体验逐渐降低。这些结果提示我们，对于不同处境的不利儿童，主要人口学变量的影响作用是存在差异的，因此，在预防和干预儿童歧视知觉的过程中，我们要考虑到这些影响作用的差异性和不同群体自身的特殊性。

4. 结论

（1）与流动、留守和离异家庭儿童相比，贫困家庭儿童的个体和群体歧视知觉相对较少。

（2）流动儿童和离异家庭儿童的个体歧视知觉显著高于对照组儿童，留守儿童和贫困家庭儿童则与正常家庭儿童无显著差异；四组儿童的群体歧视知觉均显著高于对照组儿童。

（3）初中流动儿童比小学流动儿童具有较多的个体和群体歧视知觉体验；打工子弟学校的流动儿童比公立学校的流动儿童具有较多的个体和群体歧视知觉体验；随着流动时间的增加，流动儿童的群体歧视知觉体验逐渐降低。

（4）随着年级的增加，留守儿童的个体和群体歧视知觉均呈现增加的趋势。

（5）小学五、六年级离异家庭儿童的个体歧视知觉显著高于初中离异家庭儿童，男孩的个体和群体歧视知觉显著高于女孩，离异时间对儿童的个体和群体歧视知觉不存在显著影响。

（6）年级和性别对于贫困儿童的个体和群体歧视知觉均不存在显著影响。

三、公正感

1. 关于公正与公正感

公正（justness）是一个古老的伦理问题，是人类社会具有永恒价值的基本理念和基本行为准则。哲学、伦理学、政治经济学、社会心理学、社会学、法学、宗教学等都对公正问题进行过研究。在汉语中，与"公正"一词相近或相关的词很多，如公平、公道、平等、均等，等等。尽管这些词语的意义有相似之处，但它们在内涵及用法上却存在微妙的差别。例如，平等、均等含有平均的意思，公道、正义不但有平等之意，还强调伦理道德含义，而公正、公允的意义更广、更一般一些（李晔，龙立荣，刘亚，2003）。公正是一个比较绝对的标准，主要指"处事不偏不倚、合情合理"，现实中很难实现。

可以说，公正是自打阶级社会出现以后大多数人孜孜以求的目标，但绝对的公正只是一种理想，主要存在于人们的理想之中。在现实的社会生活中，与人们密切相关的更多是指一种主观的判断和感受，这种主观体验到的公正也常常被称为公正感（perceived justice 或 perceived fairness）。一般而言，作为客观存在的公正现象会影响到人们的公正感，那么，公正感到底是什么？具体来说，公正感即为公正状况的一种主观体验，是指个体对外部世界是否公正的看法，也是一个人对自身或自身所在群体所受到的待遇是否公正的主观判断，公正感与个体的歧视体验存在非常密切的关系。公正感的产生和发展不仅受到客观社会因素的影响，如社会制度、社会结构等，也要受到个体主观心理因素的影响，其中主要是个体的社会比较能力和心理理论水平等。对此，美国心理学家亚当斯（Adanms）在 20 世纪 60 年代提出了公平理论，他认为，人们总是要将自己所做贡献与所得报酬的比率与一个和自己条件相等的人的贡献与报酬的比率进行比较，如果比率相等，则认为公平合理而感到满意，否则就会感到不公平、不合理；除了横向比较以外，人们还会和自己的过去进行纵向比较，即把自己目前投入的努力与所获得报偿的比值，同自己过去投入的努力与所获得报偿的比值进行比较，只有相等时才觉得公平。可见，社会比较等社会认知能力的发展对于个体的公平感的产生具有非常重要的作用。

对公正感的研究一直是社会心理学领域的一个非常重要的课题。可以说，社会层面的公平关乎整个社会秩序的公正性和合理性，组织层面的公平则涉及分配、激励等组织管理的方方面面，关系到组织的效能和竞争力。另外，公正在本质上涉及社会资源如何分配的问题，这是一个非常敏感的话题，这种分配是否被社会或组织成员认为是公正合理，不仅直接关系到他们的满意感、士气与行为表现，还会影响到社会的稳定与安宁（李晔等，2003）。尤其是在处境不利群体中，关注公正感问题更加具有特殊的重要性。与正常群体相比，处境不利群体在生存环境方面面临明显的劣势，他们更容易感受到生活中的不公正现象，因此，也更容易对社会产生愤怒或怨恨的情绪，长此以往，如果他们所处的不利环境无法得到有效改善，或者他们持有的这种不平衡的心理无法得到及时释放和缓解，很容易导致他们产生一些反社会的行为表现，甚至还可能出现报复社会的极端行为。因此，无论是从社会的长远发展和安定团结的角度，还是从儿童自身心理健康发展的角度来看，考察处境不利儿童的公正感均具有十分重要的意义。

2. 我们关注的问题

本研究中，我们主要从处境不利儿童自身角度出发，考察其主观知觉到的外部世界的公正程度。具体而言，主要关注三个方面的问题：流动儿童、留守儿童、离异家庭儿童和贫困家庭儿童四个群体在公正感方面的差异情况；四组处境不利儿童与各自正常对照组儿童之间在公正感方面的共同点和差异点；年级、性别、时间因素等主要人口学变量对于四组处境不利儿童公正感的影响。

在研究工具部分，这里主要采用达尔贝（Dalbert）编制的整体公正感问卷，考察儿童对世界是否公正以及对自身是否受到公正待遇的看法。此问卷由 6 道题目组成，为六点量表，从"非常不同意"到"非常同意"按程度分别计"1~6"分，得分越高说明其认为外界更为公正。本研究中，该问卷在流动儿童、留守儿童、离异家庭儿童和贫困家庭儿童群体中的内部一致性信度系数分别为0.71、0.77、0.70和0.79。

3. 研究结果与讨论

（1）四组处境不利儿童在公正感方面的差异比较

对四组处境不利儿童的公正感进行差异检验（如图2-30所示），结果表明，四组儿童在公正感方面存在显著性差异（$F = 2.52$，$p < 0.05$），进一步比较发现，差异主要体现在贫困家庭儿童与其他儿童之间，相对而言，贫困家庭儿童的公正感较高。也就是说，虽然贫困家庭儿童在物质上相对匮乏，但与离异家庭儿童、流动儿童和留守儿童相比，他们在整体上更倾向于认为这个世界还是较为公正的，这也进一步提示我们，与亲情缺乏和新环境适应给儿童带来的消极影响相比，物质匮乏的消极影响相对较弱，该结果与前面的研究发现是一致的，提示我们在四组处境不利儿童中，要特别关注流动儿童、留守儿童和离异家庭儿童的心理状况。

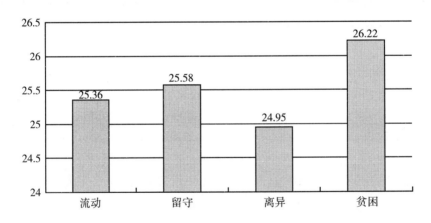

图2-30 四组处境不利儿童公正感的差异比较

（2）四组处境不利儿童与其对照组儿童之间的差异比较

分别比较四组处境不利儿童与各自对照组儿童之间在公正感方面的差异情况，结果如表2-5和图2-31所示。由方差分析结果可以看出，四组处境不利儿童与其对照组儿童之间在公正感方面均存在显著性差异，流动儿童、留守儿童、离异家庭儿童和贫困家庭儿童的公正感均低于正常家庭的对照组儿童。与正常家庭的儿童相比，处境不利儿童的家庭环境均处于弱势状态，或者是经济条件较差，或者是家庭情感功能弱化，或者是家庭面临对新环境的适应。所有这些家庭环境条件的改变，都在一定程度上影响到儿童对整个社会公正程度的认知和看法，即他们认为这个社会在对待他们及其群体上较为不公平，该结果与前面对歧视知觉的研究发现是一致的。我们知道，公正感是与歧视体验密切相关的，歧视知觉体验的出现就是因为儿童感觉到自己受到了不公平的对待。我们已经在前面的研究中发现，与正常家庭儿童相比，四组处境不利儿童存在相对较高的个体和群体歧视体验，这实际上也在一定程度上间接表现了这些儿童具有相对较低的公正感这一现实。

表 2 - 5　　　　　四组儿童与其对照组儿童在公正感方面的差异

| | 处境不利儿童 | 对照组儿童 | t | p |
	$M \pm SD$	$M \pm SD$		
流动组	25.36 ± 5.46	27.33 ± 6.37	2.72	0.00
留守组	25.58 ± 4.64	27.28 ± 4.75	2.49	0.01
离异家庭组	24.95 ± 6.00	27.02 ± 5.87	4.45	0.00
贫困家庭组	26.22 ± 5.89	27.33 ± 6.39	1.94	0.05

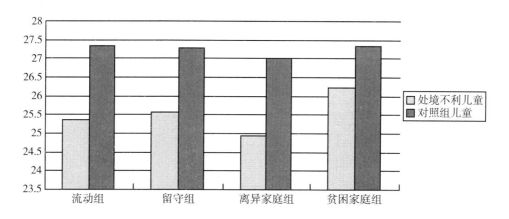

图 2 - 31　四组儿童与其对照组儿童在公正感方面的比较

（3）人口学变量对处境不利儿童公正感的影响

① 流动儿童

1）流动儿童公正感的年级和性别差异。对不同年级流动儿童的公正感进行差异检验（如图 2 - 32 所示），结果表明，不同年级流动儿童的公正感之间存在显著性差异（$F = 5.77$，$p < 0.01$），随着年级的升高，流动儿童的公正感出现逐渐下降的趋势。该趋势与正常家庭儿童的公正感的发展趋势是一致的（$F = 4.42$，$p < 0.05$），即高年级儿童的公正感相对较低。不过，从各年级流动

儿童与对照组儿童分数的比较来看，不同年级流动儿童的公正感均低于正常家庭儿童。这提示我们，不仅需要从整体上对流动儿童的公正感状况进行干预，还需要考虑到年级因素在其中的影响，对高年级儿童进行特别关注。

对流动儿童的公正感进行性别差异比较（如图 2 - 33 所示），结果表明，流动儿童的公正感不存在显著的性别差异（$F = 1.74$，$p > 0.05$），该结果与正常家庭儿童的表现是一致的（$F = 0.03$，$p > 0.05$），这说明无论是否流动，儿童的公正感均不存在显著的性别差异。

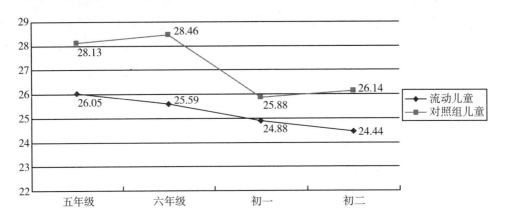

图 2 - 32 不同年级流动儿童和对照组儿童的公正感

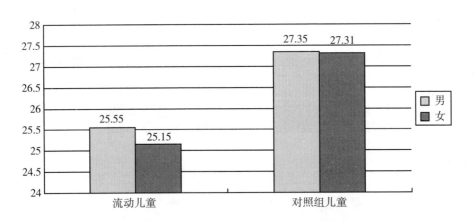

图 2 - 33 不同性别流动儿童和对照组儿童的公正感

2）学校类型和流动时间对流动儿童公正感的影响。方差分析结果表明，不同学校类型的流动儿童的公正感存在显著差异（$F = 11.95$，$p < 0.01$），打工学校流动儿童的公正感显著低于公立学校的流动儿童（如图 2 - 34 所示）。这说明与公立学校的流动儿童相比，打工子弟学校的流动儿童倾向于认为这个世界较为

不公正。虽然都是随父母从外地来的儿童，但是，公立学校的流动儿童在学校教育资源方面明显优于打工子弟学校的流动儿童，这种教育环境和教育质量上的差异，可能在一定程度上影响了流动儿童对"社会是否公正"的看法。而且，一般而言，去公立学校读书的流动儿童，其家庭经济条件都比较好，这种在家庭经济方面的差异，也可能导致了儿童公正感的差异。

进一步，我们考察了流动时间对流动儿童公正感的影响（如图 2 - 35 所示）。结果表明，不同流动时间下儿童的公正感之间存在显著差异（$F = 3.85$，$p < 0.05$），并且，差异主要体现在长期流动儿童与短期和中期流动儿童之间，随着流动时间的增加，流动儿童的公正感体验表现出上升的趋势，即流动儿童在流入地居住的时间越久，他们越倾向于认为社会是比较公正的。

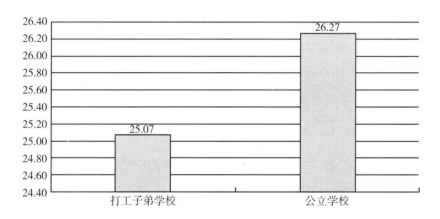

图 2 - 34　不同学校类型流动儿童的公正感

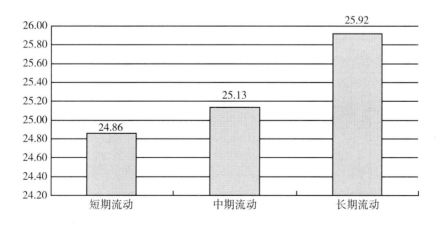

图 2 - 35　不同流动时间下流动儿童的公正感

② 留守儿童

1）不同年级留守儿童的公正感状况。对各个年级留守儿童的公正感得分进行方差分析（如图 2 - 36 所示），结果显示，各个年级儿童的公正感状况不存在显著性差异（$F = 1.18$，$p > 0.05$）。也就是说，不同年级的学生对"世界是否是公正的"这个问题的回答不存在显著差异。不过，仅从平均数的比较来看，随着年级的升高，留守儿童的公正感出现逐渐升高的趋势，年级越高的留守儿童认为社会越公正。该结果与流动儿童的公正感表现出截然相反的变化趋势。

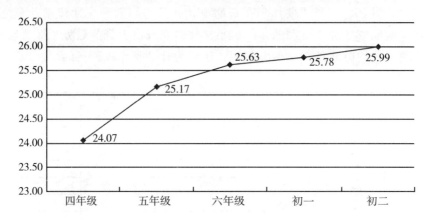

图 2 - 36　不同年级留守儿童的公正感

2）不同性别留守儿童的公正感状况。图 2 - 37 显示了留守儿童、非留守儿童公正感得分的性别差异。对留守和非留守儿童分别分析，发现留守儿童的性别差异显著（$F = 6.34$，$p < 0.05$），男女生的公正感状况有显著的差异，而非留守儿童没有显著的性别差异（$F = 2.22$，$p > 0.05$）。

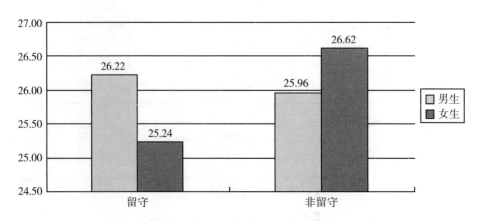

图 2 - 37　留守儿童、非留守儿童公正感的性别差异

由图 2-37 可知，留守女孩对公正感的知觉较低，她们更容易对世界的公平法则提出质疑，而留守男孩则和留守女孩不一样，他们仍然认为世界是比较公平的。从环境条件上来看，留守的男女儿童都在同样的不利环境中，父母都不在身边，家庭环境也差不多，为什么对世界的公平知觉会不同呢？这可能是因为男女生对同样环境做出了不同的解释。一般而言，男孩偏向内部归因，更乐观，在没有父母管束下更自由，而女孩却更容易把自己生活的种种不尽如人意归因于外部原因，更悲观，更希望得到父母的关注。

3）父母打工情况和打工时间对儿童公正感的影响。图 2-38 显示了单亲在外打工、双亲在外打工和非留守儿童的公正感得分。双亲在家儿童的公正感得分要高于单亲在外打工的儿童，单亲在外打工的儿童又高于双亲在外打工的儿童。但进一步做方差分析表明三者的差异并不显著（$F = 1.56$，$p > 0.05$）。可见，父母在外打工的人数对儿童公正感的影响不大。

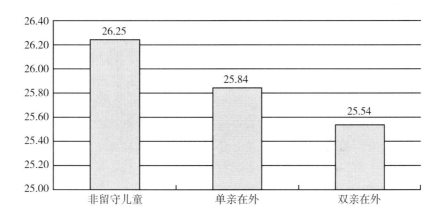

图 2-38　三类儿童公正感的差异

那么，留守时间会不会对儿童的公正感带来一定影响呢？接下来，我们对留守时间的影响作用进行了分析（如图 2-39 所示）。

由图 2-39 可以知道，儿童的公正感随着留守时间的增加而降低，留守时间越长的儿童公正感越低。进一步做方差分析的结果显示，这种差异是边缘显著的（$F = 3.02$，$p = 0.05$）。多重比较的结果显示，5 年以上的留守儿童，其公正感和前两组有显著的差异。也就是说，当儿童的父母在外打工时间还不太长的时候，留守儿童和非留守儿童没有什么特别大的差异，而随着时间慢慢变化，儿童的公正感就降低了，尤其是留守 5 年之后。因为之前对年级的分析没有发现显著的差异，所以可以推测，公正感的变化不是由于年龄的增长造成的，而是与父母在外打工的时间有关。五年也许是一个分界点，留守 5 年以上，对"世界是不是公平的"这个问题的回答会出现明显的不同。这提示我们，长期远离父母的留守

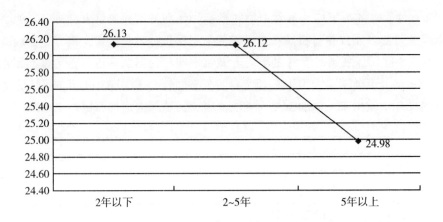

图 2 - 39 留守时间对儿童公正感的影响

儿童可能对整个社会产生一种偏见，即对社会的公正感下降。

③ 离异家庭儿童

1）年级对离异家庭儿童公正感的影响。年级对离异家庭儿童公正感的影响见图 2 - 40。多元方差分析显示，不同年级的儿童，其公正感得分具有显著的差异（$F = 4.95$，$p < 0.01$），并且，差异主要体现在四、五年级与六年级、初一和初二之间，其他年级之间不存在显著性差异，相对而言，四、五年级离异家庭儿童的公正感知觉较高。我们认为，初中组青少年公正感得分显著低于小学组儿童的公正感，原因在于随着年龄的增长，儿童会更多地接触现实社会生活，同时社会经验也逐渐增加，这使得儿童青少年自我意识、成人感意识等逐渐形成，对公平感的理解更成熟。同时，就初中生儿童的心理发展特点来说，这个阶段的儿童青少年正处于青春期，高涨的自我意识也会使其对事物的看法有些偏激，从而降低公正感。

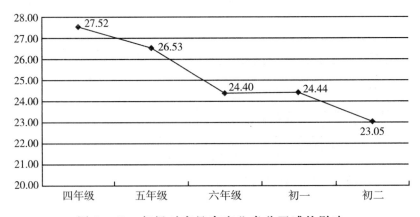

图 2 - 40 年级对离异家庭儿童公正感的影响

2）性别对离异家庭儿童公正感的影响。性别对离异家庭儿童公正感的影响见图2-41。多元方差分析显示：男孩的公正感得分显著高于女孩（$F = 0.32$，$p > 0.05$），即女孩更倾向于认为社会是不公平的。我们认为这可能与女孩的性别特点有关，一般而言，女孩比较细腻敏感，她们更在意别人对自己的评价，经常与他人进行社会比较，因此更容易知觉到不公正的现象。

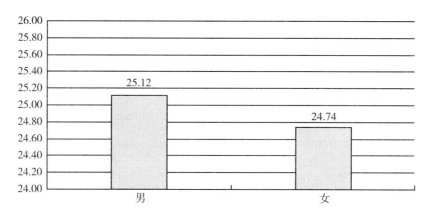

图2-41　性别对离异家庭儿童公正感的影响

3）父母离异时间对儿童公正感的影响。方差分析结果表明，父母的离异时间对于儿童的公正感存在重要影响（如图2-42所示），不同离异时间下儿童的公正感存在显著差异（$F = 2.69$，$p < 0.05$），具体来看，差异主要体现在父母离异半年以下的儿童与其他时间组的儿童之间，父母离异半年以下的儿童的公正感相对较高，随着父母离异时间的增加，儿童的公正感降低。

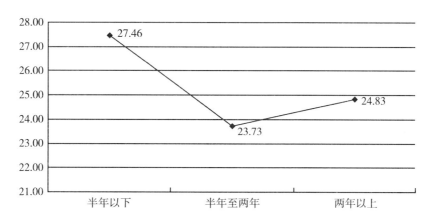

图2-42　离异时间对离异家庭儿童公正感的影响

④ 贫困家庭儿童

对贫困家庭儿童公正感的年级和性别特点进行考察，结果如图 2 - 43 和图 2 - 44 所示。在年级变化特点方面，五年级和初二是贫困儿童公正感发展的重要转折阶段，五年级贫困家庭儿童的公正感相对最高，初二年级贫困家庭儿童的公正感相对最低。不过，方差分析结果显示，虽然不同年级贫困家庭儿童的公正感存在一定差异，但这种差异并没有达到显著水平（$F = 0.69$，$p > 0.05$）。在性别差异方面，虽然贫困家庭女孩的公正感相对低于贫困家庭男孩，但是二者之间并不存在显著性差异（$F = 0.05$，$p > 0.05$）。

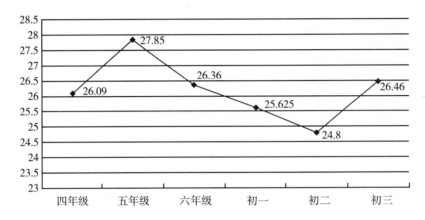

图 2 - 43　不同年级贫困家庭儿童公正感的差异比较

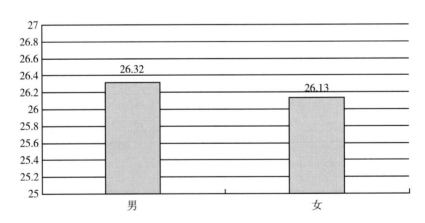

图 2 - 44　不同性别贫困家庭儿童公正感的差异比较

⑤ 小结

年级因素对于流动儿童和离异家庭儿童的公正感存在重要影响，随着年级的升高，这些儿童的公正感逐渐下降，不同年级留守儿童和贫困家庭儿童的公正感不存在显著差异。性别因素仅对留守儿童和离异家庭儿童的公正感存在重要影响，均是女孩的公正感得分相对较低。时间因素对于流动儿童、留守儿童和离异家庭儿童的公正感知觉均存在显著影响，但在影响方向上存在一定差异。具体来说，对于流动儿童，随着流动时间的增加，其公正感知觉出现上升的趋势；对于留守儿童和离异家庭儿童，随着留守时间的增加和父母离异时间的增加，两组处境不利儿童的公正感知觉均出现下降的趋势。

4. 结 论

（1）与流动儿童、留守儿童和离异家庭儿童相比，贫困家庭儿童具有相对较高的公正感。

（2）流动儿童、留守儿童、离异家庭儿童和贫困家庭儿童的公正感均低于处境正常儿童。

（3）随着年级的升高，流动儿童的公正感出现逐渐下降的趋势；打工子弟学校流动儿童的公正感低于公立学校的流动儿童；随着流动时间的增加，儿童的公正感出现升高的趋势。

（4）留守女孩对公正感的知觉显著低于留守男孩；留守时间对儿童的公正感存在一定影响，长期留守的儿童公正感较低。

（5）年级对离异家庭儿童的公正感存在重要影响，四、五年级儿童的公正感显著高于六年级、初一和初二的儿童；离异家庭女孩的公正感得分显著低于男孩；离异时间对于儿童的公正感也存在重要影响，父母离异半年以上儿童的公正感较低。

（6）年级和性别对贫困家庭儿童的公正感不存在显著影响。

第二节 处境不利儿童的心理健康特点

一、自 尊

1. 自尊及其重要性

自尊（self - esteem），又称自尊心或自尊感，是指"个体对自己做出并通常持有的评价，它表达了一种肯定或否定的态度，表明个体在多大程度上相信自己是有能力的、重要的、成功的和有价值的"（Coopersmith，1967）。魏运华（1997）提出："自尊是个体在社会比较过程中所获得的有关自我价值的积极的

93

评价和体验。"简言之，自尊是指个体在整体上和特定方面对自我的积极和消极评价。

自尊是心理健康的核心，也是心理健康的重要指标。很多研究都表明，自尊与许多心理健康及主观幸福感的指标存在着积极的相关，例如，高自尊个体体验到的抑郁、神经质和社会焦虑均较少，生活满意度也更高。正如布兰登（Branden，1994）在其著作《自尊的六大支柱》中所说："正如一个人若无健康的自尊感就不可能实现自身的潜能一样，一个社会，如果它的成员不尊重自己，不尊重自己的价值，不相信自己的思想，就不可能兴旺发达。"所罗门（Solomon，1986）等认为，自尊具有缓冲焦虑的功能，是个体适应社会文化环境的心理机制，是心理健康的决定因素。

根据布朗芬布伦纳（1979）的发展生态学理论，青少年自尊的发展与他们所处的关键环境紧密相关。作为儿童社会化的主要场所，以及社会化的最先执行者和基本执行者，家庭在儿童的社会认知、道德规范及社会行为的获得中都起到了很大的作用。自尊既然是社会化的重要方面，当然也会首先受到家庭的影响。家庭中的各种因素（如亲子关系、家庭结构和经济收入等）和父母本身的特点（如父母的性格、职业、受教育水平等）都可能直接或间接地影响儿童自尊的形成和发展。除此之外，其他重要环境，如社区、同伴团体等也都会对自尊产生一定的影响。本研究所涉及的四类处境不利儿童，其家庭成员、成长环境以及家庭生活等诸多方面均与普通儿童有较大差异。流动儿童不得不跟随父母辗转于陌生城市的各个角落，不断地适应新环境。经济的压力亦导致很多流动儿童的家长忙于工作，无法与孩子进行必要的沟通与交流；而留守儿童、离异家庭儿童和贫困家庭儿童也面临着诸如亲情缺失、家庭经济收入低等异于普通儿童的生存境况，而这些因素都或多或少地会对处境不利儿童的自尊发展产生一定的影响。

就目前的情况来看，在众多关于青少年自尊的研究中，涉及这几类处境不利儿童的研究还较少，为数不多的研究多属于社会调查性质，其结果也出现较多不一致的情况。在关于流动儿童心理健康的调查中，国务院妇女儿童工作委员会办公室（2003）采用罗森堡（Rosenberg，1965）编制的《整体自尊量表》对流动儿童自尊进行考察，结果发现大多数流动儿童认为自身是有价值的人，其自尊水平处于中等，并发现自尊与儿童性别和年龄没有显著联系。李玉英（2005）通过对陕西流动儿童调查发现，流动儿童的自豪感要高于自卑感，认为人们对流动儿童的认识产生了偏见。彭颂和卢宁（2005）抽取小学生样本，对深圳暂住人口子女的自尊进行了探讨，发现常住人口和暂住人口的子女在自我意识上没有差异。陈美芬（2005）将外来务工人员子女与本地儿童相比，发现务工人员子女的自卑感强，缺乏自信心。许晶晶（2006）针对流动儿童进行的研究，对自尊及家庭因素对其的影响做了更为深入细致的考察，并将其结果与城市儿童和农村儿童进行对比。结果发现，在总体自尊、外表、能力、成就感和公德助人等维度上，流动儿童均低于城市儿童但与农村儿童差异不大，流动时间长短对这些维度没有影响。研究结果还表明，家庭因素中的家庭经济状况和父母教养方式对儿童总体自尊有显著的预测作用，并从这个角度解释了流动与城市、农村儿童总体自尊的差异。研究者认为，与城市儿童相比，流动儿童在家庭经济状况和父母教养方式方面都不利于儿童自尊的发展，因此导致流动儿童的自尊低于城市儿童。

本课题组于2006年对河南留守儿童进行了访谈研究，结果发现，在访谈的20名留守儿童中，有10名留守儿童谈到自己比较在意别人的看法或者感到自己没有自信，占访谈总人数的50%。其中，初中留守儿童9名，小学留守儿童1名。这提示我们，父母外出打工可能对初中留守儿童自尊的影响较为明显，从而让他们变得比较敏感和自卑。而赵景欣（2008）以422名双亲外出、单亲外出和非留守儿童为被试所进行的研究表明，三类儿童在自尊上不存在显著差异。郝振等（2007）对7个省市的10所中小学进行的抽样调查研究也发现，留守时间为半年以上的留守儿童，其自尊水平显著低于非留守儿童。而留守时间为三个月的留守儿童，在这方面与非留守儿童没有显著性差异。因此，研究者暗示，留守儿童开始感受到"留守"所带来的消极影响的时刻，应该是在父母外出打工半年后左右。

目前，城市中的贫富差距，特别是北京、上海、广州这样的发达城市，贫富悬殊相当严重，贫富社区相隔很近，甚至在同一个社区、同一所学校中都生活着来自不同生活水平家庭的孩子。这种不平衡往往导致贫困儿童一系列的心理问题，如低自尊、攻击性强等（周拥平，2003）。目前，关于贫困家庭儿童自尊，尤其是城市贫困家庭儿童自尊的研究还相对较少，大多数关于贫困人口的研究均取样自贫困地区或城市中的大学生。结果大多表明，贫困生的自尊显著低于非贫困生。

20世纪90年代初期，心理学家阿曼图和鲍斯（Amato，Booth，1991）发表了一项关于92个研究的元分析，比较了离异家庭儿童与完整家庭儿童的幸福感，研究发现离异家庭儿童在学习成绩、行为、心理调节、自我概念和社会能力等方面的得分都显著低于完整家庭儿童。而课题组所做的访谈研究也表明，离异家庭子女为父母离婚感到羞耻，怕人笑话，对自己失去信心，存在一定程度的自卑感。

综上所述，自尊是对个体适应具有积极意义的重要变量。相关理论分析也表明，自尊的发展在一定程度上会受到某些家庭因素（如低收入、亲子关系等）的影响。目前关于各类处境不利儿童的心理健康教育问题，已成为社会各界关注的焦点。自尊作为心理健康的核心指标，对于处境不利儿童的研究具有极其重要的理论意义和参考价值。

2. 我们关注的问题

如前所述，目前关于青少年儿童自尊方面的研究较少涉及处境不利儿童，其研究更多停留在调查的层面，亟待于进一步地丰富和完善。本研究主要从亚文化比较的角度，考察当今中国社会流动、留守、离异及贫困家庭儿童在自尊方面的特点。主要研究问题包括以下三个方面：四组处境不利儿童之间在自尊方面的差异特点；四组处境不利儿童各自与其对照组的差异特点及其共同点和差异点；人口学变量对于四组处境不利儿童自尊的影响。

本研究的对象在前面第一部分已做过介绍，这里不再赘述。在自尊的测查上，我们采用了《整体自尊量表》。该量表由罗森堡于 1965 年编制，主要用以测定青少年自我价值和自我接纳的总体感觉。量表共包括 10 个题目，其中 5 个题目为反向维度，数据转换后，加和各项分数为总体自尊的得分，得分越高，说明自尊越强，反之则低。量表为五级评定：从"完全不符合"到"完全符合"。弗莱明（Fleming）等人报告的内部一致性信度为 0.88，重测信度为 0.82。根据布拉斯科维奇（Blascovich, 1991）等人的统计，此量表引用率最高，并且广泛用于临床和非临床的研究中，具有较高的效度。本次调查中，该问卷的内部一致性系数为 0.60。

3. 结果与讨论

（1）四组处境不利儿童在自尊方面的差异比较

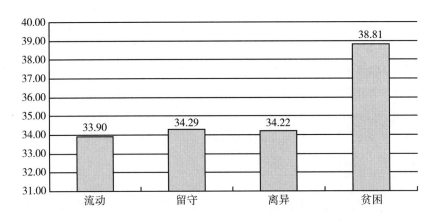

图 2-45　四组处境不利儿童在自尊方面的差异

对流动、留守、离异及贫困家庭儿童的自尊水平进行差异比较，结果如图 2－45 所示。在四组处境不利儿童中，贫困儿童的自尊得分较高，方差检验的结果表明，四组儿童在自尊方面存在显著差异（$F = 33.94$，$p < 0.001$），进一步进行多重比较发现，贫困组儿童的自尊得分显著高于流动组（$F = 4.90$，$p < 0.001$）、留守组（$F = 4.59$，$p < 0.001$）以及离异组（$F = 4.52$，$p < 0.001$），其他三组儿童间的自尊得分不存在显著差异。城市贫困儿童的自尊较高，我们认为是由于心理防御机制或补偿作用的存在所导致的，是一种潜在的自卑而产生的过于自信的表现。

（2）四组处境不利儿童与其对照组儿童之间的差异比较

① 四组儿童与其对照组儿童在自尊方面的差异特点。

表 2－6　　　　　四组儿童与其对照组儿童在自尊方面的差异

	处境不利儿童	对照组儿童	t	p
	$M \pm SD$	$M \pm SD$		
流动组	33.90 ± 5.77	37.21 ± 6.08	8.49	0.000
留守组	34.29 ± 4.81	35.18 ± 4.74	3.13	0.002
离异组	34.22 ± 6.63	35.53 ± 6.29	2.58	0.010
贫困组	38.81 ± 5.41	37.37 ± 6.21	2.51	0.013

如表 2－6 所示，公立学校城市儿童的自尊水平要远远高于流动儿童，这一结果与张文新（1997）、王金霞（2005）和许晶晶（2006）等人的研究结果相一致。许晶晶（2006）的研究表明，父母教养方式和家庭经济条件均对自尊有显著的预测作用。而相比父母来城市打工的流动儿童，城市儿童在这两方面显然有更大的优势。尤其是流动儿童的父母大多工作时间长，缺乏对家庭教育的重视，这都在一定程度上会导致流动儿童自尊低于一般城市儿童。

由表 2－6 可知，留守儿童自尊水平整体偏低。可见，父母外出打工对留守儿童自尊的影响很大。赵景欣等（2008）的研究表明，相比其他来源的社会支持，在外打工父母的支持更能够让儿童体验自己的价值。而父母的外出打工必然导致亲子关系的疏远和父母支持的减少，使留守儿童不能与父母很好地沟通，得不到来自父母的反馈，这些因素都不可避免地会导致留守儿童自尊水平低于一般儿童的情况。

比较离异家庭和完整家庭儿童的自尊水平的总体差异，结果发现：无论是离异家庭子女还是完整家庭子女，自尊得分都处于中等偏上水平。但独立样本 t 检验显示（见表 2－6），离异家庭儿童的自尊得分要显著低于完整家庭子女，这与以往研究（时建朴，王惠萍，1997）的结果是一致的，说明父母离异对儿童青少年自尊心的发展产生了极为明显的消极影响。我们认为产生这一现象的原因在于，对离异家庭的孩子来说，父母离异是其生活史中的重大事件，儿童青少年特别是年龄较小的儿童，不能理解父母离异的原因，他们会认为父母离异是因为自己的错误，这导致其自尊水平的降低。再者，目前社会对离异这一现象更多持否定态度，认为离异家庭的孩子存在很多不良习惯，这也会影响这些孩子自尊的发展。

从表 2-6 可以看出，在总体自尊得分上，贫困儿童要略高于对照组儿童。t 检验的结果表明两者差异显著。也就是说，在总体自尊方面，城市贫困组儿童显著高于对照组儿童。这一结果似乎与以往我们对于贫困家庭儿童的认知以及相关研究结果不符，但不能忽视的是，以往研究中多涉及高校贫困生，而这部分学生本身大多来源于农村或其他贫困地区，与本研究的对象——城市贫困家庭儿童仍然存在着较大的差异。

表 2-7　　　　贫困家庭儿童总体自尊得分区域分布情况

	得分区域			
	低分组(15~26分)	中等组(27~38分)	高分组(39~50分)	总数 N
城市贫困组	3	78	106	187
	1.60%	41.71%	56.69%	100%
正常参照组	11	79	97	187
	5.88%	42.25%	51.87%	100%

从表 2-7 中，我们看到一个有趣的现象：在最低得分区域（15~26 分），正常参照组人数比率（5.88%）要多于城市贫困组（1.60%），究其原因，可能是正常参照组从小缺乏逆境体验和挫折教育，导致少部分人在成长过程中稍受打击便自尊严重受损。另外需要特别指出的是：在高分区域（39~50 分）中，处于该区间的处境不利组的人数比率（56.69%）高于正常参照组（51.87%）。对上表中两组总体自尊在各等级的得分分布进行皮尔逊卡方检验，得到：χ^2（2，$N = 374$）$= 4.977$，$p = 0.083$，两者得分存在边缘差异。

以往研究表明，过分的自尊心理与自卑存在显著相关。在本研究中，贫困儿童的自卑是指：因过多的否定自我而产生的自惭形秽的情绪体验。这种对自己不满、鄙视的否定情绪在贫困家庭儿童中很是突出，尤其对于置身周围家庭条件都比自己好的环境当中的城市贫困儿童来说，这种自卑感可能更为明显。城市贫困儿童特定的家庭环境，使他们大多数在学习时期除刻苦读书外，不可能有太多的机会及资源进行社会拓展，从而导致了他们大多知识面窄，视野相对狭隘。与社区或学校那些经济条件好的城市正常家庭儿童相比，他们可能会发现自己不单是衣着寒碜、谈吐笨拙、饮食太差，特别是在文具或玩具方面更加稍逊一筹，而且因为家里一般也没有宽裕条件供他们周末出去游玩以及参加各类特长辅导班，从而会使其在社会活动、业余特长、人际交往等方面也会处处感到自不如人。这种因家庭经济条件而造成的自卑感需要更多的自尊来补偿，所谓"失之东隅，收之桑榆"，这种过高的自尊感其实是一种心理保护机制，能够使他们避免受到更多的心理伤害。

本研究所采用的自尊量表有这样一道题目："我希望我能为自己赢得更多尊重"，对城市贫困组在这道题目上的得分情况与总体自尊得分情况求相关，最后得到的相关系数为 0.238，$p < 0.01$，相关显著，即总体自尊与城市贫困组的"尊重需求"存在明显相关。"希望赢得更多尊重"说明其自身目前得到外界的尊重不够，这种潜在自卑感导致了其高自尊感，这正好印证了我们上面的高自尊与自卑相关的假设。

② 四组儿童与其对照组儿童之间差异的比较分析——共同性与差异性

从以上四类处境不利儿童与各自对照组的比较发现，在自尊水平上，四类儿童均与其对照组儿童差异显著。这说明，自尊对于处境不利儿童来说是一个比较敏感的变量。其中，流动、留守及离异家庭儿童的自尊水平均显著低于其对照组儿童，这与以往的相关研究结果也是相似的。根据刘春梅（2007）关于社会支持与自尊关系的研究，我们可以看出，作为最有效的社会支持源，来自父母的社会支持对儿童自尊的发展有着稳定的影响，母子与父子关系的满意度、父母的肯定支持、陪伴等都与儿童的自尊发展有较高的相关。另外，有研究者也对家庭社会经济地位（通常以父母的职业、受教育程度、家庭收入作为指标）与自尊之间的关系进行了探讨，发现它对自尊有重要的影响（Zhang & Postiglione，2001；Rhodes et al.，2004；Jeynes，2002）。而大多数流动、留守以及离异家庭儿童，无疑在亲子沟通、来自父母的社会支持以及社会经济地位等方面与一般儿童存在一定差距，这似乎也在一定程度上解释了这三类处境不利儿童自尊普遍偏低的原因。

与其他三类儿童不同的是，贫困家庭儿童的自尊得分则显著高于一般城市儿童。这与以往的一些相关研究结果存在一定出入。一般来说，家庭社会经济地位相对低下是儿童成长的重要危险因素，会对儿童发展产生一定的负面影响。舍克（Shek，2003）利用自编的家庭经济压力知觉问卷考察了经济压力与适应性的关系，发现青少年对家庭经济压力的知觉与适应性有紧密联系，高水平的经济压力知觉越高，生活满意度、自尊等适应性行为越低。而本次研究的结果则显示，贫困家庭儿童的自我形象认知明显高于正常家庭的儿童，我们认为这种贫困家庭儿童所表现出的自信是由于过度自卑而显现出来的一种代偿行为，还需要进一步的研究来探讨。这也启发我们在平时的教育中，在对城市贫困儿童实行学杂费减免、餐费减免等物质帮助的同时，还要特别注意到他们的高度自尊心，避免形式化特别是仪式化的资助活动给他们造成心理伤害。

（3）人口学变量对处境不利儿童自尊的影响

① 流动儿童

1）流动儿童自尊的年级差异。研究者对各年级流动儿童的自尊情况进行了方差分析，结果如图 2-46 所示：各年级打工子弟学校流动儿童的自尊情况均低于公立学校流动儿童。总的来说，从五年级至初二，打工子弟学校流动儿童的自尊情况的变化趋势并不明显，方差分析的结果显示其年级差异不显著（$F = 0.43$，$p = 0.73$）；而从图中我们也可以看出，公立学校流动儿童，其自尊随年级增高而产生变化的趋势比较明显，方差分析的结果也显示其年级差异显著（$F = 6.27$，$p < 0.001$）。进一步进行多重比较，结果表明，初一年级公立学校流动儿童的自尊水平明显低于五年级（$F = 3.54$，$p < 0.001$）、六年级（$F = 3.64$，$p < 0.01$）以及初二年级的学生（$F = 2.01$，$p < 0.05$），而其他几个年级之间自尊差异不显著。初一年级一直都被认为是自尊的一个转折点，以往的研究大都表明，初中生自我意识的空前高涨，生理的迅速发育成熟和学习压力的增大，家长及教师对他们提出更高的要求和期待等，这些因素都会使他们在一段时间内对自己的各个方面产生怀疑甚至自卑，导致消极的自我评价和自尊下降。这一特点在公立学校的流动儿童中表现得较明显，但在打工子弟学校的流动儿童中则并未出现。究其原因，可能是公立学校的流动儿童与城市儿童在各方面感受到的压力比较相似，但流动儿童学校由于疏于管理，再加上家长忙于工作较少管教，因此造成他们较少体会到压力所致。

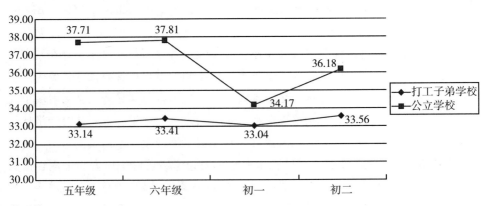

图 2-46　不同年级流动儿童自尊的发展趋势图

2）流动儿童自尊的性别差异。对不同性别流动儿童的自尊状况进行差异检验，结果如图 2 – 47 所示。

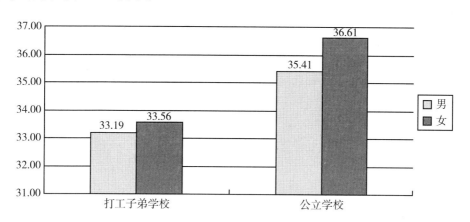

图 2 – 47　不同性别流动儿童的自尊情况

由图 2 – 47 可知，无论是打工子弟学校的流动儿童还是公立学校的流动儿童，女生的自尊水平均高于男生，方差分析的结果表明其性别差异显著（$F = 4.64$，$p < 0.05$）。一般来说，女生的学习成绩与纪律情况在小学及初中阶段往往好于男生，因此往往得到老师更多的关注与喜爱。这种来自老师的社会支持也许从某种程度上降低了其他不利因素对于自尊的不良影响。以往的众多研究并未对青少年自尊的性别差异做出定论。张文新（1997）关于初中生自尊的研究结果表明，男女生在自尊发展上没有显著的差异。许晶晶（2006）关于流动儿童自尊的研究表明，在总体自尊上性别差异不显著，但在具体自尊上存在一定的性别差异。在外表和体育运动维度上，男生的得分要显著高于女生，而在纪律维度上，男生的自尊得分要显著低于女生。

3）不同学校类型流动儿童自尊的差异。图 2 – 48 显示了不同学校类型流动儿童自尊的得分。

流动儿童随父母打工进入城市，其教育问题近年来受到了普遍的关注。虽然越来越多的公立学校开始接收流动儿童入学，但高昂的借读费还是令不少流动儿童的家长望而却步，只能为子女选择条件相对较差的打工子弟学校。抛开教学质量不谈，不同类型的学校会对儿童的心理健康发展产生何种影响也是值得人们关注的问题。我们对不同学校类型流动儿童的自尊得分进行了方差检验，结果表明其差异显著（$F = 57.00$，$p < 0.001$），公立学校流动儿童的自尊显著高于打工子弟学校的流动儿童。在城市中，打工子弟学校的身份往往给这类流动儿童贴上了一个"城市边缘人"的标签，这使得他们自身常常会感到一种来自社会的歧视，自尊感也较低。邹泓等（2005）对北京流动儿童进行的访谈表明，公立学校中

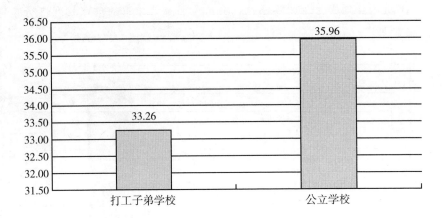

图 2-48 不同类型学校流动儿童自尊的情况

的流动儿童与城市儿童有更多的实际接触，因此，他们对城市儿童的看法相对更为客观，并非一味的排斥或者艳羡。并且，他们对自己的看法也比较积极。同样不容忽视的是，公立学校中高昂的借读费并非任何外来打工家庭都可以负担得起，所以能够在公立学校读书的流动儿童，其家庭经济状况也普遍好于打工子弟学校的流动儿童，且家长也普遍更重视子女的教育。这些积极的因素均有助于提高儿童的自尊水平。而邹泓等（2005）的研究同时表明，打工子弟学校中的流动儿童更多地提及城市儿童的缺点和不足，并且以此来显示自己的优点，也有少数同学则强调自己与城市儿童相比存在的不足，显得比较自卑，缺乏自信。

4）流动时间对流动儿童自尊的影响。为了更加细致地了解流动对儿童自尊的影响，在此部分的研究中我们引入了流动时间。由图 2-49 可以看出，不同流动时间的流动儿童其自尊也存在显著差异（$F = 8.94$，$p < 0.001$）。随着流动时间的增加，流动儿童的自尊水平逐渐升高，多重比较的结果表明，流动时间在 8 年以上的流动儿童其自尊水平显著高于流动时间在 2 年以下（$p < 0.001$）及 2~8 年的儿童（$p < 0.01$），但是流动时间在 2 年以下及 2~8 年的儿童之间并没有显著差异（$p = 0.22$）。在城市居住时间越长，流动儿童对于周围环境的适应情况越好，对于城市的融入程度也越好，这些因素都会对其自尊水平构成影响。通过以往我们进行访谈研究的结果来看，有很多外地孩子很小就来到了城市甚至就在城市出生，他们从小受到的教育都更接近于普通城市儿童，而父母长期在城市生活也会接受到更多比较先进的教育，这些都会对流动儿童的自尊产生较积极的影响，因此，在城市居住时间越久的流动儿童其自尊水平也越高。

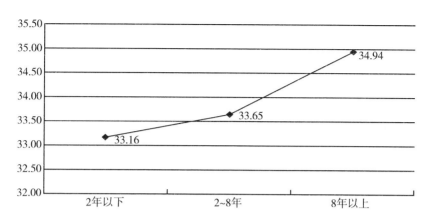

图 2 - 49　不同流动时间流动儿童的自尊

② 留守儿童

1）留守儿童自尊的年级差异。为了探讨留守儿童自尊发展的具体情况，我们对留守与非留守儿童自尊发展的年级差异进行了单因素方差分析。通过图 2 - 50 我们可以看出，各年级留守儿童的自尊都低于非留守儿童。总的来说，从五年级至初一年级，留守儿童的自尊水平在不断提高。方差分析的结果也表明，其年级主效应显著（$F = 3.51$，$p < 0.05$）。进一步对各年级的自尊情况进行多重比较，我们发现，五年级留守儿童的自尊水平显著低于初二留守儿童的自尊水平（$F = -1.97$，$p < 0.01$），与初一留守儿童自尊水平的差异也达到了边缘显著（$F = -1.03$，$p = 0.051$）。如图 2 - 50 所示，非留守儿童的自尊水平也存在着随年级增长而不断提高的趋势，方差分析的结果表明，其年级主效应显著（$F = 3.55$，$p < 0.05$）。进一步进行多重比较发现，五、六年级儿童自尊水平差异不大（$p = 0.88$），但到了初一年级，其自尊水平有一个较大程度的跃升（$p < 0.05$），而后又进入一个平稳时期，初一和初二年级儿童的自尊没有显著差异（$p = 0.90$）。总的来看，留守及非留守儿童的自尊都随着年级的增长有不同程度的提高。不同的是，非留守儿童的自尊在六年级至初一期间有一个较大程度的提高，而留守儿童的自尊发展则比较平缓，没有明显的转折。

进一步分析不同年级单亲外出儿童和双亲外出儿童的自尊情况（如图 2 - 51 所示），我们可以看出，单亲外出打工的儿童在自尊上不存在显著的年级差异（$F = 2.06$，$p = 0.11$）；而双亲外出打工的儿童则表现出显著的差异（$F = 3.84$，$p < 0.05$）。由图 2 - 51 可知，从五年级到六年级，双亲在外打工的留守儿童其自尊水平略有下降，而至初一时明显升高，这与非留守儿童的自尊发展趋势基本类似。

我们认为小学高年级儿童的环境要求、期望和社会比较目标都相对稳定，所以，儿童的自尊水平也相对稳定。当他们由小学升入初中后，上述因素发生了变

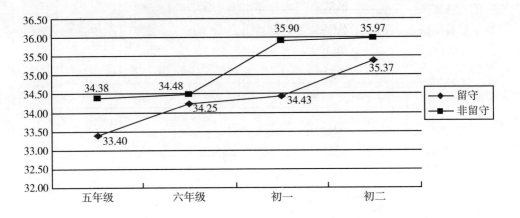

图 2 - 50 不同年级留守与非留守儿童自尊发展趋势图

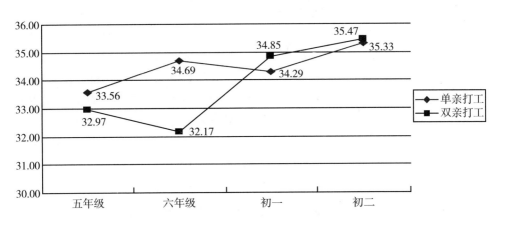

图 2 - 51 不同年级留守儿童自尊发展趋势图

化，自尊水平也往往随之变化。因此，一直以来，初一都被认为是自尊发展的一个转折点。但是以往的研究大都表明，初中生自我意识的空前高涨，生理的迅速发育成熟和学习压力的增大，家长及教师对他们提出更高的要求和期待等，这些因素都会使他们在一段时间内对自己的各个方面产生怀疑甚至自卑，导致消极的自我评价和自尊下降。例如，威尔弗里德（Wigfield，1994）等的研究表明，小学儿童的自尊水平发展比较稳定，进入初中后，其自尊水平会有较大幅度的下降。但是本研究的结果却表明，无论留守儿童或是普通儿童，在初中时期均未出现自尊水平大幅下降的情况。单亲外出打工的儿童自尊发展一直呈缓慢上升的趋势，发展比较稳定；而双亲外出打工的儿童其自尊水平则在六年级进入"低谷"，从六年级到初一期间发展则较为迅速，有较大幅度的提高。究其原因，可能是由于六年级的学生面临一定的升学压力，自我期望增加再加之父母双亲均不在身边等因素，影响了其自尊发展的水平。而进入初中后，由于农村地区普遍对教育不够重视，使得不论他们自己还是家长都未对他们施加过多的压力。尤其对于大多数父母外出打工的儿童来说，那种松散的放任式的家庭管教，恰好为他们在初中阶段自尊水平的稳定发展提供了机会。

2）留守儿童自尊的性别差异。对不同性别留守儿童的自尊情况进行 t 检验，结果如表 2 – 8 所示。

表 2 – 8　　　　　　　　　　留守儿童自尊的性别特点

	男 $M \pm SD$	女 $M \pm SD$	t	p
单亲外出	34.53 ± 4.76	34.42 ± 5.10	0.23	0.82
双亲外出	34.23 ± 4.60	33.54 ± 4.36	0.98	0.33
非留守儿童	35.16 ± 4.65	35.19 ± 4.86	– 0.06	0.95

由表 2 – 8 可知，不同性别留守儿童自尊水平差异不显著，无论是单亲外出打工的留守儿童还是双亲外出打工的留守儿童，其男女生的自尊水平均是相似的。对不同性别非留守儿童的自尊进行 t 检验，结果表明，农村非留守儿童男女生之间也不存在显著的性别差异。以往关于儿童青少年自尊的研究也大都表明，在总体自尊上男女生之间差异不显著（魏运华，1997；刘春梅，2002；唐日新等，2006）。张丽芳（2007）关于留守儿童的研究结果也表明，无论留守儿童还是非留守儿童，其自尊水平的性别差异均不显著。

3）父母打工情况对留守儿童自尊的影响。本研究分析了不同类型家庭留守儿童的自尊情况，由图 2 – 52 我们不难看出，双亲均外出打工的儿童在自尊量表上的得分最低，单亲在外打工的儿童自尊得分略高于前者，而双亲均在家的儿童也就是非留守儿童的自尊水平则明显较高。方差分析的结果也显示，不同类型的儿童在自尊水平上的确存在着显著差异（$F = 5.73$，$p < 0.01$）。

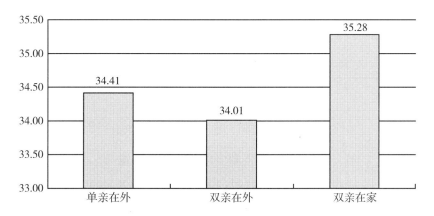

图 2 – 52　不同类型留守儿童的自尊情况

为了进一步了解三类儿童之间的差异，我们对单亲在外、双亲在外和双亲在家（非留守）儿童的自尊情况进行了多重比较。结果表明，单亲在外打工和双亲均在外打工的儿童在自尊上不存在显著差异（$p = 0.20$）；但非留守儿童的自尊水平却显著地高于单亲在外打工（$p < 0.05$）及双亲在外打工（$p < 0.01$）的儿童。也就是说，无论是单亲在外打工还是双亲在外打工，留守儿童自尊水平整体偏低。可见，父母外出打工对留守儿童自尊的影响很大。

周宗奎（2005）利用自编问卷对1200多名儿童进行的研究表明，在自信心方面，留守儿童与非留守儿童差异显著。非留守儿童的自信显著高于单亲外出打工的儿童，而单亲外出打工的儿童的自信显著高于双亲外出打工的儿童。以往很多研究结果都表明家庭结构是影响自尊水平的重要因素，核心家庭的儿童自尊水平高于非核心家庭；与父母生活在一起的儿童自尊水平高于与父母分开生活的儿童。对于留守儿童来说，由于父母的外出务工导致他们只能和父母一方生活在一起，或者干脆只能与其他亲属组成新的临时家庭。在这种家庭结构中，家庭成员之间的关系十分松散，势必对留守儿童自尊的发展造成不良的影响。赵景欣等（2008）的研究也表明，相比其他来源的社会支持，父母的支持更能够让儿童体验自己的价值。而父母的外出打工必然导致了亲子关系的疏远和父母支持的减少，使留守儿童不能与父母很好地沟通，得不到来自父母的反馈，这些因素都不可避免地会导致留守儿童自尊水平低于一般儿童的情况。

4）不同留守时间对其自尊的影响。图2－53显示了不同留守时间下留守儿童自尊的得分。

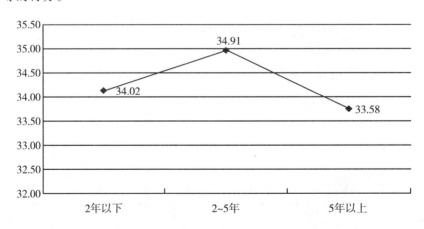

图2－53　不同留守时间儿童自尊情况

由图2－53可知，不同留守时间的儿童之间，自尊情况也存在显著差异（$F = -3.55$，$p < 0.01$）。留守时间在2～5年的儿童其自尊水平最高，其次是留守时间在2年以下的儿童，而留守长达5年以上的儿童自尊水平最低。由多重

比较的结果我们可以看出，留守 2~5 年的儿童其自尊水平显著高于留守 5 年以上的儿童（$F = 1.56$，$p < 0.01$），而与留守不足一年的儿童之间的差异也达到了边缘显著（$F = -0.88$，$p = 0.07$）。

对于留守时间不足一年的儿童来说，父母刚刚离家，造成这一重要支持源的缺失，而父母离家之初的不适应，也比较容易加重这一支持源缺失对自尊造成的影响。国外一些研究发现，那些与同伴关系密切、同伴接受性高、或对同伴关系较为满意的儿童往往具有较高水平的自尊。随着儿童年龄增长，同伴交往越来越成为儿童生活中很重要的部分，那些来自同伴的支持能够在一定程度上弥补父母支持不足对自尊造成的消极作用，并且，随着父母外出打工时间的增加，留守儿童自身也在逐渐适应这一现实状况，因此，留守时间 2~5 年的儿童，其自尊水平要高于留守时间不足一年的儿童。但对于留守时间更长的这些儿童来说，长时期得不到父母关爱以及缺乏必要的管束，极易导致他们在学习和纪律行为上变得相对松散，成绩下滑，从而渐渐被老师和同学忽视，导致一定程度的自卑感。加之，他们很少能得到父母的及时肯定和评价反馈，也在一定程度上影响了他们对自己能力的判断，造成自信心不足，自尊水平较低。

③ 离异家庭儿童

1）离异家庭儿童自尊的年级差异。对不同年级离异家庭儿童的自尊状况进行差异检验，结果如图 2-54 所示。

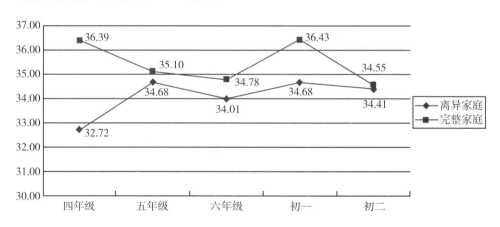

图 2-54　离异家庭和完整家庭儿童自尊的年级比较

随着儿童年级的升高，离异家庭子女的自尊水平表现出平稳发展的趋势。但方差分析表明各年级之间均不存在显著差异（$F = 0.92$，$p = 0.45$）。这与国内外以往研究结果（Harter，1983；Eccles et al.，1989；孙凤华等，2007）略有差异，他们认为儿童青少年的自尊在小学四至六年级呈上升趋势，从初一开始下降，然后再逐渐上升。

我们认为出现这一现象的原因在于，相比其他反映有关自我信念和认知的自我概念来说，自尊有更多的情绪导向（Twenge et al.，2001；Davis - Kean et. al，2001）。随着儿童青少年年龄的增长，其自我认知和自我评价发生了重大的变化，这种变化会影响其情感体验。小学高年级儿童正处于青春前期，其自我意识能力迅速发展，但是这一时期的儿童还不能对自己做出全面和恰当的评价。随着其年龄的进一步增长，思维水平和自我认知趋于成熟，逐渐能对个体做出客观而全面的评价。因此从小学到初中，儿童青少年的自尊发展水平表现为平稳发展的趋势。

儿童青少年的自尊得分在初一和初二年级之间会有一个普遍的下降。我们认为，一方面，这可能与其自我意识的增强、生理的迅速发育成熟和学习压力增大等因素及其交互作用有关。随着儿童年龄的增长，其自我认识和评价趋于客观和恰当。另一方面，随着年级的升高，儿童青少年的课业负担逐渐加重，一些儿童会表现出力不从心，从而影响了其自尊水平。对于离异家庭的儿童青少年来说，我们的前期访谈和以往的研究均表明，离异对儿童青少年学习成绩的消极影响，会引发他们成绩突然下降，并且很多孩子即使经过努力也不能回到原来的水平。再有，在前期的访谈中我们发现儿童青少年普遍不愿意让同学知道自己父母离异的事实，随着同学之间逐渐熟悉和大家相互了解逐渐深入，父母离异的事实可能被更多的同学知晓，也会导致儿童青少年自尊水平下降。

2）离异家庭儿童自尊的性别差异。首先比较离异家庭男孩和女孩的自尊，结果发现无论男孩还是女孩，他们的自尊都处于中等水平，并且离异家庭女孩的自尊得分略高于男孩（如图 2 - 55 所示），但独立样本的 t 检验显示二者不存在显著差异（$t = -0.69$，$p = 0.49$）。

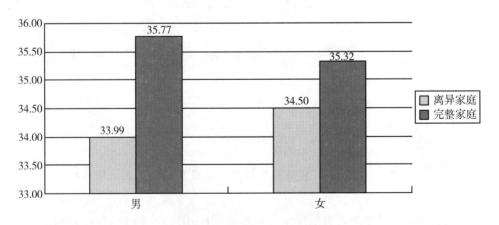

图 2 - 55　不同性别离异家庭和完整家庭儿童自尊的比较

我们进一步又分别对比了离异家庭和完整家庭男孩和女孩的自尊得分，结果表明，离异家庭的女孩与完整家庭的女孩之间不存在显著差异（$t = -1.17$，

$p = 0.24$），而离异家庭男孩的自尊得分则显著低于完整家庭的男孩（$t = -2.41$，$p < 0.05$）。这一结果也验证了以往同类研究（时建朴，王惠萍，1997）的结果，即认为男孩更容易受到父母离异的负面影响，其适应性也更差。这种性别差异，可能是由于男女青少年的价值取向不同所导致的。社会心理的研究表明，男性主要是社会价值取向，而女性则主要是感情价值取向。男性青少年在经历父母离异的情感打击的同时，还非常在意随之而来的社会影响和他人评价，造成自尊的降低。另外从子女的归属问题来看，父母离异后大部分子女跟随母亲生活。对于男孩来说，在母亲抚养的家庭中，由于缺乏一个典型的男性角色作为效仿榜样，也失去了一个权威者、决策者的角色熏陶，使得男孩对于达成社会对男性角色的期望产生一定的困难，造成对自我评价的降低。并且，由母女组成的单亲家庭往往比由母子组成的单亲家庭更能获得社会支持，女孩与母亲之间的情感联结也往往比男孩与母亲间的情感联结更加紧密，这些不利的因素使得男性青少年的自尊心在经受父母离异后往往会受到更为严重的打击。

3）不同离异时间对自尊的影响。父母离异时间对离异家庭儿童自尊的影响见图 2 - 56。随着父母离异时间的增长，儿童的自尊得分有一个略微上升又回落的过程，父母离异半年以下的儿童自尊最低，父母离异半年至两年的儿童自尊水平略有上升，离异时间达到两年以上儿童的自尊水平又有缓慢下降，但是多重比较的结果显示儿童自尊得分在这三个时间段上没有显著差异（$F = 0.12$，$p = 0.89$）。

对于这一结果我们认为，一方面，这与我们所选取的样本分布有关。在所有被试中，只有 6.8% 和 13.3% 的孩子报告父母离婚时间为半年以下和半年到两年，这两部分样本量过少；而父母离婚时间在两年以上的孩子占到了 78.7%。这种样本分布的不均衡在一定程度上使得结果可能会出现偏颇；另一方面，迪纳（Diener，1984）的研究认为离婚对孩子所造成的心理后果是长期的，很难在他或她的早期反应中看到，有些心理效应可能一直潜伏，甚至到成年后期才会表现出来。而孩子对于父母离异的适应也需要一个长期的过程，难以在一、两年之内完成，因此很难在短期内看到其自尊的发展有剧烈的变化。

④ 贫困家庭儿童

1）贫困家庭儿童自尊的年级差异。对不同年级贫困家庭儿童的自尊得分进行差异检验，结果如图 2 - 57 所示。

由图 2 - 57 可以看出，从四年级至五年级，贫困家庭儿童的自尊水平有一定提高，六年级又降到一个较低的水平，初中后自尊水平则有逐渐提升的趋势。但方差分析的结果显示，其年级差异不显著（$F = 1.16$，$p = 0.33$），也就是说随着年级的升高，贫困家庭儿童的自尊水平并未有太大的改变。一般说来，青少年时期是自我意识迅速发展的一段时期，生理方面迅速成熟，心理方面也面临着剧烈

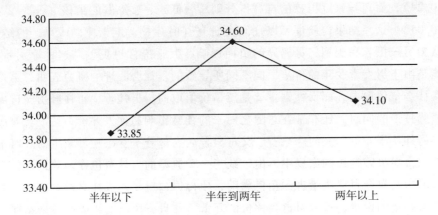

图 2-56　父母离异时间对儿童自尊的影响

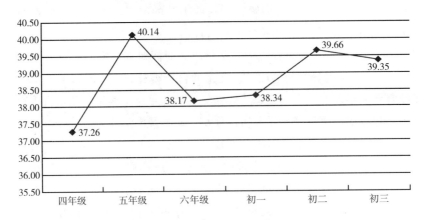

图 2-57　不同年级贫困家庭儿童的自尊情况

的转变，加之学业压力的增加，来自外界期望的转变，都会造成自尊的发展经历一个转折期。不过，一般城市贫困儿童基本均是长期贫困户，这种长期的经济压力构成了一种稳定而强大的高压力背景，造成这类儿童潜在的自卑感，并通过提高自尊的方式表现出来，而他们的自尊较少受到其他因素的影响。

2）贫困家庭儿童自尊的性别差异。对不同性别贫困家庭儿童的自尊情况进行 t 检验，结果如表 2-9 所示。

表 2-9　　　　　　　　不同性别贫困家庭儿童的自尊情况

	男 $M \pm SD$	女 $M \pm SD$	t	p
贫困家庭儿童	38.60 ± 5.77	39.09 ± 5.00	0.62	0.53
一般儿童	37.25 ± 5.88	37.45 ± 6.67	-0.24	0.81

由表 2-9 我们可以看出，贫困家庭儿童的自尊不存在显著的性别差异，贫困家庭的男生与女生的自尊水平相似。这一结果与林晓桂（2006）关于贫困大学生的研究结果相类似，即认为贫困学生的自尊情况不存在显著的性别差异。进一步检验一般城市儿童自尊水平的性别差异，结果表明，一般城市儿童男女生间的自尊水平也是不存在显著差异的。这一结果也与以往关于儿童自尊发展的研究结果相类似。

⑤ 小结

通过以上的分析我们可以看出，在年级差异方面，只有留守儿童以及公立学校的流动儿童在自尊水平上存在显著的年级差异，但这两类儿童在自尊水平随年级增高的变化趋势上也有所区别。留守儿童的自尊水平从五年级至初二基本呈稳定上升的趋势，在六年级至初一时自尊水平有较大的提高；而公立学校流动儿童的自尊水平则基本呈现了一个"V"字形的变化轨迹，在初一时自尊发展达到一个"低谷"。

而在性别差异方面，只有流动组女生的自尊水平显著高于男生，留守、离异及贫困家庭儿童在自尊方面均不存在显著的性别差异。但研究结果同时显示，离异家庭男孩的自尊得分显著低于完整家庭的男孩，这一结果也验证了前人研究的一致结论，即相对于女孩来说，男孩更容易受到父母离异的影响。

另外，时间因素对于流动及留守儿童的自尊均有较大的影响。具体来说，随着流动时间的增加，儿童自尊的水平越高；而留守时间对其自尊的影响则呈现倒"V"形的曲线，留守 2~4 年的儿童自尊水平显著高于留守 1 年以下及 5 年以上的儿童。

4. 结论

（1）贫困家庭儿童的自尊水平显著高于流动、留守及离异家庭儿童。

（2）流动、留守、离异家庭儿童的自尊水平均显著低于其对照组儿童，但贫困组儿童的自尊水平显著高于其对照组儿童。

（3）随着年级升高，公立学校流动儿童的自尊呈"V"字形变化，初一最低，而打工子弟学校流动儿童的自尊则没有随年级变化的趋势；性别对流动儿童自尊有显著影响，女生自尊较高；公立学校流动儿童自尊水平明显高于打工子弟学校流动儿童；随着流动时间增加，儿童的自尊水平有逐步提高的趋势。

（4）随年级升高，留守儿童的自尊有逐渐提高的趋势；留守儿童自尊不存在显著的性别差异；单亲在外打工和双亲在外打工的儿童在自尊上不存在显著差异，但二者均显著地低于非留守儿童；留守时间对留守儿童自尊有显著影响，留守时间在 2~4 年的儿童自尊水平高于留守时间在 1 年以下及 5 年以上的儿童。

（5）离异家庭儿童的自尊水平不随年级的升高及父母离异时间的增加而有明显改变；其性别差异也不显著，但离异家庭男生自尊低于完整家庭男生，女生则不存在此差异。

（6）贫困家庭儿童的自尊水平不受年级及性别的影响。

二、积极和消极情绪

1. 心理健康状况的晴雨表——情绪

情绪是人对客观事物的态度体验和相应的行为反应，是以个体的愿望和需要为中介的一种心理活动。当客观事物符合个体的愿望和需要时，个体就会产生积极的情绪体验，如愉快、幸福等，当客观事物不符合个体的愿望和需要时，个体就会产生消极的情绪体验，如焦虑、生气等。情绪是我们人类社会的一笔重要的精神财富，是人类生活丰富性和生动性的重要内容。可以设想一下，如果没有情绪，人类的生活就会成为一部黑白电影，缺少了缤纷的色彩。

我国心理学家对于情绪本质的分析，经过 20 世纪 80 年代的争议探讨，到 20 世纪 90 年代逐步形成了比较明确的统一意见。在《情绪研究：理论与方法》一书中，作者把情绪定义为"一种由客观事物与人的需要相互作用而产生的包含体验、生理和表情的整合性心理过程"。情绪的构成包括三个层面：在认知层面上的主观体验、在生理层面上的生理唤醒、在表达层面上的外部行为。当情绪产生时，这三个层面协同活动，构成一个完整的情绪体验过程。

在我们的日常生活中，情绪起着非常重要的作用。首先，情绪具有信号功能。当产生某种情绪时，个体往往会做出某些特定的面部表情或是身体姿势，如高兴时眉开眼笑，生气时横眉冷对。周围的人也可以识别这些表情，了解交往对象此时的情绪，及时调整自己的行为反应。此时，情绪就作为一种非语言性的交际起到了传递信息的作用。与语言交际相比，情绪更加生动。其次，情绪具有动机作用，它可以激发和维持个体的行为。有时我们非常努力地去做某件事，可能只是因为这件事能够让我们觉得快乐。情绪的动机作用具有两极性：快乐、兴趣等积极增力的情绪可以提高人们的活动能力；而恐惧、抑郁等消极减力的情绪则会降低人们活动的积极性；有些情绪同时具备增力与减力两种动力性质，如悲痛可能使人消沉，却也可能使人化悲痛为力量。再次，情绪与我们的健康存在密切联系。健康既包括生理健康也包括心理健康，积极的情绪本身就反映了良好的心理健康状况，此外，情绪还会影响我们的生理健康状况。长期处于某种消极情绪可能会导致一些疾病，相反，积极乐观的情绪不仅可以通过提高免疫力预防疾病，当患有某种疾病时还有助于身体的康复。

人类的情绪千变万化，如高兴、幸福、惊讶、难过、伤心、愤怒、沮丧等，这些都是人们在日常生活中常常体验的情绪。对这些情绪进行分类虽然是一件比较困难的问题，心理学家也为此争论了很久，但现在越来越多的研究者同意把情绪分为两个基本维度：积极情绪和消极情绪。其中积极情绪维度代表个体体验积极感觉的程度，如高兴、兴趣、幸福等这些情绪都可以归入积极情绪；消极情绪维度则反映个体对某种消极情绪体验的程度，如紧张、恐惧、伤心等这些情绪都可以归入消极情绪中（石林，2000）。这种分类方法得到越来越多的研究证实，在我们的研究中也采用了这种分类方法。

随着改革开放的实行，由于实际需求和心理学自身的发展，情绪研究不仅在理论和实践方面都取得了众多成果，而且在教育教学和社会生活的许多领域也产生了广泛影响。人们对情绪研究的要求越来越高，希望它能为素质培养、创新教育、社会适应、心理健康等社会热点问题提供依据。

自 20 世纪 80 年代开始，国内的研究者已开始把情绪研究与社会文化因素联系起来考察人的情绪，提出了一些研究课题。如中国独生子女的情绪心理研究、情绪心理的跨文化比较以及文化和性别在情绪中的作用等。国内情绪研究与中国本土化文化背景的结合已经有了一个良好的开端。20 世纪 90 年代，一些和情绪有关的其他方面的实际问题，如儿童和青少年的心理健康及其影响因素、中小学生的焦虑、青少年的依恋与攻击行为的研究等也受到重视（刘爱楼，2006）。但是这些研究都是以普通儿童为研究对象，而且只是把情绪作为儿童青少年问题行为的影响因素来探究，并非以情绪本身作为切入点，考察儿童青少年的积极和消极情绪现状特点，也并未比较各种环境之下儿童青少年的情绪差异。

总之，探讨儿童青少年的积极和消极情绪，尤其是对于处境不利儿童来说，考察他们的情绪特点及影响因素、了解他们的心理健康状态，有着十分重要的实际意义。通过与正常环境下的儿童青少年进行比较以发现环境对儿童情绪的影响，及时发现问题所在并采取措施帮助其改善环境的不利方面，具有重要意义。此外，对情绪的测查不仅有助于了解处境不利儿童心理健康状态，也是预测其行为的重要指标。

2. 我们关注的问题

本研究希望通过对流动、留守、贫困和离异四组处境不利儿童在积极、消极情绪体验上的比较，找出这四种不利的成长环境对儿童情绪情感影响的规律，并进一步把这四组处境不利儿童与一般家庭儿童进行比较，考察处境不利儿童与对照组儿童在积极、消极情绪上是否有差别，也就是要考察这四种不利的成长环境是否会对儿童的情绪情感产生一些不良影响；然后我们把四组处境不利儿童与对照组儿童比较的结果进行综合，考察究竟哪些不利环境会对儿童的情绪产生影响；最后考察四组处境不利儿童的人口学变量（如：性别、年级等）对其情绪体验的影响，对流动、留守和离异三组儿童则进一步考察他们的情绪体验随流动时间、留守时间和父母离异时间长短的变化趋势。此外，我们还对就读于不同类型学校（公立学校还是打工子弟学校）的流动儿童进行比较，对父母一方外出打工和双方都外出打工的留守儿童进行了比较，以此确定学校类型是否会影响流动儿童的情绪体验，以及父母一方外出和双方外出打工是否会造成留守儿童情绪体验上的不同。

在研究工具的选用上，我们采用了陈文锋、张建新（2004）修订的《积极/消极情感量表中文版》考察儿童的积极情绪（如幸福、愉快、轻松等）和消极情绪（如孤独、沮丧、烦躁等）。该量表共包括 14 个项目，要求被试根据自己的实际情况对每项条目进行评定，并选出一个最符合自己情况的选项，从"没有"到"经常有"，共 4 级评分。本次调查中，该问卷两个维度的内部一致性信度系数分别为 0.74 和 0.67。

3. 结果与讨论

（1）四组处境不利儿童在情绪特点方面的差异比较

这部分中，我们对流动、留守、离异和贫困这四组处境不利儿童在积极情绪和消极情绪上的得分分别进行了比较，考察这四种不利的成长环境对儿童情绪体验影响的相对强弱。图 2-58 显示了四组处境不利儿童在积极情绪和消极情绪上的得分情况。

方差分析结果显示，四类处境不利儿童的积极情绪和消极情绪都存在显著差异（积极情绪 $F = 26.73$，$p < 0.001$；消极情绪 $F = 8.30$，$p < 0.001$）。多重比较发现，在积极情绪方面，流动组儿童和离异组儿童的得分没有显著差异，贫困组儿童得分高于其他三类处境不利儿童，留守儿童得分则低于其他三类儿童；消极情绪方面，贫困组儿童得分低于其他三类儿童，其他三类处境不利儿童得分之间没有显著差异。

上面的研究结果说明，贫困家庭儿童比其他三组处境不利儿童体验到更多的积极情绪和更少的消极情绪；留守儿童则比其他三类处境不利儿童体验到更少的积极情绪。

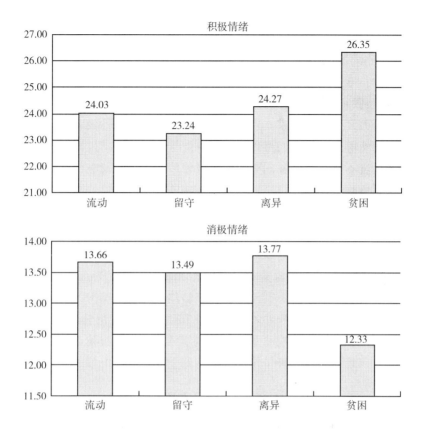

图 2 - 58　四类处境不利儿童在积极情绪和消极情绪上的比较

　　这一结果可以用家庭的亲密度来解释。已有的研究中发现，家庭的亲密度与个体的情绪体验之间存在显著相关，家庭亲密度是指家庭成员之间的情感联结程度，如果家庭关系和睦，情感联结亲密，生活在这样的氛围中个体就会体验到更多的积极情绪和更少的消极情绪（马颖，2005）。但留守和离异这两类处境不利儿童的家庭结构都发生了根本性的变化，他们由于父母离异或父母一方外出打工而跟父母中的另一方生活在一起，还有部分留守儿童父母都外出打工，只能由爷爷奶奶这些隔代亲属照顾或自己生活。这些儿童的家庭完整性都遭到了破坏，所以，留守儿童和离异家庭儿童都很难体验到正常家庭拥有的那种融洽的家庭氛围，这使得 他们很容易产生各种消极情绪体验。本研究中的调查对象是小学五、六年级和初中一、二年级的儿童，这些孩子都是未成年人，生活各方面都需要成人照顾，尤其是他们都处于青春期，更需要来自父母的情感支持。这些生活在不完整的家庭中的儿童，当他们在生活中遇到困难或产生情绪困扰时，不能及时得到父母的帮助和支持，所以会比那些和父母一起生活的儿童体验到更多的消极情绪和更少的积极情绪。

流动儿童尽管跟父母生活在一起，家庭结构保持了完整性，但他们要面临从农村到城市生活的种种适应问题。生活场所的变化、新的就读学校、周围人对他们的看法，甚至不同的语言等，这些都是流动儿童所要面对的问题。适应的压力难免会让这些儿童产生一些消极的情绪体验。

与上面提到的流动、留守和离异家庭的儿童相比，贫困家庭儿童尽管要面临一定的经济压力，但他们跟家人生活在一起，家庭的完整性没有遭到破坏，当遇到困难或有情绪困扰时，他们可以得到来自父母的情感支持。所以贫困家庭儿童比其他三类处境不利儿童体验到更多的积极情绪和更少的消极情绪。这可能也从一个侧面说明情感支持对儿童情绪体验的影响要大于经济条件的影响，和谐美满的家庭人际关系可能会有效克服恶劣的物质生活条件的消极影响。

离异家庭儿童大多跟父母一方生活，而很多留守儿童父母双方都外出打工，所以这些留守儿童所体验到的积极情绪甚至少于离异家庭的儿童。

（2）四组处境不利儿童与其对照组儿童之间的差异比较

在这里我们把四组处境不利儿童在积极情绪和消极情绪上的得分分别与其对照组儿童进行了比较，考察哪些不利的成长环境会对儿童的情绪体验产生影响，以及这些不利环境因素会影响儿童的积极情绪体验还是消极情绪体验。四组处境不利儿童和对照组儿童在积极情绪和消极情绪上的得分情况如表 2-10 所示。

表 2-10　　　　　　四组处境不利儿童与其对照组在积极、
消极情绪上的比较

		处境不利儿童	对照组儿童	t
积极情绪	流动组	24.03	26.30	-8.02***
	贫困组	26.35	26.46	-0.27
	离异组	24.27	26.32	-5.81***
	留守组	23.24	24.42	-4.56***
消极情绪	流动组	13.66	12.21	5.91***
	贫困组	12.33	12.23	0.22
	离异组	13.77	12.87	3.04**
	留守组	13.49	13.17	2.22***

从表 2-10 可以看出，流动、离异和留守三类处境不利儿童的积极情绪都低于其对照组儿童，消极情绪都高于其对照组儿童，只有贫困组儿童的积极、消极情绪和对照组没有显著差异。

流动儿童由于生活空间场所的变动，其正常的社会化进程被中断，所以会出现一定程度的孤独和抑郁等消极情绪体验。此外，更主要的是，流动儿童要面临从农村到城市生活的种种适应压力。他们离开熟悉的家乡，来到一个完全陌生的环境中生活，尤其很多流动儿童都是随进城打工的父母从农村老家进入城市生活的，从农村到城市的转变，周围城市人对这些儿童的态度往往会对他们的情绪产生很大的影响。不可否认，一些城市居民确实对农村人抱有某种偏见，认为农村人素质低，是"乡巴佬"。孩子对这种歧视是非常敏感的，甚至很多农村孩子都会觉得自己和城里的孩子相比低人一等，所以从农村进入城市生活的流动儿童很容易产生自卑心理，并且因此把自己和周围人孤立起来，进一步加深孤独感。再加上农村的教育水平普遍落后于城市，很多流动儿童进入城市中新的学校后学习成绩会比较落后，这不但会让他们的自卑感加重，还会产生焦虑、沮丧等消极情绪，甚至对自己的前途失去信心。所以总的来说，由于社会化进程的被迫中断和新的生活环境所造成的多种适应压力，流动儿童的积极情绪体验相对城市儿童较少，同时消极情绪体验相对更多。

离异家庭儿童的情绪体验明显地受到了父母离异的消极影响。有研究表明，离异家庭的孩子通常会出现自卑、孤独、愤怒、焦虑、抑郁等各种负性情绪（孙琳，2004）。根据调查显示，由于父母离异造成家庭解体，这些儿童或跟父母一方生活，或跟祖辈生活，也有的父母分别再婚，孩子跟其中一方生活（林志海，陈筱蓉，2006）。不论是哪种情况，这些儿童都无法得到完整家庭所拥有的和谐家庭气氛和温馨亲情，他们在失去父爱或母爱的同时也失去安全感和幸福感，产生被遗弃感和恐惧感，这也使他们产生了对父母强烈的怨恨感。同时，这些儿童由于父母离异往往会产生强烈的自卑心理。一方面，他们害怕别人知道自己的家庭是不完整的，认为这是一件非常不光彩的事，甚至有的孩子觉得跟完整家庭的孩子相比自己低人一等，他们往往没有完整家庭孩子的那种自信和幸福感。另一方面，很多离异家庭的孩子由于缺少家长的监督和辅导，所以学习成绩比较差，这也会使儿童产生强烈的自卑心理。此外，离异家庭的孩子生活上往往会缺少完整家庭父母给予孩子的关心和照顾，他们通常会在感情上觉得自己孤立无援，而且这些儿童会因为自卑而不愿意接近其他人，在学校中也比较难建立亲密的伙伴关系，所以孤独感在离异家庭孩子中是一种普遍存在的现象。总之，离异家庭的儿童由于家庭的破裂会产生较多的情绪问题。

对于留守儿童来说，父母外出打工导致其家庭环境发生了实质性的变化，家庭的完整性被破坏，这使得儿童与父母之间的交流很少，造成亲子关系生疏，儿童得不到应有的情感支持。此外，留守儿童的生活往往也得不到很好的照顾。大部分父母双方都外出打工的留守儿童由爷爷奶奶这些隔代亲属或者是叔叔等亲戚照顾，也有的孩子独自生活。这些负责照顾孩子的亲戚通常只会保证他们的衣食问题，不会像父母那样照顾得无微不至，很多孩子也会由于怕给亲戚添麻烦而不愿意把遇到的困难告诉亲戚。生活中的实际困难也会让这些孩子产生孤独、沮丧、焦虑等消极的情绪体验。所以，留守儿童一方面由于和父母的关系生疏，另一方面由于生活得不到照顾而更容易产生一些消极情绪，和正常家庭的孩子相比，他们的积极情感体验也较少。

很多研究发现，贫困家庭儿童普遍存在抑郁、孤独、自卑、怯懦、愤怒等心理问题（王璐，2007；陈敏，2007；易红，2007）。但在本次调查中，贫困组儿童的总体积极情绪和消极情绪与其对照组儿童并没有显著差异。考虑到贫困儿童与对照组儿童相比可能只是在某些具体的情绪体验上存在差别，但总体的积极情绪和消极情绪体验没有大的差异，我们进一步在具体情绪维度上对两组儿童进行了比较。结果发现，在"感到很幸福"、"对某些事特别感兴趣"和"因为做事受到别人赞扬而感到自豪"这三个问题的得分上，贫困儿童和对照组儿童存在显著差异。两组儿童在这三个问题上的得分情况如表 2 - 11 所示。

表 2 - 11　　　　贫困组儿童和对照组儿童在具体情绪维度上的比较

	贫困组	对照组	t	p
感到很幸福	3.42	3.59	-2.38	0.02
对某些事特别感兴趣	3.27	3.46	-2.62	0.01
受到赞扬而感到自豪	3.21	3.01	2.17	0.03

从表 2 - 11 可以看出，在幸福感和兴趣感上，贫困组儿童显著低于对照组儿童。这说明贫困家庭儿童总的幸福感低于对照组儿童，而且，对照组儿童也比贫困家庭的孩子更容易对某些事物产生浓厚的兴趣。在"受到赞扬而感到自豪"这一题目上，贫困组儿童得分高于对照组儿童，也就是说，贫困组儿童更容易因为做了某事受到别人的赞扬而感到自豪。

已有的一项关于初中生幸福感的研究发现，家庭经济条件影响被试的幸福感，家庭经济条件好的被试幸福感较高（谭春芳，邱显清，李焰，2004）。很显然，经济条件比较好的家庭能够为孩子提供好的生活环境，能够满足孩子物质和精神方面的多种需要，在这样的环境中生活的孩子没有生活压力，所以幸福感比较高。但是贫困儿童由于家庭经济状况差造成生活条件差，生活空间拥挤，物质资源缺乏等各种问题，很多同龄人拥有的东西他们都得不到。不仅如此，很多贫困儿童还要早早担负起支撑家庭的重担，在家里分担家务，为家人分忧解难。此外，经济条件比较差的家庭往往会由于经济压力过大而容易产生各种家庭冲突，所谓"贫贱夫妻百事哀"，家庭气氛不融洽也会影响到生活在其中的孩子的情绪。由于上述种种原因，贫困家庭儿童总的幸福感低于经济条件较好的儿童。

生活在贫困家庭中的孩子对自己家庭的经济压力是非常敏感的，这些孩子通常比较懂事，他们会考虑到父母生活的艰辛而主动放弃一些本来很想拥有的东西，同时为了使自己心理上达到平衡，他们会表现出对那些东西根本没有兴趣。这种压抑也许会造成贫困儿童对事物失去应有的兴趣。有研究发现，贫困家庭子女由于经济上的沉重负担而使心情受到压抑，容易产生抑郁情绪（陈敏，2007；冯晓黎，梅松丽等，2007）。处于抑郁情绪中的人往往会失去对各种事物的兴趣，这可能也是贫困儿童在兴趣感上得分低于对照组儿童的一个原因。

与上面两个问题得分情况相反，贫困组儿童比对照组儿童更容易因为受到别人的赞扬而感到自豪。这说明贫困儿童可能比家庭经济条件较好的儿童更加在意别人对他们的表扬，他们更需要别人的肯定。这可能也从侧面反映出贫困家庭儿童的自卑心理。经济比较拮据使得贫困儿童的生活条件和学习条件都比不上其他儿童，跟周围家庭经济状况较好的同学相比，这些孩子可能在吃、穿、用等各方面都比较差。本研究中的研究对象正处于青春期，互相攀比是这个年龄的孩子常见的一种行为特点，他们对自己的外表非常关注，所以贫困儿童会由于物质条件各方面不如其他儿童而产生强烈的自卑感。处于这种自卑感中的儿童可能会通过其他途径进行补偿，如努力学习，用好的成绩来获得老师和周围同学的认可；或者帮助别人，在得到感谢和赞扬时产生一种被肯定的感觉。

上面提到的三个项目都是关于儿童积极情绪的，其中两个项目的得分贫困儿童低于对照组儿童，另外一个项目则是贫困儿童高于对照组儿童。在关于积极情绪的其他项目以及消极情绪的各个项目上两组儿童没有显著差异。在有关积极情绪的多个项目上，有的是贫困儿童高，有的是对照组高，这就解释了我们在前面把两组儿童总的情绪特征进行比较时为什么会得出没有显著差异的结论。

（3）人口学变量对处境不利儿童情绪的影响

① 流动儿童

在本研究中，我们分别考察了不同性别、不同年级、不同学校类型（公立学校还是打工子弟学校）以及不同流动时间的流动儿童在积极情绪和消极情绪上是否存在差异。

1）流动儿童情绪特征的性别差异。通过比较流动儿童中的男生和女生在积极情绪和消极情绪上的得分，我们希望了解男生和女生在情绪特征上是否有差异，流动是否会对男孩和女孩的情绪产生不同的影响。

不同性别流动儿童在积极情绪和消极情绪上的得分如表 2 - 12 所示。独立样本 t 检验结果表明，流动儿童的积极、消极情绪不存在性别差异（积极情绪 $t = -0.76$；消极情绪 $t = -0.72$）。这说明，随着父母从农村到城市中生活或者从一个城市转到另一个城市生活，不论是男孩还是女孩，他们都会受到这种生活环境变化带来的影响。

表 2 - 12   不同性别流动儿童积极情绪和消极情绪得分

	积极情绪	消极情绪
男生	24.01	13.65
女生	24.19	13.79

2）流动儿童情绪特征的年级差异。这里我们对不同年级的流动儿童在积极情绪和消极情绪上的得分分别进行了比较，以此来考察流动儿童的情绪特点是否会随着年级（也就是年龄）不同而产生变化。

不同年级流动儿童的积极、消极情绪得分如图 2 - 59 所示。方差分析结果显示，流动儿童的积极情绪不存在年级差异，但消极情绪存在年级差异（积极情绪 $F = 1.98$；消极情绪 $F = 17.76$，$p < 0.001$）。事后多重比较发现，消极情绪只有初一年级和初二年级之间没有差异，其余各年级间都存在差异。也就是说，从五年级开始，随着年级的增长流动儿童的消极情绪逐渐增多，到初一、初二年级开始稳定。这种情绪变化趋势和对照组儿童是一样的。

本研究的被试是小学五年级到初中二年级的儿童，这些儿童正逐渐步入青春期，开始面对很多情绪困扰，这些情绪困扰正是儿童从小学高年级开始体验到的消极情绪逐渐增多的主要原因。

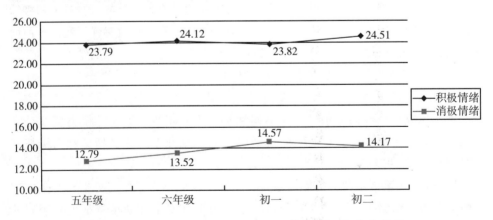

图 2 - 59   流动儿童积极、消极情绪随年级的变化趋势

3）就读学校类型对流动儿童情绪特征的影响。在本研究中的流动儿童就读于两类学校：公立学校和打工子弟学校。我们把就读于这两类不同学校的流动儿童在积极情绪和消极情绪上的得分分别进行了比较，考察不同就读学校类型是否会对流动儿童的情绪造成影响。两类学校中流动儿童在积极情绪和消极情绪上的得分情况如图 2－60 所示。

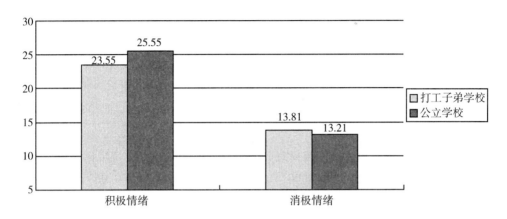

图 2－60　不同学校类型对流动儿童情绪的影响

对打工子弟学校的流动儿童和公立学校的流动儿童的情绪得分进行比较，二者在积极、消极情绪上都存在显著差异（积极情绪 $t = -7.57$，$p < 0.01$；消极情绪 $t = 2.59$，$p < 0.01$）。从图 2－60 可以看出，公立学校的流动儿童积极情绪显著高于打工子弟学校的流动儿童，而消极情绪则显著低于后者。这一结果与以往关于不同就读学校流动儿童的研究结果一致。有研究发现，就读于打工子弟学校的流动儿童总体心理健康水平比就读于公立学校的流动儿童要差，与后者相比，他们体验到更多的焦虑、孤独等消极情绪（刘正荣，2006）。

打工子弟学校虽然解决了进城就业农民工子女接受教育的问题，但大多数打工子弟学校在硬件设施、师资队伍、教学管理等方面存在或多或少的问题，基本上合格的打工子弟学校并不多（周皓，2004）。学校的办学条件直接决定着学生接受教育的水平，决定着学生的发展水平，尤其是心理健康水平（刘正荣，2006）。由于绝大多数打工子弟学校所提供的教育水平低于公立学校的教育水平，所以在打工子弟学校就读的流动儿童比公立学校就读的流动儿童更容易出现一些心理健康问题，他们比就读于公立学校的流动儿童有更多的消极情绪和更少的积极情绪体验。此外，就读于打工子弟学校的流动儿童对自己作为"外来人员"的身份可能更敏感，他们觉得自己不能跟那些在公立学校读书的城里孩子相比，所以会产生自卑、焦虑等消极情绪；而就读于公立学校的流动儿童可能更有融入城市的感觉，所以在情绪体验上要比那些在打工子弟学校上学的流动儿童更积极一些。

4）流动时间长短对儿童情绪特征的影响。在本研究中，我们将流动时间的长短分为三段：0~2年为短期，2~8年为中期，8年以上为长期，考察流动时间的长短对儿童的情绪是否产生影响。不同流动时间儿童积极情绪和消极情绪的得分如表2-13所示。

表2-13　　　　　不同流动时间下儿童积极和消极情绪得分

	短期	中期	长期
积极情绪	22.74	23.74	24.99
消极情绪	14.24	13.70	13.40

方差分析结果显示，不同流动时间儿童的积极情绪和消极情绪都存在显著差异（积极情绪 $F = 23.27$，$p < 0.001$；消极情绪 $F = 3.73$，$p < 0.05$）。多重比较结果表明，积极情绪在短、中、长三个不同时间段都存在显著差异，而消极情绪只有在短期和长期之间存在差异。结合表2-13我们可以看出，随着流动时间的延长，儿童的积极情绪逐渐增多，而消极情绪逐渐降低。尽管在短期流动和中期流动的儿童之间消极情绪没有显著变化，但长期流动的儿童消极情绪低于短期流动的儿童，所以总的来说，消极情绪的变化趋势是随着流动时间的增加而逐渐降低。

影响流动儿童情绪体验的主要因素是由于生活场所的变化带来的一系列适应问题。离开熟悉的生活环境，面对一个完全陌生的环境，儿童很容易产生孤独和焦虑等负性情绪；很多流动儿童都是随父母从农村进入城市生活的，周围城市居民对他们的看法极大地影响着这些儿童的情绪。如果周围人对他们有歧视，那么这些儿童就会产生强烈的自卑或愤怒。而这一点在现实生活中常常是事实。但随着时间的推移，流动儿童慢慢熟悉了新的环境，逐渐建立了新的社会联系，也逐渐被周围的人所接纳，融入了城市生活，他们最初的各种消极情绪体验就会减少，积极情绪体验也会相应增多。

② 留守儿童

1）留守儿童情绪特征的性别差异。通过比较留守儿童中的男生和女生在积极情绪和消极情绪上的得分，我们考察了留守对儿童情绪的影响在男生和女生之间是否存在差别。

表2-14显示了不同性别的留守、非留守儿童积极、消极情感的得分。独立样本 t 检验的结果显示，留守儿童的男生和女生在积极情绪上没有显著差异（$t = -1.14$，$p = 0.25$），但两者在消极情绪上的差异却达到了统计上的显著水

平（$t = -2.04$，$p < 0.05$）；而与之相对应的非留守儿童，男生和女生在积极情绪和消极情绪上都不存在显著差异（积极情绪 $t = -1.33$，$p = 0.18$；消极情绪 $t = 0.86$，$p = 0.39$）。也就是说，在消极情绪上，是否留守和性别之间存在交互作用（$F = 4.04$，$p < 0.05$），留守女生的消极情绪最高。

表 2 – 14　　　　　不同类型儿童积极情绪和消极情绪得分

		积极情绪	消极情绪
留守儿童	男生	23.18	13.28
	女生	23.57	13.87
非留守儿童	男生	24.31	13.20
	女生	24.82	12.93

留守男生和非留守男生的积极情绪存在显著差异（$t = -3.23$，$p < 0.001$），前者显著低于后者，而二者的消极情绪不存在显著差异（$t = 0.29$，$p = 0.76$）；留守女生和非留守女生的积极情绪和消极情绪都存在显著差异（积极情绪 $t = -3.31$，$p < 0.01$；消极情绪 $t = 2.94$，$p < 0.01$），留守女生的积极情绪低于非留守女生，消极情绪高于非留守女生。这说明留守使得女生的积极情绪降低而消极情绪升高，但男生的消极情绪并没有因留守而受到很大影响，他们只是积极情绪体验减少。

形成以上结果的原因，可以用应对方式的性别差异特点来解释。一些研究发现，男生更多地采用解决问题、幻想等应对方式，而女生则倾向于使用求助的方式，男生在面临困难时倾向于独立解决，而女生则易于求助他人（赵夫明，2006）。留守儿童与父母分离，由邻居或其他亲戚照顾或自己独立生活，这就使得女生在遇到困难时没有父母可以作为求助对象，因而会感觉到孤独、沮丧或烦躁不安，比男生体验到更多的消极情绪。

2）留守儿童情绪特点的年级差异。本调查中选取了四个年级的留守儿童，五年级、六年级和初一、初二，考察儿童的积极情绪和消极情绪随年级的变化趋势。表 2 – 15 显示了不同年级的留守儿童积极情绪、消极情绪的得分。方差分析结果显示，留守儿童的积极情绪和消极情绪在各年级间都存在显著差异（积极情绪 $F = 7.24$，$p < 0.001$；消极情绪 $F = 10.19$，$p < 0.001$）。平均数的多重比较结果显示，初二年级儿童的积极情绪显著高于其他各年级。消极情绪在五、六年级间差异不显著，其他各年级间都差异显著，有随年级逐渐上升的趋势。但总的来说，在各个年级都是积极情绪高于消极情绪。

表 2 – 15　　　　　　四个年级两类儿童的积极情绪和消极情绪得分

		五年级	六年级	初一	初二
留守儿童	积极情绪	22.93	22.78	23.15	24.96
	消极情绪	12.66	13.03	13.88	14.81
非留守儿童	积极情绪	23.56	23.38	25.42	25.17
	消极情绪	12.47	12.37	13.57	13.60

非留守儿童积极情绪和消极情绪也存在年级差异（积极情绪 $F = 8.39$，$p < 0.001$；消极情绪 $F = 4.70$，$p < 0.001$），平均数多重比较结果表明，积极情绪和消极情绪随年级的变化趋势相同，都是在五、六年级差异不显著，初一和初二差异不显著，但小学和初中之间差异显著，初中儿童的积极情绪和消极情绪都显著高于小学儿童。这是因为初中生进入青春期，随着生理的发育不可避免地带来心理上的很多困扰，因此产生比小学生更多的消极情绪体验。

如图 2 – 61 所示，在积极情绪上，是否留守和儿童的年级存在交互作用（$F = 3.85$，$p < 0.001$），即儿童积极情绪随年级的变化趋势在留守儿童和非留守儿童之间存在差异。具体来说，留守儿童和非留守儿童的积极情绪在五年级和六年级的变化趋势基本相同，两类儿童的得分在五、六年级之间都没有显著差异；但非留守儿童的积极情绪在初一年级会有一个大幅度的上升，显著高于六年级，而与之对应的留守儿童积极情感在初一和六年级间则不存在显著差异；非留守儿童的积极情感在初一年级和初二年级间没有显著差异，但留守儿童初二年级的积极情感则显著高于初一年级。

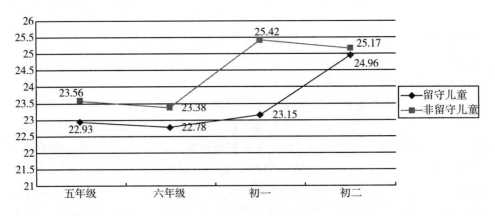

图 2 – 61　留守儿童、非留守儿童积极情绪的年级变化趋势

初中生已经进入青春期，这个年龄的孩子同伴交往增多，情感体验深刻，因

此比小学生能够体验到更多的积极情绪。但对于留守儿童来说，与父母的分离使得这些孩子的积极情绪体验减少，到初二年级，随着认知能力的发展，儿童逐渐能够理解父母外出打工，觉得父母是为了家庭和自己才外出的，因此积极情绪体验上升到和非留守儿童没有显著差异的水平。

3）留守儿童的情绪特征与留守时间的关系。我们按照父母外出打工时间长短把留守时间分为三类（2年以下、2~5年和5年以上），考察留守时间对儿童积极情绪和消极情绪的影响。图2-62显示了不同留守时间的儿童在积极、消极情绪上的得分情况。方差分析结果显示，三类留守儿童积极情绪差异不显著（$F=2.19$，$p=0.11$），但消极情绪差异显著（$F=4.13$，$p<0.05$）。平均数的多重比较表明，消极情绪只有在2年以下和5年以上差别显著，留守5年以上的儿童消极情绪显著高于留守2年以下的儿童。这说明留守时间越长，儿童体验到的消极情绪就越多。前面已经提到，家庭的亲密度与个体的情绪体验之间存在显著相关，长期生活在和谐融洽的家庭氛围中，个体就会感受到更多的积极情绪。相反，和谐家庭关系的剥夺会造成消极的情绪体验。留守儿童由于父母外出打工而不得不与父母长期分开，这必然会带来一些消极的影响。与父母分开时间越长，这种影响就越大，亲子关系就越疏远冷淡，儿童就会体会到更多的消极情绪。尽管随着现代通讯工具的普及，如电话、手机等的使用，留守儿童跟在外打工的父母之间的联系比以前有所改善，但这种间接的联系方式并不能满足留守儿童的心理需求。

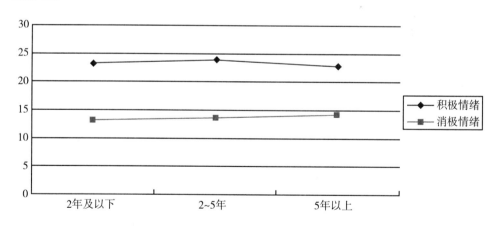

图2-62　不同留守时间儿童的积极和消极情绪的得分情况

4）父母打工情况对儿童情绪的影响。在我们研究的留守儿童中，有一部分儿童父母中的某一方外出打工，他们跟另外一方父母一起生活，而另一部分儿童则父母双方都外出打工，这些儿童通常由其他亲戚代为照顾或是独自生活。考虑到跟父母中的一方一起生活的留守儿童在情绪体验上可能要好于父母都外出打工的儿童，我们把这两类儿童在积极情绪和消极情绪上的得分分别进行了比较，结果如图 2 - 63 所示。

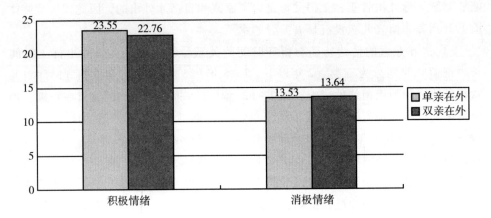

图 2 - 63　父母打工情况对儿童情绪的影响

t 检验结果显示，单亲在外打工的留守儿童和双亲都在外打工的留守儿童的积极情绪存在显著差异，但二者的消极情绪没有显著差异（积极情绪 $t = 1.97$，$p < 0.05$；消极情绪 $t = -0.33$）。结合图 2 - 63 我们可以看出，单亲在外打工的留守儿童的积极情绪显著高于双亲都在外打工的留守儿童。这说明父母在外打工对孩子的情绪有不良影响，与父母分离的儿童的积极情绪体验显著低于和父母在一起生活的儿童。父母双方都在外打工对儿童的消极影响更明显，这些儿童的积极情绪体验甚至少于父母一方外出的儿童。

很多双亲在外打工的留守儿童属于隔代监护，这些孩子和他们的祖父母、外祖父母的年龄相差近五十年，他们之间的沟通比亲子沟通更加困难，而且隔代亲由于年龄较大，对这些儿童的照顾往往心有余而力不足。当留守儿童遇到生活中的一些不良事件时，从监护人那里获得帮助较为困难。单亲在外打工的儿童，尽管他们的家庭也不完整，但毕竟还有来自父母一方的情感支持，所以这些孩子比双亲都在外打工的孩子体会到更多的积极情绪。

③ 离异家庭儿童

在本研究中，我们分别考察了不同性别、不同年级的离异家庭儿童在积极情绪和消极情绪上是否存在差异。此外，还按照父母离异时间长短把儿童分为三类，比较了这三类儿童的积极情绪和消极情绪是否存在差异，考察了儿童的情绪体验是否会随父母离异时间的长短而产生变化。

1）离异家庭儿童情绪特征的性别差异。为了考察离异家庭儿童的情绪特征是否存在性别差异，我们对父母离异的男孩和女孩在积极情绪和消极情绪上的得分分别进行了比较。结果表明，二者在积极情绪和消极情绪上都不存在差异。这说明不论是男孩还是女孩，都受到父母离异带来的负面影响。进一步比较离异家庭的男孩和完整家庭男孩的情绪特征以及离异家庭女孩和完整家庭女孩的情绪特征，结果如表 2 – 16 所示。

表 2 – 16　　　　　　不同性别离异家庭儿童的积极和消极情绪得分

		积极情绪	消极情绪
男	离异家庭	24. 26	14. 04
	完整家庭	26. 50	12. 57
女	离异家庭	24. 28	13. 45
	完整家庭	26. 15	13. 15

t 检验结果显示，离异家庭的男孩和完整家庭的男孩积极、消极情绪都有显著差异（积极情绪 $t = -4.42$，$p < 0.001$；消极情绪 $t = 3.47$，$p < 0.001$）；离异家庭女孩和完整家庭女孩的积极情绪差异显著（$t = -3.79$，$p < 0.001$），但消极情绪差异不显著（$t = 0.73$，$p = 0.46$）。这说明，离异家庭的男孩积极情绪低于完整家庭的男孩，同时消极情绪高于后者；但离异家庭的女孩只是积极情绪低于完整家庭女孩，她们并没有体验到更多的消极情绪。所以我们认为，父母离异对儿童情绪的影响是存在性别差异的，主要体现在对消极情绪的影响上。

美国心理学家约翰·哥德堡对离异家庭男女儿童的研究发现，在小学一、二年级离异家庭男女儿童的适应没有明显差异，但随着年龄增长，离异家庭儿童的适应开始出现性别差异，女孩比男孩能更好地适应父母离婚，也就是说，离婚对男孩的影响更大（刘萍，2003）。我们的结论与这一观点相吻合。我们发现，离异家庭的女孩虽然积极情绪体验比完整家庭的女孩少，但她们并不会产生比完整家庭的女孩更多的消极情绪体验；但是离异家庭的男孩在积极情绪减少的同时还体验到比完整家庭男孩更多的消极情绪，最突出的就是他们更容易产生愤怒。但也有一些研究认为，父母离异对男孩的影响更多的是行为方面，而女孩则更多的表现在情绪方面，她们比完整家庭的女孩体验到更多的焦虑、抑郁等负性情绪（贺红梅等，2001）。该研究结论与我们的结论不一致，但这可能是由于该研究的研究对象是小学儿童，而我们的研究对象是小学高年级和初中学生，研究对象的不同导致了结论的不一致。

2）离异家庭儿童情绪特征的年级差异。本研究比较了各年级的离异家庭儿童在积极情绪和消极情绪上的得分，不同年级离异家庭儿童的情绪分布情况如表 2 – 17 所示。

表 2 –17 　　　　　　　　 不同年级离异家庭儿童的积极和消极情绪得分

	四年级	五年级	六年级	初一	初二
积极情绪	24.13	24.22	24.16	24.10	24.85
消极情绪	12.86	13.29	13.83	14.08	14.28

　　方差分析结果表明，离异家庭儿童的积极情绪和消极情绪在各年级间都不存在显著差异（积极情绪 $F = 0.25$，消极情绪 $F = 1.32$）。也就是说，这些离异家庭的孩子，不论他们的年级高低，年龄大小，都同样地受到父母离异带来的消极影响。这一点与以往研究的结论是一致的。刘萍（2003）对小学离异家庭儿童的研究发现，这些儿童在心理发展的各个方面都受到父母离异的消极影响，这种影响并不随儿童的年龄不同而产生差别。不论年龄大小，父母离婚对儿童的心理伤害都是巨大的。

　　3）父母离异时间长短对儿童情绪特征的影响。本次调查中，我们按照父母离异时间长短把离异组儿童分成三类：半年以下、半年到两年和两年以上。比较结果显示，这三类儿童的积极情绪和消极情绪都不存在显著差异（积极情绪 $F = 0.62$；消极情绪 $F = 0.53$）。这一结果说明，儿童的情绪体验并不随父母离异时间长短而发生变化。

　　已有很多研究中都发现，父母离异时间长短对儿童的心理健康、情绪状况是有影响的。一些研究中把离异时间以五年为界分为长期和短期，结果发现父母离异时间在五年以内的儿童心理健康各方面都比父母离异五年以上的儿童差，他们更多地体验到焦虑、孤独、自责等消极情绪（王萍，2007）。本研究将父母离异时间按长短分为三段进行比较，结果发现三类儿童的积极情绪和消极情绪都没有显著差异。这可能是由于时间段划分不合理，最长时间段为两年以上可能太短，三类时间段的跨度太小，所以比较不出差异。因此考虑把离异时间重新分段，以五年为界分为长期和短期进行比较。重新分段后的比较结果仍是没有显著差异。甚至进一步以八年为界分割离异时间再进行比较，结果还是两组儿童的情绪没有显著差异，也就是说，本研究发现儿童的积极情绪和消极情绪并没有随父母离异时间的延长而发生变化。

　　本研究的结果与以往研究的结论不一致，而且就日常认识来说，父母离异对儿童情绪造成的消极影响应该是随时间的延续而逐渐减弱的。所以，关于父母离异时间与儿童情绪发展的关系问题，还需要进一步研究的深入探讨和分析。

　　④ 贫困家庭儿童

　　对贫困家庭儿童的积极和消极情绪进行年级和性别的差异检验，结果表明，贫困家庭儿童的积极、消极情绪在各个年级之间不存在显著差异，也就是说，贫困家庭儿童的情绪体验随年级的变化不明显。在性别差异方面，t检验结果显示，男女贫困儿童在积极、消极情绪方面不存在显著差异（积极情绪$t = -0.63$，$p > 0.05$；消极情绪$t = -1.75$，$p > 0.05$）。

⑤ 小结

总结上述研究结果，我们可以发现，在流动、贫困、离异和留守四组处境不利儿童中，只有留守儿童的消极情绪存在性别差异，留守女生的消极情绪高于男生，其他三组处境不利儿童的积极、消极情绪在男生和女生之间都没有差异。

流动儿童的消极情绪在各年级间存在差异，随着年级的增长，流动儿童的消极情绪逐渐增多，到初一、初二年级开始稳定。对于这种年级差异，我们并不认为是由于流动造成的，而且儿童进入青春期所固有的一种情绪发展模式。留守儿童的积极、消极情绪都存在年级差异，初二年级留守儿童的积极情绪显著高于其他各年级，消极情绪在五、六年级间差异不显著，其他各年级间都差异显著，有随年级逐渐上升的趋势。总的来说，流动儿童和留守儿童的消极情绪发展趋势都是随年级增加逐渐上升，这可能也是青春期个体一般的发展趋势。

流动时间长短影响儿童积极、消极情绪，随着流动时间的延长，流动儿童的积极情绪增加而消极情绪减少，说明他们随着进城时间的延长逐渐适应了新的生活环境，适应压力造成的情绪问题逐渐减少了；留守时间长短影响儿童的消极情绪但不影响积极情绪，随着与父母分离时间的延长，留守儿童的积极情绪没有显著变化，但消极情绪有所增加。

4. 结论

（1）流动儿童和城市儿童在积极情绪和消极情绪上都存在显著差异，流动儿童比城市儿童体验到更多的消极情绪和更少的积极情绪。流动儿童的情绪体验在男生和女生之间没有差异；随着年级的升高，流动儿童的积极情感比较稳定，但消极情感有逐渐增加的趋势；流动时间长短会影响流动儿童的情绪体验，随着时间的延长，流动对儿童情绪的消极影响有所降低。

（2）与完整家庭的孩子相比，离异家庭儿童体验到更多的消极情绪和更少的积极情绪。不同年级的离异家庭儿童体验到的情绪没有显著变化；总的来说，父母离异的儿童中男孩和女孩在情绪体验上没有显著差异，但将这些儿童与同性别的完整家庭儿童进行比较后发现，离异家庭的男孩比完整家庭的男孩体验到更多的消极情绪和更少的积极情绪，离异家庭的女孩和完整家庭的女孩在消极情绪体验上没有差异，她们只是比后者体验到更少的积极情绪；本研究发现儿童的情绪特征不随父母离异时间的长短而发生变化，这一结论与以往研究结论不一致，还需进一步探讨。

（3）留守儿童的积极情绪显著低于非留守儿童，同时他们体验到的消极情绪高于后者。留守儿童的男生和女生在积极情绪上没有差别，但女生会比男生体验到更多的消极情绪；留守儿童的情绪体验会随着年级有所变化，其中消极情绪的变化趋势和非留守儿童一致，但积极情绪的变化趋势和非留守儿童的变化趋势存在一定差异，即留守和年级之间存在交互作用。父母双方都外出打工的留守儿童比那些跟父母一方生活在一起的儿童体验到的积极情绪要少，但二者的消极情绪体验没有显著差异，也就是说父母双方都外出打工对儿童的情绪体验造成的消极影响更为严重。

（4）贫困家庭儿童和普通家庭儿童相比，二者总的情绪体验并没有显著差异，但在具体的情绪维度上两组儿童存在一些差异：贫困家庭儿童的幸福感和对事物的兴趣感都低于家庭经济条件较好的儿童，他们比家庭经济条件较好的儿童更容易由于做了某事得到别人的赞扬而感到自豪。年级和性别因素对贫困家庭儿童的积极情绪和消极情绪不存在显著影响。

三、幸福感

1. 什么是总体幸福感

总体幸福感（General well-being），主要指个体依据自己设定的标准对其生活质量所做的整体评价，反映着特定群体对生活状况的满意程度。总体幸福感是一种主观的、整体的概念，也是一个相对稳定的值，它评估个体相当长一段时期的情感反应和生活满意度。在积极心理学的研究中关于幸福感的研究是研究者较早关注的主题之一，并且也是当前积极心理学研究中涉及较多的一个核心概念。目前，越来越多的研究者认为，主观幸福感不是一个单一的指标，而是个体对其生活质量做出的综合性评价，它包括认知和情感两个成分。其中，总体幸福感是幸福感研究领域中较早被提出的，也是研究者目前较为常用的一个考察个体幸福感的指标。

宋海燕（2006）指出我国关于幸福的研究始于20世纪80年代，此后逐渐开展了大量的幸福感的研究。但我们可以看到，研究者们更多地将焦点放在成人身上，例如，对大学生群体（李靖等，2000；严标宾等，2003；张雯等，2004；李银萍等，2007）、教师群体（杨婉秋，2003；周宁等，2007；柳海民、林丹，2008）和老年人群体等的总体幸福感的考察（姚春生等，1995；

王大华，2004；郑宏志，2005；陈芬，2005）。而本研究主要将焦点转向儿童、青少年，重点考察在中国大的社会文化背景下，不同家庭环境条件下流动儿童、留守儿童、贫困儿童和离异家庭儿童的总体幸福感的状况。如上所述，目前研究者一般采用综合的指标对幸福感进行考察。在这一部分里，我们重点考察了四类处境不利儿童的总体幸福感，并进行比较和分析。在第三章中，我们将就贫困儿童的幸福感进行讨论，以综合的指标考察贫困儿童幸福感的现状和成因。

2. 我们关注的问题

本研究主要关注流动儿童、留守儿童、贫困儿童和离异家庭儿童的总体幸福感的特点。具体包括三个方面的问题：四组处境不利儿童之间在总体幸福感方面的差异特点；四组处境不利儿童各自与其对照组的差异特点及其共同点和差异点；人口学变量对于四组处境不利儿童的总体幸福感的影响。

本研究的对象前面第一部分已经介绍，这里不再赘述。本次调查采用单一项目的《主观幸福感量表》测量儿童的总体幸福感。该量表改编自坎特里尔（Cantril，1967）编制的阶梯量表（心理卫生评定量表手册，1999）。该量表的题目为："总的来说，你觉得你生活得幸福吗？"时，请儿童根据自己的实际感受进行评定，选出最能代表自己感受的数字。选项从 0 到 10，"0"表示"非常不幸福"，"10"表示"非常幸福"，要求学生们对其整体的幸福感做出评价，分数越高表示总体幸福感越高。

3. 研究结果与讨论

（1）四组处境不利儿童在幸福感方面的差异比较

将调查结果整理，进行数据分析。我们比较了流动儿童、留守儿童、离异家庭儿童和贫困家庭儿童的幸福感得分，以下是关于四组数据的描述统计结果。从表 2-18 和图 2-64 我们大致可以看出四组处境不利儿童在总体幸福感上的基本情况。当被问及"总的来说，你觉得你生活得幸福吗？"时，留守与离异组儿童的幸福感比起流动与贫困组儿童来说要低。

经方差分析，四组儿童的幸福感之间存在显著的差异（$F = 28.16$，$p = 0.001$）。进一步分析表明，贫困组儿童和流动组儿童的幸福感明显高于留守组和离异组儿童。同时，贫困组儿童还明显高于流动组儿童。但是留守组与离异组儿童的幸福感上没有显著的不同，虽然较其他两组而言明显处于较低的水平，但总体来看，处境不利儿童的幸福感处于中等偏上水平。

表 2 - 18　　　　　　　四组处境不利儿童的幸福感（$M \pm SD$）

	流动	留守	离异	贫困
幸福感	7.59 ± 2.60	6.73 ± 2.93	6.84 ± 2.23	8.25 ± 1.90

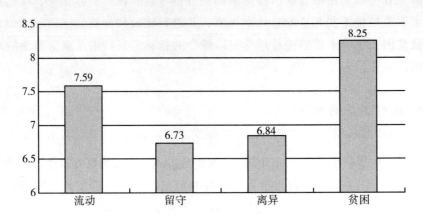

图 2 - 64　四组处境不利儿童的幸福感比较

　　由此我们可以看到，四组处境不利儿童在幸福感方面有较大的不同。留守儿童和离异家庭儿童由于长期只与单亲生活或者长期不能与父母一起生活，造成他们并不高的幸福感。但总体说来，这些处境不利的孩子的总体幸福感还是达到了中等以上的水平，说明他们基本上接纳目前的生活情境，适应情况一般，但是缺乏父母在身边及时的照顾和关怀，使得他们在幸福感方面较其他处境不利儿童群体来说，显然还是有缺失。这是应当引起我们重视的现象。在中国社会现在的状态下，这些处境不利孩子的幸福感更是应该引起人们的关注，尤其是对于留守儿童和离异家庭的儿童，他们长期面临亲子分离的状态，孩子们失去了应拥有的父母亲的关爱，这致使他们内心对父母之爱的需求长期缺失，难以得到满足。这很可能是造成这两类儿童幸福感显著低于其他两类处境不利儿童的重要原因之一。

　　流动儿童与贫困儿童相比，幸福感显著较低。这也是个值得关注的现象。流动儿童随父母背井离乡，到一个大城市里上学，离开了原先自己生活的环境，离开了自己熟悉的亲戚，离开了之前自己交往的好朋友们。流动儿童大多是从欠发达的农村地区流向较发达的城市。这些孩子可能会因为自卑和不适应，而导致幸福感的缺失，但与父母在一起仍然起到一定的弥补作用，所以幸福感仍是高于留守和离异组的孩子。尽管如此，我们还是应该引起足够重视。处境不利儿童的幸福感可能往往与他们的适应情况和社会交往发展情况有关联。对一个新的环境的排斥往往是他们幸福感低的重要原因之一。他们在大城市里可能难以完全融入城市儿童的群体，使得他们的社交需要受到了一定的阻碍，并且由于自己与其他儿童的比较感到自卑而导致各种适应性的困难，最终带来部分幸福感的缺失。贫困儿童尽管家庭经济条件不好，带来了生活上的一些困难和不便，使得他们对物质生活的需求得不到充分的满足，带来一定的幸福感缺失，但是与离异家庭儿童的亲情缺失和流动儿童感受到的歧视不同，这类儿童主要是面临着经济资源的匮乏。由于处于长期贫困的环境中，他们在面对贫困问题时能够接纳这一事实。同时，我们在访谈中也了解到，贫困儿童的父母也会通过各种方式教育这些儿童正确地面对贫困，通过努力学习等方式加以补偿。也许这种来自家庭方面的支持和对孩子成长的指导起到了一定的缓冲作用，因此贫困儿童的幸福感水平还是比其他三组儿童的幸福感水平要稍好一些。然而，我们也仍然能够看到他们的贫困问题依旧随时困扰他们，成为影响他们幸福感的重要因素，我们应该密切关注贫困儿童的成长，帮助他们度过成长中的问题，理性看待贫困，学会自我接纳，提高自我的幸福感。

（2）四组处境不利儿童与其对照组儿童之间的差异比较

① 四组儿童与其对照组儿童在幸福感方面的差异特点

表 2 - 19　　　　　四组儿童与其对照组儿童在幸福感方面的差异

	处境不利儿童	对照组儿童	t	p
	$M \pm SD$	$M \pm SD$		
流动组	7.59 ± 2.60	8.60 ± 1.94	-7.27	0.00
留守组	6.73 ± 2.94	7.55 ± 2.72	-4.89	0.00
离异组	6.64 ± 2.50	8.31 ± 2.14	-8.26	0.00
贫困组	8.25 ± 1.90	8.74 ± 1.77	-1.88	0.01

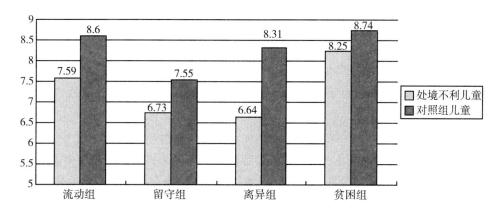

图 2 - 65　四组儿童与其对照组儿童在幸福感方面的比较

为了考察这四组儿童与其对照组儿童相比，幸福感有什么不同或有何差异，我们将四组处境不利儿童与其分别对应的对照组儿童在幸福感上的自我评价分值描述如表2-19所示。其中，流动儿童包括了来自打工子弟学校的流动儿童和来自公立学校的流动儿童的数据。而留守儿童是包括了单亲在外打工的儿童和双亲都在外打工的儿童的数据。表2-19中列出了四组处境不利儿童和各自对照组的幸福感对比情况。

我们从表2-19和图2-65中可以看到，四组儿童与其相应的对照组相比，都表现出了低于对照组的幸福感自我评价。流动组、留守组、离异组和贫困组的处境不利儿童与各自对照组相比均表现出幸福感显著低于对照组的情况。

② 四组儿童与其对照组儿童之间差异的比较分析——共同性与差异性

从表2-19的描述情况来看，我们发现四组儿童在与对照组儿童进行差异比较的过程中表现出同样的差异趋势，即处境不利儿童都表现出比非处境不利儿童要低的总体幸福感。不论是哪种处境不利条件下的儿童都表现出了低于非处境不利儿童的幸福感，这种共同的差异特点意味着处境不利儿童的心理健康状况很可能也处于一个低于对照组情况的水平上。他们的幸福感低于非处境不利儿童群体，说明他们对生活的积极体验和接纳程度也较低。

处境不利儿童因种种生活事件，而造成心理上的幸福感的缺失。这种缺失有的是因为跟随进城打工的父母离开家乡，过着较为动荡的生活，对频繁更换的生活环境难以适应；有的是留守农村，与进城务工的父母长期分离，得不到父母的充分照顾；有的是因为父母离异造成家庭支离破碎，儿童失去一个稳定和睦的家庭；有的则是因为家庭经济条件困难，生活捉襟见肘，物质和精神上都难以得到充分保障。因此，我们应该更关注处境不利儿童的幸福感水平，重视通过各种方式的支持来提高他们的幸福感水平，以促进他们的心理健康。

尽管处境不利儿童都显著地表现出幸福感比对照组儿童低的特点，但是，贫困组儿童与其对照组儿童的差异，比其他处境不利儿童组与对照组的差异略小一些（见图2-65）。这与其他三组的对比结果略有一点不同。但是，我们看到贫困组儿童总体幸福感与对照组相比，依然存在着十分明显的缺失，只是这类儿童的缺失水平与留守儿童、流动儿童和离异家庭儿童相比差异稍微缓和一些而已。本研究中贫困儿童与对照组儿童差异显著，这与其他类似研究的结论一致，如，余欣欣（2007）发现贫困生主观幸福感显著低于非贫困生。由于物质资源稀缺，贫困家庭的父母会常常为家庭的生计担忧，这种担忧也会自觉不自觉地使孩子受到感染。同时，由于家庭贫困，儿童发展所需要的经济条件、教育资源得不到充分的保证。另外，由于贫困带来的各种生活压力事件，例如父母冲突、亲子冲突等，也会造成贫困儿童的幸福感下降。因此，贫困儿童的幸福感存在着一定程度的缺失问题，不容我们忽视。

令人不免有些担忧的是，虽然四组处境不利儿童的幸福感总体来看还处于中上水平，但已表现出了流动儿童、留守儿童、离异家庭儿童和贫困儿童这四组处境不利儿童与对照群体的强烈反差。我们认为，这四类处境不利儿童内心可能存在比较明显的需求缺失，而这种需求的缺失正是带来巨大反差的重要原因之一。这四组儿童的生活共同的特点就是生活现状缺乏稳定性，没有充分的保障。对于流动儿童来说，他们不得不跟着父母到处流动，他们的父母到大城市里寻找工作，一心想着如何在大城市里找到一份足以令他们站稳脚跟的工作。流动儿童的父母一般工作时间较长，工作的转换也较为频繁，这使他们对流动儿童的照顾可能还是不够周到，缺乏良好的教养方式。此外，他们渴望尽快融入新的群体，适应新的生活，但是因为他们毕竟离开了原先熟悉的环境，要重新发展友谊，重新适应新的生活与学习环境，而生活的不安定感又加剧了这种熟悉感的缺失、社交需求的缺失等。不少研究指出社会支持（如，池莉萍、辛自强，2002；严标宾等，2005；吴丹伟，刘红艳，2005；等等）和人际交往（如夏俊丽，2007；等等）需要的满足对主观幸福感有良好的预测作用。因此流动带来了朋友圈的变动，来自家庭、朋友的情感支持减弱，这对流动儿童的总体幸福感都会产生影响。不停地辗转漂泊于城际之间，容易导致流动儿童感受自己难以融入环境，无法形成固定的交往圈子，难以发展友谊。他们往往会感到自己受歧视、适应不良。因此，他们的总体幸福感与对照组儿童相比，存在着明显的缺失。对于留守儿童，长期与父母两地分离造成他们内心对父母亲关爱需求的缺失。他们不得不面临与父母分离的情况，并且要学会自己照顾自己，适应父母不在身边照顾自己生活的情况。这种父爱母爱的缺失使得他们缺乏与其他非留守儿童群体类似的家庭生活环境，这在他们内心也会造成一种不安定感。本研究中留守儿童表现出比非留守儿童更低的总体幸福感。这与一些研究结论不同，如有研究（张丽芳，2006）发现，留守儿童的主观幸福感略低于非留守儿童，但不存在显著差异。这也有可能是由于两个研究取样分布的差异或是数量上差异所导致的。

而同样的，更为典型的不安定感体现在离异家庭儿童的得分上。对于离异家庭的儿童来说，父母失败的婚姻必然对他们幼小的心灵带来创伤。而由于父母婚姻的破裂，他们又不得不面临不完整的家庭，他们经历过父母的争吵和分手，最终还要面对与父亲或母亲分离的生活状况。这样的生活经历使得他们比正常家庭的儿童来说，缺乏和谐的家庭环境，更缺乏父母充分的关心和爱护，内心深处除了对父母之爱的渴望之外，更需要一个完整和睦的家庭为他们提供稳定的生活。对于贫困儿童来说，他们在经济上十分的困乏，遇到生活的种种困难，导致长期的物质需求的不满足，并带来教育资源不能被公平地分配到这样的群体，引起儿童的自卑感等一系列消极的结果，对贫困儿童的生活之路再添几分不平坦。他们的生活比对照组儿童来说，显然是不稳定的，是坎坷的。

总之，我们可以看到，流动、留守、离异和贫困四组处境不利儿童之所以与对照组形成巨大反差，可能正是因为内心对安定生活的需求缺失严重所致。我们应该更加关心这些处境不利的儿童，呼吁社会各界共同关注和帮助这些儿童的成长，为他们创建一个安定和谐的生活环境，缓解他们内心的需求缺失的情况，改善他们的幸福感水平。

(3) 人口学变量对处境不利儿童幸福感的影响

① 流动儿童

1) 年级差异。在本次研究中，对流动儿童群体的取样主要来自五年级、六年级、初一和初二的学生。为了考察不同年级的流动儿童是否会表现出不同的幸福感水平，我们分析了四个年级的幸福感情况。现将各年级的幸福感情况描述如表 2 - 20 所示。

表 2 - 20　　　　　不同年级的流动儿童的幸福感 （$M \pm SD$）

	五年级	六年级	初一	初二
幸福感	7.74 ± 2.80	7.90 ± 2.47	7.12 ± 2.63	7.53 ± 2.28

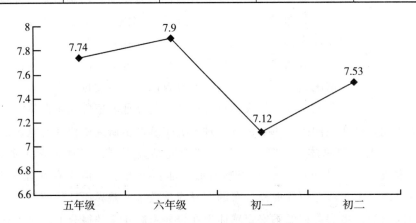

图 2 - 66　不同年级的流动儿童幸福感比较

从表 2 - 20 和图 2 - 66 可以看出，不同年级流动儿童的幸福感仍然表现出了一定的差异。我们对不同年级流动儿童的幸福感水平进行方差分析，结果发现不同年级的流动儿童之间的幸福感自我评价水平确实存在着显著的差异（$F = 5.99$，$p = 0.01$）。再进一步的多重比较分析表明，初一的流动儿童的幸福感水平显著低于五年级、六年级的流动儿童，而初二、五年级和六年级的流动儿童在幸福感水平上均无显著差异。

这一特别的结果很可能是因为当儿童进入中学时，正值青春期，他们的自我意识开始膨胀，而且社会性开始进入迅速发展的时期，他们的健康成长有赖于良好的人际关系的建立。因此，他们对友谊的需求更加迫切。而流动儿童，他们内心多少有些自卑，毕竟自己是从一个欠发达的区域来到这个陌生的环境中，与身边的孩子从小生长的环境很不相同，这使他们更可能在社会交往中处于被动的地位，而这与他们内心对社会交往的需求是不吻合的，容易产生内心需求的缺失，从而导致较低的幸福感。我们还应该看到，这些流动儿童，他们一方面要面临来到新城市后生活上的全面适应，另一方面还要面临着小学进入初中这个学习上的重要转折点，这给他们的内心带来一些恐慌和不适。本来，他们离开自己的家乡，随父母漂泊到一座陌生的城市就有些不习惯，他们失去了原先自己的社会网络，不得不面对一些新的人和事，不得不应对更多的新信息，他们的适应需要一定的时间，然而当他们将学习生活适应到某种程度的时候，又要再一次面对新的变化，进入青春期，升入中学，这种变化再一次打破原先好不容易建立起来的适应方式，环境的改变使他们难免会产生挫折感，降低了他们的幸福感。但我们也可以看到，经过一年之后的再度适应过程，大多数的流动儿童能够将自己的心理状态调整到原先的水平，因此，初二与五、六年级时的幸福感水平开始趋于一致，没有显著的不同。对此，我们应该针对升入初中的流动儿童进行一定的适应性指导，引导他们更好地渡过生活和学习上的转折点，维护他们的心理健康，使他们的幸福感能尽可能得以提高。

2）性别差异。为了考察不同性别的流动儿童是否表现出不同的幸福感水平，我们分析了男生和女生的幸福感差异。现将男女流动儿童的幸福感情况描述如表 2 – 21 所示。

表 2 – 21　　　　　　不同性别的流动儿童的幸福感（$M \pm SD$）

	男生	女生	t	p
幸福感	7.55 ± 2.69	7.62 ± 2.53	– 0.51	0.61

从表 2 – 21 与图 2 – 67 中我们可以看到，不同性别的流动儿童在幸福感方面并不存在显著差异，也就是说对于流动儿童来说，无论是男生还是女生，他们的幸福感水平是相近的，没有显著的差异，他们对于生活的接纳和满意程度的评价也是相似的，并不存在幸福感方面的性别差异。这种结果与前人的研究结果有类似之处，比如，林晓娇（2007）指出流动人口的幸福感不存在男女差异。

3）学校类型对流动儿童幸福感的影响。在本研究中，我们调查了两类流动儿童，调查的样本分别取自打工子弟学校和公立学校的流动儿童。我们考察了这两种学校类型是否会对流动儿童的幸福感产生影响。

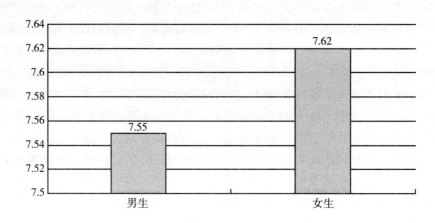

图 2-67 不同性别的流动儿童的幸福感比较

表 2-22 不同学校类型的流动儿童的幸福感 ($M \pm SD$)

	打工子弟学校	公立学校	t	p
幸福感	7.47 ± 2.71	7.99 ± 2.18	-3.53	0.00

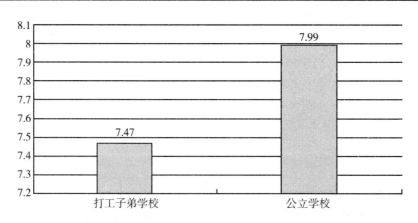

图 2-68 不同学校类型的流动儿童的幸福感比较

公立学校和打工子弟学校的流动儿童的幸福感存在着显著性差异。结合表 2-22 和图 2-68，我们可以很清楚地看到，进入打工子弟学校就读的流动儿童的幸福感极其显著地低于进入公立学校就读的流动儿童的幸福感。也就是说，流动儿童所在的学校类型也会显著地影响流动儿童的幸福感。这可能是因为打工子弟学校的学生大多都是跟随外来打工的父母到当地的专门开设给这些儿童的学校，它们的存在往往不一定都受到当地政府的承认。此外，打工子弟学校这种说法本身就已标定了在这所学校里的孩子是一群特殊的孩子，这有可能会强调了流动儿童与其他儿童的差异，造成一定的歧视感受。同时，由于目前现有的关于流动儿童的政策、具体措施和办法还不够体系化，也没有专门的机构和资金来支持打工子弟学校，与此直接相关的是，这些难以获得政府认可和资金支持的打工子弟学校，可能随时面临着被取缔，造成部分孩子失学。这也让打工子弟学校的孩子们在本就缺乏安定感的心理状态下更加没有安全感，也觉得低人一等，因此影响了他们的心理健康水平，产生较低的幸福感。而公立学校接收了流动儿童，将他们融入城市儿童，使他们更好地适应这个城市的人、事和生活环境，同时对于发展他们的社会交往能力等都很有好处，同时能够向这些儿童提供良好的教育条件，从多方面改善和缓解了流动儿童的内心不安定感，提高了他们的幸福感。

这些结果应当引起政府各部门对流动儿童就学的思考。政府应该继续坚持公立学校接收流动儿童的政策。但由于目前的经济、社会和教育等方面的原因，并没有建立起完善的财政保障体制和激励机制，因此，通过流入地公立学校解决流动人口子女接受义务教育问题的政策，还没有达到预期的效果。在这种措施实施不佳，又不能为流动儿童寻找其他教育资源的情况下，增加对打工子弟学校的扶持势在必行。对于这类学校的管理不能够"一刀切"，并非凡是不符合政策的都要取缔，可以考虑某种形式的政府和私人联合办学的思路。总的来说，在办学形式上应该坚持以公办为主、民办为辅的原则，探索多样化的办学模式。具体的执行模式要根据各地区的具体情况因地制宜，慢慢摸索出适合自己的发展模式，但是政府的政策支持和必要的教育资金的投入是底线。

另外，社会舆论应加大对流动儿童支持的宣传力度，建议城市成立"农民工日"一类性质的节日，宣传农民工对社会的贡献，体谅农民工子女上学难的问题，使整个社会对流动儿童不再歧视，对他们平等相待，就会有助于他们的健康成长。

4）流动时间对流动儿童幸福感的影响。为了考察流动时间长短是否会影响流动儿童的幸福感，本研究根据调查所得的基本情况将流动时间划分为三类，分别是2年以下，2~8年以及8年以上。本研究将分析这三个流动时间段下，流动儿童的幸福感水平有什么不同。

表2－23　　　不同流动时间的流动儿童的幸福感（$M \pm SD$）

	2 年以下	2~8 年	8 年以上
幸福感	6.85 ± 2.90	7.64 ± 2.58	7.78 ± 2.44

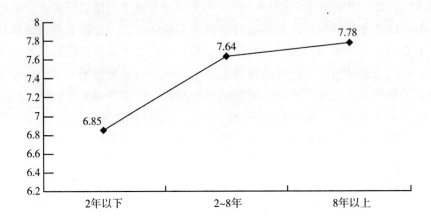

图 2 - 69　不同流动时间的流动儿童的幸福感比较

从表 2 - 23 和图 2 - 69 可知，流动时间对流动儿童的幸福感水平有所影响。经方差分析，进一步表明，不同的流动时间的确对流动儿童的幸福感自我评价产生了明显的影响（$F = 9.20$，$p = 0.00$）。进一步分析后我们发现，流动时间在"2 年以下"的儿童的幸福感显著地低于流动时间为"2 ~ 8 年"的儿童和流动时间在"8 年以上"的儿童。这说明 2 年很可能就是一个关键期。由于刚刚进入一个新的城市，生活等各个方面都需要适应。这一过程需要一定的时间才能恢复到相对稳定的状态。从数据的分析结果来看，通常情况下，2 年以后，流动儿童的各方面适应情况良好，就会进入相对稳定的一个时期，因此，"2 ~ 8 年"和"8 年以上"两个流动时间段下，流动儿童的幸福感呈现出较一致的水平，没有显著的差异。

这对我们也很有启发，既然通常情况下流动儿童花两年的时间就能基本进入稳定适应和生活的时期，那么如果我们都能重视和关心流动儿童的成长，对于流动儿童实施一定的干预方法，引导他们顺利度过过渡时期，可能还能缩短他们适应的时间，帮助他们尽快稳定生活、学习的状态和心理健康状态。这样一方面可以在最大程度上减少流动儿童幸福感的波动，另一方面还有可能维护和改善他们的幸福感评价水平。

②　留守儿童

1）年级差异。我们选择了四年级、五年级、六年级、初一和初二 5 个年级的留守儿童进行分析，旨在考察年级是否影响了留守儿童的幸福感水平。我们分析了不同年级的留守儿童的幸福感是否存在差异，并将大致情况描述如表 2 - 24 和图 2 - 70 所示。

表 2 - 24　　　　　不同年级的留守儿童的幸福感 （$M \pm SD$）

	四年级	五年级	六年级	初一	初二
幸福感	8.00 ± 2.30	6.87 ± 3.34	6.51 ± 2.88	6.68 ± 2.89	6.73 ± 2.48

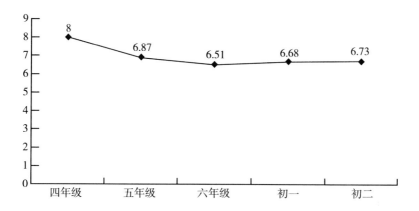

图 2 - 70　不同年级的留守儿童的幸福感比较

经方差分析，不同年级的留守儿童之间幸福感水平并无明显差异，（其中 $F = 1.03$，$p > 0.05$）。其中四年级的幸福感比其他年级略高一些，但并没有统计学意义上的明显差异。这说明留守儿童的年级差异不大。可见从四年级到初二的留守儿童的幸福感并未呈现出发展性变化，大部分留守儿童的幸福感水平都比较稳定，并且普遍处于中等水平。

2）性别差异。为了考察不同性别的留守儿童是否表现出不同的幸福感水平，我们分析了男生和女生的幸福感差异。现将男女留守儿童的幸福感情况描述如表 2 - 25 和图 2 - 71 所示。

表 2 - 25　　　　　不同性别的留守儿童的幸福感 （$M \pm SD$）

	男生	女生	t	p
幸福感	6.74 ± 2.92	6.76 ± 2.95	-0.11	0.91

从表 2 - 25 与图 2 - 71 中我们可以看到，不同性别的留守儿童在幸福感方面也并不存在显著差异，也就是说对于留守儿童来说，无论是男生还是女生，他们的幸福感水平是相近的，他们的主观评价情况很一致，并不存在幸福感方面的性别差异。

3）留守类型对儿童幸福感的影响。留守儿童有不同的留守类型，有些孩子是家庭中父母中的一方外出打工，还有一些是父母双方都外出打工的。我们通过调查分析了不同的留守类型是否也会影响留守儿童的幸福感，分析结果如表 2 - 26 和图 2 - 72 所示。

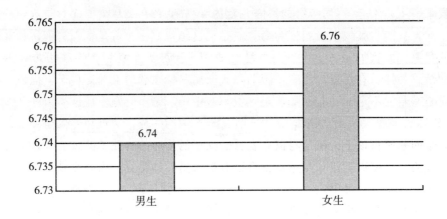

图 2 - 71　不同性别的留守儿童的幸福感比较

表 2 - 26　　　不同留守类型的留守儿童的幸福感（$M \pm SD$）

	单亲打工	双亲打工	t	p
幸福感	6.87 ± 2.88	6.31 ± 3.03	2.16	0.03

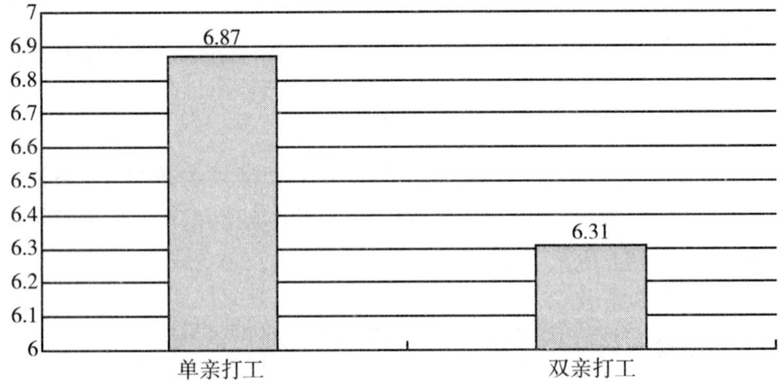

图 2 - 72　不同留守类型的留守儿童的幸福感比较

　　留守儿童父母外出打工使得家庭残缺不全，长时间和父母分离造成亲子关系疏离，亲子交流减少，儿童得不到来自家庭的情感支持，不可避免地体验到更多负面的情绪。由表 2 - 26 可以看出，不同的留守类型的确影响到了留守儿童的幸福感。双亲外出打工的留守儿童的幸福感显著地低于单亲外出打工的留守儿童。依据这组数据，我们可以从图 2 - 72 中直观地获得这一结果。由此可见，尽管都是留守儿童，但是单亲外出打工，至少父母中还有一个留守家中陪伴和照顾儿童，关心和爱护他们，引导他们的成长，这类留守儿童虽然缺少与父母亲中一方的沟通交流，得到的关爱明显少于非留守儿童，但是比起双亲都外出打工的留守儿童来说还是幸运得多。双亲都外出打工的留守儿童在童年就要面对与双亲分离的生活，只能与其他亲属相依为命，或是接受隔代监护，或是寄人篱下，住在他人的家里。而监护人一般只会让这些孩子"不受冻饿"就行，往往很难再给予更多情感关怀。有些留守儿童年迈的隔代亲属尽管在感情上关怀孩子，但由于年老而心有余力不足，有些孩子甚至吃饭都有困难。诸多问题使得这类留守儿童幸福感降低。他们在年龄尚小时就得不到父母亲情的关爱，父母在外忙于务工，往往无暇回家照料孩子，疏于与留守农村的孩子的沟通，对孩子的成长也缺乏充分了解和关注，使这类留守儿童觉得自己有被人抛弃的感觉，内心充满了对父母亲情的渴望，盼望父母早点回来与自己团聚，希望他们多关心爱护自己，这种内心情感需求的缺失和生活的动荡分离的局面使得他们难以体验到非留守儿童和单亲外出打工留守儿童的幸福感水平。因此，双亲在外打工的留守儿童表现出明显较低的幸福感。这说明，我们应该更加关注双亲都在外打工的儿童的心理健康和他们的生活质量。

留守儿童正处于成长期，他们的一点一滴的心理变化都可能对他们未来的生活和心态产生影响。为了留守儿童的健康成长，我们应该尽可能创建和谐的社会环境，使孩子们学习、生活和成长在一个充满关爱的环境中，获得较好的照顾，同时为外出打工的家长们提供一些公共休假的时间，让他们能有机会与孩子们团聚，补偿他们这个年龄应该拥有的父母之爱。

4）留守时间对儿童幸福感的影响。由于留守儿童的家庭情况各不相同，有些家长在孩子较小的时候就已离开儿童前往城市务工，而有些家长则是在儿童上学以后才离开他们的，总之，不同的孩子留守的时间长短各不相同。为了考察留守时间是否会对留守儿童的幸福感产生影响，我们在本次研究中，按照父母外出打工时间长短把留守时间分为三类：2 年以下、2~5 年和 5 年以上，考察留守时间长短对儿童主观幸福感的影响，并且将所获得的数据陈列如下。

由表 2 - 27、图 2 - 73 所显示的数据情况来看，不同留守时间的留守儿童主观幸福感的得分略有差异。经过方差分析检验，结果发现并没有表现出不同留守时间长度带来的显著差异（$F = 2.49$，$p = 0.08$）。这说明留守时间长短对儿童的主观幸福感并没有明显影响，并且留守儿童幸福感水平始终不高，只处于中等水平。

表 2 - 27 　　　不同留守时间的留守儿童的幸福感（$M \pm SD$）

	2 年以下	2~5 年	5 年以上
幸福感	6.68 ± 3.04	7.06 ± 2.73	6.32 ± 2.88

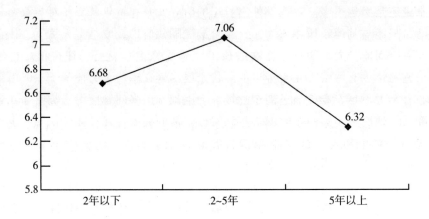

图 2 - 73　不同留守时间的留守儿童的幸福感比较

③ 离异家庭儿童

1）年级差异。为了考察不同年级的离异家庭儿童的幸福感是否存在差异，本研究在调查中选取了来自五个年级的离异家庭儿童的样本，分别是来自四年级、五年级、六年级、初一以及初二的儿童。调查结果如表 2 - 28 和图 2 - 74 所示。

表 2 - 28　　　　　不同年级的离异家庭儿童的幸福感（$M \pm SD$）

	四年级	五年级	六年级	初一	初二
幸福感	7.43 ± 2.26	6.31 ± 2.86	6.74 ± 2.17	6.86 ± 2.05	6.96 ± 1.95

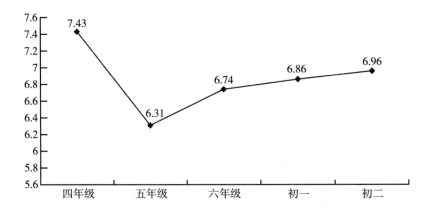

图 2 - 74　不同年级的离异家庭儿童的幸福感比较

经过多元方差分析，结果显示：各个年级儿童青少年幸福感评定得分都在中等以上水平，但四年级学生显著高于五年级学生（$p = 0.02$），其他年级之间虽有波动但不存在显著差异（$p > 0.05$）。这可能是因为四年级的学生对于父母离异的认识还比较模糊，从五年级起，随着社会性水平不断发展，对父母离异的现实有了一些比较明晰的认识，因而开始出现负性情绪，从而影响了他们的幸福感水平。随着对事实的认识和接纳，他们学会自己调节和适应父母离异的现实，学着承担这种破裂的家庭局面，从其他方面获得补偿，幸福感水平渐渐有所好转。

2）性别差异。为了考察离异家庭儿童的幸福感是否存在性别差异，我们对离异家庭的男生和女生的幸福感进行独立样本 t 检验。结果如表 2 - 29 和图 2 - 75所示。

表 2 - 29　　　　不同性别的离异家庭儿童的幸福感（$M \pm SD$）

	男生	女生	t	p
幸福感	6.78 ± 2.25	6.92 ± 2.22	-0.54	0.59

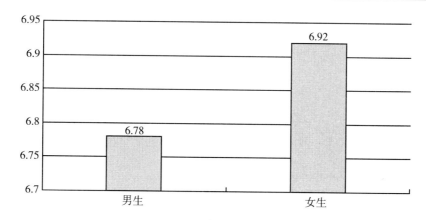

图 2 - 75　不同性别的离异家庭儿童的幸福感比较

从图 2 - 75 和表 2 - 29 中，我们可以发现，并不存在不同性别的离异家庭儿童在幸福感方面的明显差别。总体上而言，无论是男孩还是女孩，他们的幸福感均在中等水平之上，但不存在性别差异，这说明他们对自己的生活还是相对能够接纳的。但是他们的幸福感并不高，这说明父母离婚作为一个消极的生活事件，还是会影响他们的心理状态。

离异对孩子幸福感的影响究竟如何呢？马颖等人（2005）研究发现，家庭亲密度与儿童的主观幸福感呈正相关，个体在家庭中所感受到的亲密度越高，就越会感到幸福。家庭亲密度本身就是指家庭成员之间的情感联结程度，与幸福感的情感成分有内在一致性。家庭关系和谐，儿童会感受到较多的积极情感体验并对生活做出较高的满意评价，从而体验到幸福感。离异家庭的儿童青少年家庭结构破裂，家庭关系失调，只剩下了母子（女）或父子（女）单方面的关系，并且单亲父母可能由于忙于工作生计而疏于亲子之间的交流，原本失调的家庭关系的联结可能变得更加脆弱。我们的前期访谈发现很多孩子在谈到父母离婚后生活的变化时都说，家里变得很冷清，觉得寂寞。另外，父母离异可能导致儿童青少年产生失落感和不安全感。

3）离异时间对儿童幸福感的影响。不同的离异家庭儿童可能经历离异事件的时间各不相同。为了考察不同的离异时间是否影响孩子的幸福感，我们将离异时间划分为三个时间段，分别是半年以下，半年到两年，以及两年以上。结果分析如表 2 - 30 和图 2 - 76 所示。

表 2 - 30　　　　不同离异时间的儿童的幸福感（$M \pm SD$）

	半年以下	半年到两年	两年以上
幸福感	6.16 ± 2.71	6.75 ± 1.94	6.81 ± 2.27

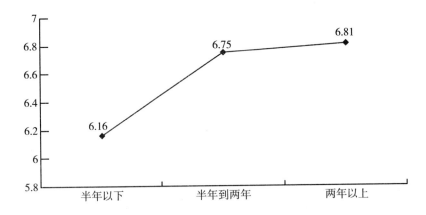

图 2 - 76　不同离异时间的儿童的幸福感比较

通过方差分析，我们发现，离异家庭儿童的幸福感方面并不存在不同离异时间的显著影响（其中 $F = .77$，$p > 0.05$）。也就是说，不同的离异时间段长度之间，离异家庭儿童的幸福感并没有显著的不同。但是他们的幸福感水平仍然是处于中等水平上。可见父母离异的事件无论时隔多久，始终对孩子产生消极的影响，成为他们心中永远的伤痛，而这样的伤口是父母失败的婚姻种下的，他们的离异直接造成了孩子要面临失去双亲中的一方的关爱，与另一方生活。而且离异生活带给父母的负面情绪还会对孩子产生负面的影响，这就使得孩子在单亲环境中缺少关爱，变得退缩，凡事小心翼翼。他们缺乏安全感，缺乏家庭的温暖，使得他们更加需要爱来填充心灵，这种严重的内心需求失衡是无法给他们带来较高的幸福感的。因此，我们呼吁父母做出离异决定时一定要谨慎三思，以免对孩子的内心产生永久的伤害，带来消极的影响，而这种伤害往往是无法单纯通过单亲中一方努力弥补所能挽回的。另外，我们也呼吁教育界、社会各界人士都来关注离异家庭孩子的健康成长。他们对社会、对人缺乏一种安全感，需要我们创建一个温暖的社会环境，从一定程度上缓解他们内心的不安和不确定性。

④ 贫困家庭儿童

1）年级差异。在我国，贫困家庭仍然不在少数，生活在这样贫困环境中的儿童，他们一直是需要我们重点关注的。为了考察不同年级的贫困儿童的幸福感是否存在差异，本次研究选择了来自六个年级的贫困儿童作为样本进行分析。他们分别来自四年级、五年级、六年级、初一、初二和初三年级。具体的分析情况如表 2-31 和图 2-77 所示。

表 2-31　　　　　不同年级的贫困儿童的幸福感（$M \pm SD$）

	四年级	五年级	六年级	初一	初二	初三
幸福感	8.29 ± 2.43	8.52 ± 1.76	8.01 ± 2.15	7.84 ± 1.95	8.51 ± 1.42	8.39 ± 1.65

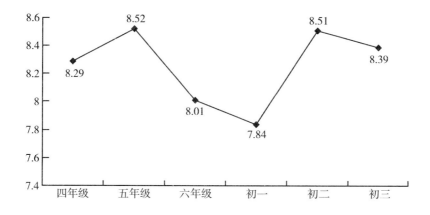

图 2-77　不同年级的贫困儿童幸福感比较

经过方差分析，我们发现，贫困儿童的幸福感方面并不存在年级间的差异（其中 $F = 0.65$，$p > 0.05$）。尽管不同年级的贫困儿童的幸福感的确存在一定的波动，并不稳定，但是这可能与他们对贫困的认知情况有关，也可能与他们所面临的学习转折期的影响有关，但总体看来，年级差异并不存在，不同年级并不影响贫困儿童的幸福感评定。

2）性别差异。贫困家庭常常受到经济的困扰。男生和女生对于这种困扰的认知和感受是否存在不同，贫困儿童的幸福感是否存在性别差异呢？为了考察这一问题，我们对不同性别的贫困儿童的幸福感进行分析，结果如表 2-32 和图 2-78 所示。

由表 2-32 和图 2-78 的数据分析结果可知，贫困儿童的幸福感并不存在明显的性别差异。无论男生还是女生，贫困对于他们内心幸福感的认知和体验产生的影响都没有显著的差异。

表2-32　　　　　不同性别的贫困儿童的幸福感（$M \pm SD$）

	男生	女生	t	p
幸福感	8.19 ± 1.88	8.33 ± 1.92	-0.49	0.62

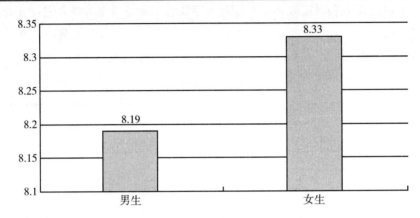

图2-78　不同性别的贫困儿童的幸福感比较

物质生活的质量必然涉及经济状况这一要素，而经济状况又可能对幸福感产生重要影响。我们关注贫困儿童总体幸福感水平，也主要是考虑到经济状况的不佳可能对他们产生负面的影响。从前人的研究来看，人们往往将经济状况作为影响幸福感的重要因素加以研究。布拉德伯恩（Bradburn，1969）发现高收入者体验到较多的正向情感，而低收入者体验到较多的负向情感。迪纳（2002）等人指出贫穷的地区，个人收入与主观幸福感之间的相关更强，而大多数经济发达的地区，个人收入的增加并不能引起主观幸福感的显著变化。张情妹（2007）总结前人研究时指出，迪纳（2000）的研究是只有当收入不能满足个人基本需要时，主观幸福感才会降低。严标宾（2003）的研究发现，来自不同等级的家庭经济收入的被试只在生活满意度上表现出差异，而在主观幸福感和消极情感上的差异却并不显著。达到平均水平以上后，经济收入的再增长并不会带来相应的生活满意感的增加。

对于贫困家庭的儿童来说，他们的经济情况往往比较紧张，难以满足他们当前生活日益增长的物质需要。这可能会影响到他们的生活满意度，并在社会比较中产生自卑感，在生活中发现自己的各种资源较其他同龄人短缺，从而产生负面的情感体验，降低了他们的总体幸福感。对于贫困儿童我们要看到他们生活的困难，尽量完善社会保障机制，给他们提供基本的生活保障，让他们在相对公平的环境中与其他同龄群体共享教育教学资源，尽量创建公平的氛围，消除其他同龄人对他们的排斥与歧视，让贫困儿童摆脱内心的自卑感，融入集体中，在学校、家庭和社会的共同帮助下健康地成长。

⑤ 小结

在以上的篇幅里，我们分析了人口学变量对于四组处境不利儿童幸福感的影响。我们发现部分人口学变量对处境不利儿童的幸福感产生了影响。比如，流动儿童所在的学校类型会对他们的幸福感产生影响；留守儿童父母的打工情况也影响了他们的幸福感等。

通过分析数据，我们主要小结一下这些人口学变量对处境不利儿童的影响有哪些异同点。从调查研究的结果来看，我们能够发现，四组处境不利儿童的幸福感均不存在显著的性别差异。与前人研究不一致的是，张丽芳等（2006）发现，中学男生主观幸福感普遍要高于女生，还有张倩妹（2007）综述前人研究时指出艾格利（Eagly）、温迪（Wendy）和南希（Nancy）等人的研究表明青年主观幸福感总分在性别方面差异显著，女生得分显著高于男生。但是对比四组处境不利儿童的幸福感的性别差异情况来看，还是有共同的趋势，即女生的幸福感评价水平略高于男生。这可能是因为女生在遭遇了不利处境或是负性生活事件之后，虽然情绪受到影响，内心体验也不如正常儿童群体，但是由于与男生相比有较合理的应对方式或是更能够尽快接受自己处于不利处境的事实，想方设法地摆脱和克服不利的处境给自己带来的消极心态，通过努力学习或扩大社会交往等其他方式来弥补内心缺失的需求，并及时调整心态，改善自己对生活的认知和体验，从而相对来说能保持一个略高的幸福感。但是这仅仅是数量上的一种趋势，并未达到统计上的显著意义。在本研究中，四组处境不利儿童均不存在不同性别上的显著差异，即无论处于何种不利处境下，男生和女生的总体幸福感水平都没有明显的差别。这与研究者关于幸福感方面的研究结论有一致的地方，如苏珊（Susan. M，2003）研究认为不同性别之间差异不显著，性别不会对主观幸福感产生显著影响。又如郑莉君、韩丹（2007）在对大学生的主观幸福感进行研究中发现，男女生总体幸福感量表总均分及分量表得分差异均不显著。对此类似结论的解释，也有可能是因为女生在正性和负性情感体验上都比男生来得强烈，因此未在总体幸福感上表现出显著差异（张倩妹，2007）。

而对于年级差异，主要反映了总体幸福感的年龄效应。通过对年级差异的考察我们可以获得关于"年龄能否作为预测总体幸福感的变量"的信息。布兰弗劳文（Blanehflower，2000）指出，早期的研究认为年龄可以作为预测幸福感的一种重要指标，随着个体年龄的增长，主观幸福感呈下降趋势。然而近年来更多的研究表明，随着年龄的增长，人们的生活满意度不但不会下降，反而有升高的趋势，至少会保持稳定。但由于我们的研究对象比较特殊，主要是针对四组处境不利儿童进行考察的，他们正处于青少年时期，其总体幸福感水平可能并不稳定，因此与前人研究的结论有些出入，这也体现了处境不利儿童这一群体的特点。

我们发现，四组处境不利儿童还是有一些不同的情况的。对于留守和贫困儿童群体，他们的幸福感并不存在明显的年级差异。这可能是因为留守儿童与贫困儿童的生活相对稳定，都在自己原先生活的地方继续成长，他们的幸福感并没有什么明显的变化。对于留守儿童来说，从他们父母外出打工起他们就产生了一些负面体验，并且长期与之相伴，因此幸福感一直都不高。而贫困儿童群体由于从小生长于逆境，在父母的教育和影响下，对家庭经济条件有了足够的认识，并且对资源稀缺的现状已经有所适应。因此，这两类儿童的幸福感不存在年级、性别的差异。即便进入青春期，他们总体幸福感水平的波动也没有表现出显著的差异。

但是对于流动儿童群体，则表现出初一时期的幸福感下降的转折情况。而离异家庭儿童则在五年级时出现了幸福感的下降。两种年级差异都出现了一种转折点，并且随后都能慢慢得以恢复。这里暗示了我们，流动和离异家庭这两种群体的孩子，随着青春期的到来，对于自己生活的动荡性和不安定性的体验可能有所增加，他们在学习和生活上面临着多重适应，并且可能会遇到很多困难，这都使他们的幸福感体验"雪上加霜"，因此表现出了一定的年级效应。但我们也看到孩子们都能够凭借自己的力量慢慢调整心态，并且最终部分地恢复自己的心理状态。当逆境已经摆在他们眼前，我们所能为他们做的事情其实十分有限，但是我们可以加强对他们的关注力度，呼吁大家都来关心和爱护他们，帮助和引导他们成长，指引他们尽快地摆脱不安定性的消极体验带来的幸福感下降，让他们顺利地度过和适应青春期的种种变化，并健康地成长。

4. 结论

（1）四组处境不利儿童的幸福感中，贫困组儿童和流动组儿童的幸福感明显高于留守组和离异组儿童。同时，贫困组儿童还明显高于流动组儿童。但是留守组与离异组儿童的幸福感上没有显著的不同，虽然较其他两组而言处于较低的水平，但幸福感的平均水平也达到中等偏上水平。

（2）四组处境不利儿童与各自对照组相比，表现出同样的对比趋势，即处境不利儿童都表现出比非处境不利儿童要低的幸福感。流动组、离异组、留守组和贫困组儿童均明显地低于各自的对照组群体的幸福感水平。

（3）对于流动儿童群体，其幸福感水平存在年级差异，初一的流动儿童的幸福感水平明显地低于五年级、六年级的流动儿童；而初二、五年级和六年级的流动儿童在幸福感水平上均无显著差异；流动儿童的幸福感不存在明显的性别差异；在打工子弟学校就读的流动儿童的幸福感极其显著地低于在公立学校就读的流动儿童；流动时间在 2 年以下的儿童的幸福感显著低于流动时间为 2~8 年的儿童和流动时间在 8 年以上的儿童。

（4）对于留守儿童群体，其幸福感水平并无明显的年级差异；留守儿童的幸福感也并不存在显著的性别差异；但不同的留守类型会影响留守儿童的幸福感，双亲外出打工的留守儿童的幸福感显著地低于单亲外出打工的留守儿童；留守时间长短对儿童的主观幸福感并没有明显影响。

（5）对于离异家庭儿童群体，四年级学生的幸福感显著高于五年级学生，其他年级之间虽有波动但不存在显著差异。离异家庭儿童的幸福感并不存在性别差异，也不存在离异时间的影响。

（6）贫困儿童群体的幸福感并不存在年级差异，也不存在明显的性别差异。

四、处境不利儿童的外部问题行为特点

1. 问题行为的界定

问题行为是儿童青少年在发展过程中适应不良的一种典型表现。由于研究者关注的研究问题、研究对象和研究方法等方面的差异，目前对于问题行为尚缺乏一种一致性的界定。一般来说，问题行为是指个体在发展过程中所表现出来的不符合或违反社会准则与行为规范，或者不能良好地适应社会生活，从而给社会、他人或自身造成不良影响甚至危害的行为或表现。作为一个集合性概念，问题行为包含了一系列具体的行为或表现。许多研究者从不同角度对问题行为进行分类，形成了一些不同的观点。

综合来看，对于问题行为的分类主要有以下几种：

（1）单维类别：认为问题行为包括酗酒、吸烟、使用毒品及其他违禁药物、犯罪行为等。这些行为是社会规则所不允许的或引起社会关注的，它的发生通常会引起某些类型的社会控制反应（Jessor, Jessor, 1977）。

（2）多维类别：在多维类别中，主要可以分为二分法和三分法。二分法认为问题行为包括内部问题行为和外部问题行为两类。内部问题行为主要是指那些趋向于个体自身内部的问题，具体表现为情绪或认知上的烦恼或压力，如焦虑、抑郁、退缩或恐惧等；外部问题行为主要是指那些能够看得见的趋向于外部的问题，如吸烟、酗酒、使用毒品等违禁药物、攻击行为、轻微的犯罪行为、学校违规行为等。三分法认为，问题行为包括内部问题行为、外部问题行为和药物滥用

三种类别。当前，众多最新的研究证明（张文新，2002），滥用药物（如吸烟、酗酒、使用毒品等违禁药物）不属于外部问题行为的范畴，它具有相对独立的特点，既可能伴随内部和外部问题行为出现，也可能独立于两类行为。外部问题行为则主要表现为行为方面的问题（如攻击行为、学校违规行为、轻微犯罪行为等）。当然，一些研究者还提出了四分法和六分法等（方晓义，2004；崔丽霞等，2005）。

随着社会的发展，问题行为的表现形式趋于多样化，问题行为的分类也随之趋于广泛化。基于不同的研究内容和理论基础，目前关于问题行为的研究仍然或多或少地使用着不同的分类标准。本研究中，我们分别对内部和外部问题行为进行了关注，其中，内部问题行为主要是情绪方面的问题，前面"积极和消极情绪"部分已经对此进行了介绍，因此，这里将主要介绍处境不利儿童在外部问题行为方面的特征表现。

儿童青少年问题行为的产生原因有哪些呢？一般来说，儿童问题行为的产生原因离不开外在的环境因素（学校、家庭和社会）和内在的个体因素。学校对学生的发展起着关键作用，我们必须正视一个现实，有些问题行为的产生是与学校教育工作中的某些失误分不开的，这其中主要包括教育不当和教师在处理问题行为方面的过失等方面。有的老师在教育过程中不能很好地把握学生的心理特点和需求，要么过于严厉，要么放任自流，不能很好地引导学生的行为向健康积极的方向发展；也有的教师自身在性格方面过于情绪化和急躁，在处理学生的问题上不能全面、公正地看待问题，甚至横加指责，最后造成学生以逃学或者违纪的方式加以反抗；此外，过重的学业压力也可能是导致儿童问题行为多发的重要原因。

就家庭方面来说，导致儿童出现不良行为的因素主要包括家庭的不利环境条件（如家庭结构不完整、家庭面临重大问题等）和家长教育教养方式的不当两个方面。其中，不利的环境条件既可以直接影响儿童的行为发展，也可以通过导致不良的教育和教养方式，进而影响儿童的心理和行为发展。除了学校和家庭，社会环境对学生的感染和诱惑也是不容忽视的，例如社会的不良风气、各种文化生活中的消极不健康因素的不良影响，社会上具有各种恶习的人的影响，尤其是坏人的教唆，还有来自学生伙伴的不良影响等，这些影响具有无孔不入的渗透性和无所不包的丰富性，都会在一定程度上导致儿童出现各种不良的行为表现。最后，儿童的个体心理因素是导致问题行为的诱发因素。对于处于小学和初中阶段的儿童青少年来说，他们自我情感的控制、自我监督的能力都相对较弱，情绪也极不稳定，如果没有得到及时的是非、好坏、善恶观念的教育与引导，形成了错误的认识，就会产生不良发展倾向。例如，很多儿童把尊敬老师看成是"拍马"，把包庇同学错误看成是"讲义气"，在这些错误的观点的指导下做出违反校规校纪、损人利己的事，如果不加以及时纠正，久而久之就会形成问题行为，甚至走上犯罪的道路。

儿童青少年犯罪问题已越来越受到社会、学校、家庭的重视，预防青少年犯罪，就需要从小抓起，从最基本的问题行为抓起。考察儿童青少年问题行为的特点和基本影响因素，对于科学地预防和干预其问题行为、防止走上犯罪道路等具有重要意义。

2. 本研究关注的问题

处境不利儿童的问题行为一直受到社会的广泛关注，很多研究发现，与处境正常的儿童相比，处境不利儿童具有更多的问题行为。例如，在留守儿童群体中的研究发现，与父母均在家的同龄儿童相比，留守儿童存在更多的打架、违纪等不良行为，少数留守儿童甚至受社会不良团伙的影响，出现偷盗、勒索等犯罪现象；还有研究者甚至把留守儿童等同于"问题"儿童，认为这部分儿童具有很多的问题行为（黄爱玲，2004；冯建，罗海燕，2005）。

那么，不利的家庭环境条件是否必然导致儿童出现较多的问题行为？不同类型的处境不利儿童的问题行为具体表现如何？从目前已有的研究情况来看，人们越来越发现，处境不利并非必然给儿童的发展带来消极影响，处境不利环境下的儿童也并非都是问题儿童，这提示我们需要客观对待处境不利儿童的问题行为，不能盲目地给这些孩子加上"问题儿童"的标签，这就需要进一步加强对这些儿童群体的研究，并慎重地对相关研究结果进行解释。本研究中，为了客观地反映处境不利儿童的外部问题行为状况，我们首先比较了流动儿童、留守儿童、离异家庭儿童和贫困家庭儿童的外部问题行为，并进一步对比了各处境不利组与其对照组儿童在外部问题行为方面的差异，最后，我们考察了年级、性别、时间因素等主要人口学变量对四组处境不利儿童问题行为的影响。

对于问题行为的考察，本研究选取了阿肯巴克（Achenbach）于1987年编制的儿童行为核查表（青少年）中的反社会行为分量表中的部分项目，以及方晓义、李晓铭和董奇（1996）修订的问题行为量表中的部分项目进行测查。儿童行为核查表（青少年）中的反社会行为分量表包含12个项目，例如，"我常跟一些爱惹麻烦的孩子混在一起"、"偷东西"、"逃课或逃学"等。由于其中的一些项目涉及了饮酒或吸毒，考虑到吸毒现象在中国青少年群体中发生率较低的实际情况，并且饮酒或吸毒都隶属于使用违禁药物的范畴，因此，这部分的题目使用方晓义等人修订的问题行为量表中的部分项目进行了替换。此外，为了增加区分度，我们将原有的三点量表改为四点量表，"没有"、"很少有"、"有时有"、

"经常有"用 1～4 表示。结果采用总分进行分析，分数越高代表儿童的问题行为越多。本研究中，该量表在流动儿童、留守儿童、离异家庭儿童和贫困家庭儿童群体中的内部一致性系数分别为 0.84，0.80，0.82，0.86。

3. 研究结果与讨论

(1) 四组处境不利儿童在问题行为方面的差异

四组处境不利儿童问题行为的差异比较如图 2 - 79 所示。方差分析结果表明，四组儿童在问题行为方面存在显著性差异（$F = 12.01$，$p < 0.01$），后继比较发现，除流动儿童和离异家庭儿童之间不存在显著差异外，其他各组儿童群体之间均存在显著性差异。具体来看，贫困家庭儿童的问题行为相对最少，其次为留守儿童，流动和离异家庭儿童的问题行为相对较多。为什么流动儿童和离异家庭儿童会出现较多的问题行为呢？我们认为，这可能与其所处的特定环境有关。

对流动儿童来说，他们虽然摆脱了留守儿童所体验的孤独，能够在父母身边享受父母的照顾和关怀，但现实中，由于背井离乡所导致的居无定所、安全无保障、上学和升学难、歧视等一系列的问题，使得他们既享受不到城市儿童所拥有的权利和保护，同时又失去了农村儿童享有的权利和保护，而且还经常体验到一系列的不平等对待，所有这些遭遇必然会给流动儿童的心理发展带来极大的伤害，这种伤害一方面可能会使流动儿童产生一些抑郁、焦虑、自卑等方面的情绪问题，另一方面，也会使他们对周围的人甚至社会产生敌意，从而导致外部问题行为的出现，如攻击行为、违纪行为等，严重的甚至产生违法行为。对此，其他相关研究也进行了证实，如迟兆艳（2007）的研究发现，流动儿童在攻击性、违纪等方面与本地儿童具有明显的差异，流动儿童的问题行为相对较多。

目前，随着我国离婚率的上升，由此导致的离异家庭儿童的问题行为也呈现上升趋势。例如，郑名（2006）发现，离异家庭儿童的问题行为检出率要高于完整家庭的儿童，并认为这种现象与离异家庭中母亲不良的教育方式有关。另外，对于离异家庭的儿童来说，由于父母离婚导致的家庭不良的情绪气氛等方面的派生问题，也会给心理发育还未成熟的儿童造成某种程度的影响，从而产生对父母和家庭既不满又依赖的冲突心态，这种冲突的心态很容易导致儿童在行为上比较极端，引发各种问题行为。还需要引起注意的一个原因是，父母离婚后，成人对儿童行为习惯方面的关注和教育会在一定程度上减弱，这种家长行为监控的降低也会在一定程度上助长儿童的问题行为。

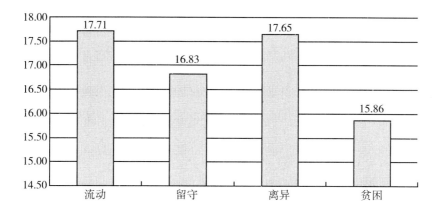

图 2-79 四组处境不利儿童问题行为的差异比较

（2）四组处境不利儿童与其对照组的差异比较

分别比较四组处境不利儿童与对照组儿童在问题行为方面的差异，结果如表 2-33 和图 2-80 所示。

表 2-33　　四组处境不利儿童与对照组儿童的问题行为比较

	处境不利儿童	对照组儿童	t	p
	$M \pm SD$	$M \pm SD$		
流动组	17.71 ± 4.93	15.89 ± 4.22	6.23	0.00
留守组	16.83 ± 3.97	15.08 ± 4.54	1.82	0.01
离异家庭组	17.65 ± 4.87	16.43 ± 4.13	3.44	0.01
贫困家庭组	15.86 ± 5.68	15.85 ± 4.21	0.02	0.98

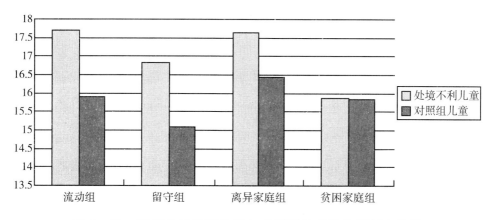

图 2-80 四组处境不利儿童与对照组儿童的问题行为比较

差异检验结果表明，除了贫困家庭儿童的问题行为与对照组儿童之间不存在显著性差异，其他三组处境不利儿童与其对照组儿童之间均存在显著性差异。与正常家庭的儿童相比，流动儿童、留守儿童和离异家庭儿童表现出较多的问题行为。这些结果告诉我们，对于贫困家庭的儿童来说，外部问题行为可能并非这个群体的"典型"心理问题，贫困的家庭环境并没有导致儿童出现过多的打架、骂人、吸烟等方面的问题行为；但对于家庭情感功能弱化的留守儿童和离异家庭儿童以及对于面临新环境适应的流动儿童来说，家庭环境的改变对他们的问题行为产生了重要影响，为此，我们需要对这三组儿童的问题行为给予重点关注，帮助他们预防和减少相应问题行为的发生。

到底什么样的环境会导致儿童更容易发生问题行为？这是一个学术界和社会大众都非常关注的问题。根据我们的研究结果可以在一定程度上推论，由于家庭结构的不完整而导致的家庭内部情感功能的降低和家庭居住地的改变而导致的家庭外部环境的变化，可能是导致儿童问题行为高发的重要不利条件。当然，从理论上来说，这些环境可能并非直接对儿童的问题行为产生重要的影响作用，而是借助于对其他方面因素的改变，间接地对儿童的行为带来重要的影响。例如，流动儿童来到城市后，他们可能会遭遇一系列歧视性的事件，这些事件可能会引发儿童青少年的反社会情绪和行为，而且，流动儿童的父母忙于生计，对孩子的照料相对较少，对孩子行为的约束和引导教育也不够，这也可能导致问题行为的发生。留守儿童的父母在外打工，对孩子的关爱和教育更少，对孩子教育的责任主要落在老师的身上，而老师需要同时面对全班的学生，不可能对每一个儿童都照料到，这样，由于缺乏成人及时的正确引导和管束，对于正处于行为习惯养成关键期的留守儿童来说，就很容易产生一些不良的行为，如打架骂人、逃学旷课、吸烟喝酒等。

（3）主要人口学变量对处境不利儿童问题行为的影响

① 流动儿童

1）年级和性别对流动儿童问题行为的影响。对不同年级流动儿童问题行为进行比较，结果如图 2-81 所示。方差分析结果表明，不同年级流动儿童的问题行为之间存在显著性差异（$F=11.13$，$p<0.01$），进一步比较发现，除初一和初二年级的流动儿童之间不存在显著性差异外，其他各年级流动儿童之间的差异均达到显著水平。具体来看，随着年级的升高，流动儿童的问题行为出现增多的趋势，初一、初二年级流动儿童的问题行为显著高于小学五、六年级的流动儿童。这可能与初中流动儿童的心理特点有关，中学时期是个体发展的重要时期，随着青春期的到来，初中生留守儿童无论在生理还是心理上都经历着急速的变化，他们在学习、生活或交往中会遇到许多烦恼和困扰，易引发

各种行为问题。

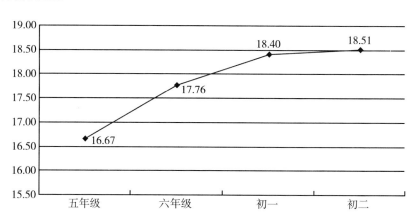

图 2 - 81   不同年级流动儿童问题行为的比较

对男女流动儿童的问题行为进行比较，结果如图 2 - 82 所示。据分析结果表明，不同性别流动儿童的问题行为之间存在显著差异（$F = 155.68$，$p < 0.01$），男生流动儿童比女生流动儿童具有更多的问题行为。我们认为，这可能与男生的性格特征有关。与女生相比，男生更加外向、好动，因此更容易引发各种外部的问题行为。这也告诫我们，需要对流动男生的问题行为进行特别关注。

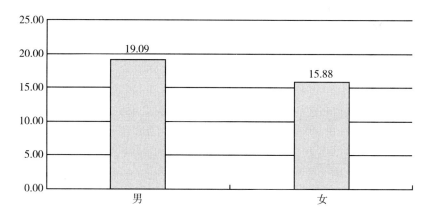

图 2 - 82   不同性别流动儿童问题行为的比较

2）学校类型和流动时间对儿童问题行为的影响。比较不同学校类型的流动儿童的问题行为的结果如图 2 - 83 所示。方差分析结果表明，与公立学校的流动儿童相比，打工子弟学校的流动儿童表现出更多的问题行为（$F = 18.78$，$p < 0.01$）。前面分析表明，打工子弟学校的流动儿童的生活满意度相对低于公立学校，并且体会到更多的个体和群体歧视现象，这些在一定程度上说明打

工子弟学校的流动儿童在心理发展方面存在更大的危险性和脆弱性，他们更容易受到不良环境条件的影响，从而表现出较多的问题行为。

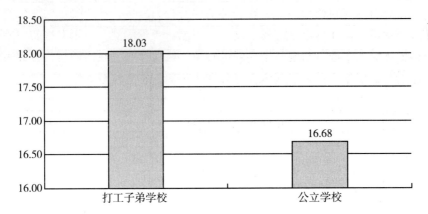

图 2 - 83　不同学校类型流动儿童的问题行为

通过考察流动时间对儿童问题行为的影响（结果如图 2 - 84 所示），表明不同流动时间下儿童的问题行为得分基本接近，不存在显著性差异（$F = 0.47$，$p > 0.05$），这说明，流动时间不是影响流动儿童问题行为的重要敏感变量，不同流动时间下儿童的问题行为不存在显著差异。

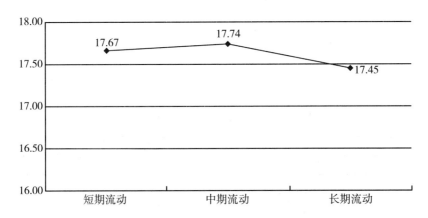

图 2 - 84　流动时间对儿童问题行为的影响

② 留守儿童

1）年级和性别对留守儿童问题行为的影响。由图 2 - 85 可以看出，随着年级的升高，留守儿童的问题行为存在增加的趋势。不过，方差分析结果表明，不同年级留守儿童的问题行为之间不存在显著性差异（$F = 0.87$，$p > 0.05$）。进一步，我们考察了性别因素对留守儿童问题行为的影响（如图 2 - 86 所示），结果发现，留守儿童在问题行为方面存在显著的性别差异（$F = 74.18$，$p < 0.01$），

留守男孩的问题行为多于留守女孩。该结果与已有研究发现是一致的（黄爱玲，2004；王东宇，2002），研究者发现，虽然留守女孩也比较容易产生一些自卑、焦虑等方面的内部问题行为，但在外部的问题行为方面，留守男孩的发生率明显高于留守女孩，留守男孩更容易出现违纪现象、吸烟喝酒，甚至有些初中阶段的留守男孩还加入帮派，出现打架斗殴的现象。对留守儿童在问题行为方面表现出来的性别差异现象，需要引起学校老师和家长们的特别注意。

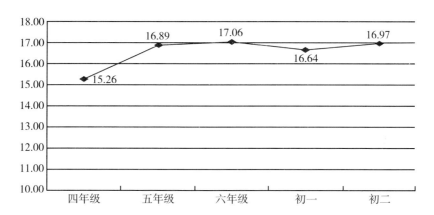

图 2 – 85　年级对留守儿童问题行为的影响

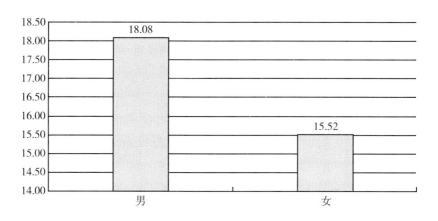

图 2 – 86　性别对留守儿童问题行为的影响

2）留守时间对儿童问题行为的影响。图 2 – 87 体现了留守时间对于农村留守儿童问题行为的影响。由图 2 – 87 可见，随着留守时间的增加，儿童的问题行为出现逐渐下降的趋势。不过，对不同留守时间下儿童的问题行为进行差异检验，结果表明，不同留守时间组之间不存在显著性差异（$F = 0.99$，$p > 0.05$），说明随着留守时间的变化，留守儿童的问题行为不会出现明显的变化。

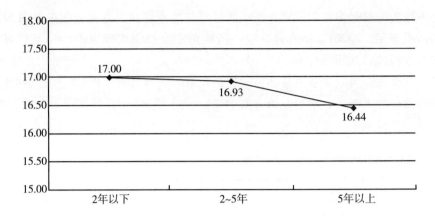

图 2 - 87　留守时间对儿童问题行为的影响

③ 离异家庭儿童

1）年级和性别对离异家庭儿童的影响。方差分析结果表明，不同年级离异家庭儿童的问题行为之间存在显著性差异（$F = 4.80$，$p < 0.01$），后继分析比较发现，差异主要体现在初二年级与其他各个年级之间，即与其他年级的离异家庭儿童相比，初二年级的儿童具有更多的问题行为（如图 2 - 88 所示）。以往研究已经表明，初二是初中生心理发展的重要转折点，这个时期的儿童正处于青春期，是生理和心理变化最急剧的时期，相对于其他年级，他们所面临的不确定性、动荡性更强，困惑、迷茫更多；此外，初二年级一般也被看做为初中学习成绩的分化点，学习压力的增大也可能导致学校适应质量的下降，从而进一步导致儿童出现较多的问题行为。

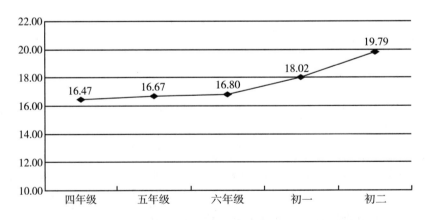

图 2 - 88　年级对离异家庭儿童问题行为的影响

比较离异家庭子女的性别对问题行为的影响（如图 2 - 89 所示），结果发现，男孩得分显著高于女孩（$F = 17.56$，$p < 0.01$）。究其原因，我们认为这一

方面正如凯利和沃勒斯坦（1976）所认为的，男孩发展具有很高的脆弱性，易受到诸如父母离婚这类事件的伤害；另一方面因为男孩的天性和特点，他们相对较外向，更容易出现诸如逃学、打架、抽烟等外部问题行为。

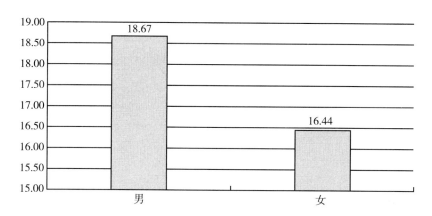

图 2 - 89　性别对离异家庭儿童问题行为的影响

2）父母离异时间对儿童问题行为的影响。图 2 - 90 为父母离异时间不同的儿童的问题行为情况，由分数的分布情况可以看出，随着父母离异时间的增加，儿童的问题行为出现降低的趋势。不过，方差分析结果表明，父母离异时间对儿童问题行为的影响没有达到显著水平（$F = 0.77$，$p > 0.05$），这说明，虽然父母离异时间会对儿童的问题行为带来一定影响，但是这种影响非常微弱，不会导致儿童的问题行为出现明显的趋势变化。

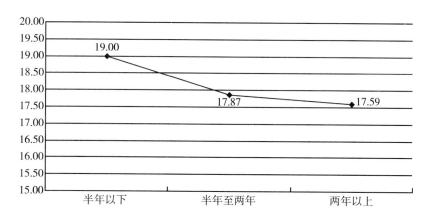

图 2 - 90　父母离异时间对儿童问题行为的影响

④ 贫困家庭儿童

方差分析结果表明，虽然不同年级的贫困家庭儿童的问题行为不存在显著差异（$F = 0.50$，$p > 0.05$），但是，不同性别的贫困儿童之间却存在显著性不同（$F = 5.35$，$p < 0.05$），贫困家庭男孩的问题行为明显高于贫困家庭的女孩，该结果与其他处境不利儿童群体中的研究结论相一致，这可能与男孩的性格特点有关。具体如图 2-91、图 2-92 所示。

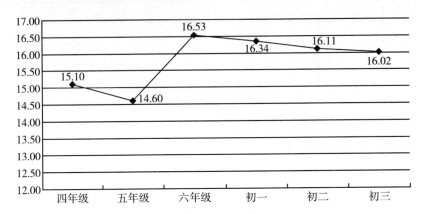

图 2-91　年级对贫困儿童问题行为的影响

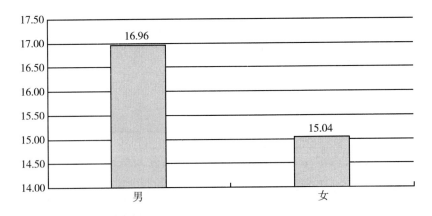

图 2-92　性别对贫困儿童问题行为的影响

⑤ 小结

年级对留守儿童和贫困家庭儿童的问题行为不具有显著影响，但其对流动儿童和离异家庭儿童的问题行为存在重要影响。其中，初中流动儿童的问题行为显著高于小学流动儿童；与其他年级的离异家庭儿童相比，初二年级的离异家庭儿童具有更多的问题行为。在性别差异方面，无论是流动儿童、留守儿童、离异家庭儿童还是贫困家庭儿童，均是男孩表现出更多的问题行为。流动时间、留守时间和父母离异时间对儿童的问题行为均不存在显著影响。

4. 结论

（1）通过比较四组处境不利儿童的问题行为发现，流动和离异家庭儿童的问题行为相对较多，其次为留守儿童，贫困家庭儿童的问题行为相对最少。

（2）与正常家庭的儿童相比，流动儿童、留守儿童和离异家庭儿童表现出较多的问题行为。

（3）初中流动儿童的问题行为显著高于小学流动儿童，流动男孩比流动女孩具有更多的问题行为；打工子弟学校的流动儿童比公立学校的流动儿童表现出更多的问题行为。

（4）留守男孩的问题行为多于留守女孩，年级和留守时间对儿童的问题行为不存在显著影响。

（5）与其他年级的离异家庭儿童相比，初二的离异家庭儿童具有更多的问题行为；离异家庭中的男孩比女孩具有更多的问题行为。

（6）贫困家庭男孩的问题行为显著多于女孩，年级对贫困儿童的问题行为不存在显著影响。

第三节 处境不利儿童的认知能力状况
——对流动儿童群体的考察

除了在心理健康状况上相对弱于处境正常的儿童，处境不利儿童的认知能力状况如何？是否也弱于处境正常的儿童？为了回答这一问题，我们以流动儿童群体为代表，对流动儿童创造性思维和创造性倾向进行了考察。

一、创造性的概念

1. 创造性概念的类型

创造性（creativity），也称创造力（在英文中，创造力亦常用 creative ability），源于拉丁文 creare 一词，意指创造、创建、生产和造就等。根据韦氏大词典（Webster's Dictionary）的阐释，创造性指"创造的能力，艺术或智力的开发"，如①创造（creating），或是有能力去创造（able to create）；②产生（productive），所谓产生就是"新的、从前没有的"意思；③具有或表现出想像力以

163

及艺术的或才智的发明（having or showing imagination and artistic or intellectual invention）；④对想像和发明的原动力的刺激（stimulating the imagination and inventive powers）。

在心理学中，由于研究者的研究重点不同，理论依据不同，研究方法不同，判断标准不同，对创造性的定义也不相同。尽管难以下一个精确的定义，但以往的文献还是包含了一些一般的定义性说明。早在 1960 年，L. C 雷普茨（L. C. Repucci）就对创造性的不同定义进行了分析并归结为六类（武欣等，1997）：（1）是"格式塔"或"知觉"类型的定义，强调观点的重新结合或格式塔的重新建构；（2）是被称为"终极产品"或"变革"的定义，强调产生新的产品；（3）是以"审美"或"表达"为特征的定义，强调自我表达，认为人有一种以独特的方式表达自我的需要，这种表达被认为是有创造性的；（4）是以"心理分析"或"动力"为特征的定义，将创造性定义为伊底、自我和超我的某种交互作用的力量；（5）是所谓"问题解决的思维"类型的定义，强调思维过程本身而不是实际的问题解决策略；（6）是前五类中所不能包括的其他一些定义。托兰斯（Torrance，1988）将创造性的定义方法分为六类：（1）以产品的新颖性为标准；（2）创造性与墨守成规相反；（3）创造产品是全面、正确和惊人的；（4）包括过程的创造性定义；（5）心理能力方法的定义；（6）按创造性的水平来定义。不过，尽管创造性迄今为止并没有一个统一、精确的定义，不同的心理学家对"创造性"一词的理解和使用也有很大差异，但人们比较容易接受的定义至少有四个方面（Brown，1989）：（1）创造性的过程（process）；（2）创造性的产品（product）；（3）创造性的个人（person）；（4）创造性的环境（place）。许多心理学家对创造力的研究都是沿着这四条路线进行的，只是各自强调不同的方面。

2. 创造性概念的演变

早期西方心理学家对创造性的界定多从创造的过程出发，不同心理学家的描述五花八门，譬如认为创造性是感觉的重新融合，是发现事物间新联系的能力，是新关系的产生，是新组合的出现，是从事和承认革新的努力，是产生新见识的思维活动，是对经验的重新整合，是新的意义群集的呈现等。比较典型的有斯皮尔曼（Spearman，1930）将创造性思维视为一种通过意识或潜意识操作寻找或创造关系的过程。斯坦（Stein，1974）认为创造过程由假设形成、假设检验和结果表达三个阶段构成。创造性研究的倡导者、著名心理学家吉尔福特（Guilford，1950）指出，在创造活动过程中，创造性思维是个体创造性的具体表现，其核心是发散思维，即"从给定的信息中产生信息，从同一来源中产生各种各样、许许多多的输出"。他同时还强调，天才往往表现出较高的创造性，但创造性并非天才所独有，普通人也具有创造性，而且可以借助纸笔测量的手段对其创造性加以定量研究。以研究创造性著称的心理学家托兰斯（1962）将创造性视为"这样一个过程，即对问题，对不足，对知识上的缺陷，对基本元素的丢失、不协调、不一致等现象变得敏感；并找出困难，寻求解决途径，做出猜想或构成假设，对假设进行检验和再检验，也许是修改和再检验，达到最终结果。"

近期西方心理学家则主要从创造性的产物这一角度来界定创造性。例如，格鲁伯和华莱士（Gruber & Wallace, 1993）认为"创造性是新颖和价值的统一体：具有创造性的产品应该既新奇，而且从某种外在的标准来看是有价值的。"马丁代尔（Martindale, 1999）认为"创造性的观念是针对特定情境的，既新颖又适宜。"吕巴尔（Lubart, 1999）指出，"从西方心理学研究来看，创造性可以被定义为产生新颖且适用的工作产品的能力。"值得注意的是，近期关于创造性的研究中，也出现了将创造性的过程、创造性的产品、创造性的个人和创造性的环境等因素中的两个或多个结合起来的倾向。例如，斯特恩贝格（Sternberg, 1996, 2005）认为，创造性不仅是产生新思想的一种能力，而且是要求创造性智力、分析性智力和实践性智力相互平衡并能应用的一个过程。我国台湾心理学家张春兴（2003）认为，对创造性可以有两种理解：其一是指在问题情境中超越原有经验，突破习惯限制，形成崭新观念的心理历程；其二指不受陈规限制而能灵活运用经验以解决问题的超常能力。在此，前者视创造性为思考历程，后者视创造性为思维能力。林崇德（1999, 2006）将创造性定义为"根据一定的目的，运用一切已知信息，在独特地、新颖地、且有价值地（或恰当地）产生某种产品的过程中，表现出来的智能品质或能力。"并且基于对以往创造性研究结果的分析，他进一步提出了"创造性人才 = 创造性思维 + 创造性人格"的观点（林崇德，2000, 2006），也就是说创造性包含了思维和人格两个方面的内容（申继亮，2004）。

结合创造性定义的分类以及上述研究者的看法，我们在本研究中以林崇德教授对创造性概念的阐述为基础，将创造性看做为一种产生独特、新颖、恰当的产品的能力。这一能力是在个体的创造过程中表现出来的，与其认知过程和人格性向密切相关。同时，根据本研究的需要我们对此概念也做了一定程度的扩展和解释。

创造性首先是一种过程，它涉及创造性思维，这是一种认知层面的问题。以往有关这一领域的研究曾经存在特殊过程说和一般过程说之争（师保国，张庆林，2004）。不过在现行的创造性测量技术中人们还是倾向于把创造性思维作为一种一般认知过程，尤其采用发散思维作为创造性思维的代表，例如，影响颇为广泛的托兰斯创造性思维测验（TTCT）、南加利福尼亚大学测验和芝加哥大学创造性测验等都以测量发散思维著称，这些工具目前大部分仍然在创造性研究和教

165

育中广泛使用（张庆林，Sternberg，2002）。但是，根据前面创造性定义的论述，仅仅考察创造性的思维过程（准确来说是发散思维过程）显然是不能全面衡量个体的创造性表现的。事实上，发散思维测验在实际应用中针对其效度等问题经常遭到人们的尖锐批评（张锋等，2003），例如普吕尔和伦祖利（Plucker & Renzulli，1999）就认为发散思维测验不能真正地测量或预测人的创造性思维，因为测验中的任务太具体，与实际的创造能力距离太远。

因此，如果要衡量个体的创造性表现，仅仅有发散思维测验是不够的，必须考虑认知过程以外的东西，这就涉及创造性人格或者是创造性倾向问题。创造性人格或创造性倾向是创造性的重要组成部分（陈龙安，1999；聂衍刚，郑雪，2005），是指一个人对创造活动所具有的积极的心理倾向（申继亮等，2005），它相比预测效度备受指责的发散思维测验更能反映个体的创造潜能，对创造活动有非常显著的意义。在测量工具方面，最常用的是《威廉姆斯创造性倾向量表》（又称发散思维情意测验），包括冒险性、好奇性、想像力与挑战性等4个维度，用以说明左半脑言语分析和右半脑情绪处理的交互作用（张庆林，Sternberg，2002）。具体来说，好奇心是指：①富有追根究底的精神；②主意多；③乐于接触模糊、不确定的情境；④肯深入思考事物的奥妙；⑤能把握特殊的现象，观察结果。想像力是指：①视觉化和建立心像；②幻想尚未发生过的事情；③直觉地推测；④能够超越感官及现实的界限。挑战性是指：①寻找各种可能性；②了解事情的可能及与现实间的差距；③能够从杂乱中理出头绪；④愿意探究复杂的问题或主意。冒险性是指：①勇于面对失败或批评；②敢于猜测；③在杂乱的情境下完成任务；④为自己的观点辩护。

这里我们要强调的是，创造性人格或倾向不等于影响创造性的人格特征。虽然这两者关系密切，但是按照我们对创造性的定义，前者应当属于创造性的成分和表现，是能突出创造能力的心理倾向，与个性结构中的"能力"更为接近。只是它不是个体的实际能力（actual ability），而是属于心理学家们（如张春兴，2003）所主张的能力中的"可能为者"或称潜在能力（potentiality）；而后者则是影响创造性的一种因素，属于一般所说的人格特质，与个性结构中的"性格"更为接近。例如"大五"人格结构中的开放性人格，我们可以把它看做是影响创造性的一种人格特征，但不能说是创造性人格或者创造性倾向，当然也就不是创造性的成分。进一步地，即使开放性人格所表现出来的具体特点能够较好地预测创造能力，但毕竟它所包含的具体含义与本研究中所涉及的创造性倾向（包括冒险性、好奇性、想像力和挑战性）不甚相同。

随着人们对创造性理解的加深，许多研究者都试图将创造性看做各种成分的综合体，在一种整合的框架中去理解创造性（武欣，张厚粲，1997；师保国，申继亮，2005）。例如，我国台湾地区学者张玉成就把创造能力定义为是"知、情、意结合，多种不同思维过程并用的结果"（陈龙安，1999，p32）；沃尔弗拉特和普雷茨（Wolfradt & Pretz，2001）在考察大学生的创造性与人格特点的关系时，把被试在"故事写作"任务方面的得分和在高夫（Gough）的创造性人格量表（Creative Personality Scale，CPS）上的得分分别作为创造性的指标，并且发现它们与开放性人格特点都有显著相关；新加坡学者奕（Aik，2003）在模型建构中也把用托兰斯创造性测验（TTCT）和用"你是哪一类人"（WKOPAY）这一自我陈述的问卷测得的分数合起来作为创造性的指标。

顺应这一研究潮流，我们对创造性概念的界定也突出了综合性的特点，把创造性看做是一种建立在创造性思维和创造性倾向基础之上的能力。因此，本研究中对核心概念创造性的操作性定义就是"创造性思维＋创造性人格或倾向"。具体来说，对创造性思维的测量我们主要采用经典的发散思维测验（主要是TTCT），而对创造性人格的测量我们则使用《威廉姆斯创造性倾向量表》（林幸台，王木荣修订，1994）。考虑到先前研究表明青少年创造性倾向发展趋势与其创造性思维不完全一致（申继亮等，2005；聂衍刚等，2005；胡卫平等，2004），同时也为了能更为全面地考察儿童创造性的表现，我们在具体研究中将从两个方面分别考察创造性思维和创造性倾向，并在适当的时候把二者合并作为创造性整体来对待。

二、国内关于城乡流动儿童创造性的研究

20 世纪 90 年代以来，伴随国内的民工潮出现了一类特殊的群体——流动儿童，他们被称为是城市的第二代移民。有研究显示（段成荣，梁宏，2004），2000 年第五次全国人口普查结果就发现全国共有 1 400 万流动儿童，其中男女儿童比例为 114.6∶100，平均年龄为 7 岁；他们有 30% 自出生就一直居住在流入地；在剩余部分的儿童中，有 75% 的儿童在流入地居住时间达到两年或者两年以上。可见流动儿童在流入地的生活并非短暂滞留而是长期居住的。

我们认为，流动儿童随父母从农村迁移到城市生活，前后经历了两种环境（对于那部分出生在流入地的儿童来说，他们大都也有随父母回到老家暂住的经历），其心理发生了很多变化，既有别于农村儿童，又不同于城市儿童。考虑到城市和农村两种亚文化方面的差别，流动可能带给他们更多的见识、更开阔的眼界，更高的环境开放性，以及更好的家庭经济条件，这些都将有助于他们的创造性发展。但从另一方面来说，由于流动儿童在城市属于弱势群体、边缘人群，他们大部分身处条件简陋的打工子弟学校，对城市只是局部的适应

（郭良春等，2005），不同于跨文化研究中的移民，因此其创造性也可能受到抑制反而下降。

流动儿童的创造性状况到底如何？我们试图从近年来的有关文献中发现相关状况的介绍。但是遗憾的是在有关流动儿童的数百篇研究报告和学位论文中我们找不到满意的解答，对此本研究将努力尝试回答这一问题。

三、我们关注的问题

农村儿童由农村进入到城市生活后，其环境发生变迁，经验开放程度增加，接触更多的事物，眼界更为开阔，这是否会带来类似跨文化研究中所谓的"文化适应"现象，从而提高其创造性呢？基于这一考虑，我们主要关注四个方面的问题：（1）流动与否，是否给儿童的创造性思维带来一定差异；（2）流动与否，是否给儿童的创造性倾向带来一定差异；（3）流动时间不同的儿童，其创造性思维有哪些特点；（4）流动时间不同的儿童，其创造性倾向具有哪些具体特点。

本研究中涉及的被试共包括流动儿童和两类对照儿童，详细分布情况如表2-34所示。

表2-34　　　　　　　　　被试分布表

	流动儿童		农村儿童		城市儿童		合计	
	男	女	男	女	男	女	男	女
五年级	150	102	64	65	39	39	253	206
六年级	104	71	75	80	52	69	231	220
合计	254	173	139	145	91	108	484	426
总计	427		284		199		910	

研究工具主要包括三个方面：（1）智力的测量采用《瑞文标准推理测验中国城市修订版》。由张厚粲、王晓平主修（1989），共60个项目，具有良好的信度与效度。（2）使用《创造性思维测验》测量儿童的创造性思维表现。该测验的题目共4道，其中3个选自《托兰斯创造性测验》（1993），另外一个是参考有关创造性思维资料自行编制的。根据创造性思维的定义，参照《托兰斯创造性测验》（1993）、胡卫平等人（2003）的研究制定评分标准，采用计算机程序，分别从流畅性、灵活性、独特性等方面考察被试的

创造性思维表现。另外，把这三个方面的指标转化为标准分后，可以计算得到被试的创造性思维的总分，并根据不同材料性质计算文字任务和图形任务的得分情况。（3）采用《威廉姆斯创造性倾向量表》（林幸台，王木荣修订，1994 年）对研究对象进行测试。测验包括 50 道自陈式问题，采用 3 点计分的方式，其中"完全符合"计 3 分，"部分符合"计 2 分，"完全不符"计 1 分。测验包括冒险性、好奇性、想像力与挑战性等 4 个维度，可分别计算四个分量表的得分以及总量表得分。在测量指标方面，据该量表使用手册说明，《威廉斯创造性倾向量表》的重测信度为 0.61～0.74，分半信度为 0.82～0.86，内部一致性 a 系数为 0.81～0.85，与修订《宾州创造倾向量表》相关为 0.57～0.82，说明该工具具有很好的信度和效度。

四、研究结果与讨论

1. 流动儿童与对照组儿童创造性思维的比较

（1）流动儿童与对照儿童的创造性思维总分的比较

表 2 - 35 列出了三类儿童在创造性思维方面的总分（标准分）。进一步，为考察三类儿童的创造性思维总分的差异，我们以智力得分为协变量，进行 3（被试类别）×2（年级）×2（性别）的协方差分析。结果如表 2 - 36 所示。方差分析结果表明，协变量智力因素效应显著，说明其与因变量有线性回归关系，表明协方差分析是有效的。在此情况下，初步的分析表明存在显著的被试类别、年级和性别的三阶交互效应，而被试类别、年级和性别因素也都存在显著的主效应。

表 2 - 35　　　　　三类儿童的创造性思维总分（$M \pm SD$）

	五年级		六年级		总　计	
	男	女	男	女	五年级	六年级
流动	2.46 ± 8.40	1.86 ± 7.19	3.16 ± 7.29	6.02 ± 8.82	2.22 ± 7.93	4.32 ± 8.05
农村	− 6.42 ± 4.43	− 4.34 ± 4.73	− 5.40 ± 4.41	− 4.05 ± 4.41	− 5.37 ± 4.68	− 4.70 ± 4.45
城市	6.38 ± 8.84	12.07 ± 9.33	13.70 ± 9.76	14.03 ± 8.84	9.23 ± 9.47	13.88 ± 9.21
总计	0.82 ± 8.84	1.84 ± 8.98	2.75 ± 10.0	4.83 ± 10.6	1.27 ± 8.91	3.76 ± 10.3

注：剔除一名城市对照儿童的无效答案外，实际样本量为 909。

表 2 - 36　　　　　　三类儿童创造性思维总分的协方差分析

变异来源	平方和	自由度	均方	F 值
智力	2 507.01	1	2 507.01	48.65 ***
被试类别	19 773.67	2	9 886.83	191.84 ***
年级	851.38	1	851.38	16.52 ***
性别	826.50	1	826.50	16.04 ***
被试类别 × 年级	546.37	2	273.18	5.30 **
被试类别 × 性别	66.77	2	33.39	0.65
年级 × 性别	11.98	1	11.98	0.23
类别 × 年级 × 性别	586.26	2	293.13	5.69 **
误差	46 177.39	896	51.54	
总变异	85 614.76	908		

考虑到被试类别、年级和性别变量之间存在显著的三阶交互效应，结合本研究的目的，进一步分别对五年级儿童和六年级儿童进行 3（被试类别）×2（性别）的协方差分析。结果表明，对于五年级儿童来说存在被试类别和性别变量的显著交互效应（$F = 4.79$，$p < 0.01$），简单效应检验表明，农村对照儿童中女生创造性思维得分显著高于男生（$F = 6.59$，$p < 0.05$）；流动儿童中男生创造性思维得分略高于女生但差异不显著（$F = 0.34$，$p > 0.05$）；城市对照儿童中情况与农村对照儿童一致，女生创造性思维得分显著高于男生（$F = 7.65$，$p < 0.01$）。简单效应检验还表明，无论对于男生还是对于女生，都是农村对照儿童创造性思维得分显著低于流动儿童，流动儿童得分显著低于城市对照儿童，后者得分最高。

对于六年级儿童来说不存在显著的被试类别和性别变量的交互效应，但存在两个显著的主效应。对被试类别主效应的事后分析表明农村对照儿童创造性思维得分显著低于流动儿童，流动儿童得分显著低于城市对照儿童，后者得分最高。而性别主效应的结果则表明女生创造性思维得分显著高于男生。

关于五、六年级三类儿童创造性思维的总成绩，可以用图 2 - 93 直观地表现出来。

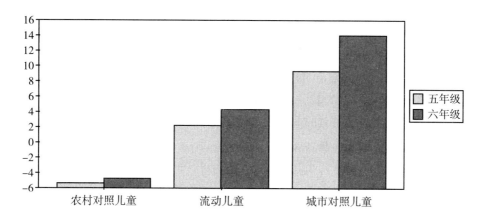

图 2 - 93   三类儿童创造性思维总分的比较

（2）流动儿童与对照儿童在创造性思维各指标上得分的比较

前面的结果已经表明，总体上三类儿童的创造性思维成绩存在显著差异。那么，这种差异具体表现哪些方面？为了回答这一问题，我们以被试在流畅性、灵活性和独特性等具体指标上的得分为因变量，以智力得分为协变量，进行 3（被试类别）×2（年级）×2（性别）的复方差分析（MANOVA），结果如表 2 - 37 所示。

表 2 - 37   三类儿童的流畅性、灵活性、独特性得分比较（F 值）

变异来源	流畅性	灵活性	独特性
智力	50.44 ***	65.40 ***	16.15 ***
被试类别	141.79 ***	131.73 ***	194.64 ***
年级	21.02 ***	17.45 ***	5.67 *
性别	16.77 ***	19.17 ***	6.32 *
被试类别 × 年级	8.04 ***	5.74 **	1.28
被试类别 × 性别	0.51	1.38	1.58
年级 × 性别	0.31	0.06	0.79
类别 × 年级 × 性别	4.78 **	1.47	8.44 ***

表 2 - 37 的结果显示，在控制智力水平的前提下，在流畅性和独特性指标上都存在有显著的三阶交互作用，被试类别、年级和性别因素的主效应则均达到显著水平。而在灵活性指标上则存在显著的被试类别和年级的二阶交互作用。

在流畅性指标上分别对五、六年级进行进一步的协方差分析。结果表明，对于五年级儿童来说，存在显著的被试类别和性别的交互效应（$F = 3.74$，$p < 0.05$），简单效应检验表明，农村对照儿童中女生流畅性得分显著高于男生（$F = 8.35$，$p < 0.01$）；流动儿童中男生流畅性得分略高于女生但差异不显著（$F = 0.13$，$p > 0.05$）；城市对照儿童中情况与农村对照儿童一致，女生流畅性得分显著高于男生（$F = 7.13$，$p < 0.01$）。简单效应检验还表明，无论对于男生还是对于女生，都是农村对照儿童创造性思维得分显著低于流动儿童，流动儿童得分显著低于城市对照儿童，后者得分最高。

对于六年级儿童来说，不存在显著的被试类别和性别变量的交互效应，但存在两个显著的主效应。对被试类别主效应的事后分析表明农村对照儿童流畅性得分显著低于流动儿童，流动儿童得分显著低于城市对照儿童，后者得分最高。而性别主效应的结果则表明女生流畅性得分显著高于男生。

在灵活性指标上，对被试类别和年级的交互作用进行简单效应检验发现，无论对于五年级还是对于六年级来说，三类儿童都存在极为显著的差异（$F = 69.13$，$p < 0.001$；$F = 172.54$，$p < 0.001$），事后分析表明农村对照儿童灵活性得分显著低于流动儿童，流动儿童得分显著低于城市对照儿童，后者得分最高。

在独特性指标上的分析结果与创造性思维的总体以及流畅性得分的分析结果一致，此处不再赘述。图 2 - 94、图 2 - 95 和图 2 - 96 直观地表示出了三类儿童在流畅性、灵活性和独特性方面的得分情况。

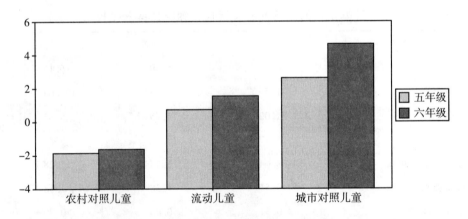

图 2 - 94 三类儿童流畅性的比较

（3）流动儿童与对照儿童在言语、图形任务上得分的比较

考虑到不同的测验材料对儿童创造性思维的影响，我们也对三类儿童在言语（verbal task）、图形（non - verbal task）两种任务方面的表现进行了比较。具体地，以被试在言语和图形任务上的得分为因变量，以智力得分为协变量，进行 3（被试类别）×2（年级）×2（性别）的复方差分析（MANOVA），结果如表 2 - 38 所示。

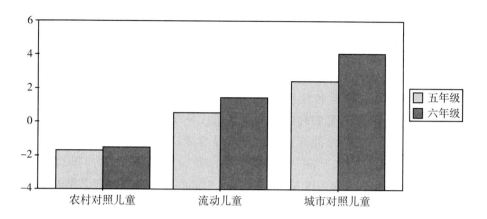

图 2 - 95　三类儿童灵活性的比较

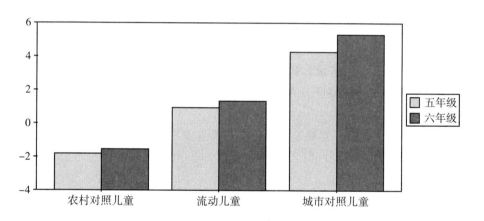

图 2 - 96　三类儿童独特性的比较

表 2 - 38　　　　三类儿童的言语、图形任务得分比较 (F 值)

变异来源	言语任务	图形任务
智力	21.82 ***	54.52 ***
被试类别	103.19 ***	189.45 ***
年级	1.09	37.34 ***
性别	13.34 ***	10.20 ***
被试类别 × 年级	1.74	7.28 ***
被试类别 × 性别	0.07	1.53
年级 × 性别	0.01	0.91
类别 × 年级 × 性别	3.94 *	4.51 *

在言语任务上，表 2 – 38 的结果显示在控制智力的前提下，三类儿童的得分存在显著的被试类别、年级和性别因素的交互作用，于是分别以五年级和六年级为样本，进行被试类别和性别的协方差分析。结果表明，对于五年级儿童来说，不存在显著的类别和性别因素的交互作用，但被试类别主效应（$F = 36.78$，$p < 0.001$）和性别主效应（$F = 5.56$，$p < 0.05$）均达到显著水平。事后分析表明依然是农村对照儿童言语任务得分显著低于流动儿童，流动儿童得分显著低于城市对照儿童，后者得分最高。对于六年级儿童来说，结果与五年级一致。

在图形任务上，表 2 – 38 结果显示三类儿童的得分也存在显著的被试类别、年级和性别因素的交互作用，于是分别以五年级和六年级为样本，进行被试类别和性别的协方差分析。结果表明，对于五年级儿童来说，被试类别和性别交互作用（$F = 5.70$，$p < 0.05$）、被试类别主效应和性别主效应均显著。简单效应检验的结果与创造性思维总分的差异结果相同，即无论是男生还是女生，都是农村对照儿童得分显著低于流动儿童，流动儿童得分显著低于城市对照儿童，后者得分最高。对于六年级儿童来说，被试类别和性别交互作用不显著，性别主效应接近显著，被试类别主效应显著（$F = 127.56$，$p < 0.001$），事后分析结果与五年级一致。

图 2 – 97、图 2 – 98 直观地表示出了三类儿童在言语任务、图形任务方面的得分情况。

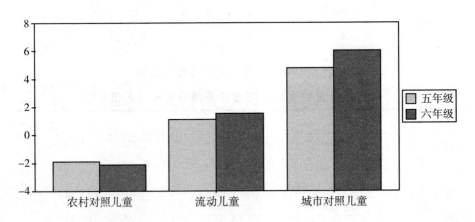

图 2 – 97　三类儿童言语任务得分的比较

（4）流动儿童和对照儿童各自群体内测验材料差异模式的比较

如前，儿童的创造性思维在不同测验材料上的表现存在一定的差异。那么这种差异模式在不同的被试群体间是一致的还是有所不同的？即言语任务和图形任务得分之间的差异，在农村对照儿童和流动对照儿童各自群体内是否是一致的？

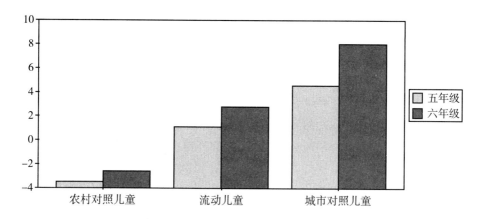

图 2 – 98　三类儿童图形任务得分的比较

对这一问题的回答，有助于弄清楚流动与测验材料之间的关系，揭示环境与测验材料之间是否存在交互影响。为此，我们分别以农村对照儿童、流动儿童和城市对照儿童为被试，对其在言语任务上的得分和图形任务上的得分进行相关样本 t 检验（Paired – Samples T Test），结果如表 2 – 39 所示。

表 2 – 39　　　　流动儿童和对照儿童各自在两类测验
材料上的得分比较

被试群体	测验材料	M	SD	均差	t	p
农村儿童	言语任务	– 2.01	2.75	0.98	5.41	0.000
$N = 284$	图形任务	– 2.99	2.75			
流动儿童	言语任务	1.28	4.61	– 0.52	– 2.26	0.025
$N = 427$	图形任务	1.80	4.75			
城市儿童	言语任务	5.52	5.76	– 1.14	– 3.27	0.001
$N = 198$	图形任务	6.66	5.02			

结果显示，在测验材料的差异方面，农村对照儿童的情况是言语任务得分显著高于图形任务得分（$t = 5.41$，$p < 0.001$），而流动儿童的情况则是相反的，表现为言语任务得分显著低于图形任务得分（$t = – 2.26$，$p < 0.05$），这一结果与城市对照儿童（$t = – 3.27$，$p = 0.001$）是相同的。利用另外一项研究（申继亮，师保国，2006）的数据，我们发现对于 283 名城市初二和高二年级的学生来说，其在言语任务上的得分（$0.48 ± 3.88$）低于图形任务得分（$0.75 ± 4.61$），但未达到差异显著性水平（$t = – 0.873$，$p > 0.05$）。上述结果表明在不同被试群体内

测验材料的差异模式是存在差异的。

（5）讨论

①流动与否对创造性思维总体的作用

由乡村到城市的流动，给儿童带来的是生活环境和教育环境的巨大改变。依照创造性的系统观理论，环境对个体的创造性是有影响的，因此流动带来环境的改变，进而势必带来创造性的变化。这就是本研究假设的基本出发点。我们的基本假设是，流动能够带来创造性的提高，流动的儿童会比不流动的儿童创造性思维得分更高。本研究结果支持了这一假设。在控制智力水平的情况下，三类儿童的创造性思维成绩差异显著，进一步的分析表明，农村对照儿童创造性思维得分显著低于流动儿童，流动儿童得分显著低于城市对照儿童，后者得分最高。这就初步证实了一个观点，即流动的农村儿童与没有流动的农村儿童，虽然从其户口、籍贯、家乡等方面同属于乡村，但其创造性思维的水平是不一样的。上述结果中，我们主要关注的是农村对照儿童的得分显著低于流动儿童的得分。由于这两类儿童除流动与否外，其他情况更为接近，因此也更能支持我们的假设。另外，城市对照儿童的创造性总分显著高于农村对照儿童和流动儿童，也可以进一步证实这一假设。只是由于该类被试样本容量的限制，以及涉及更多的因素（如家庭 SES 等），其说服力有限。不过，从总体而言，流动儿童的创造性思维水平高于不流动的儿童，这一假设已经得到研究的支持。

当然，本研究中也发现年级、性别等因素的主效应大都达到了显著性水平，具体表现为六年级成绩优于五年级，女生成绩优于男生。这一结果与以往不少研究基本一致，由于这不是当前研究关注的重点，因此对这些差异的原因不再进行讨论。不过值得一提的是，创造性思维的性别差异有助于进一步支持我们的研究假设。考虑到本研究样本中的流动儿童男生多女生少（男女比例为 254 : 173），而农村儿童男生少女生多（男女比例为 139 : 145）的情况，根据女生创造性思维得分优于男生这一点，还可以推测在男女生比例相当的情况下，流动儿童的创造性思维表现会比农村对照儿童更好，从而进一步表明流动对创造性的作用。

② 流动与否对创造性思维具体指标的作用

在本研究中，创造性思维包括流畅性、灵活性和独特性等三个方面的具体指标，它们分别反映了个体思维的速度、广度和深度等品质。本研究结果显示三类儿童在创造性思维的总体上存在显著差异，那么这一差异具体表现在哪些方面？通过分析我们发现，三类儿童在创造性思维的三个具体指标上都存在显著的差异。具体来说，在流畅性、灵活性和独特性得分上，都是农村对照儿童得分显著低于流动儿童，流动儿童得分显著低于城市对照儿童，后者得分最高。由此结果可以推断，流动对创造性思维的各个方面都有影响。

③ 不同测验材料对创造性思维表现的影响

不同的测验材料会影响到创造性表现的结果，这一结论已经在一些前人的研究中（叶仁敏等，1988；Rudowicz et al.，1995；许晶晶等，2005；申继亮等，2006）得到初步揭示。例如，在跨文化比较中，这些研究发现，在词汇测验上，美国学生总体水平比中国学生略高一些，但差距不大；而在图画测验上，美国学生在流畅性、独创性、精致性、抗过早封闭性四项指标上都远高于中国学生。本研究的发现进一步验证了这一结论。三类儿童在两类任务方面都存在显著的差异，但在图形任务方面的差异更大。具体地可以看到，在文字任务上和图形任务上都表现为农村对照儿童的得分显著低于流动儿童和城市对照儿童，而流动儿童得分又显著低于城市对照儿童。并且从年级角度来说，五、六年级儿童的言语任务得分差异主效应不显著，但图形任务得分的差异主效应则是显著的。

另外，在不同被试群体内测验材料的差异模式是存在差异的，这说明被试群体或者说环境与测验材料之间存在交互影响。具体表现为在农村环境下，儿童更擅长完成言语任务而不是图形任务；在城市环境下，儿童更擅长完成图形任务；并且随着流动的开始和环境的迁移，情况发生改变，流动儿童也更擅长图形任务。因此，这一结果也说明随流动带来的环境变化对于言语和非言语的测验材料都有积极的影响，但对于后者存在更大程度的作用。而从另外一个侧面，也反映出农村文化环境对非言语测验材料上的创造性培养相对忽视。

可见，文字和图形不同的测验材料对儿童的创造性思维表现影响是存在差异的。结合前人研究，以及近些年来越来越多的研究者所注意到的创造性领域特定性（James，Asmus，2001；Diakidoy，Spanoudis，2002；Han，2003；Baer，Kaufman，2005）的相对存在（对青少年创造性测试而言领域特定性很重要，但并不能就此彻底否认创造性测试的一般性），可以说，不同测验材料给创造性表现所带来的影响是值得重视的。特别是在当前所提倡的创新教育实践过程中，要充分考虑领域的影响和测验材料的影响，让学生结合某一领域学习其中的知识、规则，充分了解该领域选择的标准，了解该领域把关者的想法、喜好和观念，这也正是创造性系统观（Urban，1990；Csikszentmihalyi，1988，2000）所要告诉我们的（师保国，申继亮，2005）。

2. 流动儿童与对照组儿童创造性倾向的比较

（1）流动儿童与对照儿童的创造性倾向总体的比较

表 2-40 列出了三类儿童在创造性倾向方面的总分。为考察三类儿童的创造性倾向总分的差异，进行了 3（被试类别）×2（年级）×2（性别）的方差分析。结果如表 2-41 所示。

表 2 – 40　　　　　　三类儿童的创造性倾向总分（$M \pm SD$）

	五年级		六年级		总计	
	男	女	男	女	五年级	六年级
流动	108.91 ± 11.0	109.81 ± 10.2	107.99 ± 10.0	109.46 ± 10.7	109.27 ± 10.7	108.58 ± 10.3
农村	105.94 ± 9.96	108.57 ± 9.29	112.39 ± 9.03	111.73 ± 9.46	107.26 ± 9.68	112.05 ± 9.23
城市	114.97 ± 9.75	121.28 ± 9.85	118.41 ± 9.63	117.18 ± 9.93	118.17 ± 10.2	117.69 ± 9.77
总计	109.00 ± 10.9	111.45 ± 10.8	111.37 ± 10.3	112.41 ± 10.4	110.10 ± 10.9	111.87 ± 10.4

方差分析结果表明，被试类别与年级变量之间存在极为显著的交互作用 $F(2,885) = 6.64$，$p < 0.001$。此外，年级与性别之间的交互效应也达到显著性水平（$F = 5.29$，$p < 0.05$）。三阶交互效应不显著。对年级与性别之间的交互效应进行简单效应检验发现，对于五年级儿童来说，女生的创造性倾向得分显著高于男生的得分（$F = 5.71$，$p < 0.05$）；对于六年级儿童来说，女生的创造性倾向得分高于男生的得分但没有达到显著性差异水平（$F = 1.08$，$p > 0.05$）。对被试类别与年级变量之间的交互作用进行简单效应检验发现，对于五年级来说，三类儿童的创造性倾向得分存在极显著的差异（$F = 27.40$，$p < 0.001$）。多重比较结果表明，农村对照儿童创造性倾向得分最低，流动儿童得分居中，城市对照儿童最高。其中农村对照儿童得分显著低于城市对照儿童，但与流动儿童之间不存在显著差异；流动儿童得分也显著低于城市对照儿童得分。

对于六年级来说，三类儿童的创造性倾向得分也存在极为显著的差异（$F = 26.38$，$p < 0.001$）。多重比较结果表明，流动儿童创造性倾向得分最低，显著低于农村对照儿童和城市对照儿童的得分；农村对照儿童创造性倾向得分居中，显著低于城市对照儿童；城市对照儿童得分最高。关于五、六年级三类儿童的创造性倾向的总分情况，可以用图 2 – 99 直观地表现出来。

表 2 – 41　　　　　　三类儿童创造性倾向总分的方差分析

变异来源	平方和	自由度	均方	F 值
被试类别	9 764.77	2	4 882.39	48.37 ***
年级	298.42	1	298.42	2.96
性别	449.73	1	449.73	4.56 *
被试类别 × 年级	1 340.15	2	670.08	6.64 ***
被试类别 × 性别	68.31	2	34.15	0.34
年级 × 性别	534.19	1	534.19	5.29 *
类别 × 年级 × 性别	493.46	2	246.73	2.44
误差	89 340.75	885	100.95	
总变异	102 289.78	896		

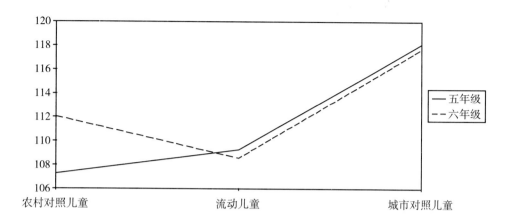

图 2 - 99　三类儿童创造性倾向总分的比较

（2）流动儿童与对照儿童的创造性倾向具体维度的比较

前面的分析表明，总体上三类儿童的创造性倾向得分存在显著差异。那么，这种差异具体表现在哪些方面？对这一问题的回答需要分别考察三类儿童在创造性倾向的各个具体维度方面的表现。以被试在冒险性、好奇性、想像力和挑战性等具体指标上的得分为因变量，进行 3（被试类别）×2（年级）×2（性别）的复方差分析（MANOVA），结果如表 2 - 42 所示。

表 2 - 42　三类儿童的冒险性、好奇性、想像力和挑战性

得分比较（F 值）

变异来源	冒险性	好奇性	想像力	挑战性
被试类别	39.72 ***	48.69 ***	11.90 ***	22.20 ***
年级	0.13	7.71 **	0.25	5.60 *
性别	8.21 **	0.77	7.42 **	3.34
被试类别×年级	1.67	5.75 **	4.22 *	3.06 *
被试类别×性别	1.27	0.10	0.65	0.86
年级×性别	0.19	5.65 *	1.92	5.62 *
类别×年级×性别	0.58	1.85	3.40 *	1.62

表 2 - 42 的结果显示，在冒险性指标上不存在显著的二阶及三阶交互作用。在主效应方面存在显著的被试类别主效应（$F = 39.72$，$p < 0.001$）和性别主效应（$F = 8.21$，$p < 0.01$）。对被试类别主效应进行的事后比较发现农村对照儿童与流动儿童的冒险性得分无显著差异，但二者均显著低于城市对照儿童。对性别主效应的分析表明女生冒险性得分高于男生。图 2 - 100 直观地表现了三类儿童

的冒险性得分情况。

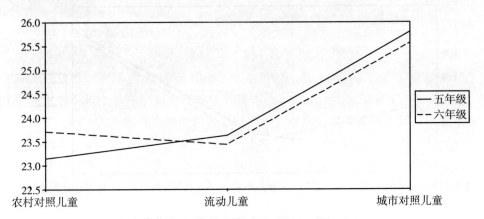

图 2 - 100　三类儿童的冒险性得分比较

在好奇性指标上存在非常显著的被试类别与年级变量的交互作用（$F = 5.75, p < 0.01$），存在显著的年级与性别的交互效应（$F = 5.65, p < 0.05$）和极显著的被试类别主效应（$F = 48.69, p < 0.001$），其他效应均不显著。对被试类别与年级变量的交互作用进行简单效应检验后发现，对于五年级来说三类被试存在显著的差异（$F = 28.43, p < 0.001$），事后分析表明农村对照儿童好奇性得分最低，显著低于流动儿童和城市对照儿童；流动儿童的好奇性得分居中，显著低于城市对照儿童。对于六年级来说三类被试也存在显著的差异（$F = 23.27, p < 0.001$），事后分析表明农村对照儿童和流动儿童好奇性得分没有显著差异，但都显著低于城市对照儿童。图 2 - 101 直观地显示了三类儿童的好奇性得分情况。

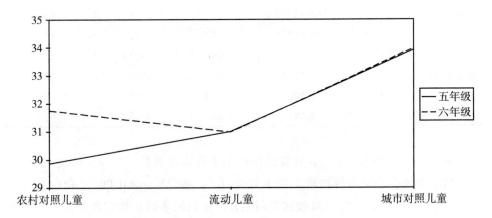

图 2 - 101　三类儿童的好奇性得分比较

在想像力指标上存在显著的被试类别、年级和性别的交互效应（$F = 3.40$，$p < 0.05$），也存在显著的被试类别与年级变量的交互作用（$F = 4.22$，$p < 0.05$），以及显著的被试类别主效应（$F = 11.90$，$p < 0.001$）和性别主效应（$F = 7.42$，$p < 0.01$），其他效应均不显著。对被试类别与年级变量的交互作用进行简单效应检验后结果表明，对于五年级来说三类被试的想像力得分存在非常显著的差异（$F = 6.55$，$p < 0.01$），事后分析表明农村对照儿童和流动儿童得分基本接近，没有显著差异，但二者得分均显著低于城市对照儿童。对于六年级来说三类被试得分差异极显著（$F = 9.76$，$p < 0.001$），事后分析表明农村对照儿童的想像力倾向得分最高，城市对照儿童得分居中，它们二者没有显著差异；但两类对照儿童的想像力倾向得分均显著高于流动儿童的得分。图 2 - 102 直观地显示了这一情况。

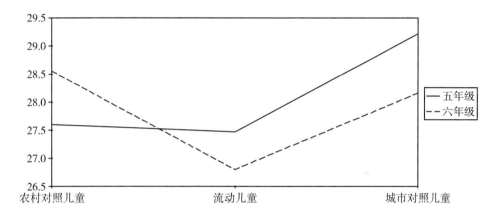

图 2 - 102　三类儿童的想像力倾向得分比较

在挑战性指标上存在显著的被试类别与年级变量的交互作用（$F = 3.06$，$p < 0.05$），以及显著的年级和性别的交互效应（$F = 5.62$，$p < 0.05$）。对被试类别与年级变量的交互作用进行简单效应检验后发现，对于五年级儿童而言三类被试得分差异显著（$F = 13.43$，$p < 0.001$），事后分析表明流动儿童挑战性得分略高于农村对照儿童但差异不显著，二者都显著低于城市对照儿童得分。对于六年级儿童而言三类被试得分差异显著（$F = 9.83$，$p < 0.001$），事后分析表明农村儿童得分高于流动儿童得分但差异不显著，二者均显著低于城市对照儿童的挑战性得分。图 2 - 103 直观地显示了这一情况。

（3）讨论

① 关于流动儿童与对照儿童的创造性倾向总体的比较

创造性思维和创造性倾向都与个体的创造潜力密切相关，因此二者之间也有显著的正相关关系，这一点已经得到以往不少研究的证实。但我们在预试研究中

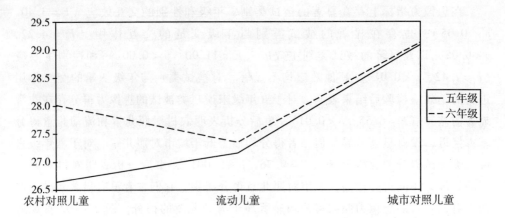

图 2 – 103　三类儿童的挑战性得分比较

也发现创造性思维和创造性倾向之间的相关系数并不是特别高，表明二者又是不完全相同的。例如，从发展趋势上来说二者就是不相同的（申继亮，王鑫，师保国，2005）。因此要了解儿童的创造性发展状况，除了探讨其创造性思维以外，也需要了解其创造性倾向的状况。

本研究结果说明，在对被试类别与年级变量之间的交互作用进行简单效应检验后，五年级的三类儿童创造性倾向总分由低到高依次是农村对照儿童、流动儿童和城市对照儿童，但事后分析表明流动儿童的创造性倾向得分与农村对照儿童差异不显著。这一结果部分地支持了我们的假设，即流动的儿童创造性倾向发展更好，但也部分地推翻了我们的假设。不过虽然在五年级方面假设没有成立，我们认为这一结果尚可接受。

在六年级上，三类儿童创造性倾向得分也存在极为显著的差异，表现为流动儿童创造性倾向最低，显著低于农村对照儿童和城市对照儿童。这一结果不仅与本研究假设截然相反，而且提出了一个难以理解的问题。即按照以往研究结论，创造性倾向在初一年级之前是随年龄发展呈逐渐上升趋势的（申继亮，王鑫，师保国，2005），这种情况在本研究中的农村对照样本上已如期出现，但是为什么在流动儿童样本和城市儿童样本上却不是这样呢？这里，六年级的流动儿童，其创造性倾向不仅没有显著高于五年级的流动儿童，反而出现了比较明显的下降趋势。与农村对照群体相比，这一情况是需要注意的。

那么，从考察环境变迁对儿童创造性倾向作用的角度，以上结果得到的一个初步结论就是，城乡儿童在创造性倾向方面存在显著的差异，但流动与否对创造性倾向则没有显著影响，甚至还带来了负面的影响。真实情况确实如此么？我们认为在给出这一结论之前还需要更多的谨慎，建议今后的研究继续探讨。

② 关于流动儿童与对照儿童的创造性倾向各个维度的比较

尽管从总体上来说流动与否并没有带来创造性倾向的变化，但创造性倾向包括冒险性、好奇性、想像力和挑战性，它是否带来了这四个方面中的个别方面的变化呢？通过考察我们发现，在冒险性维度上城市对照儿童得分最高，流动与农村两类儿童则没有显著差异。这一结果与五年级三类儿童在创造性倾向总分上的表现类似。考虑到流动儿童与农村对照儿童都有农村背景，这一结果表明城市与农村不同的文化环境（当然其中还有很重要的家庭社会经济地位等因素）在促进儿童的冒险性人格倾向方面的作用是很不相同的。

在好奇性维度上发现对五年级来说农村对照儿童得分最低，显著低于其他两类儿童；而城市对照儿童依旧是得分最高，显著高于流动儿童。这一结果应该说是最支持我们的研究假设的，充分体现出流动所带来的经历增加、眼界开阔等对儿童的好奇心促进作用显著。对六年级来说结果显示农村对照儿童和流动儿童好奇性得分没有显著差异，但都显著低于城市对照儿童，这一结果与我们前面讨论的"流动儿童创造性倾向发展趋势不同于农村对照儿童"有关，但数据结果毕竟不支持本研究假设。即从好奇心的发展特点上，我们无法得出流动能带来儿童好奇心的提高这一结论。

在想像力维度上三类儿童的差异情况是与其他三个维度上的情况非常不同的。方差分析结果显示对于五年级来说三类被试的想像力得分存在非常显著的差异，农村对照儿童和流动儿童得分基本接近，没有显著差异，但二者得分均显著低于城市对照儿童。而对六年级来说则是农村对照儿童的想像倾向得分最高，显著高于流动儿童，但与城市对照儿童没有显著差异。这一结果与我们的假设是截然对立的，事实上我们的假设更倾向于认为农村对照儿童的想像力得分要低一些。不过这里也要注意，想像力维度的得分反映的只是一种心理性向，它可以代表儿童在想像力方面的倾向特点，如"我喜欢幻想一些我想知道或想做的事"，或者"我喜欢想像有一天能成为艺术家、音乐家或诗人"，但不能反映儿童的实际想像能力。换句话说，我们可以根据这一结果认为农村对照儿童比流动儿童更喜欢幻想、更倾向于想像一些遥远的事情，但不能说他们的想像能力比流动儿童更丰富。事实上根据创造性思维测验的结果，我们更应该认为流动儿童的想像能力好于农村对照儿童。

在挑战性维度上，对于五年级儿童而言流动儿童挑战性得分略高于农村对照儿童但差异不显著，二者都显著低于城市对照儿童得分。对于六年级儿童而言农村儿童得分高于流动儿童得分但差异不显著，二者均显著低于城市对照儿童的挑战性得分。由此可以推论流动与否对儿童的挑战性特点作用不大。但同样我们需要考虑的就是前面谈到的流动儿童的创造性倾向发展趋势，以及需要考虑流动时间的作用。按本研究结果，如果不考虑流动时间对创造性倾向的影响，而只是笼统地考察流动与不流动儿童创造性倾向发展状况的话，是难以发现生活在城市的流动儿童与生活在农村的对照儿童之间的差异的，也难以准确考察流动对儿童创造性倾向的作用。

综合以上研究，我们得到的结论是：流动儿童与对照儿童在创造性思维方面是存在显著的差异的，流动与否对创造性思维的作用是显著的；而在创造性倾向方面，流动儿童与对照儿童的差异并不显著，流动与否没有表现出对儿童创造性倾向的显著影响。

但是，这两个结论是值得进一步思考的。对于前一个结论还遗留有两个可能的问题：一个问题在于流动儿童与对照儿童在创造性思维方面的差异，表面上看起来存在流动与否的差异，但也可能与被试的地区差异有关。限于众多实际困难，我们在取样时难以保证取到和流动儿童来自完全一致的地区的儿童，而只是根据流动儿童样本中大部分孩子来自的地区进行了取样。固然这样，也还是难以保证完全排除了地区不同带来的差异。另一个问题在于家庭 SES 的影响。众所周知，流动儿童的父母都是从农村进入城市的打工者，他们大都有一定的职业（虽然这些职业相对城市居民来说在声望、工作环境等方面并不算好），其收入比一般的农村务农人口要高不少，这样相应的在家庭社会经济地位方面相对普通农村居民也有很大提高。考虑到家庭 SES 是创造性思维的一个显著影响因素，因此流动儿童与对照儿童在创造性思维方面的差异就不能简单地归因为流动与否的影响。

对于后一个结论遗留的问题在于，由于创造性倾向相对稳定，其发展变化可能需要更多的时间。因此仅仅比较流动儿童的整体与农村对照儿童的差异，而不考虑流动时间（流动年份）这一重要的变量，则会忽略掉不少的信息。因此，有必要进一步考察流动时间较长的儿童与农村对照儿童在创造性倾向方面的差异，根据这一结果才能更好地判定流动是否带来了创造性倾向方面的提高。

总之，要考察流动对儿童创造性的作用，尚需要以流动儿童本身作为研究对象，引入流动时间这一变量，比较同一年级或年龄段内具有不同流动时间的儿童在创造性思维、创造性倾向方面的表现，这样才能使最后的结论更为可靠、真实和具有说服力。

3. 不同流动时间的儿童的创造性思维比较

考虑到本研究中的被试多处于 12 岁左右的年龄，并参照在每一年时间上的儿童数量分布的频率，我们把全部 427 名流动儿童分为三类，分别是第一类：短期流动（4 年及以下，37.2%）；第二类：中期流动（4～8 年，33.3%），第三类：长期流动（8 年以上，29.5%）。被试的详细分布情况如表 2-43 所示。

表 2 - 43　　　　　　　**不同流动时间的儿童被试分布表**

	短期（4 年以下）		中期（4 ~ 8 年）		长期（8 年以上）		合计	
	男	女	男	女	男	女	男	女
五年级	56	48	51	29	43	25	150	102
六年级	31	24	33	29	40	18	104	70
合计	87	42	84	58	83	43	254	172
总计	159		142		126		427	

（1）三类流动儿童创造性思维总分的比较

表 2 - 44 列出了不同流动时间的三类儿童在创造性思维方面的总分（标准分）。进一步，为了考察不同流动时间的三类儿童的创造性思维总分的差异，我们以智力得分为协变量，进行了 3（流动时间）×2（年级）×2（性别）的协方差分析。结果如表 2 - 45 所示。

表 2 - 44　　　　　　**三类儿童的创造性思维总分（$M \pm SD$）**

	五年级		六年级		总　计	
	男	女	男	女	五年级	六年级
短期	0.01 ± 6.48	− 0.35 ± 6.28	− 0.93 ± 4.76	2.31 ± 8.33	− 0.16 ± 6.36	0.48 ± 6.69
中期	5.09 ± 8.76	2.46 ± 5.53	4.92 ± 6.57	8.45 ± 7.61	4.14 ± 7.81	6.57 ± 7.23
长期	2.52 ± 9.37	5.41 ± 9.02	4.88 ± 8.29	7.05 ± 10.04	3.58 ± 9.28	5.55 ± 8.84
总计	2.46 ± 8.40	1.86 ± 7.19	3.16 ± 7.29	6.02 ± 8.82	2.22 ± 7.93	4.32 ± 8.05

表 2 - 45　　　　　**短、中、长期三类流动儿童创造性思维
总分的协方差分析**

变异来源	平方和	自由度	均方	F 值
智力	1 059.77	1	1 059.77	18.99***
流动时间	1 889.19	2	944.60	16.92***
年级	53.41	1	53.41	0.957
性别	300.46	1	300.46	5.38*
流动时间 × 年级	149.62	2	74.81	1.34
流动时间 × 性别	73.81	2	36.90	0.661
年级 × 性别	225.30	1	225.30	4.04*
时间 × 年级 × 性别	166.58	2	83.29	1.49
误差	23 106.57	414	55.81	
总变异	31 545.45	427		

方差分析结果表明，协变量智力因素效应显著，说明其与因变量有线性回归关系，表明协方差分析是有效的。在此情况下，不同流动时间的三类儿童的创造性思维成绩差异极显著 $F(2,414)=16.92$，$p<0.001$，事后分析结果显示短期流动儿童得分显著低于中期和长期流动的儿童，后两者没有显著差异。同时，性别因素的主效应达到显著水平，年级主效应则不显著。此外，年级与性别变量之间存在显著的交互作用 $F(1,414)=4.04$，$p<0.05$，其他二阶及三阶交互效应则未达到显著性水平。

对年级与性别变量之间的交互作用进行简单效应检验发现，对于五年级来说，男女儿童没有显著的差异（$F=0.34$，$p=0.56$）。对于六年级来说，男女儿童存在显著的差异（$F=5.46$，$p<0.05$），表明女生创造性思维显著高于男生。

关于不同流动时间的三类儿童的创造性思维的总成绩，可以用图 2-104 直观地表现出来。

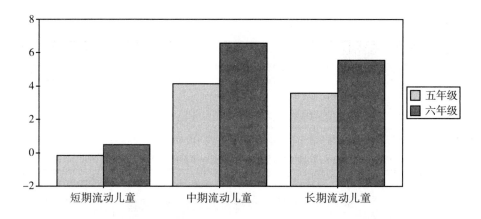

图 2-104　不同流动时间的儿童创造性思维的比较

（2）三类流动儿童在创造性思维各指标上得分的比较

表 2-45 的结果已经表明，总体上不同流动时间的三类儿童的创造性思维成绩存在显著差异。那么，这种差异具体表现哪些方面？为了回答这一问题，我们以被试在流畅性、灵活性和独特性等具体指标上的得分为因变量，以智力得分为协变量，进行 3（流动时间）×2（年级）×2（性别）的复方差分析（MANOVA），结果如表 2-46 所示。

表 2 - 46   不同流动时间的三类儿童的流畅性、灵活性、
独特性得分比较 （F 值）

变异来源	流畅性	灵活性	独特性
智力	17.59***	30.11***	5.52*
流动时间	14.03***	14.56***	12.65***
年级	1.11	1.46	0.20
性别	4.56*	4.18*	4.23*
流动时间 × 年级	0.91	1.93	1.37
流动时间 × 性别	0.32	0.61	1.37
年级 × 性别	2.65	1.50	5.90*
时间 × 年级 × 性别	1.99	2.71	0.22

表 2 - 46 的结果显示，在流畅性、灵活性、独特性指标上，流动时间和性别主效应均达到显著水平，但不存在显著的年级主效应。在独特性得分上，还存在年级和性别间的显著交互作用。除此之外没有发现其他二阶及三阶交互作用显著。

对流动时间主效应进行事后分析结果表明，在流畅性、灵活性和独特性三个维度上都表现为短期流动儿童得分显著低于中期和长期流动的儿童，后两者无显著差异。

对性别主效应的分析结果表明，女生在流畅性、灵活性方面得分显著高于男生。而在独特性上，对年级与性别之间的交互作用进行简单效应检验后发现，对于五年级来说男女儿童得分不存在显著的差异（$F = 0.64$，$p = 0.43$）；对于六年级来说女生独特性得分显著高于男生（$F = 7.27$，$p < 0.01$）。图 2 - 105、图 2 - 106 和图 2 - 107 直观地表示出了三类儿童在流畅性、灵活性和独特性方面的得分情况。

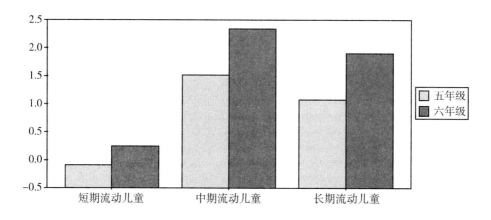

图 2 - 105   不同流动时间的儿童流畅性的比较

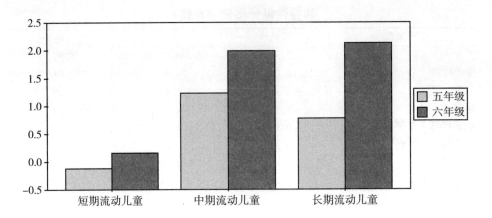

图 2 - 106　不同流动时间的儿童灵活性的比较

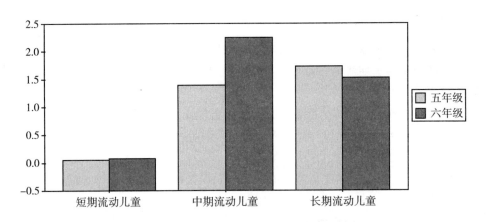

图 2 - 107　不同流动时间的儿童独特性的比较

（3）三类流动儿童在言语、图形任务上得分的比较

考虑到不同的测验材料对儿童创造性思维的影响，我们也对三类儿童在言语、图形两种任务方面的表现进行了比较。具体地，以被试在言语和图形任务上的得分为因变量，以智力得分为协变量，进行 3（流动时间）×2（年级）×2（性别）的复方差分析（MANOVA），结果如表 2 - 47 所示。

表 2 – 47   不同流动时间的三类儿童的言语、图形任务
得分比较（F 值）

变异来源	言语任务	图形任务
智力	8.87 **	19.07 ***
流动时间	11.68 ***	12.63 ***
年级	0.01	3.02
性别	7.95 **	1.21
流动时间 × 年级	1.78	0.47
流动时间 × 性别	1.72	0.01
年级 × 性别	4.77 *	1.46
时间 × 年级 × 性别	0.48	1.91

在言语任务上，表 2 – 47 的结果显示在控制智力的前提下，三类儿童的得分存在显著的差异（$F = 11.68$，$p < 0.001$）。事后分析表明短期流动儿童得分显著低于中期和长期流动的儿童，后两者没有显著差异。另外还存在显著的性别主效应（$F = 7.95$，$p < 0.01$）和显著的年级与性别因素的交互作用（$F = 4.77$，$p < 0.05$）。对年级与性别的交互效应简单效应检验后发现，对于五年级来说男女儿童的言语任务得分没有差异（$F = 0.02$，$p = 0.880$）；对于六年级来说女生得分显著高于男生（$F = 10.00$，$p < 0.01$）。

在图形任务方面，表 2 – 47 的结果显示只有流动时间主效应显著（$F = 12.63$，$p < 0.001$），其他主效应及交互效应均不显著。事后分析表明同样是短期流动儿童得分显著低于中期和长期流动的儿童，后两者没有显著差异。

图 2 – 108、图 2 – 109 直观地表示出了三类儿童在言语任务、图形任务方面的得分情况。

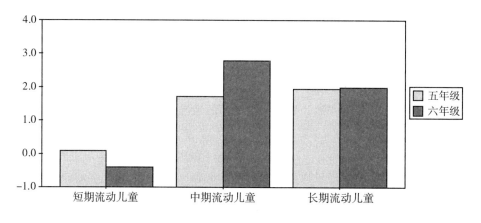

图 2 – 108   不同流动时间的儿童言语任务得分比较

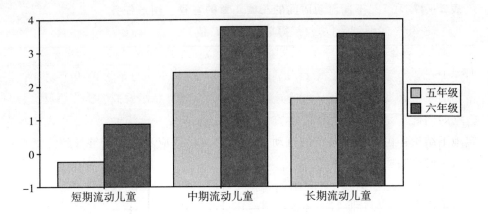

图 2 - 109　不同流动时间的儿童图形任务得分比较

（4）三类流动儿童各自群体内测验材料差异模式的比较

前面发现在农村对照儿童和流动对照儿童各自群体内两类测验材料的差异模式是存在差异的，即存在环境与材料的交互作用。那么对于不同流动时间的三类儿童来说，是否也存在言语任务和图形任务之间的差异模式？为回答这一问题，分别以三类流动儿童为被试，对其在言语任务上的得分和图形任务上的得分进行相关样本 t 检验，结果如表 2 - 48 所示。

表 2 - 48　　　　　三类流动儿童各自在两类测验材料上的得分比较

被试群体	测验材料	M	SD	均差	t	p
农村儿童	言语任务	- 0.08	3.70	- 0.22	- 0.65	0.51
$N = 159$	图形任务	0.14	4.05			
流动儿童	言语任务	2.18	4.64	- 0.84	- 2.04	0.04
$N = 142$	图形任务	3.02	4.43			
城市儿童	言语任务	1.97	5.20	- 0.55	- 1.17	0.24
$N = 126$	图形任务	5.52	5.32			

在测验材料的差异方面，短期流动儿童的情况是言语任务得分低于图形任务得分，但差异不显著（$t = -0.654$，$p > 0.05$）；中期流动儿童的情况是言语任务得分显著低于图形任务得分（$t = -2.035$，$p < 0.05$）；长期流动儿童的情况也是言语任务得分低于图形任务得分，但差异不显著（$t = -1.174$，$p > 0.05$）。这一结果进一步揭示了环境与测验材料之间的交互影响，即随着流动时间的增加和环境的变化，非言语材料对于儿童的创造性表现来说重要性越来越大，相比之下言语任务的变化则不大。

（5）讨论

① 流动时间对创造性思维总体的影响

不同流动时间的三类儿童的创造性思维成绩差异达到极显著水平（$F = 16.92$，$p < 0.001$），事后分析显示短期流动儿童得分显著低于中期和长期流动的儿童，后两者没有显著差异。这一结果基本支持了我们的研究假设，表明流动时间确实是影响儿童创造性的一个重要变量。结合前面的发现，可以比较肯定地下结论：由乡村到城市的流动（带来的文化适应）确实能够导致儿童在创造性思维测验成绩方面的提高。

当然我们也注意到，流动时间超过 8 年的长期流动的儿童并没有如预想中那样在创造性思维总体上好于流动时间为中期的儿童，从三类儿童的创造性思维比较图上甚至可以看到无论是五年级还是六年级儿童，长期流动的儿童成绩都是低于中期流动的儿童。这里面有两种可能的原因：一个原因来自于我们前面讨论过的性别比例的问题。在我们的样本中，流动时间越长女生所占的比例就越低，这可能在一定程度上影响研究的结果。另一个原因在于流动时间超过 10 年的儿童（这部分儿童占整个流动儿童的大约 10%），其创造性思维成绩普遍要低于流动儿童的整体平均水平。由于被试量的限制，我们没有把这部分被试作为单独的一个年龄段进行考察，而是把它合并到 8 年以上的长期流动组里，这可能也会降低长期流动儿童组的整体成绩。

那么为什么流动时间超过 10 年的儿童，其创造性思维水平没有如研究假设的那样表现更好呢？原因可能在于这部分儿童所接受的教育不够系统和连贯所致。根据我们在收集数据过程中的访谈可知，流动儿童的"流动性"特点是比较明显的，他们经常由于父母工作的变化而被迫退学、转学，流动时间越长的儿童面临这种情况越多。另外流动时间越长的儿童，说明其跟随父母从乡村出来流动的时间更早。而打工者出于生计和费用的原因，可能忽略了这些儿童的早期教育，或者没有给其适当的关键期教育，或者推迟其上小学的时间，结果就影响了这些儿童的正常心理发展。从这一角度来说，流动是否能带来创造性思维的提高，还在于儿童在流动后的生活条件如何，所接受的教育如何。尤其后者，我们认为更为重要。如果缺乏良好的教育，即使一个儿童从出生起就生活在一个文化最开放、经济最发达的环境中，他的创造性也不会得到发展。

② 流动时间对创造性思维各具体指标的影响

在创造性的流畅性、灵活性和独特性等具体指标方面，方差分析的结果表明流动时间主效应均显著，在流畅性、灵活性和独特性三个维度上都表现为短期流动儿童得分显著低于中期和长期流动的儿童，后两者没有显著差异。这一情况与创造性思维的总体表现基本一致，因此不再具体讨论。

③ 不同测验材料上流动时间对创造性思维的影响

通过考察不同流动时间的三类儿童在言语和图形两种任务方面的成绩及其差异，结果发现，在两类测验材料方面流动时间的影响基本一致，都表现为短期流动儿童得分显著低于中期和长期流动的儿童，后两者没有显著差异。但言语任务方面存在显著的性别差异及年级与性别的交互作用，而图形任务则没有这些效应。这提醒今后的研究应该注重不同性质的测验材料的使用。

4. 不同流动时间的儿童的创造性倾向比较

（1）三类流动儿童的创造性倾向总体的比较

表 2 - 49 列出了不同流动时间的三类儿童在创造性倾向方面的总分。为考察不同流动时间的三类儿童的创造性倾向总分的差异，我们进行了 3（流动时间）×2（年级）×2（性别）的方差分析。结果如表 2 - 50 所示。

表 2 - 49　　　不同流动时间的三类儿童的创造性倾向总分（$M \pm SD$）

	五年级		六年级		总计	
	男	女	男	女	五年级	六年级
短期	105.43 ± 10.7	108.98 ± 10.4	108.45 ± 9.39	106.35 ± 9.93	107.07 ± 10.7	107.56 ± 9.59
中期	111.29 ± 10.5	110.17 ± 10.9	108.48 ± 9.94	110.52 ± 9.55	110.89 ± 10.6	109.44 ± 9.73
长期	110.60 ± 11.0	111.00 ± 8.96	107.23 ± 10.7	111.72 ± 13.0	110.75 ± 10.3	108.62 ± 11.6
	108.91 ± 11.0	109.81 ± 10.2	107.99 ± 10.0	109.46 ± 10.7	109.27 ± 10.7	108.58 ± 10.3

表 2 - 50　　　不同流动时间的三类儿童创造性倾向总分的方差分析

变异来源	平方和	自由度	均方	F 值
流动时间	711.25	2	355.63	3.26*
年级	59.33	1	59.33	0.54
性别	139.38	1	139.38	1.28
流动时间×年级	48.41	2	24.20	0.22
流动时间×性别	69.29	2	34.64	0.32
年级×性别	6.80	1	6.80	0.06
时间×年级×性别	478.77	2	239.39	2.19
误差	45 216.66	414	109.22	
总变异	46 955.96	426		

方差分析结果表明，不存在显著的二阶及三阶交互作用，而三类儿童的创造性倾向总分差异显著 $F(2, 414) = 3.26$，$p < 0.05$，事后分析结果显示短期流动

儿童创造性倾向总分显著低于中期和长期儿童，后两者没有显著差异。此外，年级和性别变量的主效应不显著。关于不同流动时间的三类儿童的创造性倾向的总分情况，可以用图2-110直观地表现出来。

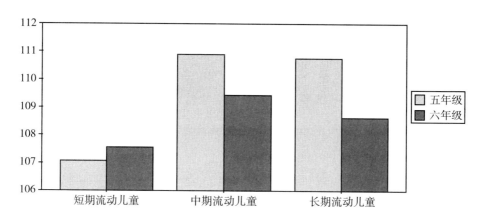

图2-110　不同流动时间的儿童创造性倾向总分比较

（2）农村对照儿童与三类流动儿童的创造性倾向的补充比较

如果流动时间确实能带来创造性倾向的提高，那么是否意味着短期流动的儿童其创造性倾向与农村对照儿童的得分更为接近，而中期和长期流动儿童的创造性倾向则显著高于农村对照儿童？为了回答这一问题，我们在这里引入农村对照儿童，补充比较他们与三类流动儿童在创造性倾向方面的表现。

具体地，我们以创造性倾向得分为因变量，采用4（被试组别，包括不同流动时间的三类流动儿童和农村对照儿童）×2（年级）×2（性别）的方差分析。结果如表2-51所示。

**表2-51　　不同流动时间的三类儿童与农村对照儿童的
创造性倾向总分比较**

变异来源	平方和	自由度	均方	F 值
被试组别	760.86	3	253.62	2.51
年级	54.76	1	54.76	0.54
性别	195.90	1	195.90	1.94
被试组别×年级	1 299.10	3	433.03	4.29 **
被试组别×性别	70.10	3	23.37	0.23
年级×性别	6.60	1	6.60	0.07
组别×年级×性别	605.31	3	201.77	1.99
误差	70 096.09	694	101.00	
总变异	73 818.15	710		

方差分析表明，被试组别的主效应未达到显著性水平，但存在显著的被试组别和年级的交互效应。简单效应检验结果表明，对于五年级来说三类流动儿童和农村对照儿童存在显著的差异（$F = 3.83$，$p < 0.01$），事后分析表明农村对照儿童和短期流动儿童创造性倾向得分没有显著差异，但他们都显著低于中期和长期流动的儿童。对于六年级来说情况有所不同，三类流动儿童和农村对照儿童也存在显著的差异（$F = 3.75$，$p < 0.05$），事后分析表明农村对照儿童的创造性倾向得分显著高于短期和长期流动儿童，而与中期流动的儿童得分没有显著差异。图 2－111 直观地表明了这一结果。

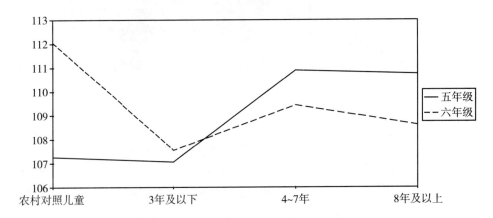

图 2－111　三类流动儿童和农村对照儿童的创造性倾向得分比较

（3）三类流动儿童的创造性倾向具体维度的比较

表 2－51 的结果已经表明，总体上三类流动儿童的创造性倾向得分存在显著差异。那么，这种差异具体又表现在哪些方面？对这一问题的回答需要分别考察三类流动儿童在创造性倾向的各个具体维度方面的表现。我们以被试在冒险性、好奇性、想像力和挑战性等具体指标上的得分为因变量，进行 3（流动时间）×2（年级）×2（性别）的复方差分析（MANOVA），结果如表 2－52 所示。

表 2－52 的结果显示，在冒险性维度上各因素的主效应及交互作用均不显著。不过流动时间的主效应接近显著（$F = 2.97$，$p = 0.053$），进一步的分析表明短期流动儿童的冒险性得分最低，显著低于长期流动儿童，后者和中期流动儿童得分没有显著差异。在好奇性维度上，流动时间的主效应及其他因素的主效应和交互作用也均不显著，表明流动时间对好奇性的作用有限。在想像力维度上，存在显著的流动时间、年级和性别的交互作用（$F = 7.82$，$p < 0.001$）。进一步分析表明，主要是中期和长期的六年级流动儿童的性别差异显著，其他群体不存在显著的性别差异。从发展趋势来看，在五年级上儿童的想像力得分随流动时间延长而缓慢增长；在六年级上这种趋势则不明显。在挑战性维度上，各因素的主

效应及交互作用也均不显著。不过流动时间的主效应接近显著（$F = 2.88$，$p = 0.057$），进一步的分析表明短期流动儿童的挑战性得分最低，显著低于长期流动儿童，后者和中期流动儿童得分没有显著差异。

表 2 – 52　　　　　不同流动时间的儿童的冒险性、好奇性、
想像力和挑战性得分比较（F 值）

变异来源	冒险性	好奇性	想像力	挑战性
流动时间	2.97	1.08	2.84	2.88
年级	0.72	0.04	2.82	0.28
性别	0.79	0.00	5.02*	0.08
流动时间 × 年级	0.18	1.28	2.52	0.43
流动时间 × 性别	1.03	0.19	1.71	0.24
年级 × 性别	0.25	0.01	1.08	0.01
时间 × 年级 × 性别	0.28	0.02	7.82***	2.46

（4）讨论

① 流动时间对儿童创造性倾向的影响

前面结果表明流动与否没有带来儿童在创造性倾向方面的显著变化，这可能是由于创造性倾向是相对稳定的特征，笼统地考察流动儿童与农村对照儿童的得分，难以反映出真实的情况。为此，我们借鉴有关人格变化的跨文化研究范式，从流动时间的角度进行探讨。

结果显示，三类儿童的创造性倾向总分差异显著，短期流动儿童创造性倾向总分显著低于中期和长期流动儿童，后两者没有显著差异。这一结果部分地支持了我们的研究假设，即随着流动时间的延长，创造性倾向得分逐渐增加。那么如何进一步证明流动确实能带来创造性倾向的增长呢？另外一条思路就是把农村对照儿童的得分作为基线，比较三类流动儿童的得分之间的差异情况。方差分析结果表明，对于五年级来说，结果完全支持我们的假设，即五年级农村对照儿童的创造性得分与短期流动儿童得分相近，都显著低于中期和长期流动的儿童。但是对于六年级来说，情况难以支持我们的假设——结果表明六年级农村对照儿童创造性倾向最高。出现这一情况，与我们前面讨论过的农村和流动儿童的创造性倾向不同发展趋势有关，此处不再赘述。

② 流动时间对儿童创造性倾向各指标的影响

流动时间对儿童创造性倾向的影响主要体现在冒险性和挑战性两个方面。在这两个维度上都是长期流动儿童得分显著高于短期流动儿童，中期流动儿童得分

195

与其他两类儿童无显著差异。此外，在想像力倾向和好奇性维度上没有出现显著的流动时间的影响。

五、结论

1. 在创造性思维总分及其各个指标上，流动儿童的得分都显著高于农村对照儿童。同时，前者在非言语任务上的表现更好，而后者在言语任务上的表现更好。

2. 在创造性倾向总分及其各个指标上，五年级流动儿童的得分与农村对照儿童无显著差异或表现稍好；六年级流动儿童的得分与农村对照儿童无显著差异或表现稍差。

3. 在创造性思维总分及其各个指标上，短期流动儿童得分显著低于中期和长期流动的儿童，后两者没有显著差异。此外，随流动时间的增加儿童也趋向于在非言语任务上表现得更好。

4. 在创造性倾向总分上，短期流动儿童得分显著低于中期和长期流动的儿童，后两者没有显著差异。在创造性倾向各指标上三类儿童差异趋势与此类似。

第三章

处境不利儿童心理发展的影响因素与机制

前面主要从群体之间比较的角度，考察了四组处境不利儿童的心理发展环境和心理发展现状。接下来，我们将主要着眼于群体内部的探讨，首先考察各处境不利儿童群体内部的主要或比较典型的心理问题，然后，围绕四组处境不利儿童的主要心理问题，对其影响因素和影响机制进行深入的挖掘和分析。

第一节　处境不利儿童的重要心理问题

通过量化分析的结果可以发现，处境不利儿童在大部分心理特征方面都弱于处境正常家庭的儿童，即处境不利儿童在心理发展上存在更大的危险性。那么，对于流动儿童、留守儿童、离异家庭儿童和贫困家庭儿童来说，他们各自比较突出的心理问题是什么呢？为深入地了解各组儿童的重要心理问题，我们同时结合量化调查结果和质性访谈情况，对四组儿童的心理状况进行了综合分析，首先确定了各儿童群体中目前比较突出、需要引起注意的心理问题，进一步，围绕各群体的重要心理问题进行了系统阐述。

一、流动儿童的歧视知觉

流动儿童由农村跟随父母来到城市，他们体会最深的是户口身份的变化，这种变化使得他们的学习和生活也相应发生了改变。作为一个外地人，流动儿童无法与当地儿童一样享受到同等的教育机会，他们或者去打工子弟学校读书，或者需要缴纳更多的钱去公立学校读书，但是无论哪种情况，他们都无法最终与本地儿童一样享受同样的升学机会。生活方面，流动儿童的父母虽然在城里打工赚钱，但是与当地人相比，他们的家庭物质资源仍然相对较为贫乏。这种在教育机会和生活条件方面的差距，必然使得流动儿童体会到各种不公平现象，从而产生一系列的受歧视体验。对此，其他研究者也进行了不同程度的揭示，例如，邹泓（2006）等通过调查发现，在流动儿童对城市儿童最想说的话中，敌意和歧视感受（24.9%）排在首位，这从侧面说明了歧视现象在流动儿童群体中的突出地位。

本研究前面的量化分析部分，我们也发现歧视知觉确实是流动儿童心理发展中的一个非常敏感的话题，无论是个体歧视知觉还是群体歧视知觉，流动儿童报告的情况均显著高于正常家庭的儿童。这说明在流动儿童群体中，歧视现象是比较突出的。为了深入了解这一现实状况，我们同时也采用质性访谈的方法，对流动儿童的歧视知觉和体验进行了考察。访谈的问题主要是关于流动儿童对社会环境的知觉，包括他们对社会公平、受欺负及歧视现象的感知等。访谈内容包括"来到北京之后，有什么让你特别开心和烦恼的事情吗？请举例说明。"、"你觉得自己身边有什么不公平的事情吗？""你觉得当地的孩子是如何看待你的？你想对他们说什么？"等。

在访谈对象方面，我们从北京市三所学校的小学五、六年级和初中一、二年级随机抽取 24 名流动儿童作为访谈对象，年龄在 10～16 周岁之间，包括 13 名小学生和 11 名中学生，其中男生 15 名，女生 9 名。我们选取的流动儿童来自两类学校：打工子弟学校和混合公立学校（接收流动儿童的公立学校），其中在打工子弟学校就读的流动儿童有 16 名，在混合公立学校就读的有 8 名。在被试的选取上，由于打工子弟学校中都为流动儿童，研究者从各年级中随机抽取；而在混合公立学校中流动儿童占少数，因此由各班的班主任随机抽取。

在选取流动儿童的基础上，本研究还对其中 18 名学生的家长、15 位老师进行访谈。由于流动儿童的家长忙于工作，入户采访有诸多不便，因此其中 10 名家长采用电话访谈的方式。选取的 15 名老师中，打工子弟学校的老师 11 名，混合公立学校 4 名；男老师 7 名，女老师 8 名；初中老师 7 名，小学老师 8 名。对老师的选取标准是：打工子弟学校中随机选取班主任和任课老师，混合公立学校中为流动儿童所在班级的班主任。

访谈者由发展心理学专业的博士研究生和硕士研究生担任。访谈之前，所有访谈者接受了培训，规范了访谈的实施过程和注意事项。学生和教师的访谈在学校进行，尽量选择较安静、独立的环境。对不能入户的家长采取电话访谈的方式。每位访谈者每次只访谈一位受访者，在征得受访者同意的前提下，用录音笔记录整个访谈过程。访谈结束后，访谈者将录音转录为电子文档，以备编码分析。对于所有的转录文件，我们运用 Nvivo1.2 软件做了质性内容分析。在正式编码之前，研究小组的成员首先阅读了所有转录文件。根据本研究关注的问题和阅读过程中的思考，最终形成了分析的主题：（1）流动儿童对社会环境的感知；（2）社会环境对流动儿童的影响。

通过对访谈资料的编码分析，我们发现，在流动儿童对社会环境的感知中，歧视确实是一个非常突出的方面，由于歧视所导致的自卑、退缩等严重阻碍了流动儿童的正常心理发展。我们发现，在本次访谈的 8 名就读于公立学校的流动儿童中，有 1 名儿童反映受过欺负；但就读于打工子弟学校的 16 名流动儿童中，11 人反映受到过欺负。流动儿童还讲述了他们在社会上遭遇歧视的事情，比如，没有城市户口拿不到合法的毕业证书，不能平等地参加社会上的各种活动，看病受到"冷遇"，城里孩子觉得自己很脏、土气，被城里人笑话学习不好等。当谈到"自己认为北京孩子是如何看待自己的"这一问题时，很多流动儿童都认为他们瞧不起自己。当问到"最想对当地孩子说什么"时，大部分流动儿童都提到"不要看不起我们"、"大家都是一样的"，这也在一定程度上体现了歧视给这些孩子心理上造成的阴影。

总之，量化研究的结果表明，流动儿童比正常家庭儿童具有更多的个体和群体歧视知觉，并且，流动儿童的歧视知觉不低于其他处境不利儿童群体；质性访谈的结果，则进一步提示我们，在流动儿童群体中，歧视现象不仅是一个不容忽视的社会现实，而且已经给流动儿童的正常发展带来了重要的消极影响。

流动儿童随其父母从经济相对落后的农村进入城市，由于户籍制度等条件的限制，他们难以得到城市的完全接纳，长期处于社会边缘，对其健康成长带来了极大挑战。一位农民工孩子的话语颇具代表性："有的大人、孩子看不起我们，他们有钱，我们没钱。他们是城里人，我们是乡下人"（中国社会报，2005 年11 月 23 日）。根据中国流动儿童状况抽样调查显示，有近 1/4 的流动儿童因受歧视而自卑，这是一个触目惊心的数字，流动儿童的受歧视现象必须引起高度重视。不过，截止到目前，国内对流动儿童歧视方面的研究主要限于问题的描述，即只是发现流动儿童具有较高的歧视知觉，至于其歧视知觉的具体表现如何，他们如何知觉到歧视现象的问题，均缺乏深入考察。这使得对流动儿童心理成长的指导无法达到系统性、针对性和可操作性的要求，不利于进一步的预防和干预。为此，本研究结合当前歧视研究领域的新进展和我国的现实国情，对流动儿童歧视知觉的影响因素进行了系统考察，具体将在下面的部分介绍。

二、留守儿童的问题行为

近年来，对留守儿童群体的关注一直与该群体中问题行为的高发性密不可分。父母外出打工，亲情的缺失和感情需求的不满足，让留守儿童在行为适应中存在更多的脆弱性，这在一定程度上导致他们比同龄儿童更容易产生各种问题行为，例如逃学、旷课和打架等。

我们通过量化调查发现，虽然与其他处境不利群体相比，留守儿童的问题行为并非是最高的，但是，与家庭环境正常的农村对照组儿童相比，留守儿童表现出明显较多的问题行为。那么，问题行为是否是流动儿童群体中比较突出的心理问题呢？为了回答这一问题，我们通过访谈法，对留守儿童的内部和外部问题行为进行了考察。

访谈对象包括两个部分：其一，从河南省某乡镇选取 20 名留守儿童，年龄在 11 ~ 16 周岁之间，包括 10 名小学生和 10 名中学生，男女各半。其中，双亲外出打工的儿童 14 名，单亲外出打工的儿童 6 名。在被试的选取上，首先由各班主任综合本班留守儿童的学习状况、人际交往以及行为举止等方面进行排序；然后，研究者选择各班不同类型留守儿童的前三名和后三名；最后，在选出的所有留守儿童中，随机选取各种监护类型的留守儿童，平衡男女比例。其二，在留守儿童选取的基础上，我们还访谈了其所在班级的班主任和同学（非留守儿童），包括 10 名老师和 16 名同学。选取的 10 名老师中，男老师 4 名，女老师 6 名；初中老师 4 名，小学老师 6 名。选取的 16 名同学中，男女各半。

访谈结束后，由访谈者对自己的访谈录音进行逐字转录，形成电子文档。对于所有的转录文件，我们进行了质性内容分析。分析主题包括留守儿童内部问题行为和留守儿童的外部问题行为两个方面。确定主题后，研究者进一步对每个主题下的原始数据进行阅读，概括并提取每个主题下的核心概念。这一程序的目的是为了以清晰和简捷的方式捕捉每个被试所说言语的本质（Hill et al.，1997）。编码完成之后，每个主题下面包含不同的一级编码和二级编码。根据 Hill 等人的观点，如果一个码在所有的被试中都有体现，这个码就被称为"普遍的"；如果一个码在一半或一半以上的被试中都有体现，就被称为"有代表性的"；如果在不到一半但是多于两个的被试中有所体现，就被称为"偶尔或有时"。

通过分析我们发现，在外部问题行为方面，被留守儿童及其老师和同学提及较多的主要是攻击行为、违纪行为和退缩行为。与父母分离带来的不安全感，容易使留守儿童对周围的人产生戒备和敌对心理，这种敌对心理的一个重要表现就是对同学产生攻击行为。通过对留守儿童的同学进行访谈发现，留守儿童的攻击行为主要表现为骂人（言语攻击）和打人（身体攻击），并且，存在攻击行为的留守儿童比较冲动，很容易把别人的行为理解为带有敌意的。例如，一些同学在访谈中提到"她父母打工去了，脾气比较暴躁。有时候下课，别人要是碰了她的桌子，她就吵架骂人，有时用书砸别人，让人很生气。"，"他爸爸妈妈不在家，有时候他好生气，生气就打架，在班里好欺负别人，有一次还把别人的书扔到楼下了。"

与存在攻击行为的儿童相反，还有少数的留守儿童存在社会退缩行为。这部分儿童一般比较冷漠或者自卑，表现在行为上即为逃避各种活动、害怕与人交往等。例如，"我老是低着头不愿意和朋友或同学交流问题，老师让我们互相讨论一些问题，我总是不愿意，就低头坐在那儿。"，"我也喜欢和他们交往，但是不知道如何和他们（交往），没有勇气。有时候也和他们交往。"另外，老师在访谈中提到："不管是回答问题，与老师谈话，还是与同学们的交往上，（这些留守儿童）比较害怕"，"下课了，（留守儿童）不去和别的同学一起玩，自己坐在那里。"

留守儿童在家里缺少与父母交流的机会。他们遇到问题时多半会自己去解决，但因为缺乏家长的正确引导，因此更容易产生一些违纪和违规行为，包括上课乱说话、抄袭作业、撒谎和旷课等。通过访谈发现，与攻击行为和退缩行为相比，违纪行为是留守儿童群体中发生率相对较高的问题行为。本研究中，有 8 名儿童被老师和同学提到存在一定的违纪行为，占访谈儿童总数的 40%。例如，"有那么五六个吧，学习兴趣比较低，行为表现比较差。首先是纪律观念很淡薄，再就是逃过几次学……"通过对老师的访谈还发现，男女留守儿童在违纪行为方面有一定的差异，相对而言，男生存在更多不遵守学校规章的违纪行为。例如，老师在访谈中提到："有些男生放学不回家，在外面操场上玩到很晚。去年，就是期末考试过后，我们班的三个女生在宿舍里面睡觉，结果有三个男生在外面敲玻璃，当时寝室没有锁门，这些男生就进来了，还把几个女生拉出去玩，都半夜两三点了。"

在内部问题行为方面，主要涉及四个方面：孤独感、委屈难过、敏感自卑以及忧虑情绪。首先，留守儿童不定期地与父母分离，家庭环境的不稳定让他们缺乏安全感和归属感，从而带来较强的孤独感受。在我们访谈的 20 名留守儿童中，有 14 名儿童提到自己在父母双方或一方外出打工期间体验到明显的孤独感受，占访谈总数的 70%，其中 11 名为父母双方均外出打工（双亲打工）的儿童，3 名为父母一方外出打工（单亲打工）的儿童。其次，由于父母双方或一方的外出，生活中原本很普通的关心有时竟成了奢望，很多事情都需要自己去面对和解决，于是，当看到同龄孩子有父母在身边陪伴或者帮助解决问题时，留守儿童不免在比较过程中产生一种委屈难过的体验。再次，由于缺少父母的管束，留守儿童在学习和纪律行为上变得相对松散，成绩慢慢下滑，从而渐渐被老师和同学忽视，导致一定的自卑感；加之，留守儿童较少得到父母的及时肯定和评价反馈，这在一定程度上影响了他们对自己能力的判断，造成自信心不足。最后，我们发现 20% 的留守儿童还存在一定的忧虑情绪，而且高年级留守儿童的忧虑情绪更加严重。随着年龄的增长，留守儿童对父母打工的事情逐渐有了更多的认识和思考，他们不希望重复父母的生活，却又找不到将来的出路，在这种情况下，不可避免地表现出对当前和以后生活的担忧。

总之，结合量化调查结果和访谈分析资料，我们可以看出，留守儿童的问题行为要多于正常家庭的儿童，并且，在留守儿童群体内部，存在问题行为的儿童占有较高的比例。这一现象需要引起社会的特别关注，提示我们有必要对留守儿童的问题行为进行深入探讨，了解到底哪些因素会影响到留守儿童问题行为的产生？从而为该群体中问题行为的预防和干预提供科学依据。当然，留守儿童问题行为的高发性并非说明留守儿童一定会表现出问题行为，只是提醒我们这个群体在心理适应和发展上存在更大的脆弱性。

三、离异家庭儿童的情绪问题

前面的量化分析结果表明，离异家庭儿童在积极和消极情绪上与正常家庭儿童都存在显著差异，离异家庭儿童具有相对较少的积极情绪，并表现出较多的消极情绪。父母离异后，离异家庭儿童所能获得的父母的关爱相对减少，家庭情感资源的降低必然会对儿童的情绪和情感发展带来重要影响。那么，离异家庭儿童的情绪情感状况到底如何呢？是否是该群体中的突出问题？有什么明显的特点？为回答这些问题，我们通过个别和小组访谈的形式，对离异家庭儿童的情绪特点及其变化趋势进行了考察。

访谈对象是从辽宁省辽阳市 3 所中小学选取的 31 名离异家庭儿童、11 位老师和 9 位离异家庭家长。具体来说，本研究访谈的离异家庭儿童，全部是小学高年级学生和初中生，年龄在 12～16 周岁之间。因为小学低年级儿童还不成熟，对事物的判断、理解还不深刻、不全面；而高中学生处于青春发育期，本身生理变化已经带来心理的一系列不适应和矛盾，很难判断离异家庭对他们的影响是否是其心理变化的主要因素。相比之下，小学高年级到初中阶段是一个相对稳定且较成熟的阶段，同时这个阶段的孩子也很敏感，对家庭环境的改变有很强的感受，易于发现问题。但在访谈过程中发现，初中生的防御性明显比小学生强，对于父母离异的情况，初中生更不愿意深入交谈。另外，我们访谈的老师是这些离异家庭儿童比较集中的班级的班主任或任课老师；家长则是离异家庭儿童的父亲或母亲。

我们对离异的时间段没有限制。刚刚离婚的，可以了解他们现在的感受；离异时间较长的，如果孩子发展得很好，说明在离异过程中以及后续阶段，家长及他人采取了积极的教育方法，并取得很好的结果，非常值得研究。在儿童的性别选择上，男孩女孩均有，属于随机抽取。对家长的访谈与儿童相匹配，即如果访谈儿童，同时也访谈其家长。对于离异家庭儿童比较集中的班级，我们访谈了班主任老师和任课老师。另外，为了尽可能降低对离异家庭儿童的隐性伤害，按照1:1的比例随机抽取完整家庭儿童和离异家庭儿童，但是，完整家庭的儿童的数据并不进入分析。

访谈的内容主要包括三个方面：（1）基本情况。例如，"你爸妈是干什么的？你现在和谁住在一起？"；（2）与离婚有关的情况。例如，"知道爸爸妈妈要离婚时，你当时怎么想的？"；（3）离婚对儿童的影响。例如，"他们离婚前后，你的情绪有什么变化？从他们离婚到现在，你认为你的情绪都经历了哪些变化？"等等。对班主任和家长的访谈的基本内容，与对儿童的基本相同，仅在文字上做了一些修改，以适应被访谈者的身份。访谈者由北京师范大学心理学院发展心理学专业的两名研究生担任。在访谈前，两名访谈者都经过了系统、严格的培训，以保证访谈的成功实施。培训包括如何和被访谈者建立关系，如何追问，如何应对访谈中出现的各种各样的问题，以及其他各种注意事项，例如，保证访谈环境的安静和安全等。1名访谈者一次访谈1名被试，用录音笔记录访谈过程。最后，由访谈者对自己的访谈录音进行逐字转录，形成电子文档。

通过对访谈资料进行分析，我们发现，父母离异后，儿童在情绪方面经历了重大的起伏变化。首先，父母离异初期，儿童容易表现出十分烦躁、易怒、爱哭等，情绪极不稳定、波动大。在调查中，所有的老师均报告离异家庭儿童脾气暴躁或者行为退缩，21%的儿童报告有情绪波动大或易怒的情况。有一个小学班主任说："情绪就是变得挺暴躁的，说发脾气就发脾气……我感觉他的情绪反复特别大。"例如，某男，16岁，初三，其父母离婚将近1年。"在那个事情（父母离异）完了以后，现在觉得呢，好像比较容易生气……就觉得好像比以前暴躁多了，就是能忍就忍，不能忍的话，好像比以前冲动暴躁多了。一旦忍不住就没完了。"

离异家庭儿童在其父母离异初期一般都比较沮丧、痛苦，对周围的人和事失去兴趣，任何东西都提不起他们的精神。他们对未来感到悲观失望，整天闷闷不乐。在我们访谈的29名儿童中，45%的儿童提到，在父母离异初期，他们对生活感到悲观、意志消沉。80%的老师报告离异家庭儿童情绪抑郁。例如，某女，

15岁，初二，外表看上去退缩、胆小，郁郁寡欢，寡言少语，对生活、未来感到信心不足、悲观有余。当我们问她是否参加学校组织的活动时，她回答说"没参加过"，"对自己没有信心。感觉参加了也没有用，也不会好的。"问她对未来有什么计划时，她回答说："没想过。那太遥远了。"

父母离婚、家庭解体，刚开始的时候，离异家庭儿童都认为父母是因为不再爱他（她）了，所以离婚了。陡然之间，他们失去了安全感和幸福感，在感到很伤心、惊恐不安的同时，对父母或父母的一方感到很愤怒，并可能迁怒其他人。在我们的访谈中，70%的老师报告父母离异初期，离异家庭儿童有敌意；25%的家长报告儿童有不安全感；14%的儿童报告有不幸福感，10%的儿童报告有不安全感和愤怒情绪，14%的儿童报告"恨父母或父母的一方"。例如，某女，15岁，初二，外表比较忧郁。"挺恨我爸那一家人"，"他们嫌我是女孩所以才会离婚的"。这个女孩对其父亲特别痛恨，和父亲基本没什么来往。

随着父母离异时间的增加，儿童逐渐进入适应期，这时候，离异家庭儿童的消极情绪开始慢慢平衡，一些积极情绪情感开始发展起来。当然，这个时期，儿童的情绪情感能否朝健康方向发展，积极情感能否发展，需要取决于多种因素的综合作用。例如，对父母离异原因的正确认识，父母或实际监护人的爱，以及来自老师和同学的关爱，等等。

度过了适应期后，离异家庭儿童的情绪开始出现分化现象，一些儿童的情绪逐渐向两极发展，要么变得非常懂事、成熟，要么对生活特别悲观、失望。以下是我们访谈中的两个例子，他们的父母离异时间都在5年以上。

某女，初二，父母在其几个月大的时候离婚了，胆小退缩，很敏感，说话声音特别小，没有一点自信。她基本上不参加学校的任何活动和任何比赛，校运会也不参加；学习比较糟糕，"就凑合事儿吧"；她能感觉到同学的歧视和嘲笑，"说（我）一些什么，反正挺难听的……（比如）他们家里头都离婚了，离她远点。"

某女，小学六年级，父母在其3岁的时候离婚了，比较大方、随意，说话特别有逻辑，很成熟。她情绪比较稳定，"高兴的时候比较多……觉得自己比较外向。"积极参加班级里的各种活动，"能上就上，不能上就下，没什么的……我一般都参加画画，因为我擅长画画，我也喜欢画画。"对未来充满希望，"妈妈很伟大……我现在就希望我和妈妈能每天开开心心快快乐乐地过幸福的日子就可以了。"

总之，通过对访谈资料的分析可以看出，情绪问题确实是离异家庭儿童面临的重要心理问题，尤其是在父母离异的较短时间内，情绪问题更为突出。如果不对离异家庭儿童的情绪问题进行及时的关注和干预，很可能会最终导致这些儿童在性格上的改变。

四、贫困家庭儿童的幸福感

从前面的量化分析中我们可以看到，贫困儿童对环境认知的各指标中，公正感、生活满意度在四组处境不利儿童中均最高，而歧视知觉在四组处境不利儿童中最低。在心理健康的各指标中，贫困儿童的幸福感、积极情绪和自尊在四组儿童中最高，而消极情绪在四组儿童中最低。贫困儿童的问题行为在四组儿童中也是最低的。

与留守儿童、离异家庭儿童的父母亲情的缺失，以及流动儿童的歧视知觉与城市适应问题不同，贫困儿童生活中遇到的最大困境是家庭经济条件较差，发展所需的物质资源较少。那么贫困儿童的最突出的心理问题是什么呢？我们在比较贫困儿童与城市正常家庭儿童的发展结果变量时发现，贫困家庭儿童的整体幸福感与正常儿童存在着显著的差异，生活满意度显著低于正常家庭儿童，自尊显著高于正常家庭儿童。这些变量都是考察主观幸福感的指标。这一结果提示我们，贫困儿童的主观幸福感可能是贫困儿童较为敏感的心理问题。下面，我们将结合质性研究的结果对这一问题进行阐释。

研究者从北京市三个社区：新街口社区、明光村社区和安德路社区选取26户低保家庭进行了深度访谈。这些家庭都接受国家的低保资助，并且家庭中孩子的年龄在6~14岁之间。访谈的内容涉及儿童的情绪、生活环境、生活满意度等方面。访谈者由发展心理学专业的博士研究生和硕士研究生担任。为了营造良好的访谈气氛，研究者将访谈地点设在了被访谈者的家中，并请社区负责人带领研究者入户调查。访谈前研究者首先向被访者说明保密原则，并征求被访谈者同意后进行录音。访谈的录音资料收回后，研究者对所有的录音资料进行了逐字转录。对于所有的转录文件，研究者进行了质性内容分析。

首先，研究者发现，贫困家庭面临的主要问题就是家庭资源的稀缺。低保家庭经济资源稀缺表现在生活的方方面面，例如孩子的学习经费，日常生活经费，家庭活动空间，医疗经费等。从采访的结果可以看出，大部分的低保家庭提到了孩子的学习经费稀缺问题，并且把它放在了首要的位置，占39%。不能给孩子报辅导班、请家教等也给家长带来了无助和愧疚。同时，这些家庭由于家庭资源短缺，不能为孩子提供各种休闲、娱乐的机会。另外，生活经费稀缺被提及的次数也较多，占19%，这也是摆在低保家庭面前一个很严重的问题。贫困家庭的经济水平在国民最低生活水平之下，几乎不能维持一个家庭几口人的生存。即便是他们申请了低保，有每个月几百块钱的经济来源，但也远远不足以维持日常开

205

销。父母在教育孩子时，也不会向孩子隐瞒家中的经济困境。因此儿童生活在这样的环境中，物质的贫乏会不断影响着他们的生活。这种家庭资源稀缺是导致贫困儿童生活满意度下降的主要原因。

其次，贫困儿童会产生各种情绪问题，情绪稳定性较低。我们的研究结果发现，贫困儿童最容易产生的负性情绪包括：愤怒、抑郁、敌意和空虚烦躁。例如，有8名被试诉说自己情绪稳定性极差，非常情绪化。有6位学生甚至在做自我评价的时候就提到自己"爱发脾气"或者"情绪化"。在这类群体中出现最多的负性情绪就是"愤怒"和"敌意"。而引起贫困儿童正性情绪的原因中，物质的满足占了较大的比重。另外由于长期的生活贫困，导致了父母的情绪状态十分恶劣和不稳定，甚至导致夫妻关系破裂，孩子长期在父母的情绪阴影下，也会感染到父母的恶劣情绪，而这种恶劣的情绪状态会对他们的生活造成影响。

通过以上结果可以发现，低保家庭的经济资源稀缺，不能满足孩子发展的需求，儿童的生活满意度下降；同时生活在贫困环境中，儿童会体验到更多的负性情绪和更少的正性情绪，导致了情绪的不稳定。以往对城市低保家庭中成人的研究也表明，低保家庭成人的主观幸福感得分显著低于非低保家庭，并且体验到较少的正性情感和较多的负性情感（马晓云，2006）。结合上面的量化分析结果，可以推断，贫困儿童的幸福感（以生活满意度、积极消极情绪、自尊和总体幸福感为指标）是这类儿童最突出的心理问题。很多理论研究、实证研究也表明，贫困学生的主要心理问题是幸福感的缺失（张彬，2007；余欣欣，2007）。那么，贫困儿童的主观幸福感会受到哪些因素的影响呢？

在访谈中我们了解到，虽然低保制度会对贫困儿童的父母有一定的影响，但对孩子的影响不大。在访谈中发现，虽然大部分父母认为，低保制度要求公示以及去学校开证明的规定不合理，觉得公示没有必要，会带来一些负面影响，会让申请低保的人受到伤害，并担心对孩子有影响，有时还会招致某些人的恶意举报。但幸运的是，在采访中，孩子表示不理解这件事的意义，因此对孩子没有太大的影响。

在访谈中我们还发现，低保家庭的亲子冲突最为突出，表现为因为孩子的学习问题，孩子做错事等原因，父母在教育孩子的过程中会经常发生冲突。低保家庭的父母文化教育程度不高，在教育孩子的过程中往往忽略教育的方法，加之父母对孩子望子成龙心切，不免急于求成，恨其不争，进而采取粗暴的方式，导致孩子和父母之间产生冲突。在冲突的过程中不管孩子采取积极或消极的方式应对，都会让孩子体验到消极的情感。频繁的家庭冲突不仅伤害了父母与孩子之间的感情、破坏了家庭和谐，也会伤害到孩子的自尊自信，给孩子的健康成长留下隐患。特别是对孩子的主观幸福感会造成消极的影响，导致儿童主观幸福感的缺失。

总之，贫困家庭的资源稀缺会导致儿童的生活满意度降低，而家庭亲子冲突的频繁又会导致贫困儿童的情绪不稳定，积极情绪较少，整体的幸福感也较低。处于 6~14 岁的中小学生，正处于身体、心理发展的快速阶段，贫困导致的心理健康下降势必对这些儿童的发展产生影响。可见，贫困儿童的幸福感是这类儿童较为突出的心理问题。目前，我国对贫困家庭的幸福感研究中，研究对象大多数集中在大学生、成人，很少有量化的研究涉及中、小学生；并且，对贫困儿童幸福感的影响因素的系统研究也较少。在第五部分中我们将分析造成贫困儿童主观幸福感缺失的原因。

第二节　流动儿童的歧视知觉：如何产生的

一、令人堪忧的现实——流动儿童的受歧视现象

流动儿童从农村来到城市，环境的变迁使他们需要在心理和行为上加以调整，以更好地适应新环境。但同时，由于户籍制度以及由此引起的身份差异、贫富差异等，对他们的适应过程带来一系列挑战。流动儿童的父母较多从事一些较脏较累的工作，流动儿童与父母一起生活在大城市的角落和边缘，经常会体验到一些歧视和不公平现象。

目前，流动儿童的受歧视现象已经逐渐引起研究者的关注。研究发现，流动儿童在学校、社会等方面普遍面临着不同程度和类型的"社会排斥"，而且随着年龄的增长，他们对来自社会的排斥或者歧视等存在强烈的体验，生存与发展状况令人担忧（任云霞，张柏梅，2006）。邹泓（2006）等通过调查发现，在流动儿童对城市儿童最想说的话中，敌意和歧视感受（24.9%）排在首位，此外，一些流动儿童还对城市儿童表现出较强的敌意，并发出自强宣言或口号，如"不要以为你是北京人就了不起"，"别认为乡下的孩子没出息"，"我们虽然生活条件差，但是我们不比你们笨"等。熊少严（2006）通过调查发现，流动儿童在城市适应过程中存在着依恋与排斥并存的局面：一方面，流动儿童欣赏现代化都市的繁荣与发展，对在大都市的生活感到"很满意"（21.0%）或者"满意"（54.1%）；另一方面，他们又感受到自身与本地城市生活的巨大反差，常常感到并且担心在社会上受到歧视，日常学习生活中戒备心强，与城市学生关系疏远，生活在自己特殊的"亚文化圈"中。吴恒祥（2003）在调查中也发现，

33%的借读学生（流动儿童）认为目前自己最不开心的事情是"受某些本地同学的歧视"。

户籍制度和人为因素造成的不利社会地位，既造成流动儿童在城市中缺乏安全感和归属感，也使其对自己的处境非常敏感。郭良春（2005）等人发现，尽管班主任和家长反映流动儿童在班级事务和人际交往中表现出明显的自卑，但在考察"你是否因为自己是外地人而感到过自卑"时，绝大多数流动儿童少年都填"没有"；在考察流动儿童对自己身份的认同时，甚至有孩子愤慨地写道"我是一个中国人！"。这说明流动儿童对于自己的状况非常敏感，他们从内心不愿意让自己感到自卑。北京市流动儿童就学及心态状况调查课题组（2006）通过对25所学校的近600名流动儿童进行调查，结果发现，很多流动儿童不愿意让当地孩子知道自己的流动人口身份，这说明"外来人口"的身份已经对流动儿童的身心发展造成了一定程度的困扰；调查中还发现，尽管北京市教委曾出台了一系列政策，鼓励民工子女到公立学校读书，而且还减免了公立学校的借读费，但有的农民工还是愿意把孩子送到条件简陋的流动儿童学校读书，甚至出现一种已经进入公立学校的流动儿童又回流到打工子弟学校就读的现象，这主要是为了避免受到城市儿童的歧视，保护儿童的自信心。

雷有光（2004）通过调查还发现，近80%的儿童不愿意将来过父母现在的生活，其主要原因是"被人瞧不起"，这说明，儿童已经明显感受到了父母较低的社会地位以及由此导致的不平等待遇。调查中还发现，75%的流动儿童在日常生活中感到被嘲笑和讽刺，这种歧视知觉影响了其对城市和城市人口的认同，并对他们与城市同伴群体的交往和认识产生了消极影响。50%多的流动儿童认为北京人对自己"不好"或者"很不好"；在不喜欢北京的流动儿童中，70%是因为"北京人看不起我们"。另外，50%左右的流动儿童认为自己不能像北京孩子一样上公立学校不公平，其他流动儿童则认为这种现象是公平的。其中，认为"公平"的流动儿童认为，贫穷和外地人身份是"公平"的主要原因，贫富成为这些儿童公平判断的标准，他们已经接受了外地人被不公平对待的现实；与认为"公平"的流动儿童相比，认为"不公平"的流动儿童则表现出明显的不满，对他们所受到的不公平更敏感，要求改变自己外地人身份、贫穷和低劣学习条件的要求也更为强烈。流动儿童的这种情绪如果不及时疏导，不帮助他们正确对待所受到的不平等待遇，很可能会产生抵触社会的心理，不利于他们的健康成长。

总之，已有研究主要采用社会调查的方式考察了流动儿童的受歧视现象，并且发现，外来人口身份给流动儿童带来了巨大的歧视体验。这是一个需要引起全社会重视的问题。流动儿童正处于社会化的关键时期，早期遭受的歧视和不公平待遇会对其心理造成严重伤害，并使其对所处的城市、社会等产生一种消极的抵触心理。如果流动儿童的受歧视状况得不到重视，将可能导致又一代"边缘人"的产生，并最终形成恶性循环，不仅会影响流动儿童的健康成长，还会影响整个社会的稳定发展。

二、儿童的歧视知觉

前面已经介绍了歧视知觉的定义，这里简单提及一下。所谓歧视知觉（perception of discrimination），即个体知觉到由于自己所属的群体成员资格而受到了有区别的或不公平的对待（Sanchez，Brock，1996），歧视知觉涉及直接与群体成员资格相关的主观体验，它既包括知觉到的指向于自己的歧视，例如人们通常说的个体的歧视知觉或者被歧视感，也包括知觉到的指向于自己所在群体的歧视，例如群体歧视知觉。

歧视影响着世界上成千上万的儿童，每年都有大量关于儿童的歧视事件发生。例如，2003 年中国流动儿童状况抽样调查显示，全国近 1/4 的流动儿童因受歧视而自卑；2000 年美国公民权力教育委员会接到的歧视事件投诉中，70% 左右来自中小学。目前，虽然研究者比较一致地把歧视作为一种威胁性因素，但大多数研究主要关注成人群体，对儿童歧视知觉的关注较少，为数不多的研究主要考察了儿童的歧视经历及其对歧视行为的理解。

截止到学前阶段，大多数儿童意识到，由于某个人的性别或种族而把他从活动中排除是不公平的（Theimer，Killen，Stangor，2000）。在小学阶段，儿童已经形成了对多种歧视的意识，并且报告经历过这些歧视。例如，大多数儿童（92%）在 10 岁时已经熟悉歧视的意义，知道"骂人"以及由此伴随的不公平分配和社会排斥的歧视意义（Verkuyten，Kinket vander Weilen，1997）。不过，如果小学儿童认为被歧视者应该为消极行为负责，或者作恶者（歧视者）的行为是无意的，他们会避免把这些消极行为归因于歧视（Verkuyten et al.，1997）。近期的研究表明，青少年更容易觉察到歧视的出现（Wong，Eccles，Sameroff，2003），并且涉及的情境也相对较多。费希尔（Fisher，2000）等人发现，超过一半的美国黑人和拉丁美洲青少年感到自己在公共场合受到了歧视。例如，他们报告由于自己的种族，曾被售货员询问，受到饭店服务员较差的服务等。同时，这些青少年也报告自己曾在教育环境中受到各种歧视。例如，32% 的美国黑人学生、38% 的拉丁美洲学生和 12% 的高加索学生报告，由于他们的种族原因曾被劝阻不要加入高级班、遭受老师错误的责罚或者被不公正的评分。

除了描述儿童的歧视经历外，一些研究也考察了儿童是如何解释歧视行为的。麦克恩（McKown，2003）等考察了儿童是否理解社会刻板印象与歧视行为之间的关系。结果发现，随着年龄的增长，儿童关于刻板印象与歧视行为方面的知识逐渐增多；30%的7岁儿童、60%的8岁儿童和90%的10岁儿童认为，个体的刻板印象会导致其产生歧视行为。布朗（2004）等人通过操纵故事的情境信息，考察了儿童的性别歧视知觉。研究中，主试为小学儿童阅读一个故事，讲述老师对男生比对相同能力的女生给予更多肯定，或者情节相反；操纵的信息有两个，即老师要么被描述为过去经常偏向于某一性别，要么被描述为过去对男女儿童都很公正。结果显示，5岁左右的儿童有时会把老师的行为归因于歧视；5~7岁儿童较少把老师的行为归于歧视，且归因结果不一致；8~10岁儿童的归因结果比较一致，即如果老师过去存在性别歧视行为，他们比较一致地把老师的行为归于歧视，如果老师过去对男女儿童的态度很公平，他们则把老师的行为归于其他原因，如学生的能力或努力。

综上所述，已有研究表明，10岁儿童开始逐渐识别公开的歧视行为（骂人）和隐蔽的歧视行为（被怀疑做了坏事），并且理解这些行为可能是其他人的社会刻板印象引起的，可以运用情境信息去判断歧视行为是否会出现，这种对歧视的理解能力早在5~6岁即开始出现。当然，除了关注歧视经历和对歧视的理解，人们更加关注儿童是如何产生歧视知觉的？哪些因素影响儿童歧视知觉的产生？下面，将主要围绕这一问题进行系统阐述。

三、影响儿童歧视知觉产生的因素

关于偏见和歧视本质的研究，一直是社会心理学的重要领域之一。然而，直到最近几年，研究者才开始把关注点从优势群体转向弱势群体。回顾以往的研究发现，大部分研究者主要考察"个体为什么会产生歧视"，关注的人群是歧视行为的发起者——优势群体成员，考察他们的偏见态度、刻板印象等（Romero，Roberts，1998）。随着歧视现象研究角度的转变，研究者开始从歧视现象的受害者——弱势群体成员的角度来重新思考这一问题，开始关注个体为什么或者如何知觉到歧视，哪些因素影响个体的歧视知觉等问题。

关于歧视知觉的产生机制问题，目前比较有影响的是布朗（2005）等人提出的儿童歧视知觉发展模型。布朗（2005）等人在总结以往研究的基础上，对影响儿童歧视知觉的内在和外在原因进行了阐述，主要分为认知变量、情境变量和个体差异变量。其中，认知变量和个体差异变量是影响儿童歧视知觉的内在原因，主要涉及一些个体方面的因素；情境变量是影响歧视知觉的外在原因，主要涉及外在环境方面的因素。下面，结合布朗等人的理论框架和前人的研究成果，主要从个体和环境两方面对影响歧视知觉的内外原因进行阐述。

1. 个体因素

在影响儿童歧视知觉产生和发展的个体因素中，儿童对自己所在群体和外在群体的态度无疑是一个非常重要的方面。除此之外，儿童所具有的心理理论水平等认知因素也在一定程度上影响着其歧视知觉的水平（Brown，Bigler，2005；Foley，Hang-yue，Wong，2005）。布朗（2005）等人曾指出，认知能力是儿童歧视知觉的必要前提，影响着儿童歧视知觉的可能性，只有在具备了一定认知能力的基础上，儿童的歧视知觉才可能出现。

（1）群体态度

儿童持有的群体态度是影响其歧视知觉的重要个体差异变量，持有一定群体态度的儿童可能比其他儿童更容易感知到歧视。对于已经发展起相应认知技能的大部分儿童，他们在那些情境线索清晰或充分的情况下均会比较容易地知觉到歧视现象，但对于另一些儿童来说，即使在情境变量模糊的情况下也会把某些消极结果归于歧视，这主要与群体态度等个体差异因素有关。

罗梅罗和罗伯茨（Romero & Roberts，1998）通过研究发现，美国黑人儿童、墨西哥儿童、越南儿童所持有的偏差性的群体态度，会在一定程度上提高他们的种族歧视知觉，使他们更容易知觉到指向于自己群体的歧视现象。这说明具有偏差性群体态度的儿童，他们对自己的群体成员资格具有更高的敏感性。对此，卡茨（Katz，1975）很早就发现，存在较高的偏差性种族态度的儿童，会更容易觉察到某些与种族歧视有关的线索。布朗（2006）也认为，当判断歧视现象是否存在时，存在偏差性种族态度的儿童对于自己和他人的群体成员资格更加注意，因此，会更容易把消极结果归于那些与种族资格有关的原因，如他人的偏见态度、社会刻板印象等。另外，如果儿童认为每个社会群体都是平等的，那么其感知到歧视的可能性会增加；相反，如果儿童认为社会刻板印象的存在是合理的，即认可社会刻板印象，那么他们知觉到歧视的可能性会大大降低（Brown，2004，2005）。

布朗（2006）以美国的拉丁美洲儿童和白人儿童为被试，系统考察了种族态度与歧视知觉的关系。研究中，实验者向被试呈现一幅儿童在校园里活动的图片，上面的情境包括一个正在荡秋千的拉丁美洲儿童、一个正在玩滑梯的白人儿童和一个空着的单杠。然后，实验者询问儿童："假设你也是这个学校的学生，现在，你想从他们两个当中找一个伙伴和你一起到单杠这儿玩。那么，你选择这个荡秋千（或者玩滑梯）的儿童作为同伴的可能程度是多少？"被试的反应从"不可能"到"非常可能"分别记 –3～3 分。根据被试的得分，把儿童的种族态度划分为倾向于白人、倾向于拉丁美洲人以及无偏见者。通过分析，研究者发现，儿童的种族态度对于其歧视知觉具有重要的影响，但这种影响只存在于白人

211

儿童中（优势群体），那些态度上偏向于自己群体的白人儿童，比其他儿童更容易知觉到歧视现象；具有不同种族态度的拉丁美洲儿童（弱势群体），他们的歧视知觉没有显著性差异。该结论与罗梅罗（1998）等人的研究发现表现出差异性。

布朗（2006）的研究结果提示我们，在不同的儿童群体中，群体态度对于歧视知觉的影响作用可能存在差异。那么，对于流动儿童来说，其所持有的群体态度是否会影响到歧视知觉？如果存在影响，这种影响的效果如何？对于这些问题，需要进一步实证研究的探讨。

（2）认知能力

斯科菲尔德（Schofield，1989）在其研究中提到这样一个有趣的案例：老师对一个违反纪律的黑人女孩进行了处罚。女孩不服气，指责老师具有歧视行为。于是，老师只好领着这个女孩走到其他学生面前说："班里都是黑人，不可能存在歧视"。但黑人女孩却反驳道："这不重要，重要的是你是一个白人"。从这个事例可以看出，认知能力影响着儿童对歧视现象的正确感知及归因。为了避免把一些消极事件错误地归因于歧视现象，儿童必须考虑到他人的认知状况和意图，而不能仅仅根据他人的群体成员资格下结论。例如，本例中的黑人女孩就仅仅考虑了老师的群体成员资格是"白人"，而没有考虑到老师的认知状况和意图，即老师为什么处罚她，因此对老师的行为做出了错误的归因。

大量研究表明，儿童是逐渐获得社会观点采择能力的（Flavell，1992；Selman，Byme，1974）。早在4岁左右，儿童就能够理解别人可能存在与自己不同的观点，却不理解具体的观点内容；到了5岁，儿童开始理解他人观点的内容，并理解他人会有驱动自己行为的独特原因；5～7岁的儿童开始意识到，个体先前存在的偏见会影响到他们对别人行为的解释，但却不能区分个体内部某些复杂的思想、观点及感受；到了7岁，儿童开始理解他人会有多种复杂的思想和感受，而且这些思想可能与行为表现出不一致。7岁左右，儿童也逐渐认识到对于同一件事情可能存在多种不同的解释，而且知道由于事件本身的模糊性，这些解释可能都是合理的。也就是说，儿童逐渐理解"个体的思想在本质上是建构性的"，从而逐渐形成"解释性心理理论"。（Flavell，1992；Wellman，et al.，2001；Harris，et al.，1986）。

布朗（2005，2006）认为，为了知觉到歧视，儿童必须理解他人可能具有与自己不同的认知（如刻板印象）和意图（偏见性的动机），这些认知和意图驱动着他人的行为。在某些情景下，儿童还需对他人持有的刻板印象或偏见态度的具体内容进行了解，即当儿童把一个人的行为归于歧视现象时，需要考虑其当时的认知内容；如果儿童知道驱动他人行为的是一种偏见性态度，就可以把该行为归于典型的歧视行为，如果儿童不能正确地对他人的认知行为进行判断，其知觉到歧视的可能性就会大大降低。也就是说，为了知觉到外在的歧视现象，儿童必须具备一定程度的基本认知能力。

关于认知水平对儿童歧视知觉的影响作用，已经得到了相关研究的证实。例如，杜恩（Dunn，1995）发现，儿童对他人认知的理解能力影响着其对别人反应（如评价、态度等）的敏感性，并进一步影响着儿童的歧视知觉；伊巴拉（Ybarra，2000）的研究发现，社会观点采择能力与儿童对种族偏见的解释水平之间存在显著正相关，社会观点采择能力高的儿童，其对种族偏见的解释水平也相对较高；布朗（2004，2006）通过考察儿童的性别和种族歧视也发现，心理理论是儿童歧视知觉的重要预测变量，其对儿童歧视知觉的预测作用大于年龄因素的影响。需要说明的是，虽然研究者表明心理理论与歧视知觉之间存在密切关系，但对于二者之间的关系方向（正向还是负向），仍存在不一致的结论。例如，与伊巴拉（2000）的研究相反，布朗（2004，2006）的研究发现，心理理论与歧视知觉的关系是反向的，心理理论水平较低的儿童更容易知觉到性别或种族歧视。

除了心理理论水平外，儿童所具有的其他认知能力也对其歧视知觉具有重要影响，例如儿童的社会比较能力。不过，由于儿童仍处于发展阶段，其社会比较还未形成较为稳定的倾向性，因此，目前关于社会比较与歧视知觉关系的研究主要来自成人群体。对于儿童群体而言，社会比较能力对歧视知觉的作用具有很大的可变性，主要受外在比较信息的影响。正如布朗（2005）等人在其理论模型中指出的，当某一个相应的内群体或外群体比较对象存在时，社会比较信息会影响儿童的自我评价判断，进而提高儿童知觉到歧视的可能性；当社会比较对象不存在的时候，儿童具有的社会比较能力就失去了价值，不再对歧视知觉具有预测作用。这进一步说明，社会比较信息对于儿童社会比较能力作用的发挥具有非常重要的作用，提示我们在关注认知能力与歧视知觉关系的同时，不能忽略环境因素在其中所发挥的重要作用。

2. 环境变量

个体因素是影响儿童歧视知觉的重要内在原因，但并非充分条件。个体因素在歧视知觉中的作用及其重要性，在很大程度上取决于儿童所处的具体环境，例如，儿童所属的群体（如流动儿童或非流动儿童），儿童所处的家庭环境（家庭社会经济地位）、学校环境（班级气氛、老师的观念态度）等，环境因素也是影响歧视知觉的重要变量（Brown，Gigler，2005）。

（1）群体成员资格

前面提到，歧视主要是基于个体的群体成员资格而引发的伤害性行为。这里，群体成员资格就是一些对群体进行分类或界定群体类别的标签，比如不同的种族、性别、宗教信仰、出生地区等。其中，种族和性别等属于与个体相关的因素，但是出生地区、是否流动或者留守等则属于与环境相关的因素。从某种意义上来说，是否流动等标签实际上构成了儿童心理发展的一种相对宏观的远端环境，持有不同标签的儿童即处于不同的大环境下，长此以往，必然会对其歧视知觉带来重要影响。

布朗（2005）等指出，如果个体属于某一被贬低或诬蔑的弱势群体，那么其感知到歧视的可能性就会增加。无论是来自成人还是来自儿童群体的研究，都证实了群体成员资格对于歧视知觉的影响（Inman，Baron 1996）。另有研究指出，群体成员资格对歧视知觉的影响可能是通过影响个体对刻板印象等知识的理解而进行的，儿童在某一社会群体中的经验会影响他们对相关社会刻板印象的理解，进而影响其对歧视行为的知觉和判断。需要指出的是，很多儿童同时属于多个被诬蔑的社会群体，如贫困家庭中的离异家庭的儿童，他们可能成为多种歧视的指向目标。对于同时具有多种弱势群体成员资格的儿童来说，由于社会群体经验的积累效应，他们对于周围的歧视现象更加敏感（Moradi，Subich，2003）。

对于城市中的流动儿童来说，他们所属的"外来人口身份"资格无疑是最为突出的，作为标志流动儿童群体特征的远端环境，由于这一标签而带来的歧视体验如何？另外，与流动男孩相比，流动女孩所具有的双重弱势群体成员资格是否导致其知觉到更多的歧视现象？这是本研究所要关注的问题之一。

（2）家庭社会经济地位

家庭社会经济地位与儿童发展的关系，一直是心理学家们比较感兴趣的课题之一。一般来讲，心理学意义上的社会经济地位是经济资本（如家庭经济收入，父母职业）、人力资本（如父母受教育程度）和社会资本（如单亲家庭）的结合，这三者都影响了儿童的发展（Bradley，Corwyn，2002）。高社会经济地位的家庭为子女提供了大量的辅助性条件和社会支持，如充足的食物和营养、父母的关心和照顾、良好的学习生活条件；而低社会经济地位的儿童却存在着这些资源和经验获取上的不足，这使他们处于发展的高危状况中。

既然低社会经济地位会增加儿童发展的危险性，那么，其对儿童的歧视知觉具有怎样的影响？罗梅罗等人（1998）从社会认同理论的角度指出，社会经济地位的差异会提供更多关于环境不公平的信息，因此，把社会经济地位纳入歧视知觉的研究具有非常重要的理论意义。另外，加西亚－科尔（Garcia-Coll，1996）等在布朗芬布伦纳（1976）的生态理论基础上也提出，社会经济地位是影响青少年（主要指某些弱势群体中的青少年）发展结果的重要因素，考察社会经济地位与歧视知觉之间的关系非常必要。不过，尽管研究者在理论上对社会经济地位与歧视知觉的关系进行了认可，但在一些具体的实证研究中，研究结论之间存在很大分歧。例如，菲尼（Phinney，1998）等人通过考察少数民族和移民青少年的歧视知觉发现，社会经济地位与个体的歧视知觉之间存在密切关系，与高社会经济地位青少年相比，低社会经济地位青少年的歧视知觉水平更高。与此相反，罗梅罗（1998）等人对青少年的种族歧视知觉进行考察则发现，社会经济地位与歧视知觉之间不存在显著的相关关系；斯通（Stone，2005）等人的研究也表明，社会经济地位不能显著地预测移民儿童的歧视知觉。最近，布罗迪（Brody，2006）等人通过五年的追踪考察发现，家庭社会经济地位对于美国黑人儿童的歧视知觉具有显著的正向预测作用，随着家庭经济地位的提高，黑人儿童感知到的歧视知觉现象也在逐渐增多。

通过对已有文献进行回顾发现，对于这些不一致现象，一方面可能与研究者考察的具体群体不同有关，如斯通等人仅考察了美国的墨西哥移民，菲尼等人则考察了美国的亚美尼亚、越南和墨西哥青少年；另一方面，也可能与研究者考察社会经济地位的工具存在差异有关，如罗梅罗考察的是主观知觉的经济水平，没有对父母受教育水平等进行客观测量，这可能在一定程度上降低了社会经济地位的影响作用。总之，关于社会经济地位与歧视知觉之间的关系，研究者目前仍没有达成一致性结论。鉴于已有研究主要关注种族群体或者少数移民者的歧视知觉，其研究结论的概括性还需要寻求其他群体中相关研究的验证。

（3）学校环境

加西亚－科尔（1996）等人指出，在影响弱势群体儿童发展的过程中，具有促进或抑制性的学校环境因素是一个非常重要的方面。加西亚－科尔等人通过对相关文献进行回顾发现，已有研究在很大程度上忽略了环境变量对于歧视知觉的潜在影响，无论是对于儿童群体还是对于青年群体（如大学生）的研究，关于学校环境与歧视知觉关系的探讨比较有限。

在影响歧视知觉的学校环境因素中，老师的态度和观念、班级的和谐气氛等是非常重要的方面。温斯坦（Weinstein，2002）认为，良好的师生关系、班级气氛以及其他学校环境因素，对于个体的发展具有保护性作用。在学校环境中，如果评价者（如任课老师、监考老师等）持有一定的偏见态度，并且这种态度被儿童所知觉，那么儿童体验到歧视的可能性会大大增加（Brown，Bigler，2005）。此外，在心理气氛不和谐的学校环境中，个体也会知觉到更多的歧视现象（Verkuyten，Brug，2003）。

关于学校环境与歧视知觉之间的关系，已有研究主要针对不同种族的儿童和移民儿童进行了考察。例如，奥布（Ogbu，1993）通过研究种族歧视知觉发现，那些来自"非自愿"的种族群体的青少年，如果他们知觉到自己在学校的努力不会得到认可，就会产生明显的歧视知觉，并进而形成一种"对抗性"的认同态度，即认同自己群体的同时，对外群体产生敌意和对抗。斯通（2005）等人通过考察美国的墨西哥移民儿童也发现，儿童知觉到的学校环境（包括教学环境质量和学校气氛）与他们的歧视体验之间存在显著正相关，知觉到的学校环境是儿童歧视知觉的重要预测变量。由此可见，学校环境与个体的歧视体验密切相关，由学校环境因素导致的歧视体验会最终影响到个体的情绪和行为表现。

近年来，受布朗芬布伦纳（1976）的生态理论的影响，研究者越来越重视考察环境因素在个体发展中的作用。对于弱势群体儿童来说，学校环境是其学习生活的主要场所，考察学校环境与歧视知觉的关系不仅有助于深入地理解儿童歧视知觉产生的内在本质，对于预防和减少学校环境中的歧视现象、帮助儿童缓解歧视知觉带来的不良影响、促进其身心健康发展等均具有重要实践价值。

四、流动儿童歧视知觉的量化研究

1. 我们关注的问题

在歧视心理研究领域，随着研究目标由歧视者向被歧视者的转移，人们不禁开始思考，被歧视者是如何产生歧视知觉的呢？到底哪些因素影响或者制约着歧视知觉的产生？理解歧视知觉的影响因素具有非常重要的意义。流动儿童从农村来到大城市，这其中牵扯到对不同地区亚文化的适应过程。在这一跨文化的适应过程中，某些典型的个体特点或环境因素可能会增强儿童对歧视事件的感知程度，如流动儿童本身的身份背景，家庭社会经济地位等。因此，只有更好地理解影响儿童歧视知觉的心理社会因素，才可以深入揭示儿童在歧视知觉方面表现出的个体差异现象，这不仅有助于解释为什么有的儿童比其他儿童更容易知觉到歧视事件，而且有助于从关键影响因素入手及时采取有效的预防和干预措施，帮助流动儿童应对各种外界歧视及其主观体验。

目前，关于歧视知觉的产生机制问题，研究者主要对成人群体进行了考察，关于儿童如何产生歧视这一问题探讨较少。布朗（2004，2005，2006）等人结合已有相关研究，借鉴成人群体中的研究成果，提出了关于儿童歧视知觉的产生机制模型，认为儿童的歧视知觉主要受认知因素、情境或者环境因素以及个体差异因素的影响，其中，认知和个体差异因素主要是与儿童个体本身相关的方面（统称个体因素），情境或环境因素是与外在环境相关的方面（统称环境因素）。近年来，虽然有研究考察了个体和环境因素在儿童性别和种族歧视知觉产生中的作用，但是，这些研究发现是否适用于其他不同类型的歧视知觉呢？如流动儿童由于其户口身份产生的歧视知觉等，对此还有待于进一步证实。

与性别、种族等群体成员资格或者歧视特征相比，流动儿童作为我国在特定社会背景下产生的处境不利儿童群体，其群体成员资格具备一定的特殊性。流动儿童的群体成员资格主要是其所属的流动人口身份，这种群体成员资格存在很大的可变性，通过自身的努力（如考学）或者返回老家等，流动儿童可以改变自己的群体成员资格；同时，流动儿童的群体成员资格也具有一定的隐蔽性，尤其是在社会上，有时人们很难从衣着和外表等方面区分出他们。已有研究发现，群体成员资格的不同属性会带来歧视者和被歧视者的不同心理反应（Crocker，Major，Steele，1998）。考虑到流动儿童群体成员资格的相对可变性和隐蔽性，那么，他们在歧视知觉产生中是否会存在一些独特方面呢？个体和环境因素是如何影响其歧视知觉的？随着流动时间的变化，它们的影响作用是否也会发生变化？

鉴于上述思考，本研究将从个体和环境因素两个方面，探讨其在流动儿童个体和群体歧视知觉产生中的作用，以及流动时间对于个体和环境因素与歧视知觉之间关系的影响作用。本研究假设，个体因素和环境因素对于流动儿童的个体和群体歧视知觉均具有显著的预测作用，并且，流动时间不同的儿童其个体和环境因素与歧视知觉之间的关系模式存在差异。

2. 研究对象与工具

（1）研究对象

采用整班联系，自愿参加的方式，从北京市海淀、昌平、朝阳三个区 8 所学校中选取五年级到初二共 55 个教学班的 1 552 名流动儿童，最后经过筛选后有效被试为 1 350 名，所有被试的年龄分布在 10～17 岁之间，平均年龄为 13.01 岁。这里，筛选被试的标准为：①对问卷认真做答；②父母没有任何一方去世；③父母没有离异；④儿童自身没有残疾；⑤流动儿童中有一部分是在北京出生的，且从来没有回老家生活过，考虑到其生活经历的特殊性，本研究没有纳入这部分儿童。本研究主要关注那些随其父母从农村流动到城市就读的农村流动儿童，被试详细分布情况如表 3-1 所示。

表 3 – 1 被试分布情况

	五年级	六年级	初一年级	初二年级	合计
公立学校					
流动女生	55	35	63	46	199
流动男生	62	53	77	55	247
打工子弟学校					
流动女生	119	119	98	94	430
流动男生	147	116	111	100	474
合 计	383	323	349	295	1 350

（2）研究工具

本研究主要包括三个方面（歧视知觉、个体因素和环境因素）的六个具体变量（过去歧视体验、个体歧视归因、群体歧视知觉、家庭社会经济地位、学校环境和群体态度）。对于这些变量的考察方式具体如下：

1）歧视知觉的测查

歧视知觉的测查主要涉及两个领域（个体和群体歧视知觉）三个方面的具体测查工具（过去的歧视体验、个体歧视归因和群体歧视知觉）。其中，个体歧视知觉主要从个体过去的歧视体验和个体歧视归因两个方面进行考察，群体歧视知觉通过考察被试自我意识到的自己群体被歧视的程度来进行考察。

① 过去歧视体验。目前，关于儿童歧视体验的测量工具主要侧重于种族和性别歧视方面，专门针对外来人口身份歧视而编制的测查工具非常有限。特别是对于中国的流动儿童群体来说，为了更好地揭示其歧视知觉的真实状况，对其歧视体验的考察应该特别关注其特定的社会和文化背景，为此，有必要针对流动儿童群体的特点对原有的儿童歧视体验工具进行发展和完善，而非简单照搬原有工具。基于这一目的，本研究在参考以往研究工具的基础上，结合对流动儿童的实际访谈，自行编制了流动儿童的过去歧视体验测查量表。该量表的编制过程包括：确定测量的领域范围；编制访谈提纲，进行实际访谈；问卷初始项目的评定及初测。

问卷形成后，选取 125 名流动儿童进行初测（男生 67 人，女生 58 人，五年级到初二分别为 35、31、29、30 人，被试年龄分布为 9～17 岁，平均年龄为 13.19 岁）。项目分析结果显示，除 4 个题目与总分的相关在 0.25 以下，其余均在 0.50 以上。信度分析则进一步表明，当去掉这四个项目后，问卷的 Cronbachα 系数会由 0.81 提高到 0.85。为此，我们最后选择去掉这些项目，形成包括 21 个条目的问卷。在本研究正式施测中，该问卷的内部一致性信度系数为 0.87。

②个体歧视归因。前面提到，除了让个体报告自己感到的受歧视程度，或者由歧视引起的伤害程度，还可以在归因的框架下考察个体的歧视知觉程度（Crocker，Major，1989；Branscombe et al.，1999）。本研究中，个体歧视归因量表主要参照布朗（2006）的歧视知觉测验改编而成。由于布朗（2006）测验中的故事事件主要与性别歧视有关，因此，我们主要对布朗（2006）测验中的事件情境进行了改编。改编后的测验包括四个故事情境，其中三个是学校领域的（情境分别涉及认知能力、身体运动能力和行为习惯），一个是社会生活领域的（随机事件）。事件案例的选取主要来自于对流动儿童的个别访谈，内容与流动儿童的学习生活密切相关。测验中，让被试阅读几个不同情境下的事件，主要讲述北京孩子比相同水平的外地孩子得到更多的积极肯定。阅读完后，让被试评价为什么外地孩子会遭到消极对待？或者为什么北京孩子得到了积极对待？下面是其中一个事件：

李老师是五年级的数学老师。这学期，李老师想从班里选一个数学学习好的学生当课代表。虽然班里好几个学生的数学成绩都不错，但其中最突出的要数李涛和王鹏。李涛是跟着父母从外地来的，他的数学成绩非常好；王鹏的家就在本地，他的数学成绩也非常好。由于只能有一人当课代表，所以，李老师不得不从中选出一个。最后，李老师选了王鹏当课代表，让李涛等下一次机会。为什么会选择王鹏当课代表呢？请根据你的真实想法对下面的原因进行评价。

每个故事后面都附有四个答案，包括努力、运气、户口身份、能力等方面，让被试分别对四种可能的原因进行评价，从 1"完全不同意"到 4"完全同意"。最后的评分，主要看被试对于户口身份的归因程度，被试越同意把这件事归因于户口身份，说明其越容易知觉到歧视现象。在正式施测前，本研究对该测验进行了预试，项目分析表明，项目之间的相关系数介于 0.47~0.59 之间（$P < 0.001$），所有项目的题总相关都在 0.76 以上（$P < 0.001$）。信度分析表明，该测验的 Cronbachα 系数为 0.82，表明其具有较高的内部一致性，且当某一项目被删除后的 α 系数均小于删除前的数值，表明该测验中的每个题目都是必要的。在本研究的正式施测中，该问卷的内部一致性信度系数为 0.84。

③群体歧视知觉。与个体歧视知觉的考察不同，群体歧视知觉是一种更为抽象的知觉水平，很难通过形象具体的方式进行直接测查。因此，已有的研究主要通过让被试报告自己意识到的自己群体被歧视的程度（即歧视意识），对群体歧视知觉进行整体性考察，如"我觉得我们群体受到了不公平的对待"。本研究

也采用这一方式对流动儿童的群体歧视知觉进行了考察，主要考察流动儿童关于城里人如何评价外地人的信念，并且评价流动儿童知觉到的其群体在与城里人交往过程中被歧视的严重程度，或者整个世界对其群体进行不公平对待的严重程度。

本研究中，群体歧视知觉问卷共包括 12 个条目，其中 9 个条目选自理查德·哈维（Richard Harvey, 2001）编制的歧视意识问卷，由于理查德的问卷主要考察个体水平的歧视意识，因此，本研究对条目的表述方式进行了部分调整，主要将"我"改为"我们"或者"我们群体"，如"别人希望与我们交朋友"、"这个社会似乎还信任我们群体"，其他保持不变。另外，为了增加问卷的信度，本研究在前期访谈的基础上，另外增加了三个条目："别人不愿意搭理我们群体"、"社会上的人很尊重我们群体（反向题目）"、"我们上学没有保障，公立学校不愿意接受"。整个问卷采用 5 点量表进行评价，从 1 "完全不符合"到 5 "完全符合"，得分越高表明被试知觉到自己群体被歧视的现象越严重。在正式施测前，本研究也对该工具进行了预测（被试同"过去歧视体验"部分），项目分析表明，项目之间的相关系数介于 0.21 ~ 0.42 之间（$P < 0.01$），与总分的相关均在 0.40 以上（$P < 0.001$）。进一步的信度分析表明，该测验的 Cronbachα 系数为 0.76，表明其具有较高的内部一致性，且当某一项目被删除后的 α 系数均小于删除前的数值，表明该测验中的每个题目都是必要的。在正式施测中，该问卷的内部一致性信度系数为 0.77。

2）个体因素

本研究中，个体因素变量主要考察流动儿童的群体态度。对于流动儿童群体态度的测查工具，主要参照布朗（2006）的种族态度测验改编而成，该测验用于评价儿童群体态度中的情感成分，根据伯恩斯和基格（Byrnes & Kiger, 1988）的社会距离理论发展而来。社会距离理论假设，对于自己持积极态度的伙伴群体，儿童希望与他们保持密切的关系。为此，群体态度测验中，主要向被试提供几组同时包括优势儿童和弱势儿童的情境，然后要求儿童回答自己可能选择优势儿童或弱势儿童作为同伴的可能性。目前，根据该理论发展的同类测验被广泛应用于儿童群体，并且具有理想的结果。

本研究根据流动儿童的实际情况，结合对流动儿童的访谈，对测验中涉及的事件情境进行调整，以更贴近流动儿童的现实生活。需要说明的是，已有研究大多采用单一的事件考察儿童的群体态度（Brown, 2006），本研究为了增加测验的信度，选取了两个与流动儿童密切相关的事件情境，一个学习领域的事件，一个社会生活领域的事件。下面是其中一个事件：

公园里有两个孩子正在玩耍，他们一个是城里的孩子，另一个是跟着打工的父母到城里来上学的孩子。现在，假设你也来公园玩，你想从他们两个中选一个和你一起踢毽子，那么你：①选择城里孩子作为同伴的可能性有多少？②选择外地来的孩子作为同伴的可能性是多少？

被试的反应从"不可能"到"完全可能"分别记为 0 ~ 3 分。在每一情境下，把被试在城里儿童选题上的得分（A）减去其在流动儿童选题上的得分（B），所得分数即为其在该情境中的群体态度分数。这样，被试在每一情境下的可能得分范围为 -3 ~ 3，被试最后的得分为其在所有情境下得分的总和，得分为正说明其更倾向于城市儿童群体，得分为负说明其更倾向于流动儿童群体，被试的分数越高，说明被试在态度上越倾向于城市儿童。

3）环境因素

根据我们课题组的前期研究结果（许晶晶、师保国，2006），在影响流动儿童的环境因素中，家庭环境和学校环境是两个最重要的方面。因此，本研究主要从家庭和学校两个方面考察儿童的环境因素，其中家庭环境以家庭社会经济地位为指标，学校方面以学校班级环境气氛为指标。

① 家庭社会经济地位。以经济资本、人力资本和社会资本三者的结合来衡量，具体前面已经做过介绍。

② 学校环境。在影响歧视知觉的学校环境因素中，班级的和谐气氛是一个非常重要的方面。为此，本研究主要对流动儿童的班级气氛进行考察。从定义上来说，班级气氛是一种情绪气氛，是为班级成员所共有的看法与心理感受，主要由教师领导方式、班级物质环境、班级制度规范结构及班级成员人际互动等因素所交织而成。按照美国心理学家莱温（Lewin，1951）的场地论（Field theory），班级气氛反映了个体所在的"生活空间"的特点，它有效地影响着个体的心理和行为。从这一点来说班级气氛可以较好地代表学生所处的学校环境。此外，班级气氛并不仅仅反映某一个班的气氛与环境，事实上它也能够反映一所学校甚至一类学校的共同特点。

本研究所用"班级气氛量表"系我国台湾学者张玉茹等人（2001）编制，共有 40 个项目，包含四个分量表：教师支持、同学支持、满意程度、内聚力。四个分量表各有 10 题，均采取 Likert 式五点量表的形式呈现，依"非常同意"、"同意"、"普通"、"不同意"、"非常不同意"，分别给予 5 分、4 分、3分、2 分、1 分，得分愈高，表示其所感受的班级气氛愈好。根据已有研究发现，该量表在流动儿童群体中具有良好信效度，是影响流动儿童心理发展的重要环境变量（师保国，2006）。本研究中，该量表的内部一致性信度系数为 0.86。

（3）研究程序

除歧视知觉测验外，本研究其他工具的数据收集工作是在 2007 年 4 ~ 5

月份完成的。由于群体态度测验是改编自原有测验，因此，本研究在正式施测前对其进行了预测，并根据预测结果和被试反馈对个别文字表述进行了调整。其他测验工具均已在课题组的相关研究中使用过，且研究结果表明具有较好的信效度（师保国，2006；赵景欣，2007），因此，本研究没有再对其进行预测。

本研究主试均由具有施测经验的心理学专业的研究生和本科生担任，所有主试均经过系统培训。数据管理和分析工作主要使用SPSS11.0完成。

3. 结果与分析

表3-2为本研究相关测查任务的基本描述统计量。由平均数的分布情况可以发现，从整体上来看，流动儿童在态度上倾向于自己所在的流动儿童群体，其家庭社会经济地位处于中等程度，知觉到的老师支持等班级气氛处于中等偏上水平。

表3-2 **本研究相关变量的平均数和标准差**

	M	SD	可能全距	实际全距
过去的歧视体验	2.47	0.68	1.00~5.00	1.00~4.90
个体歧视归因	2.57	0.98	1.00~4.00	1.00~4.00
群体歧视知觉	2.29	0.65	1.00~5.00	1.00~4.58
群体态度	-1.57	2.11	-6.00~6.00	-6.00~6.00
家庭社会经济地位	10.57	2.39	5.00~20.00	6.00~20.00
老师支持	4.10	0.75	1.00~5.00	1.00~5.00
同学支持	3.60	0.85	1.00~5.00	1.00~5.00
满意程度	3.80	0.92	1.00~5.00	1.00~5.00
内聚力	3.75	1.24	1.00~5.00	1.00~5.00

（1）环境因素与流动儿童歧视知觉之间的关系

① 环境因素与流动儿童歧视知觉的相关分析

为了排除学校类型、年级和性别因素对于流动儿童的歧视知觉的影响，本研究对于学校类型、年级和性别变量进行虚拟编码，采用偏相关分析的方法考察了控制学校类型、年级和性别变量后，环境因素与流动儿童歧视知觉之间的关系如表3-3所示。

表3 - 3 环境因素与歧视知觉的偏相关分析

（控制学校类型、年级和性别）

	个体歧视知觉		群体歧视知觉
	过去的歧视体验	个体歧视归因	
家庭社会经济地位	0.27 ***	0.03	0.21 ***
老师支持	- 0.31 ***	- 0.13 *	- 0.42 ***
同学支持	- 0.37 ***	- 0.13 *	- 0.42 ***
满意程度	- 0.35 ***	- 0.12 *	- 0.42 ***
内聚力	- 0.31 ***	- 0.12 *	- 0.30 ***

结果表明，在控制了学校类型、年级和性别变量的影响后，班级气氛四个方面与流动儿童的个体和群体歧视知觉之间均存在显著性负相关，家庭社会经济地位则只与过去歧视体验和群体歧视知觉之间存在显著性正相关，与个体歧视归因之间的相关没有达到显著水平。这说明，随着流动儿童知觉到的班级气氛良好程度的增加，其个体和群体歧视知觉均会呈现减少的趋势；随着流动知觉到的家庭社会经济地位的增加，其过去的歧视体验和群体歧视知觉则会呈现增加的趋势；流动儿童家庭社会经济地位与其个体歧视归因倾向之间不存在规律性的变化趋势。另外，通过相关系数的分布情况还可以看出，无论是在个体歧视知觉还是在群体歧视知觉方面，与家庭环境中的家庭社会经济地位相比，学校环境中的班级气氛与歧视知觉各任务之间存在更为密切的相关关系。

前面的分析表明，环境因素与个体和群体歧视知觉之间存在不同程度的密切关系，那么，这些因素对于流动儿童歧视知觉的具体作用怎样呢？下面将进一步对这一问题进行分析。

② 流动儿童个体歧视知觉对环境因素的回归分析

采用分层回归分析方法考察家庭社会经济地位和班级气氛对流动儿童个体和群体歧视知觉的作用。首先，在第一步采用强迫进入（enter）的方法纳入学校类型、年级和性别，对它们在其中的作用进行控制；其次，在第二步采用逐步回归分析的方法引入环境因素，以考察在控制了上述因素后环境对流动儿童歧视知觉的影响作用，结果如表3 - 4所示。

表 3-4 流动儿童个体和群体歧视知觉对环境因素的回归分析

	过去的歧视体验			个体歧视归因			群体歧视知觉		
	β	ΔR^2	R^2	β	ΔR^2	R^2	β	ΔR^2	R^2
Block 1		0.12			0.02			0.07	
学校类型	-0.22***			0.10*			-0.11*		
年级	0.06			0.09*			0.08		
性别	-0.10*			-0.02			-0.11*		
Block 2									
家庭 SES	0.17**	0.02		—			0.11*	0.01	
老师支持	-0.18**	0.02		—			-0.24***	0.19	
同学支持	-0.19**	0.12		-0.14**	0.06		-0.18**	0.04	
满意程度	—			—			-0.15**	0.01	
内聚力	-0.11*	0.02	0.30	—		0.08	—		0.32
	$F(7,1342)=61.51, p<.001$			$F(4,1345)=11.58, p<.001$			$F(7,1342)=76.70, p<.001$		

分层回归分析结果表明，在控制了学校类型、年级和性别因素的影响后，家庭社会经济地位、老师和同学支持以及内聚力对于过去歧视体验仍具有显著的预测作用，这些环境因素可以解释过去歧视体验变异量的18%；同学支持对于个体歧视归因也具有显著的预测作用，且可以解释个体歧视归因变异量的6%；家庭社会经济地位、老师和同学支持以及满意程度对于群体歧视知觉也具有显著的预测作用，并且共同解释群体歧视知觉变异量的25%。进一步，通过比较环境因素对歧视知觉预测作用的大小发现，同学支持对于流动儿童的个体歧视知觉（过去歧视体验和个体歧视归因）具有相对更为重要的预测作用，老师支持则对于流动儿童的群体歧视知觉具有相对更为重要的预测作用。另外，本研究发现，无论是对于过去歧视体验、个体歧视归因还是对于群体歧视知觉，同学支持均表现出显著的贡献作用，这提示我们，在流动儿童歧视知觉的产生和发展过程中，同学支持是一个非常重要的影响因素。

由上可见，环境因素不仅与流动儿童的歧视知觉之间存在密切关系，而且对其个体和群体歧视知觉具有重要的影响作用。那么，环境因素是如何影响流动儿童歧视知觉的产生的？个体因素在其中发挥怎样的作用？在此，主要就群体态度在其中的影响作用进行考察。

（2）环境因素与歧视知觉的关系：群体态度的调节作用

根据流动儿童在群体态度测验上的得分情况，把流动儿童群体划分为三组：群体态度测验得分小于零的为偏流动儿童组（$n=702$），得分等于零的为态度中立组（$n=459$），得分大于零的为偏城市儿童组（$n=189$）。下面将在三组流动儿童群体中，分别考察环境因素与个体和群体歧视知觉之间的关系。

① 不同群体态度组环境因素与歧视知觉的相关分析

控制学校类型、年级和性别变量后的偏相关分析结果表明（见表3-5），除态度中立组和偏城市儿童组被试的个体歧视归因与班级内聚力之间不存在显著性相关外，三组儿童的个体和群体歧视知觉与班级气氛之间均存在显著性负相关；偏城市儿童组的个体和群体歧视知觉与其家庭社会经济地位之间均不存在显著性相关，态度中立组和偏流动儿童组被试的个体歧视归因与家庭社会经济地位之间也不存在显著性相关。

表3-5　　　不同群体态度组环境因素与歧视知觉的偏相关分析

	过去歧视体验			个体歧视归因			群体歧视知觉		
	中立组	偏流动	偏城市	中立组	偏流动	偏城市	中立组	偏流动	偏城市
家庭 SES	0.19**	0.33***	0.09	0.05	0.03	0.01	0.14*	0.26***	0.13
老师支持	-0.44***	-0.27***	-0.29**	-0.19**	-0.12*	-0.12*	-0.52***	-0.40***	-0.30**
同学支持	-0.50***	-0.32***	-0.29**	-0.16**	-0.12*	-0.15*	-0.48***	-0.42***	-0.23**
满意程度	-0.42***	-0.34***	-0.27**	-0.20**	-0.11*	-0.20*	-0.48***	-0.45***	-0.28**
内聚力	-0.27***	-0.40***	-0.15*	-0.07	-0.14*	-0.01	-0.24***	-0.39***	-0.14*

② 不同群体态度组环境因素对歧视知觉的预测作用

分别以群体态度中立组、偏流动儿童组和偏城市儿童组被试的个体和群体歧视知觉为被预测变量，以家庭社会经济地位和班级气氛各因素为预测变量进行分层回归分析。分析思路同前面，首先在第一层采用强迫进入法控制学校类型、年级和性别因素的影响，然后在第二层采用逐步回归方法纳入环境因素，考察其对流动儿童个体和群体歧视知觉的独立贡献作用。这里需要说明的是，根据前面的相关分析，与歧视知觉不存在显著性相关的环境因素均未纳入各回归方程。

由表3-6可以看出，在控制了学校类型、年级和性别因素的影响后，家庭社会经济地位仅对偏流动儿童组被试的过去歧视体验和群体歧视知觉具有显著的正向预测作用（β值分别为0.22和0.13），对于偏城市儿童组和态度中立组的被试不具有显著的影响。就班级气氛的影响作用来看，对偏流动儿童组被试来说，老师支持和内聚力对其过去歧视体验具有显著影响，内聚力对其个体歧视归因具有显著影响，班级气氛四个方面对其群体歧视知觉均具有显著影响。对群体态度中立组被试来说，老师支持、同学支持和满意程度对其过去歧视体验和群体

225

歧视知觉均存在显著影响，满意程度对其个体歧视归因也存在显著影响。对于偏城市儿童组被试，同学支持对其过去歧视体验具有显著影响，老师支持和满意程度对其群体歧视知觉也具有显著影响。

进一步，通过比较各环境因素的回归系数可以发现，对于群体态度不同的流动儿童组，环境因素对其个体和群体歧视知觉的影响作用是存在一定差异的。具体来看，在过去歧视体验方面，同学支持是影响群体态度中立组被试和偏城市儿童组被试的更为重要的因素，内聚力则是影响偏流动儿童组被试的更为重要因素；在群体歧视知觉方面，三组被试表现出相对一致的趋势，均是老师支持具有相对更为重要的预测作用；本研究中，环境因素对于三组被试个体歧视归因的预测作用相对较弱，只有满意程度对于态度中立组被试、内聚力对于偏流动儿童组被试具有显著的预测作用。

表 3 - 6　　三组流动儿童歧视知觉对其环境因素的回归分析

	过去歧视体验			个体歧视归因			群体歧视知觉		
	中立组 β	偏流动 β	偏城市 β	中立组 β	偏流动 β	偏城市 β	中立组 β	偏流动 β	偏城市 β
Block 1									
学校类型	-0.24***	-0.16*	-0.20*	0.01	0.16**	0.13*	-0.08	-0.10*	-0.20*
年级	0.03	0.09	-0.01	0.08	0.11*	-0.09	0.05	0.09*	0.15
性别	-0.11*	-0.10*	-0.12*	-0.04	-0.01	-0.02	-0.14*	-0.10*	0.04
Block 2									
家庭 SES	—	0.22**	—	—	—	—	—	0.14*	—
老师支持	-0.17*	-0.15*	—	—	—	—	-0.33***	-0.20**	-0.23*
同学支持	-0.27**	—	-0.33***	—	—	—	-0.16*	-0.16**	—
满意程度	-0.19**	—	—	—	-0.21***	—	-0.16*	-0.12*	-0.21*
内聚力	—	-0.24**	—	—	-0.12*	—	—	-0.09*	—
总体 R^2	0.39	0.30	0.14	0.05	0.06	0.02	0.37	0.33	0.12
控制协变量后的 R^2	0.27	0.18	0.10	0.04	0.02	0.00	0.30	0.25	0.11

（3）不同流动时间下相关因素对歧视知觉作用的比较

前面的分析结果表明，流动时间是影响流动儿童歧视知觉的一个重要因素，那么对于流动时间不同的儿童来说，其个体和环境因素对于个体和群体歧视知觉的影响作用是否会存在一定差异呢？下面将对这一问题进行探讨。

① 不同流动时间下个体和环境因素与歧视知觉的相关分析

表 3 - 7　　不同流动时间组内个体和环境因素与歧视知觉的相关分析

		家庭 SES	老师支持	同学支持	满意程度	内聚力	群体态度
短期	过去歧视体验	0.24***	-0.29***	-0.33***	-0.34***	-0.39***	-0.19**
	个体歧视归因	0.11*	-0.17**	-0.18**	-0.19**	-0.20**	-0.13*
	群体歧视知觉	0.19**	-0.42***	-0.42***	-0.45***	-0.43***	-0.04
中期	过去歧视体验	0.24***	-0.32***	-0.46***	-0.43***	-0.33***	-0.09
	个体歧视归因	0.09	-0.09	-0.15*	-0.02	-0.03	-0.22***
	群体歧视知觉	0.15*	-0.37***	-0.41***	-0.45***	-0.32***	0.01
长期	过去歧视体验	0.34***	-0.37***	-0.37***	-0.37***	-0.27***	-0.18**
	个体歧视归因	-0.04	-0.11*	-0.05	-0.08	-0.04	-0.11*
	群体歧视知觉	0.29***	-0.47***	-0.44***	-0.42***	-0.21**	-0.02

　　相关分析表明，对于短期流动儿童来说，过去歧视体验、个体歧视归因和群体歧视知觉与环境和个体因素之间均存在显著的相关关系；对于中期流动和长期流动的儿童来说，过去歧视体验和群体歧视知觉与环境和个体因素之间均存在显著性相关，但个体歧视归因则只与同学支持和群体态度之间存在显著性相关。具体如表 3 - 7 所示。

　　② 不同流动时间下歧视知觉对环境和个体因素的回归分析

　　分别以不同流动时间组儿童的个体和群体歧视知觉为被预测变量，以家庭社会经济地位、班级气氛和群体态度为预测变量进行分层回归分析（结果如表 3 - 8 所示）。这里，本研究也对学校类型、年级和性别的影响作用进行了控制。具体分析思路同前面，图 3 - 1 至图 3 - 3 直观地列出了回归分析的标准化回归系数情况。

　　回归分析结果表明，在短期流动儿童群体中，在个体歧视知觉方面（过去歧视体验和个体歧视归因），老师支持、同学支持和群体态度均具有显著预测性，家庭社会经济地位和内聚力仅对过去歧视体验具有显著预测性；在群体歧视知觉方面，家庭社会经济地位和班级环境均具有显著预测性，群体态度则不存在显著预测作用。在中期流动儿童群体中，在个体歧视知觉方面，同学支持和群体态度均具有显著预测性，家庭社会经济地位仅对过去歧视体验具有显著预测性；在群体歧视知觉方面，班级气氛中的老师支持、满意程度和内聚力均具有显著预测性，家庭社会经济地位和群体态度不存在显著贡献性。在长期流动儿童群体中，在个体歧视知觉方面，老师支持和群体态度均具有显著预测性，家庭社会经济地位也是仅对过去歧视体验具有显著预测性；在群体歧视知觉方面，家庭社会经济地位、老师支持和同学支持具有显著的预测作用。

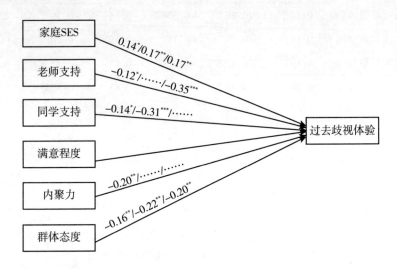

**图 3 - 1　环境和个体因素对短期、中期和长期
流动儿童过去歧视体验的作用**

注：图中标准化回归系数分别为：短期流动/中期流动/长期流动，下同。

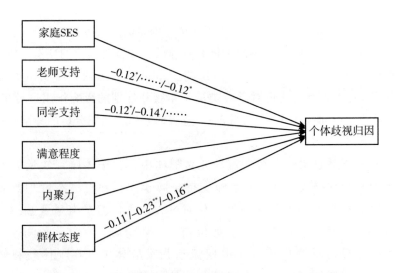

**图 3 - 2　环境和个体因素对短期、中期和长期流动
儿童个体歧视归因的作用**

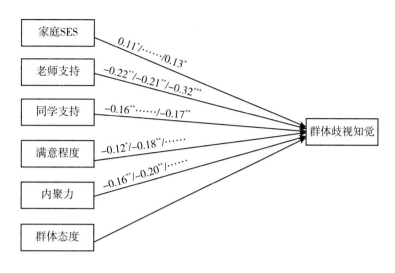

**图 3 – 3　环境和个体因素对短期、中期和长期
流动儿童群体歧视知觉的作用**

进一步比较可以发现，无论是短期流动、中期流动还是长期流动的儿童，家庭社会经济地位对于过去歧视体验均具有显著的预测作用；老师支持对于群体歧视体验也均具有显著预测作用，且与其他因素相比，老师支持对群体歧视知觉具有相对更为重要的预测作用；群体态度对三组儿童的个体歧视知觉（过去歧视体验和个体歧视归因）均具有显著预测作用，对其群体歧视知觉则均不存在显著预测性。此外，通过解释率的比较可以看出，与个体因素和环境因素对过去歧视体验和群体歧视知觉的解释率相比，其对个体歧视归因的解释率相对较低。该结果与前面的研究发现是一致的。

表 3 – 8　　不同流动时间组内歧视知觉对其个体和环境因素的回归分析

	短期流动儿童			中期流动儿童			长期流动儿童		
	过去歧视体验 β	个体歧视归因 β	群体歧视知觉 β	过去歧视体验 β	个体歧视归因 β	群体歧视知觉 β	过去歧视体验 β	个体歧视归因 β	群体歧视知觉 β
Block 1									
学校类型	− 0.14**	0.01	− 0.07	− 0.18**	0.03	− 0.11*	− 0.29***	0.16**	− 0.13*
年级	0.07	0.13*	0.07	0.06	0.14*	0.09	0.05	− 0.03	0.11*
性别	− 0.12*	0.02	− 0.11*	− 0.09	− 0.02	− 0.08	− 0.08	− 0.02	− 0.10*
Block 2									
家庭 SES	0.14*	—	0.11*	0.17**	—	—	0.17**	—	0.13*

续表

	短期流动儿童			中期流动儿童			长期流动儿童		
	过去歧视体验 β	个体歧视归因 β	群体歧视知觉 β	过去歧视体验 β	个体歧视归因 β	群体歧视知觉 β	过去歧视体验 β	个体歧视归因 β	群体歧视知觉 β
老师支持	-0.12^{*}	-0.12^{*}	-0.22^{**}	—	—	-0.21^{**}	-0.35^{***}	-0.12^{*}	-0.32^{***}
同学支持	-0.14^{*}	-0.12^{*}	-0.16^{**}	-0.31^{***}	-0.14^{*}	—			-0.17^{**}
满意程度	—		-0.12^{*}	—		-0.18^{**}	—		—
内聚力	-0.20^{**}		-0.16^{**}	—		-0.20^{**}	—		—
群体态度	-0.16^{**}	-0.11^{*}		-0.22^{**}	-0.23^{**}		-0.20^{**}	-0.16^{**}	—
总体 R^2	0.29	0.07	0.35	0.38	0.08	0.31	0.33	0.05	0.32
控制协变量后的 R^2	0.22	0.05	0.30	0.27	0.06	0.23	0.19	0.14	0.22

4. 综合讨论

我们主要关注个体和环境因素对于流动儿童个体和群体歧视知觉的影响作用，并对不同因素之间的关系以及不同流动时间下个体和环境因素对歧视知觉的作用差异进行了考察。这对于深入理解流动儿童歧视知觉的产生机制、为歧视知觉的预防和干预提供科学依据等均具有重要意义。

（1）环境因素对流动儿童歧视知觉的作用

近年来，受布朗芬布伦纳（1976）的人类发展的生态学理论的影响，研究者越来越重视考察环境因素在个体发展中的作用。对于流动儿童而言，其心理发展的两个最重要的环境即为家庭和学校环境，为此，本研究考察了家庭环境中的社会经济地位和学校环境中的班级气氛对其个体和群体歧视知觉的影响作用。

关于家庭社会经济地位对于歧视知觉的影响作用，已有研究仍存在一定争议（Phinney, et al. , 1998; Stone, et al. , 2005; Brody, et al. , 2006）。目前，主要表现为三种结论：其一，认为家庭社会经济地位对于歧视知觉具有负向预测作用；其二，认为家庭社会经济地位对歧视知觉具有正向预测作用；第三，认为家庭社会经济地位与歧视知觉之间不存在必然的联系。本研究发现，在排除学校类型、年级和性别因素的影响后，家庭社会经济地位不仅与过去歧视体验和群体歧视知觉之间存在显著正相关，而且对二者具有显著的正向预测作用。该研究发现与布罗迪（2006）等人最近的一项跨越五年的追踪研究的结论是一致的。随着流动儿童家庭社会经济地位的提高，他们具有更多的机会接触到流动儿童群体以外的人，比如有更多的机会去当地的商场、饭店等，这也在一定程度上增加了这些儿童接触到各种外显或内隐的歧视事件的机会，从而使得他们感知到更多的歧视体验，尤其是当流动儿童还没有准备好面对这些歧视事件的时候，对突发性歧视事件的知觉和体会更加深刻。另外，本研究发现，家庭社会经济地位与个体歧视归因之间并不存在任何相关，这一结果支持了罗梅罗（1998）等人和斯通（2005）等人的研究结论。综合以上发现可以看出，家庭社会经济地位与歧视知觉的关系可能是多重的，并非单一的积极关系或者没有关系，具体与歧视知觉任务的不同有关。对此，需要引起进一步研究的注意。

本研究还发现，即使排除了学校类型、年级和性别因素的影响后，学校环境中的班级气氛对于流动儿童的个体和群体歧视知觉仍具有不同程度的重要作用。尤其是来自同学的支持，对流动儿童的过去歧视体验、个体歧视归因和群体歧视知觉均表现出显著的负向预测作用。流动儿童的父母主要是进城务工人员，主要精力在打工赚钱方面，学校的老师则需要同时面对很多学生，对每个流动儿童的单独关注时间也相对较少，因此，流动儿童的大部分时间主要与同学在一起，同学支持提供的关心、陪伴等可以为其提供一定的应对资源和归属感，从而能够缓解外界歧视的影响。来自正常群体的研究也已经表明，对于高年级儿童来说，同学或同伴支持成为其最主要的支持源之一，并对其心理健康具有非常重要的影响（左占伟等，2005；李文道等，2003）。通过比较班级气氛不同方面对于歧视知觉的作用还发现，同学支持对于流动儿童的个体歧视知觉（过去歧视体验和个体歧视归因）具有相对重要的预测作用，老师支持则对其群体歧视知觉具有相对更为重要的预测作用。可见，班级气氛不同方面对个体和群体歧视知觉的贡献性并非完全一致，因此，为更好地实现对流动儿童歧视知觉的有效干预，需要根据歧视知觉的不同水平分别发挥班级气氛不同方面的具体作用，在关注同学支持的同时，不能忽略来自老师的帮助和支持。

需要特别提及的是，本研究中，家庭社会经济地位和老师支持仅对过去歧视体验和群体歧视知觉表现出显著的贡献作用，对个体歧视归因的贡献不显著。这说明与过去歧视体验和群体歧视知觉相比，个体歧视归因在产生机制方面确实存在一定的特殊性，需要引起特别注意。同时，这也进一步表明，本研究分别考察环境因素对于不同歧视知觉任务的贡献作用，而非采用简单总分相加的方法进行整体性考察，是具有一定合理性的。

（2）群体态度对环境因素与歧视知觉关系的调节作用

现实生活中，即使面对同样的家庭和学校环境，有的儿童也会比其他儿童更容易知觉到歧视现象。为什么个体之间会出现这种差异呢？哪些因素影响了环境与歧视知觉之间的关系？本研究从群体态度这一个体变量入手，考察了其对环境因素与歧视知觉之间关系的影响作用，即主要关注不同群体态度下环境因素与个体和群体歧视知觉之间的关系特点。

以往对种族和性别歧视知觉的研究发现，在不同的儿童群体中，群体态度对于歧视知觉的影响作用可能存在差异（Brown，2006；Romero，et al.，1998；Katz，1975）。本研究在流动儿童群体中对该结论提供了进一步的证据支持。具体来看，本研究结果显示，虽然从整体上而言，家庭社会经济地位对于流动儿童的过去歧视体验和群体歧视知觉存在显著的正向预测作用，但当纳入群体态度这一变量后，家庭社会经济地位仅对偏流动儿童组的被试存在显著的影响作用，对于偏城市儿童组和群体态度中立组被试均不存在显著的影响，说明群体态度对于家庭社会经济地位与流动儿童个体和群体歧视知觉之间的关系具有重要的调节作用。

对于群体态度不同的流动儿童群体，学校环境中的班级气氛对其歧视知觉的影响作用也存在一定差异。对偏流动儿童组被试来说，老师支持和内聚力对其过去歧视体验具有显著影响，内聚力对其个体歧视归因具有显著影响，班级气氛四个方面对其群体歧视知觉均具有显著影响；对群体态度中立组被试来说，老师支持、同学支持和满意程度对其过去歧视体验和群体歧视知觉均存在显著影响，满意程度对其个体歧视归因也存在显著影响；对于偏城市儿童组被试，同学支持对其过去歧视体验具有显著影响，老师支持和满意程度对其群体歧视知觉也具有显著影响。可见，班级气氛对个体和群体歧视知觉的影响也在一定程度上受个体本身群体态度的制约，该结果与以往研究的发现是一致的（Brown，2006；Romero，et al.，1998），进一步为群体态度的调节作用提供了证据支持。

通过比较环境因素对歧视知觉的贡献作用发现，对于群体态度不同的流动儿童组，环境因素对个体和群体歧视知觉的影响既存在差异性也存在共同性。具体来看，在过去歧视体验方面，虽然同学支持对群体态度中立组和偏城市儿童组被试均具有更重要的影响，但其对偏流动儿童组被试却不存在显著贡献性，内聚力则是偏流动儿童组被试过去歧视体验的最重要预测因素。这说明对于偏流动儿童组的被试来说，单纯通过同学支持的方式来缓解其歧视体验是无效的，有效改善和增加班级的内部凝聚力才是根本途径，提示我们要根据流动儿童的具体群体态度来有针对性地发挥班级环境的影响作用。在群体歧视知觉方面，三组被试表现出相对一致的趋势，均是老师支持具有相对更为重要的预测作用。根据以往研究发现，师生关系是儿童学校适应的最大影响因素，老师在师生关系交往中处于支配地位，其要求比家长的话更具有权威性，感受到老师支持的学生更自信，自尊水平更高（Ryan，et al.，1994；叶子，1999；李文道等，2003）。总之，老师支持为流动儿童的城市适应提供了巨大的应对资源，来自老师的支持可以有效降低流动儿童知觉到的对其群体的歧视。

本研究发现，家庭社会经济地位和班级气氛对流动儿童个体歧视归因的预测作用相对较弱，只有满意程度对群体态度中立组被试、内聚力对偏流动儿童组被试具有显著的预测作用，其对偏城市儿童组被试不存在任何显著性预测作用。我们认为，这一方面可能与个体歧视归因任务的特殊性有关，个体歧视归因主要考察个体的判断倾向，其具有相对的稳定性，因此不太容易受到外界环境因素的影响；另一方面，可能除本研究涉及的变量外，还存在其他更为敏感的变量对其具有重要影响，这需要进一步研究的考察。

（3）不同流动时间下相关因素对歧视知觉作用的比较

儿童生活在一个复杂变化的环境中，其心理发展过程并非是静止不变的，而是一个不断变化的动态过程。这其中，人是不断成长的、积极主动的，环境的特性也是不断变化的（Bronfenbrenner，1979）。近年来，从动态的角度来考察儿童的心理发展过程已成为儿童心理学研究的一个重要趋势。对于流动儿童来说，随着他们在城市居住时间的变化，不仅内在的生理和心理等个体因素会发生变化，其所处的外在家庭和学校环境也会不断变化。因此，考察流动时间对个体和环境因素与歧视知觉之间关系的影响，实际上也是从动态发展的角度揭示个体和环境因素在流动儿童歧视知觉产生和发展中的作用。

通过比较不同流动时间下相关因素对个体歧视知觉的作用，本研究发现，随着流动时间的变化，个体和环境因素对流动儿童个体歧视知觉的影响表现出一定变化，这种变化主要体现在作用强度或者作用因素的变化等方面。就作用强度的大小来看，虽然群体态度对短期流动、中期流动和长期流动儿童的个体歧视知觉（过去歧视体验和群体歧视知觉）均表现出显著的预测作用，但相对而言，其对中长期流动儿童的贡献作用要高于对短期流动儿童的预测作用；另外，家庭社会经济地位对于三组儿童的过去歧视体验也均表现出显著预测性，并且趋势与群体态度一样，也是对中长期流动儿童的预测性要高于短期流动儿童。就作用因素的不同来看，主要体现在班级气氛方面，即随着流动时间的变化，班级气氛不同方面的影响作用呈现出一定变化。具体来看，老师支持和同学支持对于短期流动儿童的个体歧视知觉均具有显著预测性，内聚力对过去歧视体验也具有显著预测性；仅同学支持对中期流动儿童具有显著预测性；仅老师支持对于长期流动儿童具有显著预测性。进一步，通过比较贡献大小还发现，老师支持对于长期流动儿童过去歧视体验的贡献要大于其对短期流动儿童的贡献，同学支持对于中期流动儿童过去歧视体验的贡献也明显大于其对短期流动儿童的贡献。

通过比较不同流动时间下相关因素对群体歧视知觉的作用，本研究发现，个体和环境因素对于群体歧视知觉的影响也在作用强度和作用因素方面表现出一定差异。具体来看，家庭社会经济地位只对短期和长期流动儿童具有显著的预测作用，并且其对长期流动儿童的贡献性要大于短期流动儿童；班级气氛四个方面对于短期流动儿童均具有显著贡献性，老师支持、满意程度和内聚力对于中期流动儿童具有显著预测性，老师支持和同学支持对于长期流动儿童的群体歧视知觉也具有显著预测性。通过比较发现，老师支持对于不同流动时间组儿童的群体歧视体验均具有显著贡献性，且其对中长期流动儿童的贡献作用要大于对短期流动儿童的贡献作用；此外，与其他相关因素的贡献性相比，老师支持对群体歧视知觉具有相对更为重要的预测作用。该结果提示我们，在对流动儿童的群体歧视知觉进行干预的过程中，要特别重视发挥老师支持的重要作用。

本研究发现，群体态度只对流动儿童的个体歧视知觉存在显著影响，其与群体歧视知觉之间不存在任何显著的相关关系。结合前面的调节作用分析，我们认为，群体态度对于流动儿童个体和群体歧视知觉的影响机制可能存在差异。具体来看，群体态度既可以直接作用于个体歧视知觉，也可以通过借助于对环境因素的调节而发挥间接作用；但在群体歧视知觉方面，其主要借助于对环境因素的调节而发挥间接作用。当然，对此还需要进一步研究的验证。

5. 结论

（1）控制学校类型、年级和性别因素的影响后，班级气氛中的不同方面对于流动儿童个体和群体歧视知觉仍具有不同程度的负向预测作用，但相对而言，同学支持对于个体歧视知觉具有更为重要的预测作用，老师支持则对群体歧视知觉具有更为重要的预测作用。家庭社会经济地位对过去歧视体验和群体歧视知觉具有显著的正向预测作用。

（2）家庭社会经济地位仅对偏流动儿童组被试的过去歧视体验和群体歧视知觉具有显著的正向预测作用。对于群体态度不同的流动儿童，学校环境中的班级气氛对歧视知觉的影响作用也存在一定差异：在过去歧视体验方面，同学支持是影响群体态度中立组和偏城市儿童组被试更为重要的因素，内聚力则是影响偏流动儿童组被试更为重要的因素；在群体歧视知觉方面，三组被试均是老师支持表现出更为重要的预测作用。

（3）不同流动时间下，个体和环境因素对流动儿童歧视知觉的影响在作用强度和作用因素方面表现出一定差异。

6. 关于流动儿童歧视知觉预防和干预的建议

结合前面的量化研究结果和质性访谈资料，我们对流动儿童歧视知觉的预防和干预提出以下几点建议：

首先，注重发挥学校和家庭的特殊功能，改善流动儿童的成长环境。学校和班级是流动儿童的第二个家，对流动儿童的城市生活适应过程具有举足轻重的影响。我们的研究结果也揭示，学校环境中的班级气氛对于流动儿童的歧视知觉具有不同程度的重要影响，尤其是来自同学和老师的支持，是非常重要的影响因素。因此，为有效预防和减少流动儿童的歧视知觉，必须重视发挥老师和同学支持的重要作用，同时也要注意增强流动儿童班级内部的凝聚力，增强流动儿童对自己所在学校和班级的归属感。在家庭环境方面，由于高社会经济地位家庭的流动儿童更容易接触本群体以外的其他人，因此，高社会经济地位家庭的流动儿童家长要尤其注意对孩子的受歧视体验进行干预，家长可以提前教给孩子一些预防和应对歧视事件的方法和策略，帮助他们做好面对突发性歧视事件的心理准备。

其次，要注意对流动儿童的群体态度进行干预。我们发现，群体态度是影响流动儿童歧视知觉体验的重要因素，那些在态度上偏向于自己所在群体的流动儿童更容易体验和知觉到各种歧视事件。为此，在流动儿童的城市适应过程中，学校和家长应该注意及时帮助他们树立正确的群体态度，避免流动儿童受外界各种不良思想观点的影响，从而形成一些偏见性的群体态度，例如，仇视城市儿童群体或者嫌弃自己所在的群体等，这些偏见性的态度一旦形成，会对流动儿童的歧视体验乃至心理健康带来重要影响。学校和家长可以通过谈话或组织活动的方式，让流动儿童多与城市儿童交往，帮助他们加强彼此的了解，消除已经形成的误会性的态度，从而逐渐树立合理的群体态度，正确看待自己所在群体和城市儿童群体。

最后，要注意根据流动时间的不同采取有效的干预策略。我们发现，随着流动时间的增加，群体态度对过去歧视体验和个体歧视归因的影响愈加强大，偏流动儿童群体组的儿童更容易体验到个体水平的歧视现象；同时，家庭社会经济地位对过去歧视体验的影响也越来越重要，家庭社会经济地位越高的流动儿童越容易经历各种歧视体验。为此，我们在预防和干预过程中应注意对流动时间较久的儿童进行特别的关注，帮助这部分儿童树立正确无偏见的群体态度，并且要特别注意他们中的高社会经济地位家庭中的儿童，及时帮助这些儿童形成一定的歧视事件应对技能或技巧。另外，我们还要注意根据流动时间的不同来发挥班级气氛各方面的影响作用。具体来说，对于短期流动儿童，要注意同时发挥老师支持、同学支持和班级内聚力的多重影响作用；对于中期流动儿童，要特别注意发挥同学支持的重要作用；对于长期流动儿童，则应该重视发挥老师支持的影响作用。

第三节　不得不面对的现实

——农村留守儿童的问题行为

我国有学者指出，留守儿童之所以能引起社会的关注，与留守儿童群体中种种不良的学业、道德、生活问题的"高发性"是紧密相连的（冯建、罗海燕，2005）。在留守儿童高度集中的地区，"留守"似乎已经成为儿童的一种负面标签。

在众多的"留守儿童问题"中，留守儿童的问题行为颇受社会关注。在一些地区，一些留守的"二无一未"（无学上、无工打和未成年）青少年犯罪案件占到全部案件的40%以上（周宗奎等，2005）。已有的关于留守儿童发展状况的实证研究也表明，留守儿童的心理健康水平相对较低，在抑郁、焦虑、敏感、偏执等心理症状和行为问题上的检出率显著高于非留守儿童（王东宇、林宏，2003；范方等，2005）。与非留守儿童相比，留守儿童的社交技能发展水平较非留守儿童要低（张鹤龙，2004）。此外，还有研究表明，近一半的留守儿童存在性格缺陷，表现为冷漠、内向、孤独、自卑等（李立靖，2004）。并且，消极情绪一直困扰着他们（林宏，2003）。

当前，许多基于经验的理论综述以及为数不多的关于留守儿童的实证研究，似乎在某种程度上暗示了"留守儿童等于问题儿童"。其中，抑郁和反社会行为，分别作为内部问题行为和外部问题行为的重要指标之一，在留守儿童群体中较具代表性。那么，留守儿童真的是问题儿童吗？为什么有的留守儿童出现了较多的问题行为，有的却没有出现问题行为？为什么有的留守儿童表现出较高的抑郁水平，有的却表现出了较多的反社会行为？对于这些问题的解决，对于农村留守儿童自身的健康发展以及整个中国社会的和谐进步将具有重要意义。

一、关于农村留守儿童心理发展的理论思考

由于父母一方或双方长期不在身边，因此留守儿童生活在一种家庭功能不健全的环境中，他们面临的一个共同问题就是：父母亲情的相对缺失。这一群体特征使留守儿童明显不同于其他弱势儿童群体，如经济条件低下的贫困儿童、社会权益遭受剥夺的流动儿童或者父母离婚的儿童等，成为中国社会一种特殊的社会处境不利群体。由此可见，留守儿童的心理发展问题，实质上是关于环境在个体心理发展中的作用问题的探讨。因此，理解"留守"或父母亲情的相对缺失这

一环境对儿童发展所产生的作用以及各生态系统之间的作用方式，是认识所谓的"留守儿童问题"或促进留守儿童心理健康发展的关键。

基于环境与个体发展的整体交互作用论，结合布朗芬布伦纳的理论模型和心理韧性研究中的相关理论，我们尝试构建了留守儿童心理发展的生态模型（如图3-4所示）。

我们认为，留守儿童与其周围的生态环境形成了一个整体的、动态的系统。我们不能脱离留守儿童的生态环境系统来纯粹地看待留守儿童的发展，也不能脱离个体的整体机能系统来孤立地看待留守儿童的发展。留守儿童的发展结果是个体机能和发展的特定部分，并且是整个动态交互作用过程中的一个有机整合部分。

就环境系统来看，如图3-4所示，留守儿童生活在一个复杂的生态环境之中，这种环境由远近不同的系统组成，即远环境和近环境。留守儿童的远环境主要由一些社会结构因素或主要生活事件构成，例如儿童的留守状况（单亲外出、双亲外出或非留守等）、留守时间、家庭社会经济地位等，它实际上只是留守儿童的一个标签。留守儿童的近环境则由儿童的一些直接的日常经历、与他人的互动或关系模式、角色以及具有鲜明特征的其他人构成，换言之，近环境是儿童直接面对和接触的。对于留守儿童远近环境的因素构成，本模型仅考虑了保护因素和危险因素两类因素。这是因为：对于危险因素的关注，能够使我们确认留守环境中儿童所处的不利条件；在关注危险因素的同时关注留守儿童的保护因素，则有助于我们探索促进留守儿童积极发展的机制。在留守远环境中，有些是绝对的危险因素，如留守状况或留守时间等；有些因素则具有两极性，如社会经济地位，高社会经济地位的一端是保护因素，低社会经济地位的一端则是危险因素。在留守近环境中，可能的保护因素包括：良好的亲子关系、良好的同伴关系、友谊、日常积极事件等；可能的危险因素包括：日常烦恼、不良的亲子关系或同伴关系等。在由留守远环境和近环境所构成的环境系统中，远近环境中的危险因素构成了留守儿童生活的压力背景；同时，远近环境之中或之间的保护因素和危险因素会相互影响，共同勾勒着留守儿童生存的生态背景。

就个体系统来看，如图3-4所示，我们在其构成上也仅关注了保护因素和危险因素两类。其中，个体系统可能的保护因素包括：对留守事件的积极认知评价、乐观、乐群性等；可能的危险因素包括：对留守事件的消极认知评价、悲观、冲动等。个体系统中的保护因素和危险因素会相互影响，在压力背景或其他情境条件下，共同调节或维持着个体的内部平衡。此外，个体的发展结果也属于个体系统的一部分。从性质上，本模型把儿童的发展结果简单分为好（如社会能力的提高等）和不好（如出现心理社会问题等）两部分。

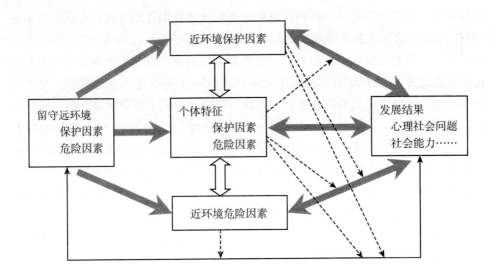

图 3 - 4　留守儿童心理发展的生态模型

注：细实线箭头代表留守远环境对个体发展结果的直接效应；粗箭头代表留守远环境通过中介因素对个体发展结果的影响；虚线箭头代表调节效应；双向箭头代表相互影响。

在留守儿童 - 留守环境这一整体的动态系统中，远、近环境因素以及个体特征会通过各种方式作用于儿童的发展。从图 3 - 4 可以看出，近环境保护因素、近环境危险因素以及个体特征会直接作用于儿童的发展结果；近环境危险因素或保护因素还会通过作用于个体特征而影响儿童的发展，即个体特征在其中起中介效应；同时，近环境保护因素或危险因素与儿童发展结果之间的关系还要受到个体特征的调节，近环境危险因素与儿童发展之间的关系要受到近环境保护因素的调节。当然，个体特征也会反作用于儿童的近环境，影响着儿童的发展结果。

留守远环境（如留守状况）对儿童发展结果的作用方式主要有两种（见图 3 - 4）：直接效应和间接效应。前者是指留守远环境会直接作用于留守儿童的发展，图 3 - 4 中的细实线箭头就代表了留守的这种直接效应；后者是指留守远环境会借助于第三者（近环境因素和个体因素）来影响儿童的发展。留守远环境的间接效应可以进一步分为两种：（1）中介效应。如图 3 - 4 所示，在留守远环境与儿童发展结果之间的中介因素有多种：包括近环境保护因素、近环境危险因素和个体特征。与之相应，就形成了多种中介作用路径：留守远环境—近环境因素—发展结果；留守远环境—个体特征—发展结果；留守远环境—近环境因素—个体特征—发展结果等。（2）调节效应。留守远环境与儿童发展结果之间的关系还受到多种因素的调节，包括近环境保护因素、近环境危险因素和个体特征，这就出现了多种调节效应：留守远环境 × 近环境保护因素；留守远环境 × 近环境危险因素；留守远环境×个体特征；留守远环境×近环境危险因素×近环境保护因素；留守远环境×近环境危险因素×个体特征等。此外，从图 3 - 4 还可以看出，留守儿童的发展结果，作为儿童机能和发展的特定部分，也会反作用于留守儿童生活的远、近环境和个体特征，从而形成了一种动态的循环过程。

上述关于留守儿童心理发展的生态模型粗略地勾勒了留守环境、个体特征与儿童发展结果之间的动态作用过程。对于这一模型的理解，我们还需要注意以下几点：第一，在留守儿童的发展过程中，留守远环境的直接效应和间接效应可能是同时存在的。由于留守远环境因素在某些程度上只是一些本身缺乏解释力的标签，因此着眼于近环境、个体特征各层次因素的间接效应模型能够更为清楚地描述儿童在留守环境下的适应过程。第二，留守环境与发展结果之间的关系是通过特定的保护因素或危险因素而起作用的。换言之，留守环境与发展结果之间的关系受特定保护因素或危险因素的中介或调节，并不是所有的近环境因素或个体特征都具有中介效应或调节效应。第三，留守远、近环境、个体特征和个体发展结果之间的关系是相互的和动态的。第四，留守远、近环境和个体特征系统不同层次的特定因素与个体发展结果之间的关系模式，受到留守儿童的年龄或性别的制约。

二、儿童问题行为的环境危险因素

危险因素是指个体发展的一些不利条件。在个体生存的生态环境中，这些不利条件从经历单一的主要压力性生活事件（如经历战争）到多种消极事件的累积（例如，通过生活事件清单来测量）不等（Luthar, et al., 2000）。由此可以看出，压力性生活事件是个体发展的环境危险因素的重要构成之一。

近半个世纪以来，生活事件与人类适应之间关系的本质和程度一直是研究者关注和争论的焦点（Rowlison, Felner, 1988）。在谢耶（Selye, 1956）关于压力本质的探讨和霍姆斯和拉厄（Holmes & Rahe, 1967）的开创性工作的合力影响下，大量研究较为一致地发现（Rowlison, Felner, 1988）：个体所经历的生活事件的累积数量与多种形式的心理症状存在关联。孔帕、戴维斯、福赛斯、瓦格纳（Compas, Davis, Forsythe, Wagner, 1987）指出，个体所经历的生活事件是多种心理和行为问题发生发展的重要因素。其中，压力性生活事件与儿童抑郁、反社会行为的关联，得到了大量研究的证实（DuBois, Felner, Mears, Krier, 1994；Doyle, Wolchik, Dawson-McClure, 2002；Mazur, Wolchik, Virdin, Sandler, West, 1999；Lempers, Clark-Lempers, Simons, 1989）。

1. 主要压力事件与日常烦恼的区分

随着该领域研究工作的日益成熟和复杂化，压力性生活事件与个体心理、行为问题（包括抑郁和反社会行为）之间的关系得到了一些研究者的质疑。有研究者发现（Rabkin，Struening，1976），在大量的关于压力性生活事件与个体心理、行为问题之间关系的研究中，二者之间关联的平均水平在 0.30 左右，无论在儿童样本还是在成年人样本中都是如此。对于那些想要更好地理解压力性生活事件与个体心理失调之间关系的研究者，他们显然不能接受二者之间的这种低度相关（Lazarus，Folkman，1984）。这样，研究者开始对压力性生活事件与个体心理发展之间的关系进行更为深入的探讨。

在这种研究背景下，拉扎勒斯（Lazarus）等人对压力性生活事件的特征进行了分析，提出了一种可以提高生活事件的预测效力和解释力的方法：区分压力性生活事件中的主要压力事件与日常烦恼。德朗基斯、福尔克曼、拉扎勒斯（DeLongis，Folkman，Lazarus，1988）认为，研究者不仅要关注个体生活中的主要压力事件（Major life events），还要关注日常生活中正在发生的压力和苦恼，即日常烦恼（daily hassles）。主要压力事件是压力的远端测量，而日常烦恼则是压力的近端测量。因此，与主要压力事件相比，日常烦恼与个体适应结果之间的关联更强（DuBois et al.，1994；Rowlison，felner，1988）。

所谓主要压力事件是指对个体的生活具有重大影响或改变个体的自我感觉、健康或幸福感、与他人的关系以及学业等方面的事件（Compas et al.，1987）。在个体生活中，主要压力事件的发生次数较少，然而一旦发生，就会对个体产生重大影响或改变。典型的主要压力事件包括：车祸、贫困、父母离婚、家里亲人去世或父母外出打工等。所谓日常烦恼，是指那些让人恼火、失望、低落的事件，这些事件在一定程度上体现了日常生活中个体与周围环境的互动特征（Kanner，Coyne，Schaefer，Lazarus，1982）。个体典型的日常烦恼包括：坏天气、作业、排队、学业压力或与别人争吵等。与主要压力事件相比，日常烦恼能够更为直接地描述个体的生活环境以及个体所面临的要求（Rowlison，Felner，1988）。正如惠顿（Wheaton，1994）指出的："日常烦恼捕捉到了某一水平的社会现实，这是其他的压力概念所不能做到的，它能够提供对日常生活的普通事实的深度理解"。

随着拉扎勒斯等人对主要压力事件和日常烦恼的区分，20 世纪 80 年代以来，该领域的研究者从早期对主要压力事件的关注，转向了对个体日常生活中正在发生着的压力和苦恼的注意。许多有关日常烦恼的研究表明（Holahan，Holahan，Belk，1984；Monroe，1983），与主要压力性事件相比，日常烦恼是个体心理和生理症状的较好的预测源。更为重要的是，这类研究表明，日常烦恼能够独立于主要压力性事件而制约着个体的适应性结果。事实上，在大多数情况下，日常烦恼所解释的独特变异要远远高于主要压力事件（Rowlison，Felner，1988）。罗利森和费尔纳（Rowlison，Felner，1988）运用多质多法的程序发现，远端的主要生活事件和近端的生活压力源在一定程度上对个体的适应性功能具有独特的影响和共同变异。由此可以看出，关于该问题的研究结果较为一致地支持了上述拉扎勒斯等人的观点：与主要压力事件相比，日常烦恼是个体发展的更好的预测源。

2. 压力性生活事件与个体问题行为的关系在不同群体中的一致性

在有关压力性生活事件的研究中，研究者关注的另外一个问题是：压力性生活事件与个体心理、行为问题之间的关联在不同群体中是否存在一致性？早期的相关研究已经证实了成年人的主要压力事件、日常烦恼与系列心理症状或心理失调之间的关联（Compas et al.，1987）。近期的研究在关注成年人群体的同时，也关注了主要压力事件和日常烦恼对不同年龄阶段儿童青少年的影响。克里西、米茨和卡坦扎罗（Creasey，Mitts & Catanzaro，1995）以幼儿园的儿童为对象探讨了日常烦恼与儿童适应之间的关系。结果发现，幼儿经历的日常烦恼与其行为问题之间存在正相关。一般来说，那些在生活中经历较多日常烦恼的幼儿，其行为的进攻性和破坏性就越大。金、康格、埃尔德和洛伦斯（Kim，Conger，Elder & Lorenz，2003）对美国农村中西部的 442 名中学生进行了为期 6 年的追踪研究发现，青少年经历的主要压力事件与其内部失调问题（抑郁、焦虑）和外部失调问题（反社会行为）存在关联。坦南特（Tennant，2001）在一篇综述中指出，当前该领域的实证研究多数支持了压力性生活事件与抑郁之间存在的关联；双生子的研究也对压力性生活事件的效应提供了重要支持：压力性生活事件对于个体抑郁的变异解释率至少和基因的解释率相似。

此外，压力性生活事件对于不同弱势群体儿童的不良影响也得到了一些研究的证明。迪布斯（Dubois，1994）等人对低社会经济地位儿童的纵向研究也发现，主要压力事件和日常烦恼能够显著地预测青少年随后的抑郁和反社会行为，其中，日常烦恼对青少年抑郁和反社会行为的预测效应高于主要压力事件。同时，大量研究表明，在家庭结构发生转变后，那些经历较多消极事件的儿童会产生更多的适应问题（Doyle，Wolchik，& Dawson-McClure，2002；Hetherington，Cox，1985；Sandler，Wolchik，Braver，1988）。

由此可以看出，主要压力事件、日常烦恼与个体抑郁、反社会行为之间的关联似乎在不同年龄、不同处境群体（如弱势群体）中存在一致性；同时，日常烦恼，作为个体所经历压力的近端测量，对于个体的抑郁和反社会行为的预测效力似乎高于主要压力事件。

3. 农村留守儿童的压力性生活事件与问题行为的关系

作为近期中国社会中出现的一类新的特殊的弱势儿童群体，留守儿童所经历的压力性生活事件与其问题行为之间的关系尚未引起研究者的关注。对于留守儿童这一群体，他们实际上经历了一次家庭结构的大变动，即父母外出打工。这一家庭结构的变动构成了留守儿童生活中的一个主要压力事件。这种主要压力事件会对留守儿童的日常生活产生直接影响：它直接导致了与父母外出打工相关联的一些日常烦恼的产生，例如思念父母、与住在一起的大人闹矛盾、感到没有人关心等（赵景欣等，2008）。与此同时，留守儿童与一般农村儿童在其他方面的生活环境内容（如学校生活、业余生活等）极为相似。在这种背景下，我们可以推测，留守儿童的日常烦恼（简称留守日常烦恼）实际上可以简单地被分为两个部分：一般日常烦恼和留守烦恼。前者在内容或性质上与一般农村儿童相似，后者则是留守儿童的特定经历。这两种日常烦恼可能会产生累积效应，共同作用于留守儿童的心理发展。同时，留守状况与留守日常烦恼，作为留守儿童远近不同的压力性生活事件或压力源，对儿童问题行为的预测效力如何，也是一个值得探讨的问题。

三、儿童问题行为的保护因素

我们可以从两方面来理解保护因素的内涵（Magnusson，Stattin，1998）：第一，它是指那些使来自危险性环境中的个体避免出现后期不良适应性结果的因素；第二，它是指那些能够打破个体已经出现的不良发展进程，并引导其进入积极发展进程的因素。在一定意义上，保护因素与危险因素相对应。保护因素这一概念的提出，使研究者从关注与个体不良发展相关的危险因素，转向了对增加高危个体向良性发展的环境的关注。

1. 日常积极事件

在日常生活中，个体与周围环境之间的互动不仅包括上述的日常烦恼，也包括日常积极事件。所谓日常积极事件是指个体在日常生活中所经历的高兴、幸福或舒心的事情（Compas，Felner，1987）。如果说日常烦恼是儿童生活中的危险因素或构成了儿童的压力背景，日常积极事件则可能是儿童日常生活中的保护因素。

关于日常积极事件与儿童问题行为之间的关系，当前已有的研究得出了不一致的结论。许多研究发现，个体经历的日常积极事件越多，其抑郁、反社会行为水平越低（Doyle et al.，2003；Cohen et al.，1987；Doyle et al.，2002；Sander et al.，1991）。但是，也有一些研究没有发现日常积极事件对于抑郁、反社会行为的主效应（Jackson，Warren，2000）。有研究者认为（Doyle，Wolchik，Dawson-McClure，Sandler，2003），这些研究之所以没有发现日常积极事件的显著主效应，主要在于他们仅评估了儿童生活的有限领域（如学校和同伴），而没有关注儿童的家庭或更大范围的社会环境中的积极事件。

日常积极事件对儿童抑郁、反社会行为的主效应是否在不同群体之中存在一致性呢？对于那些处于家庭结构转变状态儿童的为数不多的研究表明（Doyle et al.，2002），在继父家庭中，儿童经历的积极事件数量与个体或父母报告的较低的抑郁水平存在关联，但是与反社会行为之间相关不显著；离婚家庭儿童经历的积极事件与父母报告的反社会行为存在负相关，但是与儿童自我报告的反社会行为之间的相关不显著（Sandler et al.，1991）。还有研究发现（Doyle et al.，2003），继父家庭儿童经历的积极事件与母亲报告的抑郁和反社会行为之间存在显著负相关，但是与儿童自我报告的抑郁、反社会行为之间的关联不显著；离婚家庭儿童经历的积极事件与其自我报告的反社会行为存在显著关联，但是与儿童的抑郁及母亲报告的反社会行为之间的关联不显著。由此可以看出，日常积极事件对抑郁、反社会行为的主效应似乎在不同家庭结构的儿童群体中出现了不一致，并且这种主效应似乎也会受结果变量的测量方式的制约。

2. 父母教养

家庭是儿童青少年直接生存的一个微系统，也是理解儿童青少年心理社会问题产生的一个重要背景。根据家庭系统论的观点（Parke，2004），家庭由多个子系统构成。"父母－儿童"作为其中的一个子系统，对于儿童的发展具有举足轻重的影响。在这个子系统中，父母教养作为一个基本的组成部分，长期以来受到了研究者的广泛关注。纵观近几十年中关于父母教养的研究，虽然没有涵盖父母教养的所有方面，但是却确定了父母教养的两个基本维度（Rohner，1986；Baumrind，1991）：父母温情（parental warmth）和父母管理（parental control）。Moos（1981）在对家庭的社会生态背景进行概念化的过程中，区分了父母温情的两个方面：亲子亲合（parental cohesion）和亲子冲突（parental conflict）。前者是父母温情的积极方面，后者是父母温情的消极方面（Lau，Cheung，1987）。斯坦伯格（Steinberg，1990）则指出了区分父母对儿童的行为管理（behavior control）和心理管理（psychological control）的重要性。其中，行为管理是积极的方面，心理管理则是消极的方面（Bean，Barber，Crane，2006）。由此可以看出，亲子亲合和行为管理，分别作为父母教养过程中的两个积极方面，可能是儿童家庭系统中的重要保护因素。

（1）亲子亲合的保护效应

亲子亲合，是指父母与子女之间亲密的情感联结，它既可以表现在积极的互动行为之中，又可以表现在养育者与儿童心理上的对彼此的亲密感受（王美萍，2001）。在亲子亲合的背景下，儿童与养育者之间会体验到一种积极的、有感情的和私人的关系。对于父母温情的这一积极方面，许多研究者运用不同的术语进行了表述，例如父母支持（parental support）、父母接受（parental acceptance）等（Barber，Stolz，Olsen，2005；Schaefer，1965）。

亲子亲合一般被认为是儿童青少年正常发展的一个基本特征（Bean et al.，2006）。大量研究者较为一致地认为（Barber et al.，2005；Lamborn，Felbab，2003；Peterson，Rollins，1987），亲子亲合往往与儿童积极的心理机能相联系（如交往主动性、亲社会行为、自尊、认知发展、创造性等）。近期，比恩（Bean，2006）等人指出，父母对儿童的爱和关怀，可能在一定程度上避免儿童出现抑郁症状，甚至会避免儿童的反社会行为或违法行为。还有一些研究发现（Bean et al.，2006；Barber et al.，2005；Mounts，2004；Gray，Steinberg，1999；Garber，Robinson，Valentiner，1997），亲子亲合与儿童青少年低水平的抑郁之间的关联具有一定稳健性，这在不同性别、年级水平、家庭收入水平以及不同文化的群体中都得到了证明。同时，比恩（2006）等人对于非裔美国人群体的研究表明，亲子亲合与儿童青少年的反社会行为之间存在关联，这种关联也在不同性别、年级和不同社会经济地位的群体之中具有一致性；但是，亲子亲合与儿童青少年反社会行为之间的关系存在文化相关性，在其他一些主流文化中却没有发现这种关联。

综上所述，亲子亲合对儿童青少年抑郁的保护效应已经得到了大量研究的支持，并且这一效应在不同群体之中也表现出了一致性。对于儿童青少年的反社会行为，亲子亲合的主效应虽然得到了一定研究的支持，但是这一效应在不同群体中的普遍性尚有待探讨。由此可以看出，对于儿童青少年不同类型的心理社会问题，亲子亲合的主效应似乎存在一定的差异。

（2）父母行为管理的保护效应

父母行为管理，是指父母对儿童的行为进行组织或调节（Barber et al.，2005）。对于父母管理的这一积极方面，许多研究者也使用不同的术语进行了表述（Coley，Hoffman，1996；Steinverg，Fletcher，Darling，1994），例如父母监督（parental supervision）或父母指导（parental monitoring）等。

父母对儿童实施的高水平的行为管理往往与儿童青少年良好的心理机能相联

系。反之，低水平的行为管理则与儿童青少年的心理社会问题存在关联。近些年来，大量研究证明（Barber et al.，1994；McCord，1990），父母行为管理与反社会行为之间存在显著关联。近期加兰博斯、巴克、阿尔梅迪亚（Galambos，Barker，Almeida，2003）的研究表明，父母高水平的行为管理能够在一定程度上中断儿童青少年外部失调问题（包括反社会行为）加剧的发展轨迹。同时，研究者还发现（Barber et al.，2005），父母的行为管理与儿童反社会行为之间的关联存在跨文化的一致性，并且也在不同性别和不同年龄群体中表现出了一致性。巴伯（Barber，2005）等人认为，如果父母不能对儿童的行为进行充分调节，那么儿童就容易出现外部失调问题，这是因为：第一，父母对儿童行为的非充分调节实际上创造了一种不良的环境，这种环境不能使儿童在社会活动中发展自我调节、遵守规则和信赖等良好特征；第二，父母对儿童行为的不良监控容易促进儿童与不良同伴的交往，很容易使儿童处于危险和诱惑之中，而没有充分的资源去抵挡这些危险；第三，在这种自由散漫的家庭中，儿童可能会通过出轨行为来确认可接受行为的极限或寻找一些有意味的关系。

父母行为管理与儿童青少年抑郁之间的关联也得到了一些研究的证实（Barber et al.，1994；Galambos et al.，2003）。但是，加兰博斯（2003）等人的纵向研究表明，父母的行为管理虽然与儿童抑郁存在即时的负向关联，却不能阻止儿童青少年抑郁的加剧轨迹。由此可以看出，父母行为管理与儿童抑郁之间的关联，没有表现出行为管理与反社会行为之间关联的稳健性。有些研究还发现，父母行为管理与儿童青少年抑郁之间并不存在关联（Barber et al.，2005；Bean et al.，2006）。

综上所述，父母行为管理对于儿童反社会行为的保护性主效应似乎具有较高的稳健性，但是对于儿童抑郁的保护性主效应却存在一定的不稳定性。由此可以看出，父母行为管理对于儿童心理社会问题的保护性主效应也可能因问题类型的不同而存在一定的差异。

3. 认知评价

根据当前关于环境与个体发展关系的"整体作用观"，"个体－环境"构成了一个整体的、动态的系统。因此，在看待儿童青少年的抑郁、反社会行为的发生发展时，不仅要关注个体周围的环境系统，还要关注个体系统，以及二者之间的动态的交互作用。同时，根据前述的"留守儿童心理发展的生态模型"，儿童抑郁、反社会行为的保护因素不仅包括环境中的保护因素，还包括个体系统的保护因素。因此，在关注个体环境保护因素的同时，我们还需要关注压力环境下个体保护因素对儿童抑郁、反社会行为的保护效应。

如前所述，压力性生活事件与儿童抑郁、反社会行为的关联已经得到了大量研究的证实（Dubois et al. , 1994；Doyle et al. , 2002 ；Mazur, Wolchik, Virdin, Sandler, & West, 1999；Lempers et al. , 1989），但是，根据压力与应对领域研究者的观点，刺激情景或事件本身并不能直接决定个体的情绪或行为反应，个体对这些事件的认知是最为关键的（Lazarus，1991）。换言之，在这些研究者看来（Smith, Kirby, 2001；Chen, Mattews, 2001），个体的情绪（包括抑郁）和行为反应（包括反社会行为），并不是个体对某一刺激情境简单的、反射性的反应，而是由个体对情境的认知评价所决定的。因此，对于压力性生活事件的充分理解，不仅要认识压力性事件的特征，还要认识个体评价这些事件的方式（Chen et al. , 2004）。由此可以看出，个体对压力性事件的认知评价可能是儿童青少年抑郁、反社会行为的重要的个体保护因素。

从个体认知评价的类型来看，根据个体在评估过程中对于自我、当前情境和未来观点的积极或消极程度，可以把个体的认知评价分为：消极认知评价和积极认知评价（Taylor，1983；Mazur et al. , 1999）。当前已有的许多研究表明（Mazur et al. , 1999；陶沙，2006），消极认知评价和积极认知评价是两种不同质的认知评价类型，而不是单一维度的相互排斥的两极。所谓消极认知评价，是指个体在牺牲积极信息或模糊信息的情况下，所做出的一种过于强调消极信息的推理。例如，攻击行为的社会信息加工模型（Dodge, Coie, 1986；Crick, Dodge, 1994）和抑郁的认知模型（Beck, 1976），都强调了消极认知评价在个体攻击行为或抑郁产生中的作用。所谓积极认知评价，是指强调积极信息的推理，这种推理使个体在面临消极信息或模糊信息的时候，也会通过对信息的积极扭曲而形成一种积极认知。例如，泰勒（Taylor，1983）提出的认知适应理论（cognitive adaption theory）就强调了积极认知评价在个体适应中的积极作用。由此可以看出，儿童青少年对于社会事件的积极评价和消极评价能够较好地预测其心理适应状况（Lazarus, Folkman, 1984）。

（1）消极认知评价

从上述消极认知评价的内涵可以看出，如果把儿童对社会事件的消极认知评价看做是个体发展的保护因素，那么这一保护因素则是具有两极性的：在高消极的一端是作为危险因素而起作用的，低消极一端则是作为保护因素在起作用。纵观该领域的研究，抑郁的认知模型（Beck, 1976）、儿童攻击行为的社会信息加工模型（Dodge, Coie, 1986；Crick, Dodge , 1994）以及相关实验研究，为消极评价对个体抑郁、反社会行为的直接效应或主效应提供了重要的理论基础和实证支持。

从认知的观点来解释抑郁的产生，是近些年来抑郁心理学研究中的主导性观点（Segal，Dobson，1992）。这种观点强调了个体的认知评价在抑郁症状的产生、保持和改善中的作用。贝克（Beck，1976）是提出抑郁的认知模型的代表人之一。这一模型的核心主题是：抑郁个体在面对模糊性或消极的生活经验时，其特性在于做出特定的悲观－苦恼的认知评价，其共性在于关注情境的消极扭曲性信息。贝克、拉什、肖和埃默里（Beck，Rush，Shaw & Emery，1979）描述了七种典型的认知评价偏差：①过度泛化（over-generalizing），即假定同样或相似的消极事件会出现在不同的时间和情境；②选择性注意（selective abstraction），即选择性地注意经历事件的消极面；③个人化（personalizing），即个体对于消极事件承担过多的责任，认为这些事件具有个人意义；④时间因果性的假定或缺乏充分依据的预测：认为如果过去发生了不好的事情，那么在将来也肯定会发生；⑤进行自我参照（making self-reference），即认为自己，尤其是自己不好的表现，会成为每个人注意的焦点；⑥悲惨结局（catastrophizing），即预测某一经历的结果是悲惨的或灾难性的，或者把事件错误地理解为灾难性的；⑦认识的两极化（thinking dichotomously），即把任何事情都看成是一个极端或另一个极端，黑或白，好与坏。抑郁的认知模型得到了大量实证研究的支持（Mazur et al.，1999；Leitenberg et al.，1986），儿童的消极认知评价与其抑郁之间存在直接关联得到了一定程度的证实。

道奇（Dodge，1986，1994）等人提出的儿童攻击行为的社会信息加工模型，则强调了消极认知评价在儿童攻击行为产生中的作用。在道奇（1986，1994）等人看来，儿童的攻击行为是一系列信息加工步骤的结果，这包括：社会线索的解码，社会线索的理解，目标的澄清，反应的建构，反应决策和行为的执行。如果儿童在信息加工的各个环节上出现偏差或者不能准确地处理线索，则容易导致攻击行为的发生。基于这一模型的大量研究发现（Guerra，Slaby，1989；Crick，Dodge，1996），攻击性儿童具有一种较为普遍的社会信息加工模式：攻击性儿童对敌意性线索表现出有偏向的注意；对于模糊性的激惹情境，攻击性儿童更可能进行敌意性的认知或归因。例如，对于模糊情境中同伴的激惹，攻击性儿童更可能认为同伴具有恶意或不良意图。

此外，关于离婚家庭儿童的研究为消极认知评价与抑郁、反社会行为之间的直接关联提供了证据。希茨、桑德勒和韦斯特（Sheets，Sandler & West，1996）对离婚家庭儿童的纵向研究表明，离婚家庭儿童对离婚相关事件的消极认知评价能够显著地预测其抑郁、焦虑和反社会行为，其预测度要高于离婚消极事件对于这些心理社会问题的直接影响；并且，个体在时间点1上的消极认知评价能够对个体时间点2上的焦虑水平做出预测，表现出了预测的长期效应。梅热（Mazur，1999）等人对于离婚家庭儿童的研究也发现，儿童对于离婚情境的消极认知与儿童自我报告的焦虑、抑郁和反社会行为存在显著负相关，与母亲报告的内部失调问题也存在显著负相关。

综上所述，消极认知评价与儿童抑郁、反社会行为的直接关联已经得到了相关理论和实证研究的证实。同时，这一关联也在离婚家庭儿童群体中得到了证实。这似乎在一定程度上表明，儿童对相关事件的消极认知评价对其心理社会问题的影响具有某种稳健性。

（2）积极认知评价

如前所述，儿童攻击行为的社会信息加工模型和抑郁的认知模型，都关注了个体消极认知评价对儿童抑郁或攻击行为的直接效应。基于这两个认知模型，可以推测（Leitenberg，Yost，Carroll-Wilson，1986）：那些没有表现出攻击行为和抑郁症状的儿童，可能会以一种自我提升和积极偏差的方式对情境的信息做出一定的扭曲，即进行积极的认知评价。换言之，这些儿童可能倾向于用一种玫瑰色的眼镜看世界（把信息向着积极的方向扭曲），而那些表现出攻击行为或抑郁症状的儿童可能倾向于以一种黑色的眼镜看世界（把信息向着消极的方向扭曲）。

泰勒和布朗（1989）指出，大多数人对于自己和自己所生活的世界持有一种不精确的知觉。根据她们的观点（1988），个体较为典型的积极认知评价或积极幻想（positive illusions）可以分为三种：①高自我认可（high self-regard），即热衷于关注自己的优良品质以及被爱的感受；②个体控制（personal control），即认为通过自己的能力会出现积极的结果；③乐观（optimism），即认为积极事件在未来出现的可能性很高。保持对自我的积极感受和对未来的控制及乐观态度，是维持正常心理功能的基础。并且，这种积极的认知在个体面临威胁性信息时，显得尤为重要。积极的认知评价能够使个体对自己和他们的未来保持积极和乐观的态度，同时能够以一种适应性的方式利用消极的反馈或从中得到学习。因此，正如泰勒（1983，1988）等人在其认知适应理论中所认为的，积极的认知评价或积极幻想是个体的一种非常重要的心理资源，这种资源在个体面临挑战性或威胁性事件时显得尤为重要。在创伤性或威胁性的情境中，积极认知评价这一心理资源是保持个体心理健康甚至是生理健康的关键（Taylor，Kemeny，Reed，Bower & Gruenewald，2000）。

儿童的积极认知评价或积极幻想与其抑郁、反社会行为之间的直接关联得到一些研究的证实。梅热（1999，1992）等人对于离婚家庭儿童的研究发现，儿童对于离婚相关事件的积极认知评价与儿童自我报告或母亲报告的较低的内部失调和外部失调问题存在关联。克兰茨、克拉克、普因和厄舍（Krantz，Clark，Pruyn & Usher，1985）发现，儿童对于离婚情境的积极认知评价与父母报告的男孩的反社会行为存在显著相关，但是与女孩的反社会行为相关不显著。然而，科尔文和布洛克（Colvin & Block，1994）从理论上对泰勒和布朗（1988）所提出的"积极幻想促进个体心理健康"的论断提出了质疑，并且认为积极幻想可能在短期内能够促进个体的心理健康，但是不能保证个体在接受外界反馈的环境中长期保持适应性行为。

由此可以看出，儿童积极认知评价与其抑郁、反社会行为之间的关联虽然得到了一定研究的支持，但是泰勒等人的认知适应理论的观点也受到了一些研究者的质疑。鉴于不同研究者对于积极认知评价效应的理论观点不同，因此，积极认知评价与个体发展之间的关系还有待于实证研究的支持。对于儿童的抑郁和反社会行为，积极认知评价与它们之间关联的稳健性，尤其是积极认知评价的长期影响效应，尚有待于进一步的考察。

四、关于农村留守儿童抑郁和反社会行为的量化研究

1. 我们关注的问题

总体来看，国内研究者对留守儿童心理社会问题的发展进行了初步探讨。但是，该领域的研究还存在一些尚未解决的问题，我们将主要关注以下问题：

第一，留守给儿童的日常生活环境带来了哪些影响？这些影响是否与留守儿童的问题行为存在关联？留守与否构成了儿童生活中的远环境，但是这种远环境只为儿童提供了一个标签。至于儿童的日常生活环境是什么样的，有哪些不利条件和有利条件，什么人生活在那里，他们在做什么等，这一远环境并不能够提供充分的信息。因此，着眼于留守儿童生活的近环境，探讨留守远环境（如留守状况）所引发的近环境不同方面因素（如保护因素和危险因素）的变化，以及这些变化与留守儿童问题行为的关系，是该领域研究中需要进一步解决的问题。

第二，为什么留守儿童群体在某些问题行为上的检出率较高，但是在某些问题上却没有出现偏高现象？换言之，我们如何解释留守远环境与儿童某些心理社会问题之间的特定关联？从国内已有的研究可以看出（土东宇、林宏，2003），留守儿童并不是在所有的心理社会问题上都出现了高检出率。对于这一问题，仅局限于留守儿童与非留守儿童两类群体在心理社会问题上的比较或描述，是难以解决的。这就需要进一步着眼于留守儿童的近环境系统和个体系统，如前述"留守儿童心理发展的生态模型"中所描述的，从近环境各层次因素、个体系统的各层次因素或两个系统各层次因素的交互作用在留守远环境与某些心理社会问题之间关系中的作用模式，来对这一问题进行探讨。

第三，为什么有的留守儿童出现了某些心理社会问题，但是有的儿童却没有出现这些问题？即如何解释留守儿童心理社会问题发展的个体差异性？已有研究表明，留守儿童心理社会问题的发生具有一定的比率（王东宇、林宏，2003；

范方、桑标，2005），并不是所有的留守儿童都表现出了问题行为。由此似乎可以推断，对于那些表现出问题行为的留守儿童，他们的"环境－个体"系统中可能存在某些危险因素；对于那些没有表现出心理社会问题的留守儿童，他们的"环境－个体"系统中可能存在某些保护因素。探索留守儿童的"环境－个体"系统中的危险因素及其作用方式，能够使我们认识影响留守儿童发展中的不利条件，从而在现实生活中避免这些不利条件的发生，以最大限度地避免儿童心理社会问题的产生；探索"环境－个体"系统中的保护因素及其作用方式，能够使我们了解留守儿童发展的有利条件，以有针对性地促进留守儿童心理的健康发展。因此，这一问题的解决，是对留守儿童进行有效教育或干预的基础。

2. 研究对象与测量内容

（1）研究对象

采用整班联系，自愿参加的方式，从河南省某一乡镇的三所小学和该乡镇的中心初中选取了四年级到初二 14 个班级的 410 名儿童，年龄分布在 10～17 岁之间，平均年龄为 14.03 岁。筛选被试的标准如下：①父母没有离异；②父母没有任何一方去世；③儿童自身没有残疾；④对问卷进行认真做答。根据儿童父母外出打工的情况，这些儿童被分为了三组：双亲外出儿童（$n=92$）、单亲外出儿童（$n=130$）和非留守儿童（$n=188$）。其中，男生 245 名，女生 165 名。在单亲外出儿童组中，由于母亲外出的比例较低（样本中只有 4 名），因此本研究只选择了父亲外出打工的儿童。

（2）测量内容

本研究测量的内容包括：儿童的发展结果变量（抑郁和反社会行为）、儿童的近环境危险因素（一般日常烦恼）和保护因素（日常积极事件，亲子亲合、父母行为管理和留守相关事件的认识评价）。此外，还测量了儿童的家庭社会经济地位（家庭 SES），作为分析的协变量。

1）儿童的反社会行为

采用儿童行为核查表（青少年）中的反社会行为分量表对儿童的反社会行为进行测查（Achenbach，Edelbrock，1987），具体情况见第二部分中对儿童外部问题行为测量的描述。

2）抑郁

对于抑郁的测量，采用了国内学者俞大维和李旭修订的由科瓦奇（Kovacs）编制的儿童抑郁量表（CDI）（俞大维、李旭，2000）。该量表包含 27 个项目，涵盖了儿童期抑郁的一系列症状。每个项目通过呈现三个选项来评估一个症状，由儿童进行选择。三个选项按照 0～2 记分。例如，0 "我有时感到伤心"；1

"我常常感到伤心"；2"我总是感到伤心"。在本研究中，以儿童在 27 个项目上的总分作为儿童抑郁的指标，分数越高，抑郁症状越严重。该量表是西方出现最早、应用最广泛的儿童抑郁量表，既可用于临床用途，也可以测量一般儿童和青少年群体的抑郁状况。在国内，该量表也已经应用于多个研究之中，具有较高的信度和效度。经多次验证，CDI 的内部一致性系数为 0.86～0.95，并与精神科医生对儿童抑郁评定分数呈中度相关。在本研究中，CDI 的内部一致性系数为 0.78。

3）一般日常烦恼、日常积极事件和留守烦恼

不同文化中个体的生活经验会存在一定的差异（Bronfenbtunner，1989），在日常生活中就体现为个体所经历的日常生活事件的不同。目前，国内外虽然出现了一些关于儿童青少年日常生活事件的问卷，如"青少年自评生活事件量表（ASLEC）"（刘贤臣等，1999），"青少年觉知事件量表"（Compas et al.，1987）等。但是，关注中国农村儿童日常生活事件的研究较少，尚缺乏适用于中国农村儿童群体的日常生活事件的测量工具。因此，本研究采用自编的日常生活事件问卷，对本研究中的农村儿童样本所经历的一般日常烦恼和日常积极事件进行测查。

农村儿童日常生活事件问卷的编制分为三个阶段进行：

第一阶段：确定问卷的维度。根据本研究的目的，参考该领域现有的研究文献，我们把农村儿童的日常生活事件问卷分为一般日常烦恼分问卷和日常积极事件分问卷。每个分问卷涵盖儿童每天在家庭、学校和社会生活中遇到的事件。

第二阶段：问卷初始项目的收集。为了保证该问卷的生态效度，我们采用日记法收集了该问卷的初始项目。具体来说，采用日记法中的固定时间表（Fixed schedules）设计，在为期一周的时间中，让本研究样本中的 200 名 10～15 岁的儿童分别在每天的上午、下午和晚上填写该时间段中发生的一般日常烦恼和日常积极事件，例如"请你写出今天上午/下午/晚上让你烦恼、给你带来困难或问题的事情"和"请你写出今天上午/下午/晚上所发生的让你高兴、幸福或舒心的事情"。填写结束后，每名儿童具有 21 条记录，分别记载了儿童在 21 个时间段中的日常积极事件和一般日常烦恼。研究者首先根据所有儿童在前三天填写的记录进行问卷项目的收集，共收集了 80 条一般日常烦恼的项目和 38 条日常积极事件的项目，内容涉及儿童的学业成就（如"做不好练习题"，"对于老师的问题，我答得又快又准确"）、同伴交往（如"被同学冤枉"，"与伙伴们玩得开心"）、师生交往（如"不能回答老师提出的问题"，"老师信任我"）、家庭生活（如"家里不给买我想要的东西"，"得到家人的表扬和夸奖"）以及个人的窘迫或个人所得（如"别人有的东西我没有"，"找到了丢失的东西"）五个方面；然后，对儿童后四天的记录进行核查，发现没有出现新的项目。这样在一定程度

上保证了本问卷项目的饱和度。此外，根据青少年期的基本心理特点，参考其他关于儿童青少年生活事件量表的项目，在一般日常烦恼分问卷中又进一步增加了"对未来的不确定性"（如"担心以后没有前途"）和"亲密关系"（如"被喜欢的男孩/女孩拒绝"）的相关项目，在日常积极事件分问卷中也增加了"亲密关系"（如"男朋友/女朋友对我非常关心，非常好"）的相关项目。最后，一般日常烦恼分问卷的初始项目包含 90 条；日常积极事件分问卷的初始项目包含40 条。

第三阶段：问卷初始项目的专家评定。由三名熟悉本研究取样地区的农村儿童情况的发展心理学专业的研究生（1 名博士研究生和 2 名硕士研究生），对问卷的初始项目进行评定。一方面确保各项目对于农村儿童的适用性，一方面对已有的项目进行修订或补充。最终，形成了包含 77 个项目的一般日常烦恼分量表和 34 个项目的日常积极事件分量表。

在具体施测时，被试首先需要在一个三点量尺上（从 0 "没发生"到 2 "经常发生"），报告从"开学到现在"这段期间每个事件的发生次数；然后，进一步在一个四点量尺上报告这件事引发的"烦恼的程度"（0 "不烦"到 3 "很烦"）或"快乐程度"（从 0 "不快乐"到 3 "很快乐"）。已有研究表明（Dubow，Tisak，1989），儿童所经历事件数量的简单累积与其适应指标存在最为强烈的相关。因此，本研究中也采用这一方法，通过计算儿童所经历的一般日常烦恼和日常积极事件的总数，作为一般日常烦恼和日常积极事件的指标。此外，考虑到一般日常烦恼分问卷中，一些项目可能与儿童的抑郁、反社会行为的指标存在一定重复，因此，删除了该分问卷中 5 个项目（如"与同学冲突"、"没有人和我聊天、谈心"、"放学后自己一个人走路回家，很孤独"等）。在本研究中，一般日常烦恼分问卷的内部一致性系数为 0.93，日常积极事件分问卷的内部一致性系数为 0.87。

对于留守烦恼问卷编制的程序如下：第一，问卷项目的收集。该问卷项目的收集通过两种方式进行。首先，对 38 名单亲外出儿童和双亲外出儿童实施个别访谈，了解了他们在日常生活中因为父母外出打工而引发的不愉快经历和遇到的困难，确定了问卷初始的 14 个条目；其次，参考前面提到的留守儿童的日记记录，进一步对初始条目进行补充，并对条目语言进行润色，形成了包含 16 个条目的留守消极事件初始问卷。第二，问卷项目的专家评定。由三名熟悉本研究取样地区的农村留守儿童情况的发展心理学专业的研究生，对问卷的初始项目进行评定。一方面确保各项目对于农村留守儿童的适用性，另一方面对已有的项目进行修订或补充。最后，形成了 16 个条目的留守烦恼问卷，如"与住在一起的大人闹翻了"、"别人说爸爸/妈妈不要我了"、"没有人关心我"、"爸爸/妈妈说要回家，但却很久没有回来"等。在一个三点量尺上（从0"没发生"到2"经常发生"），让儿童报告了从开学到测试为止大约3个月的时间里，儿童经历的与父母外出打工相联系的各种消极事件的频率。在本研究中，留守烦恼子问卷的内部一致性系数为0.74。同时，儿童的一般日常烦恼与留守烦恼之间的相关为0.51（$p < 0.001$）。

4）亲子亲合

运用家庭适应和亲合评价问卷（FACES）Ⅱ的亲合分问卷（Olson，Sprenkle，Russell，1979），采取儿童青少年自我报告的方式，测量了儿童感知到的父母与自己的情感联结或支持状况。该问卷包括测查内容完全相同的父亲/母亲两个分问卷。采用5点记分（1"几乎从不"~5"几乎总是"），运用10个项目进行了测查，例如："我和母亲/父亲彼此感觉非常亲近"、"我和母亲/父亲在困难时互相支持"等。在以往关于青少年期亲子关系的研究中，该问卷得到了广泛运用（Fuligni，1998；Steinberg，1987，1988），且具有较好的信度和效度。在本研究中，父子亲合和母子亲合两个分问卷的内部一致性系数分别为0.64和0.67。

5）父母行为管理

采用巴伯、斯托尔茨和奥尔森（2005）修订的父母行为管理问卷，测量了养育者对儿童的行为管理状况。该问卷包括测查内容完全相同的父亲/母亲两个分问卷。采用三点记分（1"不知道"~3"知道"），通过儿童的自我报告，测查父亲和母亲对儿童行为的相对知晓程度，例如："父亲/母亲知道我晚上去哪里了"、"父亲/母亲知道我下午放学后去哪里了"等。在巴伯（2005）等人的研究中，该问卷被用于包括中国在内的多个国家青少年的群体测量，取得了较好的信度和效度。在本研究中，父亲行为管理和母亲行为管理的内部一致性系数分别为0.57和0.67。

6）留守相关事件的认知评价

基于罗腾博格（Leitenberg，1986）等人关于儿童认知评价偏差问卷的理论结构，留守相关事件的认知评价量表包含了儿童对于留守相关事件的消极认知评价和积极认知评价两个分量表。

基于对留守儿童的访谈资料分析以及留守儿童生活事件问卷的调查，本量表包括10个典型的与"留守"相关的假定事件情境。这些情境主要涉及留守儿童生活中的五个方面：留守儿童与内监护人的冲突、思念父母、父母的承诺落空以及邻里冲突。事件选择的标准如下：①这些事件是留守儿童的典型经历；②是经常发生的；③带来较多烦恼的；④既可能包含积极的因素，也可能包含消极的因素。从留守日常烦恼问卷的调查结果来看，41%~80%的留守儿童都经历过这些留守相关事件。在这些事件的叙述上，我们提供了儿童进行积极认知和消极认知的线索。下面是量表中使用的几个事件：

有一次爸爸/妈妈回来时说，暑假带我到他们打工的地方去玩。我非常高兴地等待暑假的到来。但是，整个暑假，爸爸/妈妈都没有回来，也没有提带我出去玩的事情。于是，暑假中我到了姑姑家，和姑姑家的孩子度过了一个愉快的假期。

那天放学后，我走在路上。村里的一个叔叔看到我说："你爸爸妈妈不要你了，出去打工了，哈哈！……"我的好朋友见状，拉着我说："不要理他，到我家玩去"。在好朋友的家里，我们两个人玩的非常开心。

在每个留守相关事件后面跟随3~4个条目，有的代表积极的认知评价（例如："即使爸爸/妈妈不带我出去，他们也是爱我的。"、"等爸爸/妈妈回来，他们就不敢、也不会这样说我了。"），有的代表消极的认知评价（例如："我表现不好，爸爸/妈妈生我气了。"、"以后其他人也会这样嘲笑我。"），共计35个条目。然后，在一个五点量尺上，让儿童评定这一陈述与他们对于这一情境评价的符合程度（1"与我想的根本不同"~5"与我想的完全相同"）。与罗腾博格（1986）等人关于儿童认知评价偏差的理论结构相一致，本量表中的消极认知评价包括四种类型，每个类型包含五个条目：①悲惨结局（catastrophizing），即预测这一经历的结果是悲惨的或灾难性的，或者把事件错误地理解为灾难性的；②过度泛化（over-generalizing），即假定同样或相似的事情出现在不同的时间和情境；③个人化（personalizing），即个体对于消极事件承担过多的责任，认为这些事件具有个人意义；④选择性注意（selective abstraction），即选择性地注意经历事件的消极面。积极认知评价包括三种类型，每个类型包含五个条目：①高自我认可（high self-regard），即热衷于关注自己的优良品质以及被爱的感受；②个体控制（personal control），即认为通过自己的能力会出现积极的结果；③乐观（optimism），即认为积极事件在未来出现的可能性很高。这样，消极认知评价包含20个条目，积极认知评价包含15个条目，不同的条目在不同的事件之间加以匹配。

在量表的形成上，根据梅热（1999）等人的方法，首先由8名发展心理学专业的博士或硕士研究生对各认知评价类型的条目进行匹配性评定，保留匹配性高的条目，对于匹配性低的条目进行讨论和修正，并进一步对事件的陈述进行修正，以适合被试的阅读水平。然后，由另外11名发展心理学的博士或硕士研究生对修订后的量表进行再次评定。评定结果表明，在对条目的消极评价和积极评价维度的归类上，评定者之间的一致性是100%。在消极认知评价和积极认知评价的各分量表上，平均的评定者一致性在91%（选择性提取）~100%（乐观、过度泛化）之间。消极认知评价的四个分量表之间的相关在 r（207）= 0.35（$p < 0.001$）到 r（207）= 0.56（$p < 0.001$）之间；积极认知评价的三个分量表之间的相关在 r（207）= 0.47（$p < 0.001$）到 r（207）= 0.52（$p < 0.001$）之间。由于消极认知评价和积极认知评价的各分量表之间存在中等程度的相关，与梅热（1999）等人的研究相一致，我们用各分量表的总分作为儿童积极认知评价和消极认知评价的指标。其中，消极认知评价总量表的内部一致性系数为 0.81，积极认知评价总量表的内部一致性系数为 0.78。

7）家庭社会经济地位（家庭 SES）

家庭社会经济地位的测量有多种方式，但常以家庭收入、受教育程度和父母职业三者的结合来衡量（Bradley，Corwyn，2002）。由于本研究样本来自中国的农村，大部分儿童父母的职业是农民或外出务工人员，因此父母职业测量的区分度比较低。同时，由于中国农民的经济收入不固定，因此难以客观测量到中国农民的家庭收入状况。基于上述考虑，本研究以儿童知觉的家庭经济压力作为家庭收入的指标，并把该指标与儿童父母的受教育程度相结合，作为儿童家庭社会经济地位的指标。采用舍克（2003）编制的"当前经济压力量表"（CESS），运用 4 个项目，在一个四点量尺上测量了儿童对当前经济压力的知觉，例如："在过去的六个月中，你家里的钱能够支付家庭的开支（花销）吗？""在过去的六个月中，你家是否因为经济困难而拖欠别人的钱？"等。该量表曾经被用于中国青少年群体的测量（Shek，2003），具有良好的信度和效度。在本研究中，该量表的内部一致性系数为 0.75。对于父母受教育程度的测量，让儿童根据父亲和母亲的情况分别在"没有上过学"、"小学"、"初中"、"高中或中专"、"大专"和"大学本科及以上"六个类别中做出选择，并依次对这些类别赋予了 1~6 的分值（师保国，申继亮，2007）。最后，把儿童在知觉的经济压力和父母受教育程度两个指标上的总分，作为儿童家庭社会经济地位的指标，其分数范围在 6~28 分之间。

3. 研究程序

本量化研究的所有数据收集工作都是在 2006 年 3~6 月份完成的。在进行数据收集时，首先进行了主试培训。本研究的主试均由具有施测经验的发展心理学研究生担任。在施测之前，对所有主试进行指导语、问卷内容以及施测注意事项的培训，一方面保证主试自身对调查项目的正确理解，另一方面保证测量过程的一致性。经培训后所有主试均达到施测要求。在具体施测时，以班级为单位进行，每班由一名主试负责。主试首先向被试介绍施测目的，消除被试的顾虑，并提出施测要求，说明答题方式等。最后，运用 SPSS10.0 统计软件进行数据的整理和分析。从数据缺失情况来看，缺失程度因变量的不同而存在差异，但是一般不超过3%。因此，本研究用系统平均数对缺失数据进行了替代。通过对各变量之间的相关分析发现，替代前后各变量之间的相关强度和方向没有改变。

4. 结果与分析

(1) 初步的描述性分析

不同留守状况的儿童在抑郁、反社会行为、一般日常烦恼以及假定的保护因素各变量上的得分见表3-9。为了探讨留守状况与儿童的抑郁、反社会行为以及近环境变量之间的关联，ANOVA分析发现：不同留守状况的儿童在反社会行为得分上不存在显著差异（$F(2,407) = 0.31$，$p > 0.05$），但是在抑郁得分上的差异显著（$F(2,407) = 4.15$，$p < 0.05$）。进一步的事后分析（Tukey）表明，单亲外出儿童的抑郁水平显著低于双亲外出儿童（$p < 0.05$）和非留守儿童（$p < 0.05$），双亲外出儿童和非留守儿童的抑郁水平不存在显著差异（$p > 0.05$）。

表3-9 不同留守类别儿童的抑郁、反社会行为和近环境

各变量的平均数和标准差

	双亲外出		单亲外出		非留守儿童		总体	
	M	SD	M	SD	M	SD	M	SD
抑郁	16.13	6.68	14.10	6.07	15.96	6.21	15.41	6.32
反社会行为	11.76	2.31	11.60	2.41	11.81	2.27	11.73	2.32
一般日常烦恼	49.56	13.95	50.05	17.77	51.48	17.09	50.60	16.65
日常积极事件	36.78	8.35	35.46	9.55	36.12	8.08	36.06	8.62
父子亲合	34.19	4.61	33.33	4.99	33.44	5.91	33.57	5.35
母子亲合	35.12	5.58	33.69	4.93	34.48	5.41	34.37	5.31
父亲行为管理	11.88	2.42	11.66	2.57	11.84	2.60	11.79	2.55
母亲行为管理	12.80	2.69	12.07	2.68	12.25	2.74	12.32	2.72
消极认知评价	42.68	9.72	39.40	11.15	—	—	40.62	10.58
积极认知评价	52.10	8.37	51.40	9.80	—	—	51.75	9.19

进一步对一般日常烦恼、各保护因素、抑郁、反社会行为以及各协变量（年龄、性别、社会经济地位）之间进行相关分析。结果发现（见表3-10），一般日常烦恼与儿童的抑郁、反社会行为以及近环境各变量之间均存在显著关联；五种近环境保护因素与儿童的抑郁、反社会行为之间均存在显著负相关；消

极认知评价与儿童的抑郁、反社会行为之间存在显著正相关，积极认知评价与抑郁、反社会行为之间的相关不显著。

表 3 – 10　　　　　　　　　　　本研究各变量之间的相关

	2	3	4	5	6	7	8	9	10	11	12
1 日常烦恼	-0.17***	-0.18***	-0.19***	-0.14***	0.13**			0.27***	0.38***	-0.26***	-0.01
2 父子亲合		0.59***	0.31***	0.18***	0.25***	-0.21***	0.25***	-0.22***	-0.14**	0.10*	-0.01
3 母子亲合			0.30***	0.39***	0.24***	-0.29***	0.20***	-0.25***	-0.14**	0.13**	-0.14**
4 父亲行为管理				0.69***	0.17***	-0.09	0.26***	-0.17***	-0.14**	0.21***	-0.06
5 母亲行为管理					0.25***	-0.04	0.25***	-0.17***	-0.10*	0.15**	-0.21***
6 日常积极事件						-0.07	0.24***	-0.10*	-0.16***	0.09	-0.08
7 消极评价							0.19**	0.30**	0.32***	-0.17*	0.04
8 积极评价								-0.12	-0.10	0.00	-0.04
9 反社会行为									0.19***	0.03	0.26***
10 抑郁										-0.21***	-0.01
11 家庭 SES											0.14*
12 性别											1.00

注：对性别进行虚拟编码：0 为女，1 为男。

此外，从性别、年龄和社会经济地位这三个变量与各变量之间的相关性来看，年龄与儿童的抑郁、反社会行为之间均不存在显著相关，因此下面的分析将不再关注儿童的年龄效应。性别与儿童的反社会行为、母子亲合和母亲行为管理之间的相关显著，社会经济地位与儿童的抑郁、一般日常烦恼、亲子亲合和父母的行为管理之间相关显著。因此，在下面的反社会行为对其他各变量的回归分析中，将把性别这一变量纳入回归方程，以控制其效应，但是不考虑年龄和社会经济地位的影响；在抑郁对其他各变量的回归分析中，将把社会经济地位作为控制变量纳入回归方程，但是不考虑年龄和性别的效应。

（2）危险因素对儿童抑郁和反社会行为的作用

为了考察留守状况这一远端压力与一般日常烦恼这一近端压力对儿童的抑郁和反社会行为可能存在的加剧作用以及作用强度，在控制性别或社会经济地位的情况下，分别以抑郁和反社会行为为因变量，以儿童的留守状况（对留守状况这一变量进行虚拟编码，以非留守儿童作为参考类，双亲外出儿童和单亲外出儿童相对这一参照类形成两个变量）和一般日常烦恼为预测变量，进行分层回归分析。结果表明（见表 3 – 11），在控制性别的情况下，儿童的一般日常烦恼能够显著地预测其反社会行为，但是留守状况的预测作用不显著，因此没有进入回归方程；一般日常烦恼对儿童反社会行为的独特贡献率为 8%。对于儿童的抑郁水平，在控制社会经济地位的情况下，两类压力对于抑郁的独特贡献率为 14%。

其中，一般日常烦恼的标准回归系数大于留守状况的标准回归系数，提示一般日常烦恼对抑郁的加剧作用较大。进一步的分层回归分析证实了这一点。在第一步控制社会经济地位的条件下，第二步分别控制留守状况或一般日常烦恼的作用，以在最后一步的回归方程中考察一般日常烦恼或留守状况的独立预测作用。结果表明，一般日常烦恼可以独立解释抑郁变异的11%（F变化（1，405）＝56.53，$p < 0.001$），而留守状况的独立解释率为2%（F变化（1，405）＝5.02，$p < 0.01$）。由上述可以看出，与留守状况这一远端压力相比，一般日常烦恼这一近端压力对于儿童的抑郁和反社会行为的加剧作用更大。

表 3 – 11   留守状况和一般日常烦恼对于儿童反社会
行为和抑郁的预测作用

	反社会行为		抑郁	
	β	R^2	β	R^2
Block1		7%		4%
性别	0.26***		—	
社会经济地位	—		−0.21***	
Block2		8%		14%
双亲外出儿童	—		0.04	
单亲外出儿童	—		−0.13**	
一般日常烦恼	0.28***		0.35***	
总体 R^2		15%		18%

（3）近环境保护因素对不同留守状况儿童抑郁和反社会行为的改善效应

为了考察儿童的日常积极事件、父子亲合、母子亲合、父亲行为管理和母亲行为管理这些假定的近环境保护因素在压力背景下对不同留守状况儿童反社会行为和抑郁的改善作用（即主效应）及作用强度，我们以一般日常烦恼和相关协变量（性别或社会经济地位）为控制变量，以儿童的反社会行为和抑郁为因变量，各保护因素为预测变量，运用逐步回归（Stepwise）的方法，分别对双亲外出、单亲外出和非留守儿童三类群体进行分层回归分析发现：母子亲合能够显著改善双亲外出儿童的反社会行为（$\beta = -0.26$，$p < 0.001$；$R^2 = 7\%$），父子亲合显著地改善非留守儿童反社会行为（$\beta = -0.20$，$p < 0.01$；$R^2 = 4\%$），各保护因素对于单亲外出儿童反社会行为的改善效应均不显著；对于儿童的抑郁，日常积极事件能够显著改善单亲外出（$\beta = -0.23$，$p < 0.001$；$R^2 = 5\%$）和非留守

儿童（$\beta = -0.23$，$p < 0.001$；$R^2 = 5\%$）的抑郁水平，但是各保护因素对双亲外出儿童抑郁的改善效应均不显著。这表明，各种保护因素对于儿童反社会行为和抑郁的改善效应强度在不同留守状况群体中表现出了不一致。

（4）压力背景下认知评价对儿童抑郁和反社会行为的保护作用

由于对留守相关事件评价的特殊性，本部分分析只涉及了双亲外出儿童和单亲外出儿童。与此相对应，在下列分析中，对留守状况变量进行了新的虚拟编码（单亲外出儿童为 0，双亲外出儿童为 1）。根据本部分分析的目的，我们把留守儿童在一般日常烦恼与留守烦恼两个问卷上的累积得分，作为儿童留守日常烦恼的指标。

① 消极认知评价的中介效应

运用 AMOS 4.0，采用协方差结构方程模型的方法，分别探讨了留守状况、留守日常烦恼和消极认知评价作用于抑郁或反社会行为的过程模型。经过几次修正，对于抑郁和反社会行为，我们分别得到了图 3 – 5 和图 3 – 6 所示的结构。两个模型均达到了良好的拟合（χ^2 值检验不显著，χ^2/df 小于 2，NFI，IFI，TLI 和 CFI 均高于 0.95，$RMSEA$ 小于 0.05）。

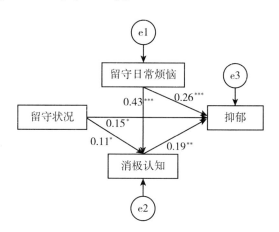

图 3 – 5　留守状况对儿童抑郁的作用过程

对于儿童的抑郁，如图 3 – 5 所示，在该模型中，留守状况、留守日常烦恼、对留守消极事件的消极认知评价对于抑郁都具有直接影响效应，表明双亲外出儿童的抑郁水平高于单亲外出儿童；随着留守日常烦恼的增多或消极认知评价水平的提升，儿童的抑郁水平提高。同时，留守状况和留守日常烦恼对抑郁也具有间接影响：一方面，消极认知评价在留守日常烦恼与抑郁之间仍然具有中介效应；另一方面，留守状况会通过消极认知评价作用于儿童的抑郁，即与单亲外出儿童相比，双亲外出儿童对留守消极事件的消极评价更高，这进一

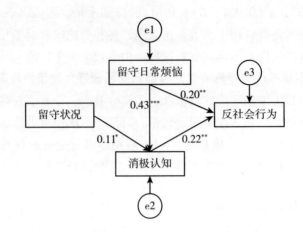

图 3 - 6　留守状况对儿童反社会行为的作用过程

步增加了儿童的抑郁水平。需要指出的是，留守状况对消极认知评价的预测作用仅达到了边缘显著水平。基于理论假设和模型拟合程度的考虑，我们保留了这一路径。留守状况与留守日常烦恼对抑郁的间接效应分别为 0.02 和 0.08。这样，留守状况对儿童抑郁水平的总效应为 0.17，留守日常烦恼对儿童抑郁的总效应为 0.34。

　　对于儿童的反社会行为，如图 3 - 6 所示。在该模型中，留守日常烦恼与消极认知评价对于儿童的反社会行为均具有直接作用，这表明随着儿童留守日常烦恼的增多或消极认知评价水平的提升，儿童的反社会行为增加。然而，留守状况对儿童的反社会行为没有直接作用。同时，与图 3 - 5 所示模型一样，留守状况和留守日常烦恼都会通过作用于儿童的消极认知评价而对儿童的反社会行为产生间接影响，其间接效应分别为 3% 和 9%。此外，在这一模型中，留守状况对消极认知评价的预测作用也是仅达到了边缘显著水平，我们也把这一路径纳入了模型之中。这样，留守状况与留守日常烦恼对儿童反社会行为作用的总效应分别为 0.03 和 0.29。

　　② 积极认知评价的调节效应

　　对于留守儿童的反社会行为，初步的分层回归分析发现，积极认知评价对留守日常烦恼与反社会行为之间关系中的调节作用在不同留守状况或不同性别或不同社会经济地位的儿童中均不存在差异，并且留守状况、性别或社会经济地位与留守日常烦恼或积极认知评价的 Two-way 交互项也均不显著，因此在此回归模型中没有纳入性别、留守状况和社会经济地位这些变量。以儿童的反社会行为为因变量，留守日常烦恼、积极认知评价以及二者的交互项为预测变量，进行回归分析发现，积极认知评价对留守日常烦恼与反社会行为之间的调节作用达到了边缘显著水平（$\beta = -0.12$，$p < 0.10$）。该回归模型对儿童反社会行为变异的解释率为 11%。与以往研究相一致（Formoso et al.，2000；Mazur et al.，1999），我们对这一调节效应进行了进一步分析。简单斜率分析发现（如图 3 - 7 所示），在低积极认知条件下（$\beta = 0.37$，$t(203) = 4.51$，$p < 0.001$），儿童的留守日常烦恼与反社会行为之间的关联高于高积极认知条件（$\beta = 0.16$，$t(203) = 1.62$，$p > 0.10$）。并且，对于持有高积极认知评价的儿童，留守日常烦恼的增加不会带来其反社会行为的增加，表现出了保护的稳定性。

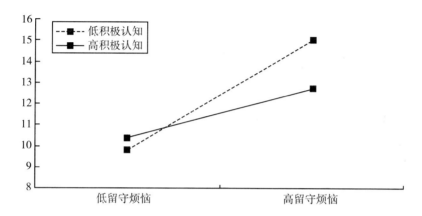

**图 3 - 7　积极认知评价在留守日常烦恼与反社会
行为之间关系的调节作用**

对于儿童的抑郁，初步分析发现，留守状况或社会经济地位与留守日常烦恼、积极认知评价之间的 Three-way 和 Two-way 交互项均不显著，因此在回归模型中剔除了留守状况或社会经济地位的效应。然而，积极认知评价对留守日常烦恼与抑郁之间的调节作用在不同性别儿童群体中出现了显著差异（$\beta = -0.14$，$t(203) = 1.99$，$p < 0.05$），该模型对留守儿童抑郁变异的解释率为 15%。简单斜率分析发现（如图 3 - 8 所示），对于高积极认知的男孩，留守日常烦恼与抑郁之间关联不显著（$\beta = 0.04$，$t(203) = 0.28$，$p > 0.10$）；对于低积极认知的男孩，留守日常烦恼与抑郁之间的关联极其显著（$\beta = 0.41$，$t(203) = 4.03$，$p < 0.001$）。对于高积极认知的女孩（$\beta = 0.45$，$t(203) = 3.26$，$p < 0.001$），留守日常烦恼与抑郁之间的关联强度高于低积极认知的女孩（$\beta = 0.32$，$t(203) = 2.30$，$p < 0.05$）。这显示，对于高积极认知评价的留守男孩，留守日常烦恼的增加不会带来其抑郁水平的提升，表现出了保护的稳定性；对于高积极认知评价的留守女孩，留守日常烦恼反而会加剧对其抑郁水平的影响。

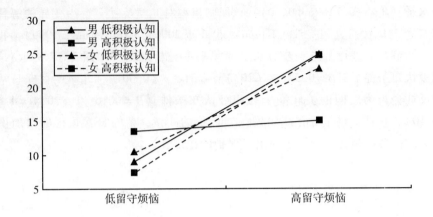

**图 3 - 8　留守男孩和女孩的积极认知对留守日常烦恼
与抑郁之间关系的调节作用**

5. 讨论

(1) 农村留守儿童的抑郁和反社会行为状况

近几年来，国内为数不多的关于留守儿童心理社会问题的研究几乎较为一致地发现（周宗奎等，2005；范方、桑标，2005；王东宇、林宏，2003；李立靖，2004），留守儿童群体存在较多的内部失调和外部失调问题。留守似乎已经成为儿童的一种负面标签。然而，与已有研究和我们的预期相反，本研究却发现，留守儿童群体的抑郁和反社会行为水平并没有显著高于非留守儿童。在三类儿童中，单亲外出儿童的抑郁水平显著低于双亲外出儿童和非留守儿童，后两者的抑郁水平不存在显著差异；并且，三类儿童的反社会行为不存在显著差异。从儿童抑郁和反社会行为分数的标准差来看，三类儿童在反社会行为和抑郁得分上的离散程度基本接近。这说明，无论留守儿童还是非留守儿童，他们的抑郁和反社会行为水平都存在一定的个体差异性。考虑到一些研究在考察留守儿童和非留守儿童群体的心理社会问题的差异时，仅关注了心理社会问题的检出率或严重性程度。本研究在结果分析之外，也比较了各类儿童在抑郁和反社会行为上高于总体平均分一个标准差以上的人数。与上述结果基本一致，χ^2 检验表明，双亲外出儿童抑郁症状的检出率（22%）显著高于单亲外出儿童（13%），但是双亲外出和非留守儿童之间在抑郁水平上不存在显著差异（17%）；三类儿童在反社会行为的检出率上不存在显著差异。

本研究结果与以往研究的不一致，可能主要有两种原因：第一，这种不一致符合人类发展的生态学模型所提出的"宏系统只是一些本身缺乏解释力的标签"的论断（DeLongis et al.，1982），说明仅通过比较留守儿童和非留守儿童的发展结果来纯粹地考察留守对儿童发展的影响是存在风险的。由于儿童所处的近环境或近环境影响的不同，远环境不仅不能很好地说明留守儿童的适应过程，而且还会导致不同研究结果的不一致。第二，这种不一致也可能是由于不同研究所取样本的地区、测量工具和测量方法不同所造成的。此外，本研究的这一结果也进一步促使我们思考：为什么在亲情相对缺失的不利处境下，留守儿童群体的抑郁和反社会行为的分数分布与非留守儿童群体基本相同呢？其中存在怎样的保护机制？

（2）日常烦恼对留守儿童抑郁和反社会行为的加剧作用

个体生活中经历的日常烦恼往往被看做是个体发展的危险因素（Luthar et al.，2000）。近些年来，日常烦恼对儿童青少年抑郁、反社会行为的消极影响也得到了大量研究的证实（Compas et al.，1987；Rowlison，Felner，1988；Wheaton，1994）。与此相一致，本研究发现，无论是留守儿童和非留守儿童共同经历的一般日常烦恼，还是留守儿童经历的留守日常烦恼（一般日常烦恼和留守烦恼的累积），都能够加剧儿童的反社会行为和抑郁水平。这说明，对于留守儿童群体，日常烦恼的确是他们发展中的一种危险因素。

对于留守儿童群体，父母外出打工实际上构成了他们生活中的一个主要压力事件。根据压力与应对研究领域的一些研究者的观点（Rowlison，Felner，1988），主要压力事件是个体压力的远端测量，日常烦恼则是个体压力的近端测量。与主要压力事件相比，日常烦恼能够更为直接地描述个体的生活环境以及个体所面临的要求。因此，日常烦恼与个体适应结果之间的关联更强（DuBois et al.，1994；Rowlison，Felner，1988；Compas，Felner，1987）。与此相一致，本研究发现，无论是一般日常烦恼还是留守日常烦恼，它们对于儿童抑郁、反社会行为的预测力均高于留守状况。这一结果一方面支持了已有的研究结果，显示日常烦恼这一近端压力对于儿童抑郁、反社会行为的较强预测作用可能同样存在于农村留守儿童群体或一般农村儿童群体；另一方面也为本研究构建的"留守儿童心理发展的生态模型"提供了一定支持。

（3）日常积极事件的保护效应

如前所述，个体与周围环境之间的日常互动不仅包括上述的日常烦恼，也包括日常积极事件。作为儿童日常经历中的一种积极因素，日常积极事件对留守儿童发展的保护效应在本研究中得到了证实。本研究发现，日常积极事件的保护效应因儿童心理社会问题的类型而表现出了模式上的区别。具体来说，日常积极事件对于儿童的抑郁水平和反社会行为具有显著的改善效应（主效应）；同时，日常积极事件能够有效地抵抗日常烦恼或留守日常烦恼对儿童反社会行为的加剧作用，表现出了保护的反应性。对于日常积极事件的保护效应，我们可以从以下两个方面来理解：第一，日常积极事件可能会通过产生积极的感受来缓冲压力性生活事件的影响，这些积极的感受能够促进个体对压力的适应（Lazarus et al.，1980）。根据弗雷德里克森（Fredrickson，2001）提出的积极情绪的"扩大－构建理论"（Broaden-and-build theory），积极的情绪体验，例如高兴、感兴趣、满足、自豪和热爱等，能够扩大个体即时的思维－行动技能，进而建立他们持久的个体资源，包括生理和智力的资源到社会和心理资源等。这种资源的建立一方面能够降低压力事件对儿童反社会行为的影响，另一方面也能够缓解个体因不能良好地应对压力而产生的抑郁症状。第二，日常积极事件能够支持那些被各类压力所威胁的来自自我系统的信念，如控制感或自尊等（Sandler，2001）。这种自我系统的强大可能会直接缓解儿童的抑郁症状。

然而，需要指出的是，本研究发现，与其他保护因素相比，日常积极事件仅仅是单亲外出和非留守儿童抑郁的最佳预测变量，却不是双亲外出儿童的最佳预测变量。这可能是因为，在双亲外出、单亲外出和非留守儿童三类群体中，双亲外出儿童的处境最为不利。社会处境的不利会导致儿童所拥有的那些可以抵抗压力效应的心理资源的大量使用和损耗（Gallo，Mattews，2005）。因此，与其他两类儿童相比，双亲外出儿童的资源损耗可能是最为严重的。在这种高损耗条件下，日常积极事件通过引发积极情绪所建立的资源或对个体自我系统的积极作用，对于双亲外出儿童抑郁症状的缓解效应可能不再明显。

（4）父母教养的保护效应

亲子亲合和父母行为管理，作为父母教养的两个基本维度（父母温情和父母管理）的积极方面，对于儿童青少年心理发展的保护效应已经得到了大量研究的证实（Luthar et al.，2000；Barber et al.，2005；Lamborn & Felbab，2003；Peterson & Rollins，1987）。与此相一致，本研究在农村儿童和一般农村儿童群体中，也在一定程度上证实了这种保护效应的存在，但是这种保护效应却因儿童的留守状况和心理社会问题的类型而存在一定差异。

从亲子亲合的改善效应（主效应）来看，与已有的研究相一致（Barber et al.，2005；Bean et al.，2006），本研究发现，总体上，父子亲合和母子亲合与儿童的抑郁、反社会行为均存在显著负相关，这在一定程度上显示了亲子亲合对儿童抑郁、反社会行为的改善效应。然而，与本研究的其他保护因素相比，父子亲合和母子亲合的改善效应在不同留守状况儿童群体中出现了分化：母子亲合能够最为有效地改善双亲外出儿童的反社会行为，父子亲合则能够最为有效地改善非留守儿童的反社会行为；父子亲合和母子亲合均不能有效地改善三类儿童的抑郁，也不能够有效地改善单亲外出儿童的反社会行为。这显示，对于反社会行为，不同留守状况的儿童与父亲、母亲的情感联结的效用发生了一定的改变；但是亲子亲合对于三类儿童的抑郁却不具有直接的改善效应。这为已有的该领域的研究提供了一定补充（Bean et al.，2006；Barber et al.，2005；Mounts，2004；Gray & Steinberg，1999；Garber et al.，1997）：对于留守儿童或一般农村儿童，亲子亲合与儿童抑郁或反社会行为之间关联可能并不存在稳健性。

作为父母教养中的一个积极方面，父母行为管理与儿童反社会行为之间的关联得到了大量研究的证实，表现出了某种稳健性（Barber et al.，1994；McCord，1990；Galambos et al.，2003），但是与儿童抑郁之间的关联却没有表现出这种稳健性（Galambos et al.，2003）。在本研究中，父亲行为管理和母亲行为管理在总体上与儿童的抑郁和反社会行为之间存在显著负相关，但是在留守儿童群体中，父母行为管理与抑郁之间的关联不再显著。这一发现在一定程度上支持了已有的研究结论。然而，虽然父亲行为管理和母亲行为管理在总体上能够改善儿童的反社会行为，但是具体到各个群体中，父母行为管理对三类儿童群体反社会行为和抑郁的改善效应均不显著。这显示，对于留守儿童群体或中国一般农村儿童，父母行为管理与儿童抑郁、反社会行为之间的直接关联可能并不具有稳健性。

（5）认知评价的保护作用

① 消极认知评价在留守日常烦恼与抑郁、反社会行为之间的中介作用

与压力和应对研究领域的相关理论和实证研究相一致（Lazarus，1991；Sheets，Sandler & West，1996；Mezulis，Hyde，& Abramson，2006），本研究发现，儿童对留守相关事件的消极认知评价与其抑郁、反社会行为存在紧密关联。并且，消极认知评价在留守日常烦恼与留守儿童的抑郁、反社会行为之间起中介作用。换言之，留守日常烦恼的增多会使儿童对留守相关事件的评价更为消极，这会进一步提升他们的抑郁或反社会行为水平。由此可以看出，如果要更为深入地认识留守日常烦恼的效应，理解这些烦恼对于个体的意义更为重要（Lazarus，1991；Sheets，Sandler，& West，1996）。这也进一步证明：降低儿童对留守相关事件的消极认知评价对于减轻或预防其抑郁或反社会行为是极为重要的。对于消极认知评价的这一中介效应，我们可以这样来看待：第一，儿童生活中留守消极事件的增多为儿童提供了对留守消极事件做出反应和推理的机会。这种情境性评价会使儿童形成对特定事件的一般性信念（Lazarus，1991）。换言之，如果个体经常经历这些消极事件或对这些事件具有易感性，就很容易形成对留守事件的自我取向的、消极的、扩大事态和悲观方式的认识评价方式（Mezulis，Hyde & Abramson，2006）。在这种评价方式下，儿童可能就会以一副有色的眼镜来看世界，在日常生活中遇到烦恼或挫折时，就会产生消极的情绪或不良的行为反应（Lazarus，1991；Mezulis，Hyde & Abramson，2006；Mazur et al.，1999；Sheets，Sandler & West，1996）。第二，根据

认知背景理论（Grych，Fincham，1992），作为一个积极的认知主体和问题解决者，留守儿童可能会根据自己所经历的因父母外出打工而引发的事件经验，来理解并应对留守相关事件带给他的压力。这样，对留守相关事件的不恰当归因、关注自我的责任和较低的应对效能等消极认知评价就会引发儿童的抑郁或反社会行为。然而，本研究也发现，消极认知评价在留守日常烦恼与抑郁、反社会行为之间仅具有部分中介作用。这提示我们，可能还有其他因素制约着留守日常烦恼与儿童抑郁、反社会行为之间的关系。

② 积极认知评价的调节作用

鉴于当前在积极认知评价对儿童心理健康发展的保护作用上尚存在争议（Taylor et al.，1988，2000；Colvin，Block，1994)），我们考察了儿童对留守相关事件的积极认知评价对于留守日常烦恼与抑郁、反社会行为之间关系的调节作用。本研究发现，高水平的积极认知评价能够较为有效地抵抗留守日常烦恼对儿童反社会行为的加剧作用；同时，高水平的积极认知评价也能够较为有效地抵抗留守日常烦恼对留守男孩抑郁的加剧作用。这一发现与当前对于处境不利儿童群体（如离婚家庭儿童）的研究较为一致（Mazur et al.，1999；Sandler，Tein，& West，1994），个体对于自身或能够控制压力性事件的乐观信念，有助于他们产生前摄策略思维（Bandura，Barbaranelli，Caprara & Pastorelli，1996)、降低在面临压力性事件时产生沮丧情绪的可能性，或提高儿童更为积极的应对策略，这有助于降低儿童产生心理社会问题的可能性。然而，对于持有高积极认知评价的女孩，留守日常烦恼却表现出了对于其抑郁的较小幅度的加剧作用。这显示，高积极认知评价虽然能够抵抗各类留守儿童的日常烦恼对其反社会行为的不良影响，但是对于抑郁的保护效应上却出现了一定的性别分化。这同时表明，提高留守男孩对留守相关事件的积极认知评价水平，可能对于其抑郁和反社会行为的预防和控制具有重要意义。此外，本研究的发现也进一步表明了对个体的积极认知评价的效应进行深入探讨的必要性。

6. 结论

（1）单亲外出儿童的抑郁水平显著低于双亲外出儿童和非留守儿童，但是双亲外出儿童和非留守儿童的抑郁水平不存在显著差异；三类儿童在反社会行为和近环境变量上均不存在显著差异。

（2）一般日常烦恼这一近端压力对儿童反社会行为和抑郁的预测作用显著高于留守状况这一远端压力。

（3）近环境各保护因素对儿童抑郁、反社会行为的改善效应在不同留守状况群体中表现出了不一致：母子亲合对双亲外出儿童反社会行为的改善效应最强，父子亲合对非留守儿童反社会行为的改善效应最强；日常积极事件对单亲外出和非留守儿童抑郁的改善效应最强。

（4）与单亲外出儿童相比，双亲外出儿童对留守消极事件的评价更为消极，进而加剧了他们的抑郁和反社会行为。

（5）对于反社会行为，积极认知评价能够抵抗留守日常烦恼的消极影响；对于抑郁，积极认知评价保护效应只存在于留守男孩群体之中。

7. 关于农村留守儿童问题行为预防和干预的建议

根据留守儿童的亲情相对缺失这一群体特征，本研究在设计上涵盖了留守儿童发展的危险因素和保护因素，希望通过在压力背景下对保护因素的关注来发现能够降低留守儿童的抑郁或反社会行为的最佳变量。基于留守儿童心理发展的生态模型，根据量化的研究结果，我们认为：留守并不必然导致儿童抑郁和反社会行为水平的提升；在结构良好的保护因素的作用下，留守儿童仍然具有积极发展的可能性。具体来说，基于本研究的结论，我们认为可以从以下几个方面对留守儿童的抑郁或反社会行为进行预防或教育干预：

第一，降低儿童对留守相关事件的消极认知评价。父母外出打工后，生活中的一般日常烦恼和父母外出所带来的生活上的挫折，不可避免地会使儿童对留守相关事件持有消极的认知评价。根据本研究的发现，较低的消极认知评价水平对于降低儿童的抑郁和反社会行为水平具有重要意义。因此，要降低儿童的抑郁或反社会行为水平，就需要通过各种渠道帮助留守儿童降低对留守相关事件的消极认知评价。这就需要监护人或教育者尽可能地减少儿童生活中的日常烦恼，或帮助儿童有效地应对生活中的留守日常烦恼。

第二，利用"留守儿童亲子亲合的远距离效应"。根据量化研究发现，外出打工父母与子女的情感联结强度（高度的亲子亲合），能够有效地抵抗留守儿童，尤其是双亲外出儿童的一般日常烦恼或留守日常烦恼对抑郁或反社会行为的加剧作用。因此，对于那些限于现实条件不能与孩子生活在一起的父母，可以通过与子女的经常联系、聊天、鼓励、表扬或支持等方式，增强与子女的情感联结，这可能是促进留守儿童心理健康发展的重要方式。当然，根据本研究的结论，这种方式对于双亲外出的留守男孩似乎更为有效。

第三，增强父母对儿童的行为管理。尽管留守儿童的父母长期不在身边，但是本研究依然发现了父母行为管理对于留守儿童反社会行为的保护效应。因此，在外打工的父母不要因为与留守儿童生活的远距离性而忽视了对孩子的行为管理。父母可以通过各种途径来了解留守儿童的日常活动或行动状况，这样所发挥的远距离监督或指导能较为有效地降低留守儿童的反社会行为。

第四，增加留守儿童的日常积极经历。日常积极经历能够壮大儿童的自我系统，增加儿童的心理发展资源（Fredrickson，2001），因而能够使留守儿童有利地应对不良处境。因此，我们认为，在日常生活中增加儿童的积极经历是保证其良好适应的重要条件。这就意味着要帮助儿童提高学业成绩、在同伴交往和师生交往中体验快乐、在与监护人的生活中寻找快乐等。

第五，优化留守儿童的保护因素网络。留守儿童抑郁或反社会行为水平的降低需要各领域保护因素的整合效应。因此，在条件允许的情况下，使留守儿童处于多种保护因素存在的生态背景中，可能会最大限度地降低留守儿童的抑郁和反社会行为水平。当然，如果条件不允许，那么尽量地降低儿童对留守相关事件的消极认知评价水平则可能是一个比较有效的措施。

需要指出的是，上述这些干预措施主要是基于本研究的发现而推测出来的。至于这些措施在现实生活中是否确实能降低留守儿童的抑郁或反社会行为水平，还需要进一步实施教育干预研究来检验其效果。

第四节　离异家庭儿童情绪的影响因素

一、我的家缺了重要的一"角"，快乐离我越来越远

情绪是所有心理活动的背景条件和伴随其他心理过程的体验。正如体温作为生理上健康与否的标志之一，情绪也是反映人心理健康与否的标志之一。翟宏（1999）认为情绪稳定、心境乐观是心理健康的重要指标。近年来，情绪状态对于人的身心健康的重要影响作用越来越为人们所关注，乔建中等（2002）指出，许多研究者通过实验研究发现，情绪状态及其所伴随的生理反应直接影响免疫系统的功能：积极的情绪状态会增强免疫系统的功能，而消极的情绪状态则会减弱免疫系统的功能；由于情绪可以改变信息到达大脑时的舒适感，因此人们对自己身体症状或健康状况的评价和判断常常受到自身情绪状态的左右；情绪状态直接影响个体的心理适应，积极的情绪状态更容易使人们获得进行革新性和创造性的思维和行动的心理能量，从而促使人们去设想和计划将来；而消极的情绪状态则使人们忙于应付最近的、即刻的事件情绪状态与不健康行为；人们选择采取或保持某一不健康行为方式的动机基础，与其当时的情绪状态及其调节策略密切相关，因此情绪状态与不健康行为的产生和保持都有紧密的关系。由此可见，情绪在人的生活中所具有的意义之重大。

改革开放以来，我国的离婚率不断攀升，离婚家庭数量逐渐增多，随之而来的是在"单亲家庭"中成长起来的孩子也越来越多，他们的心理健康成为社会、学校和家庭最为关注的方面之一。舍默霍恩（Schermerhorn，2005）研究发现，与完整家庭儿童相比，离异家庭儿童更容易出现心理健康危机问题。有研究发现离异家庭的孩子，其情绪和行为问题明显高于和睦家庭的孩子。国内的研究发现，父母离异易使子女的情绪情感受到消极影响：父母离婚后，其子女首先发生情绪情感上的变化，接着会出现适应问题，然后影响性格的养成，出现学习困难，最后在整个智力和社会适应上发生变化。如王瑛（1990）研究发现，在父母离异的头六个月儿童发生不良情绪的比率为23.57%，并且这些消极情绪有着否定的情绪体验、紧张而且强烈。贺红梅等（2001）通过对6~12岁儿童的研究发现，离异家庭儿童与和睦家庭儿童的异常行为和情绪存在显著差异。父母离异前的矛盾冲突、双方失常的情绪和行为使离异家庭的儿童青少年处于激烈的、动荡不安的家庭环境中，在这种环境中离异家庭的儿童青少年的心理也经受着打击和潜移默化的影响；离异后孩子和家庭不仅会受到来自社会和学校各个方面舆论的影响，而且单亲一方还要解决由于离异而产生心理变化、离婚后的适应以及家庭经济等一系列的问题，这些不仅会给离异家庭的孩子带来心理上的创伤，而且还会剥夺父母在孩子身上的注意力和精力，从而使得正在成长的儿童出现消极情绪。

同时，青少年消极情绪与相关健康危险行为的关系也是一个不容忽视的问题，潘晓群等（2006）研究发现，有消极情绪组自杀意念和离家出走想法的学生比例是无消极情绪组的4~5倍，有消极情绪的女生中有一种及一种以上健康危险行为学生的比例是无消极情绪组的2倍以上。消极情绪是男女生产生自杀意念和离家出走想法的重要危险因素。此外，消极情绪是男生有打架和吸烟危险行为的显著影响因素；消极情绪是女生有饮酒、毒品或成瘾药物使用和不健康饮食行为的显著影响因素。由此，关注那些本该在温暖的家中享受快乐，但是却在父母离异的不幸中饱受痛苦的孩子们，让因为完美的家缺失重要"一角"而失去快乐的他们不要在失去完整家庭的重创之后，再次遭受消极情绪的严重危害，也为了让他们在经历这些之后能保持积极乐观的心态，关注离异家庭青少年的积极和消极情绪就显得尤为重要。

二、什么是积极情绪和消极情绪

积极情绪（positive emotion）即正性情绪或具有正效价的情绪，"positive"即正性的、积极的。有许多研究者为积极情绪下过具体定义，如弗雷德里克森（2001）认为"积极情绪是一种暂时的愉悦，是对个人有意义的事情的独特即时反应。"孟昭兰（1989）认为"积极情绪是与某种需要的满足相联系，通常伴随愉悦的主观体验，并能提高人的积极性和活动能力。"情绪的认知理论则认为"积极情绪就是在目标实现过程中取得进步或得到他人积极评价时所产生的感受"。从分立情绪理论的观点来看，积极情绪包括快乐、满意、兴趣、自豪、感激和爱等。郭小艳等（2007）在对积极情绪的综述中将其概括为，积极情绪是指个体由于体内外刺激、事件满足个体需要而产生的伴有愉悦感受的情绪。

积极情绪和消极情绪作为情绪两极，两者的含义相反。消极情绪，即负性情绪则是指个体由于体内外刺激、事件不能满足个体需要而产生的伴有悲伤感受的情绪，它通常包括恐惧、忧郁、憎恨、愤怒、内疚等情绪。潘晓群等（2006）在研究中将消极情绪的操作定义为近 12 个月内有过 2 周或以上时间感觉悲伤，没有意义而不愿意做任何事情的情绪状态。积极情绪和消极情绪在个体内部心理结构中处于动态平衡之中，就像一枚硬币的反正面一样，缺一不可。

三、影响情绪产生和发展的重要因素

1. 情绪的产生

郭小艳等（2007）指出：情绪是有机体在进化过程中由于适应环境而被赋予或设置的，尤其是消极情绪是在应对具有生存威胁的环境中逐渐进化而来。在进化的阶梯上，消极情绪与特定行动趋势密切联系，例如，愤怒生成攻击欲，恐惧产生逃离欲，厌恶引发驱逐欲等。这种特定行动的趋势对于应对危险和生存挑战是必须的和关键的。但积极情绪只伴有一般性激活，如高兴、愉快伴随无目的激活；兴趣与注意定向相联系，兴趣引起个体一种希望研究、探索或卷入的感受以及通过整合新的信息到自我中和获得对于客体和他人新的经验；而满意与放松的状态相联系。尽管积极情绪不伴随特定的行动趋势，不产生具体的行动，但积极情绪会产生一种一般的行动激活，即接近或趋近倾向，积极情绪能够促进活动的连续性。黄雅静（2002）也认为情绪的主要作用就是对外界以及人自身的各方面情况进行监测。一旦某一方面有了问题，人的情绪系统会立即发出信号，大脑则根据这些信号做出不同的调整。

那么情绪具体是怎样产生的呢？弗里达在 1986 年出版的（The Emotions）一书中提出，引起情绪的既不是刺激物或刺激事件，也不是个体的利害关系，而是刺激物或刺激事件与个体利害关系所组成的群集。群集就是有着某种特定关系的刺激物或刺激事件与个体利害关系所构成的集合。扎拉鲁斯也在《情绪与健康》

一书中指出，每一种情绪都有一个核心相关主题，他列出了十五种情绪的核心相关主题：例如，愤怒——冒犯、贬低我和我的东西；焦虑——面对存在着的不确定的威胁；悲伤——经历了无可挽回的损失；忌妒——因失去或威胁与另一方的情感而憎恨第三方；厌恶——接受一个难以理解的客体或主意；快乐——朝向目标的实现取得了合理的进步；自豪——通过对有价值的客体或成就感到荣耀来提升个人的自我认同；爱——渴望或参与爱，但通常不需要回报，等等。这些都说明情绪的产生和人的核心相关主题或者群集有很大的关系。斯通（1994，1996）等研究发现，增加令人喜悦的事件的发生频率，使人产生积极的情绪可以使其免疫反应在随后的几天里保持较高水平；甚至在随后的几天里控制令人悦意事件的发生频率，仍然可以使被试的免疫反应保持在较高的水平上。与之相对，增加令人不快事件的发生频率，则会导致相反的效果。

2. 情绪的影响因素

（1）个体因素

① 对父母婚姻冲突的感知

在我们先前的研究中，发现了一个令人深思的结果：父母的婚姻冲突给儿童带来的心理伤害要远甚于父母离异这件事的伤害。我们将儿童感知到的父母的婚姻冲突划分为三个不同维度：冲突强度、冲突频率、冲突的解决，结果发现它们分别对儿童的自尊、主观幸福感、积极情绪都有负面的影响，而正向预测儿童的受歧视感、问题行为和消极情绪。具体来说，儿童感知到的父母冲突的解决可以负向预测儿童青少年的情绪，也就是说父母婚姻冲突解决得越好，儿童青少年的情绪越积极；相反冲突解决得越不好，孩子的情绪也越消极。我们认为这是因为低效的冲突解决使问题恶化，冲突加剧；而高效的冲突解决不仅可以平息父母冲突，营造良好的生活环境，还可以让孩子学会积极解决问题的方法。这与一些研究者的结论相同，如王瑛（1990）认为父母离婚前，争吵谩骂，甚至动拳脚、用棒棍，这种冲突行为会深深地刺痛孩子，使他们心绪不宁；父母之间的相互粗野的指责不仅损害了他们在孩子心中的威望，还会激起孩子的异常情绪。

② 自尊、人格、自我意识等因素

自尊是个体人格的核心因素之一，也是人的基本需要之一。自尊也称自我尊重，周耀红（2007）认为自尊是个体对自己做出并通常持有的评价，它表达了一种肯定或否定的态度，表明个体在多大程度上相信自己是有能力的、重要的、成功的和有价值的。简单地说，自尊就是个体在对待自己的态度上表现出来的对自我价值的判断。布朗（1993，1995）研究表明高自尊的个体和低自尊的个体

对情绪的反应是不同的。布朗和曼科斯基（Brown & Mankowski, 1993）的研究已经表明，当面对效价性的生活事件时，个体表现出来的是高自尊和低自尊会对消极事件的反应存在差异。不同自尊水平的个体在对积极情绪的体验中也存在差异。高自尊的人比低自尊的人付出更大的努力增强或延长他们的积极情感，而低自尊的人甚至尽力减弱积极情感。并且在经历成功事件之后，高、低自尊的个体在认知和情感体验上存在差异，低自尊者在成功之后比高自尊者体验到更多的焦虑情绪和自我认知的怀疑。

情绪——认知——行为的循环顺序可能引起特定的、发展的以及有规则的反应模式，即人格特质，所以人格与情绪的相关研究在心理学研究领域比较普遍。任华能等（2005）研究发现，神经质得分高，焦虑、抑郁水平增加；性格内倾者易产生焦虑或抑郁；精神质高的人，抑郁水平高，而焦虑水平较低；掩饰性高的人情绪也较为稳定，不易产生焦虑或抑郁。耿耀国等（2006）研究指出：网络成瘾学生存在明显的焦虑情绪，与对照组相比表现得更加掩饰、孤僻与神经质。对于积极情绪与人格的关系方面，也有比较多的研究，并且奥托尼（Ortony, 1988）等提出的情绪的认知分析为许多积极情绪与人类的人格有很大相关提供了一种完整的解释。

消极情绪与消极自我意识也有着非常密切的关系，韩华（2002）探讨了女大学生消极情绪和消极自我意识产生和发展的特点，认为消极的自我观念和自我评价、较低的成就期望值、低自我估价者归因风格以及较差的自我控制能力等消极自我意识是导致女大学生产生自卑、焦虑、抑郁等消极情绪的主要原因。

（2）环境因素

① 家庭环境和家庭经济情况

方双虎（1997）研究发现：家庭亲密度、情感表达、独立性、娱乐性差，矛盾性、成功性、控制性突出的家庭环境不利于子女的心理健康，不同心理健康问题的主要影响因素有其不同的家庭环境特征。朱明和等（1999）研究发现，家庭经济状况是中专生焦虑情绪产生的七个相关因素之一。丁新华等（2003）等研究发现，家庭经济困难这项生活事件与其焦虑存在显著的相关关系，并且它能预测中学生的焦虑。范如芬（2007）等研究发现，家庭经济贫困的大学生的负性情绪水平明显高于非贫困大学生的负性情绪水平，尤其在内疚和恐惧因子上最为明显，两者间差异极其显著。离异家庭的儿童因为父母离异，最先导致的就是家庭亲密度、情感表达、娱乐性下降，矛盾性突出，家庭经济状况的下降等一系列不良的状况，而家庭各个方面的变化都会影响到离异家庭青少年生活的方方面面，特别是他们的情绪状态。

② 社会支持

社会支持是个体从其所拥有的社会关系中获得的精神上和物质上的支持。有关社会支持对负性情绪的影响的研究由来已久，是研究者关注的课题之一。肖水源（1987）和张虹等（1999）研究认为，社会支持是影响应激反应结果的一个重要中介变量，它一般具有减轻应激反应的作用，与应激引起的身心反应呈负相关，即社会支持水平越高，正性生活体验和正性的情感就越多，负性情感、负性体验就越少，焦虑等心理障碍的症状也就越少。良好的社会支持系统是缓冲负性情绪，增强心理健康的有效手段。王丽芳（2003）通过对社会支持与老年人抑郁情绪关系的调查与分析，发现老年人易在生活事件刺激下产生抑郁症，而加强社会支持可以大大降低他们的抑郁情绪。张兰君（2000）有关贫困大学生社会支持水平的研究发现，贫困生的居住环境、邻里支持、同学支持、家人支持和求助方式等项目得分明显高于非贫困生，而安慰关心、经济支持、倾诉方式、朋友支持和参加活动这五个方面的社会支持水平的高低对其焦虑程度会有较大的影响。同时，社会支持也是积极情绪的重要影响因素，斯特罗毕（Stroebe，1996）等研究发现，社会支持主要通过两种途径来影响积极情绪：其一，当人们经历应激性的生活事件时，或面对一个挑战性的情境时，社会支持可以使人们感到有所依靠，进而通过改变人们的情绪状态而缓解个体的应激水平。其二，经常而稳定的社会支持可以使人们具有一种安全感，这种安全感不仅能帮助人们摆脱或消除直接影响身体健康的消极情绪（如孤独、抑郁和忧伤等），而且能提高人们对疾病的抵抗力和恢复力。

③ 父母受教育水平及教养方式

周莉等（2006）研究发现父母教育是离异家庭中影响孩子心理健康的首要因素，离异家庭普遍存在教育功能欠缺的问题。教育青少年是父母双方的责任和义务，缺少了任何一方，都可能造成教育功能不全，这是离异家庭所面临的第一个问题。而且离异家庭难以给青少年带来更多的安全感，也无法给予青少年更多的情感满足，这些不良影响可能持续到他们长大成人。陶沙等（2003）研究发现，受教育程度不同的家长在积极情绪行为上无显著差异，而在消极情绪行为上，受教育程度高的母亲显著地少于受教育程度低的母亲；综合考察婴儿情绪特征和母亲受教育程度两方面因素，受教育程度在大专以下、负性情绪较多婴儿的母亲在积极情绪行为上与其他组的母亲无任何差异，而其消极情绪行为显著地多于其他组的母亲。王瑛（1990）认为在离异家庭中，孩子要么成为被争夺的对象，要么成为父母离异的被抛弃者，前者的父母对孩子表现出百依百顺的、带有情绪的、不健康的爱；而后者则让孩子完全失去关心和教育，从而离异家庭的教养方式形成了抛弃型和溺爱型两种：抛弃型的家长视子女为累赘，训斥、打骂、压制是其常用的教养方式，幼儿常常生活在不安全的环境中，因而表现出焦虑不安、紧张恐惧、烦躁易怒、冷漠敌视、孤独无助等消极情绪。溺爱型的家长在生活上对孩子百依百顺，什么事情都包办代替，往往造成孩子依赖性强、娇气任性、自私自利、不能和同伴友好相处等不良行为。董奇等（1993）将家庭抚养方式分为关怀型、渴求型、溺爱型、粗暴型和放任型等五种，结果发现在关怀型家庭中的儿童的情绪障碍最少，但是他们也发现父母的受教育水平对儿童的适应没有显著影响。答会明（2002）发现在家庭中如果父母采取的不良教养方式越多，向子女表达的负性情绪越多，青年大学生的自信、自尊、自我效能水平也越低。总之，离异家庭中父母的教育水平、教养方式对儿童情绪的影响需要进一步研究探讨。

四、离异家庭儿童情绪问题的量化研究

1. 我们关注的问题

张铁成等（1990）的研究以离异家庭儿童青少年的情绪情感为中心，考察他们的情绪情感变化与其心理特点的关系，发现儿童心理特点的变化都随着他们情绪的变化而变化，都以情感情绪变化为基础，可见离异家庭儿童青少年的情绪应该引起必要的重视。面对离异家庭儿童青少年，我们同情他们不幸的遭遇，父母的离异无疑让他们在心理上受到重大的创伤，产生种种心理健康问题。从前面的叙述中我们知道情绪是衡量一个人的心理是否健康的标志之一，而我们的研究也显示，离异家庭儿童青少年与完整家庭的儿童相比，有更少的积极情绪和更多的消极情绪。那么这些消极情绪是怎样产生的，它的产生与儿童父母离异，以及他们感知到的父母之间的冲突有什么关系呢？根据前面对影响离异家庭青少年情绪的各种因素的论述，我们认为：家庭经济因素、社会支持、父母的受教育水平以及父母冲突都极大地影响着儿童的情绪。父母的离异使得儿童的家庭结构发生了重大的破裂、家庭经济状况有所下降，家庭情感表达、独立性、娱乐性、矛盾性、控制性等家庭特征都发生了消极的变化，这些重大的变化是怎样影响到孩子的情绪及其心理健康的？同时，我们还发现父母离异后家庭可能会获得更多亲友的支持和照顾，从而使其社会支持增加，但是也有可能由于单亲父母一方自身因离异而无法解决自己的适应问题，变得更加封闭而使社会支持减弱，这种社会支持的弱化又怎样影响孩子的情绪呢？增加离异家庭的社会支持是否能增加孩子的积极情绪，缓减孩子的消极情绪呢？探讨清楚这些问题，对于我们帮助离异家庭儿童提高积极情绪，减少消极情绪有

着非常重要的意义。

综上所述，本研究将从个体和环境因素两个方面，探讨其在离异家庭青少年积极和消极情绪产生中的作用。本研究首先集中考察了环境因素对离异家庭儿童积极、消极情绪的影响。然后，从个体因素的角度，以离异家庭儿童和完整家庭儿童为被试，重点探讨了离异、儿童感知的父母冲突对儿童积极、消极情绪的作用机制。本研究假设，个体因素和环境因素对于离异家庭儿童的积极和消极情绪均具有显著的预测作用。

2. 研究对象与工具

(1) 研究对象

采用方便取样的方法选择厦门市四所初中，对初一和初二年级的全部学生整班施测，共发放问卷 4 000 份，收回后剔除无效问卷，共有有效问卷 3 809 份，其中离异家庭子女被试 160 人，初一 102 人，初二 58 人，占全部被试的 4.3%。

对照组由电脑随机选取。选取程序如下：把每个班的数据编号，抽取出离异家庭子女的问卷之后，对班级剩余的问卷进行电脑随机排序，然后选择排序在最前面的和离异家庭子女数目相等的问卷。对照组共 160 人，初一年级 102 人，初二年级 58 人。有效被试共 320 人。其中男生 153 人，女生 167 人，大致相当。被试的基本状况分布如表 3 – 12 所示。

表 3 – 12　　　　　　　　　被试基本状况分布

	性别		年级		独生与否		与谁一起居住			
	男	女	初一	初二	独生	非独生	祖辈	妈妈	爸爸	父母双方
离婚家庭	83	77	102	58	95	58	30	50	29	49
完整家庭	70	90	102	58	81	78	14	5	1	140
总数	153	167	205	115	176	136	44	55	30	189

注：与谁一起居住的各个类型之和为 318，有 12 个缺失值。独生与非独生子女人数之和为 312，有 8 个缺失值。

(2) 研究工具

① 积极、消极情绪的测查

采用陈文锋、张建新 (2004) 修订布拉德伯恩于 1969 年编制的积极消极情绪量表。在第二部分中对该量表已有详细的说明，这里不再赘述。

② 儿童对婚姻冲突的感知

格莱奇 (Grych) 在 1992 年编制了儿童感知到的父母冲突量表 (Children

perceived inter-parental conflict，CPIC)，本研究采用了池丽萍和辛自强2002年对该量表的修订版。原量表为三点量表，池丽萍和辛自强修订中文版时为增加区分度改为四点量表。被试根据自己的情况从"完全符合"、"比较符合"、"比较不符合"、"完全不符合"中选择一个最佳的答案。

CPIC原量表共有48个陈述性的描述，包括父母冲突的频度、强度、解决、内容等特质，以及子女对于父母冲突的自责、感到威胁、应对效果、三角关系、归因稳定性等评价。这些维度组成CPIC的九个分量表，可测量出儿童对婚姻冲突多方面的感受。

修订后的量表共40个项目，由7个维度组成，它们分别是冲突频率、冲突强度、冲突是否解决、冲突内容、威胁、儿童自我归因和应对效能感，为四点量表。本研究选用冲突频率、冲突强度和冲突是否解决这三个维度，它们构成了冲突特征分量表，共有19个题目，如"爸爸妈妈吵架时，他们会互相骂对方"；"爸爸妈妈吵完架后，仍然会彼此友好"。本研究采用维度均分进行分析，分数越高表示父母冲突频率和强度越高以及冲突解决越好。量表具有较好的信度和效度。本研究中，冲突频率、冲突强度和冲突是否解决这三个维度的内部一致性系数分别为0.82、0.86、0.85。

③ 环境因素

家庭和学校两个因素对离异家庭青少年积极和消极情绪的产生都有着极大的影响。我们考察了离异家庭儿童的家庭社会经济地位（包括家庭经济资本、人力资本和社会资本），以及家庭物质资源指数和教育资源指数。关于这一部分工具的介绍，在第一部分中都已经阐释，这里不再赘述。

（3）研究程序

选取了厦门市四所中学的初一及初二年级的学生进行问卷施测。首先对学校的心理咨询老师或班主任老师进行培训，规范指导语及施测程序，然后由其进行整班施测。

问卷回收之后，从中筛出离异家庭子女共160名，再随机抽取被试组160名非离异家庭子女。全部问卷在2006年12月～2007年1月之间施测完毕。

3. 结果与分析

表3-13为本研究相关测查任务的基本描述统计量。由平均数的分布情况可以发现，从整体上来看，离异家庭儿童总体在积极和消极情绪以及自尊的平均得分都在中等水平，其家庭社会经济地位处于中等程度，教育资源指数偏低，而家庭物质资源则处于偏高的水平。

表 3 – 13　　　　　　　　本研究相关变量的平均数和标准差

	M	SD
积极情绪	24.27	4.84
消极情绪	13.77	3.76
冲突频率	12.78	2.99
冲突强度	15.61	3.69
冲突解决	14.78	2.86
经济资本	10.09	2.43
家庭内社会资本	0.47	1.27
家庭外社会资本	51.63	12.04
人力资本	5.70	2.11
教育资源指数	58.33	11.76
物质资源指数	78.87	20.48

（1）环境因素与儿童积极和消极情绪之间的关系

① 环境因素与离异家庭儿童积极和消极情绪的相关分析

我们先前的研究表明，各年级之间离异家庭儿童青少年积极情绪得分没有表现出显著差异。消极情绪得分有随年级升高而增长的趋势，但各年级之间也没有显著差异。离异家庭男孩女孩的积极情绪得分相同，消极情绪的得分男孩高于女孩，但是多元方差分析显示性别差异不显著。所以，离异家庭儿童的年级和性别因素对于离异家庭儿童青少年的积极和消极情绪均没有显著影响。因此，在下面的分析中，我们不再考虑这两个因素的影响。

本研究采用相关分析的方法考察环境因素与离异家庭儿童青少年积极和消极情绪之间的关系，如表 3 – 14 所示。

表 3 – 14　　　　　环境因素的各个变量与离异家庭儿童的

积极和消极情绪的相关分析

	消极情绪	家庭内社会资本	家庭外社会资本	人力资本	经济资本	教育指数	物质资源指数
积极情绪	-0.38***	0.06	0.12*	0.09	0.05	0.23***	0.15**
消极情绪		-0.01	-0.11**	-0.00	-0.13*	-0.23***	-0.04

如表 3 – 14 所示，积极情绪与消极情绪的负相关系数为 0.38，说明了将情绪分为积极和消极两方面考察的合理性。在家庭经济地位方面，只有家庭外社会

资本与积极情绪有显著的相关。而在环境因素与离异家庭儿童青少年消极情绪的相关关系中，在家庭经济地位方面，家庭外社会资本和经济资本都与消极情绪有显著的负相关；除此之外，教育指数也与离异家庭儿童青少年的消极情绪有显著的负相关。那么这些因素与积极和消极情绪之间是否存在着不同程度的密切关系？这些因素对于离异家庭儿童青少年的积极和消极情绪具体怎样作用呢？下面将进一步对这一问题进行分析。

② 离异家庭儿童积极和消极情绪对环境因素的回归分析

采用逐步回归的方法考察以上环境因素对离异家庭儿童青少年积极和消极情绪的影响，结果如表 3 - 15 所示。由表 3 - 15 可以看出，只有教育资源这一项进入了回归方程，并且它既可以正向地预测积极情绪，又可以负向地预测消极情绪，它能够解释积极情绪变异量的 6%，解释消极情绪变异量的 5%。这些都说明家庭以及学校的教育资源对于减少孩子的消极情绪，培养积极情绪有着重要的作用和意义。

表 3 - 15　　　　离异家庭儿童积极情绪对环境因素的回归分析

	积极情绪			消极情绪		
	β	ΔR^2	R^2	β	ΔR^2	R^2
教育指数	0.24 ***	0.06	0.06	- 0.07 ***	0.05	0.05
	$F(1,271) = 17.01, p < 0.001$			$F(1,271) = 14.85, p < 0.001$		

（2）个体因素与儿童积极和消极情绪之间的关系

① 冲突感知与儿童积极和消极情绪的相关分析

本研究采用相关分析的方法考察个体因素与儿童青少年积极和消极情绪之间的关系，结果如表 3 - 16 所示。由表 3 - 16 可以看出，父母离异与否、儿童感知到的父母婚姻冲突强度、冲突频率与其积极情绪有显著的负相关，与冲突解决有显著的正相关。儿童感知到的冲突频率、冲突强度与消极情绪分别有显著正相关，冲突解决与消极情绪有显著的负相关，而离异与否与儿童的消极情绪相关不显著。为了进一步探索以上因素对情绪影响的具体机制，我们将进一步分析。

表 3 - 16　　　　个体因素的各个变量与积极和消极情绪的相关分析

	离异与否	冲突频率	冲突强度	冲突解决
积极情绪	- 0.18 **	- 0.33 **	- 0.30 **	0.29 **
消极情绪	0.08	0.29 **	0.27 **	- 0.26 **

② 儿童的积极、消极情绪对个体因素的回归分析

分别将积极情绪、消极情绪作为因变量，将父母是否离异、父母冲突的三个维度（频率、强度和是否解决）作为预测变量，以 Stepwise 的方式进行回归分析，结果如表 3-17 所示。

表 3-17　　　　　离异和父母冲突对儿童心理健康的预测（Stepwise）

结果变量	预测变量	Beta	t	Sig.	R^2	Adj. R^2
积极情绪	冲突频率	-0.34	-5.96	0.000	0.11	0.11
		$F_{(1, 279)} = 35.54\ p < 0.001$				
消极情绪	冲突频率	0.29	5.10	0.000	0.09	0.08
		$F_{(1, 276)} = 26.05\ p < 0.001$				

可见，对于积极和消极情绪，离异与否都没有进入回归方程，而冲突频率的预测作用显著。也就是说，父母的冲突频率能够影响儿童的积极和消极情绪。频繁的父母冲突会使得儿童的积极情绪减少，消极情绪增加。

③ 离异、父母冲突对儿童积极情绪的影响机制

为了考察父母离异是否调节了父母冲突与初中生积极情绪之间的关系，拟建立父母离异与否、冲突特征和离异×冲突特征这三者对积极情绪的影响作用模型，并重点考察父母离异和父母冲突的交互作用。其中冲突频率、冲突强度和冲突解决反向计分作为冲突特征的外源变量，将频率×离异、强度×离异和解决反向×离异作为交互作用项的外源变量。

考察离异、冲突特征和两者交互作用对积极情绪的影响模型，模型的拟合指数如表 3-18 所示，可以看到各项拟合指数都达到了理想水平。只有 χ^2/df 略大于 3，没有满足小于 3 的要求，TLI、CFI、GFI 均在大于 0.90，$RMSEA$ 等于 0.08。说明模型和数据拟合较好，模型可以接受。

表 3-18　　　　离异、父母冲突及其交互作用对积极情绪的
影响模型拟合指数

拟合指标	χ^2	df	χ^2/df	$RMSEA$	$NNFI$	CFI	GFI
	39.30	13	3.02	0.08	0.98	0.99	0.97

模型的路径系数如图 3-9 所示，离异与否、父母冲突特征以及二者的交互作用对初中生积极情绪的影响都达到了显著水平。

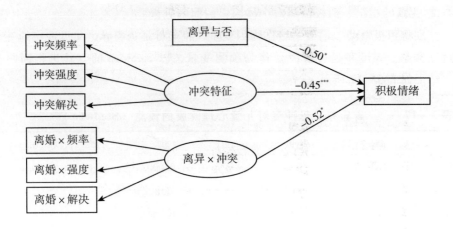

图 3 - 9　离异、父母冲突及其交互作用对积极情绪的影响模型

进一步来考察交互作用，将冲突分数在平均数一个标准差以下和高于平均数一个标准差的被试分为低分组和高分组。结果如图 3 - 10 所示，我们发现无论是离异家庭的青少年还是完整家庭的青少年，父母冲突越高，其积极情绪体验越少。但是父母冲突对离异家庭儿童积极情绪的不良影响要小于父母冲突对完整家庭儿童积极情绪的影响。

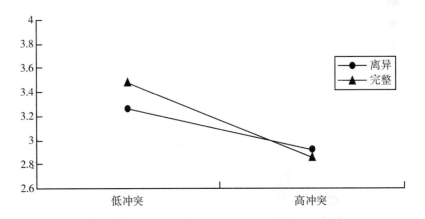

图 3 - 10　离异与父母冲突对积极情绪影响的交互作用

④ 离异、父母冲突对儿童消极情绪的影响机制

考察父母离异、冲突特征和两者交互作用对消极情绪的影响模型，模型的拟合指数如表 3 - 19 所示，可以看到各项拟合指数都达到了理想水平。χ^2/df 小于 3，TLI、CFI、GFI 均大于 0.90，$RMSEA$ 小于 0.08。说明模型可以接受。

表 3 - 19 　　　　离异、父母冲突及其交互作用对消极情绪的影响模型拟合指数

拟合指标	χ^2	df	χ^2/df	RMSEA	NNFI	CFI	GFI
	26.72	12	2.23	0.06	0.99	0.99	0.98

路径系数如图 3 - 11 所示，父母离异、父母冲突与离异的交互作用两个因素对消极情绪的路径系数均没有达到显著性水平，而父母冲突对消极情绪的影响作用显著。这说明，青少年的消极情绪更多地受到其感知到的父母冲突的影响，而不是受父母离异的影响，同时离异也没有在父母冲突与初中生消极情绪的关系中发挥调节作用。

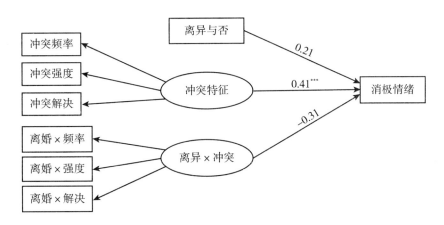

图 3 - 11　离异、父母冲突及其交互作用对消极情绪的影响模型

4. 综合讨论

（1）环境因素对离异家庭儿童情绪的作用

对于离异家庭儿童而言，其心理发展的两个最重要的环境即为家庭和学校环境，正如周燕（2000）所言，家庭环境对于子女的心理健康水平、人格发展有着极其重要的影响和作用，对于从小在家庭中长大且绝大部分时间是在家中度过的中小学生来说，家庭对其心理健康具有特别重要的意义，正是这一时期奠定了他们一生心理健康的基础。那么中小学生另一个主要生活的环境无疑就是他们成长的学校环境，为此，本研究考察了家庭环境中的社会经济地位、家庭物质资源指数和教育资源对其积极和消极情绪的影响作用。

在家庭经济地位方面，只有家庭外社会资本与积极情绪有显著的相关，说明离异家庭和外界的联系与儿童的积极情绪有密切的关系；教育资源以及物质资源

都与离异家庭青少年的积极情绪有着密切的关系，教育资源和家庭物质越丰富，离异家庭青少年的积极情绪越多。而在环境因素与离异家庭青少年的消极情绪的相关关系中，在家庭经济地位方面，家庭外社会资本和经济资本都与消极情绪有显著的负相关，说明离异家庭与外界的联系越少、家庭的经济收入越少，离异家庭青少年的消极情绪越多；这与前人的研究一致。除此之外，教育指数也与离异家庭青少年的消极情绪有显著的负相关，说明教育资源越稀缺，离异家庭青少年的消极情绪越多。采用逐步回归的方法考察以上环境因素对离异家庭青少年积极和消极情绪影响的具体机制，结果只有教育资源这一项进入了回归方程，并且它既可以正向地预测积极情绪，又可以负向地预测消极情绪。这些都说明家庭中丰富的教育资源和学校教育资源对于减少离异家庭儿童的消极情绪，培养其积极情绪有着重要的作用和意义。这与前人的研究是一致的，如周燕（2000）研究指出，生活在离异家庭中的孩子往往得不到正常的教育和照顾，享受不到家庭的温暖和父母的抚爱，有时甚至处在无人过问、被遗弃和半遗弃的状态。周莉（2006）认为教育青少年是父母双方的责任和义务，缺少了任何一方，都可能造成教育功能不全，这是离异家庭所面临的第一个问题，这种教育功能的欠缺是影响离异家庭孩子心理健康的首要因素。在我们的研究中教育指数是指与儿童教育有关的家庭和学校资源，如是否有专门供儿童学习用的书桌和安静的学习环境，家里是否订阅了报刊，以及学校环境是否令自己满意等，我们认为这些之所以能预测孩子的情绪，可能是因为丰富的教育资源能够表达父母对孩子的关爱和悉心照顾，从而增加离异家庭青少年的积极情绪，减少消极情绪。

（2）个体因素对离异家庭儿童情绪的作用

初步研究个体因素与儿童的积极和消极情绪我们发现：感知到的父母婚姻冲突强度与其积极情绪分别有显著的正相关和负相关，说明孩子感知的父母冲突强度越大，孩子的积极情绪就越低，消极情绪越高。我们来探讨这些个体因素对青少年情绪影响的具体机制。我们采用逐步回归的方法考察父母离异、父母冲突的个体因素对青少年积极情绪的影响的具体机制，结果只有冲突频率进入了方程，并且能对积极情绪产生正向的预测作用，对消极情绪产生负向的预测作用。这更进一步说明了孩子感知到的父母冲突频率能增加消极情绪，降低积极情绪，这也与我们先前的研究假设相同：即父母冲突对孩子的伤害比父母离异更大。

（3）父母冲突对儿童积极、消极情绪的影响机制

在本研究中，我们采用回溯研究的方法，让初中生报告他们记忆中的父母在离异之前的冲突。结果显示，初中生暴露于这种冲突下的经历，对他们现在的情绪状况有显著的影响作用。这支持了暴露于父母冲突之下对初中生情绪状态有长期影响的结论。很多离异家庭的孩子在父母离婚之后，已经离开了父母冲突的环境，但是他们所经历过的父母冲突依然对其情绪状况产生着影响。这提醒中小学的教育工作者、心理咨询工作者要关注这样一个群体的心理健康状况，同时在面对离异家庭青少年所产生的心理问题时，要注意其过去暴露于父母冲突之下的经历对他们的影响，处理这些经历对他们的消极影响。

本研究的结果发现，父母是否离异和父母冲突并非独立地对青少年的情绪问题产生影响。当将父母冲突特征放入回归方程中时，离异对青少年心理健康的预测作用不再显著。这说明，父母冲突是对初中生情绪更重要的影响变量。不管父母是否离异，如果父母冲突非常频繁或者严重的话，都将对初中生的情绪问题产生消极影响。

本研究进一步考察了父母是否离异、父母冲突对青少年的情绪产生影响的机制。以往也有一些研究揭示离异在父母冲突和其子女消极发展结果之间起调节作用。本研究的结果也支持了调节模型这一观点。如果父母在离婚之前的冲突特征很消极，那么可能的情况是，离婚使得孩子不再生活在一个充满敌意的、功能不良的家庭之中。离婚对某些儿童也存在消极影响。并非所有的夫妻在离异之前都充满着激烈、频繁的冲突，他们的关系可能是一种没有冲突的疏离状态。有些人为了更大的成就而选择结束一段还算美满的婚姻，还有一些人遇到更具有吸引力的对象而选择离婚。在这样的情况下，孩子的反应会是震惊和感到不安，他的生活会发生一系列不好的改变，这对孩子是巨大的伤害。也就是说，如果充分考察父母离婚之前的状况和因素，我们就能更好地理解父母离婚对孩子的影响。

当我们分别考察离异和父母冲突的交互作用对青少年积极情绪、消极情绪的影响时，发现这种调节作用只在积极情绪上显著。而在消极情绪上，其主效应不显著，调节作用也不显著。以往的研究发现调节作用在抑郁、焦虑和心理困扰（Psychological Distress）上显著。结果显示，当父母冲突较少时，完整家庭子女的自尊、积极情绪和消极情绪是高于离异家庭的；当父母冲突较多时，完整家庭子女的自尊要低于离异家庭。也就是说如果父母冲突较多但是他们没有离婚，对孩子的积极情绪的消极影响更大。从这一点看来，离婚是减少高冲突家庭对其子女心理健康消极影响的一种方法。当然我们并不是鼓励高冲突的家庭为了孩子的缘故选择离婚，根据我们的调查结果，就算父母离婚了，儿童不再暴露于高冲突的情境之中，他们的情绪状况还是会低于那些父母冲突多的儿童。另外一个问题是，为什么离婚可以减少父母冲突对初中生积极情绪的影响，但是却对消极情绪没有起到这种作用呢？这可能是因为虽然不再暴露于父母冲突的情境之下，但是在父母冲突之下的经历和记忆会更多地影响到儿童的消极情绪。对这一问题的探讨还有待于进一步研究。

5. 结论

（1）在环境因素方面，只有教育指数对于离异家庭儿童的积极和消极情绪有方向相反的预测作用。

（2）在个体因素方面，儿童感知到的父母婚姻冲突频率可以负向预测积极情绪，并且正向预测消极情绪。

（3）父母离异在儿童父母冲突与积极情绪的关系中发挥了调节作用，而在父母冲突与消极情绪的关系中调节作用不显著。

6. 教育建议

（1）用离异家庭亲戚和朋友们的手温暖离异家庭儿童青少年的心

我们前面的研究发现：家庭外社会资本、教育指数和物质资源指数都与积极情绪呈显著的正相关，说明离异家庭与外界的联系越是紧密，走动的亲戚朋友的数量越多，和亲戚朋友来往的次数越是频繁，那么儿童的积极情绪就越高，学校和家庭中的教育资源和经济资源越是丰富，孩子的积极情绪也就越高。同时，增加社会联系以及经济资源也都有益于减少孩子的消极情绪；相反，离异家庭与外界的联系越少、家庭的经济收入越少，离异家庭青少年的消极情绪越多。父母的离异对于孩子来说是严重的负性生活的事件，他们幼小的心灵很难承受这样的重创所带来的压力，从而焦虑、自卑、害怕被抛弃等各种消极情绪都开始出现。孩子的父母在自己离异的初期一方面也可能很难适应新的生活，自己也无法调整好心情，更难以顾及到孩子的感受和心情；另一方面，他们也很难立即步入到正常的生活轨道上来，家庭经济可能也会受到影响。所以在这个时候，离异家庭的亲戚、朋友和老师的关心、照顾就变成了离异家庭儿童非常重要的保护因素，也成为这些情绪处在非常紧张和焦虑的孩子们免受更多伤害的重要"法宝"，离异家庭的这些社会网络，在离异家庭的痛苦时期，如果能给予离异家庭孩子多一些支持和鼓励，不管是给予孩子物质上的支持还是精神上的鼓励，对于这些孩子远离消极情绪、靠近积极情绪，拥抱快乐生活都有非常重要的作用。

（2）让丰富的教育资源融化离异家庭孩子冰凉的心

虽然增加物质资源可以增加离异家庭孩子的积极情绪，减少孩子的消极情绪，但是这些并不一定能起到直接的作用。一方面，家庭和学校还需要给予这些离异家庭孩子更多的教育资源以及关心和帮助，例如，家长在给予孩子丰富的物质资源的时候，要侧重给孩子提供比较丰富的教育资源，如给孩子买一些必要的学习用品，以及课外阅读书籍和学习辅导书之类，与此同时，父母还要表达对孩子发展和未来的期望，当然这些期望要符合还在发展的儿童青少年的实际能力和

284

水平，让孩子对未来的生活充满希望，避免让孩子总是回顾曾经破裂的家庭所聚集起来的伤痛，并早日脱离由于父母离异以及其冲突所带来的伤害。另一方面，最重要的是老师和家长都要多和孩子沟通交流，在交流中让孩子真切地感受到老师和父母对自己的关爱，但是也要特别注意不能过分地溺爱孩子，否则很可能会让孩子形成不良的性格特点，从而给孩子带来更多的伤害。父母和老师如果发现孩子表现出因为父母的离异造成没有信心，抬不起头来的现象，抚养孩子的单亲父母应该以一颗宽容的心在原谅另一方的基础上，教会孩子客观地去看待整件事情，让孩子明白父母离婚并不是一件不光彩的事情，只是父母对自己的生活做出的选择，离异是因为父母两人难以再生活在一起而不得已做出的选择，这是一个客观事实，不能埋怨父亲也不能埋怨母亲，他们离婚的目的是希望他们自己以及孩子未来都能生活得比离婚之前更好，父母应该在这一方面潜移默化地影响孩子，让孩子客观和积极地分析和看待问题，父母也要与孩子一起积极地筹划未来的生活，以积极的态度面对未来，从而使孩子受父母离异而伤害的自尊心重新建立起来。

（3）"爸爸妈妈你们离婚不是对我唯一的伤害"——我多想忘记你们曾经的粗暴

对孩子伤害最大的并不仅仅是父母离异这件事情，而伤害更严重的是父母离异之前所发生的频繁的冲突事件。虽然父母离异了，冲突也可能不再有了，但是孩子记忆中的父母之间所发生的冲突事件却深深地留在离异家庭孩子的脑海里，随时浮现出来伤害孩子的自尊心，让孩子心情变得低落，很难有好心情。孩子的自尊越强，积极情绪越高，也就越开心；相反父母的冲突强度越大，冲突发生的频率越高，则孩子越难以拥有积极的情绪。所以，对于自尊心强的孩子，家长应该注重保持孩子的自尊心并且尽可能增强孩子的自尊心，例如，在孩子取得进步的时候要多鼓励孩子，在孩子气馁的时候要给予更多的支持，而不是不厌其烦地批评和责备。对于自尊心不强的孩子，父母应该给予更多的照顾，因为这些孩子更容易记住消极的事件而导致失落的情绪，家长一方面要注意培养孩子的自尊心，另一方面还要敏锐地察觉孩子的消极情绪，帮助孩子及时地疏导不良情绪，以免不良情绪导致孩子的心理健康状况下降，并且家长在培养这些孩子自尊心的时候除了要积极鼓励以外，还要努力减少可能由父母离异和冲突所带给孩子的伤害，因为父母在离异之前的争执和冲突中，可能有相互贬低和伤害对方自尊的行为，这种对对方自尊的伤害行为，带给孩子的伤害是可想而知的。还有一个方面，对离异家庭孩子的消极情绪有极大的影响，即记忆中父母的冲突越多，两者冲突越是激烈，孩子受到的伤害越多，心情越消极。孩子的父母也许仅仅撕碎那一纸婚约，就可以忘记自己曾经对对方的粗暴，但是这种粗暴对孩子的伤害却深深地印在孩子的心里，甚至在父母离异很长时间以后，仍然伤害着孩子，所以我们在这里不禁想告诉任何一个此时正在做父母的人，你们文明的言行，哪怕是在对对方有很大的意见和不满的时候也能以客观合理的方式处理问题，这就是给孩子的最好礼物了，也许父母离婚了会觉得对不起孩子，可是只要你们以文明合理的方式，孩子也可能不会受到很大的伤害。对于已经受到伤害的孩子，离异的父母要为自己当时的行为给孩子做出合理的解释，希望孩子能理解自己当时激动的心情，并为自己当时的粗暴行为向孩子道歉，这样不仅可以培养孩子的自尊心，而且还可以让离异带给孩子的伤害更少，并且还可以引导孩子在以后遇到问题时能够寻找建设性的方法来解决，避免以同样的粗暴方式对待别人，让孩子重新建立起曾经在父母的相互冲突的战火中被践踏的自尊心，让孩子用自尊心来驱除曾经的"噩梦"，为自己支撑起健康的人生。

（4）父母的离异已经成为历史，但是历史是否能带走我所有的伤痛

孩子经过了长长的适应期，最终进入到情绪两极化的时期，适应好的孩子在经历父母离异这一重大事件后心灵更加成熟，也成为他们人生道路上的一次历练，使得他们更加坚强和成熟，能够积极、充满希望地规划自己的未来生活。然而，并不是所有的孩子都是这样的幸运，有的孩子可能最终不能走出父母的离异给自己带来的心理不适，而走上悲观、消极的生活道路。所以家庭和学校应该针对这两种不同的孩子采取不同的教育方式，对于前者应该多多给予鼓励和支持，因为这些孩子的心理往往已经比较成熟，而且也比较懂事，所以多给他们一些锻炼的机会，让他们发挥自己的特长，进一步增强其自尊心和自信心；而对于后者应该多给予关怀，尽量帮助其适应父母离异带来的消极情绪，如果有必要的话可以给予专门的心理辅导和帮助。父母在与孩子交流的时候可以适当地告诉孩子他们双方离异是因为诸多原因，例如性格不合，彼此不能适应对方，从而导致两人在一起总是带来很多的不愉快，两人在一起生活甚至产生很多的、强烈的冲突，两人实在很难将就下来，再继续生活在一起只能是一种痛苦，所以最终不得不选择离异，其实父母也不想伤害孩子。这样孩子可以从认知上认识到父母离异的客观性，能从一个客观、理性的角度去接受这个事实，从而消除其在父母离异中受到的不必要的伤害。同时，这个时期儿童保持较强的自尊心仍然可以增加积极情绪，减少消极情绪，那么家庭和老师仍然要注重孩子自尊心的培养，并且要尽力发挥高自尊的积极作用，减少其消极作用。丰富的社会资本也是孩子增加积极情绪减少消极情绪的重要手段，父母应该以开放的态度积极和自己的亲友联系并走动，多与外界接触和交流，让孩子在这种开放、温暖、和谐的氛围中成长和锻炼，对离异家庭孩子来说可以受益匪浅。总之，不管家庭还是学校都应针对处在不同离异时期的儿童，以及儿童本身的特点，为其提供适合其发展的帮助。

第五节 环境和父母教养方式对贫困家庭儿童幸福感的影响

一、贫困环境下儿童的主观幸福感特点

严格地说，贫困是一个社会学家使用的概念，那么在心理学家眼里，贫困环境对于个体又意味着什么呢？休斯顿（Huston）等人提出，贫困不是一个单一的时期或状态，它是一系列负性情景和事件的综合体，会给人们带来方方面面的压力和困难。

贫困家庭的儿童长期处于生活资源匮乏、家庭经济压力较大的环境中。那么，贫困对这些儿童发展会有哪些影响呢？心理学家霍布富尔（Hobfall）于 1988 年提出资源保持理论（Conservation of Resources，COR），该理论认为个体的一生中都努力获得并保持自己所重视的资源，因此个体对丧失资源的心理感受比获得资源更加敏感。这里所指的资源包括物质资源，也包括自尊、自我效能感等心理资源。

根据 COR 理论，麦克罗埃德（Mcloyd）等心理学家指出，可以从以下两个方面来理解贫困环境的心理学意义。首先，贫困，特别是长期的贫困环境，使个体长时间处于资源稀缺的状态下，个体感受到资源的缺失，会产生一系列的负性心理特征，例如，失业会导致个体较低的自尊水平。其次，贫困环境使个体在面对一系列应激事件时耐受性降低。由于经济资源的缺乏，对于一般家庭也许构不成应激情景的事件，例如子女就学，普通生病等会给贫困家庭带来很大的压力；而由于长期的资源缺失，使得贫困家庭在面对应激环境时缺乏应对资源。

面对资源的缺失，长期生活在贫困家庭中儿童的主观幸福感与正常家庭儿童会有怎样的差异呢？维恩哈文（Veenhoven）等的研究表明，在满足人的先天需要的范围内，经济水平对主观幸福感有一定影响。经济水平越高，主观幸福感越强。按这样的理论，贫困家庭的儿童由于生活在最低生活水平线上，基本的需要还不能完全满足，所以其主观幸福感明显偏低。

对于贫困对个体幸福感的影响，以往的研究得出了较为一致的结论。一些研究表明，贫困大学生的主观幸福感与非贫困生有显著性差异。孔德生（2007）发现，贫困大学生的主观幸福感显著低于非贫困生。余欣欣（2007）对广西壮族自治区大学生的调查也发现，贫困大学生的主观幸福感、生活满意度显著低于非贫困大学生。胡瑜凤（2007）采用生活满意度指数、正性情感和负性情感作为幸福感的指标，发现贫困生在幸福感各指标上的得分均显著低于非贫困生。目前，有关贫

困大学生幸福感的研究大多得出的结论是，贫困生的幸福感显著偏低。

目前，国内的大多数研究都集中在考察贫困大学生的幸福感及其影响因素上。那么，中、小学贫困生的幸福感会呈现出怎样的特点呢？中、小学生长期生活在贫困家庭中，切身感受到家庭的经济压力，自身发展所需的物质、精神资源匮乏。在第一部分的研究中我们发现，与城市正常家庭的儿童相比，贫困家庭儿童的家庭经济资本、家庭外社会资本存在着较为严重的缺失，家庭的物质资源指数、儿童教育资源指数也显著低于正常家庭儿童。那么，在较低的社会经济地位、经济条件下，贫困中、小学生的主观幸福感又会受到哪些因素的影响呢？并且，对于生活在贫困家庭中的儿童来说，贫困是导致他们幸福感缺失的直接原因吗？下面，我们将对这些问题进行回答。

在第二部分中，课题组采用单一维度的总体幸福感指标，对贫困儿童的主观幸福感现状进行了描述。应该说，对于个体的主观幸福感，所包含的指标不仅限于总体幸福感这样一个单一的维度。主观幸福感并非一个单一的指标，而是衡量人们生活质量及心理健康的一种重要综合性心理指标。下面，我们将采用综合指标来描述儿童的主观幸福感，具体地探讨贫困儿童的主观幸福感及其影响因素。

二、什么是主观幸福感

1. 主观幸福感的界定

(1) 对主观幸福感界定的回顾

对于主观幸福感的研究，大致从 20 世纪 50 年代开始在美国兴起，80 年代中期以后开始被引入我国心理学研究领域。对以往关于主观幸福感的研究进行回顾可以发现，研究者们对于主观幸福感概念的界定，经历了从单一、片面到较为综合、全面的过程（王瑞敏，2006）。

在最初的阶段，研究者一般认为主观幸福感是一个单一的维度。诺伊格腾（Neugarten，1961）认为，主观幸福感是个体对较长一段时间内的生活境况的整体性评价，是个体对生活环境的认知。他认为主观幸福感的维度主要包括总体生活满意度和具体领域满意度两个方面。布拉德伯恩（1969）认为，主观幸福感是人们对生活总体或各个不同侧面的自身情感状态所做出的评价，这里的情感包括积极情感和消极情感两种相反的成分，总体主观幸福感是这两种情感之间平衡的整体结果。以上两位研究者分别从认知和情感两个方面对主观幸福感进行了诠释。由上面的阐述可以看出，诺伊格腾主要从认知评价的角度来界定主观幸福感，而布拉德伯恩则主要从情感平衡的角度来定义主观幸福感，这种单纯从某一个方面来考察主观幸福感都是比较片面的（王瑞敏，2006）。

与以往的研究者相比，近年来的研究者更倾向于将认知和情感两个方面都纳入到幸福感的概念中。麦克内尔（Mckennell，1980）明确地指出，主观幸福感由认知和情感两种成分组成，其中情感成分与个体在当时经历中的感受相联系，它分为积极情感和消极情感；而认知成分指的就是生活满意度。在这里，麦克内尔虽然考虑到主观幸福感应包括认知和情感两个成分，但却并未充分分析这两个成分在预测主观幸福感时的贡献大小（王瑞敏，2006）。迪纳（Diener，2000）较为全面地提出了主观幸福感的界定和维度的划分方式。他认为，主观幸福感应当是情感和认知两种成分的结合。这两个成分虽然有密切的联系，但它们会受到不同因素的影响。其中，生活满意度是幸福感的一个关键的指标，它是独立于情感评价的因素。而在情感因素中，积极情感与消极情感是相对独立的，必须对它们分别进行测量，才能够获得较为重要的信息。迪纳不仅较为全面地概括了主观幸福感的构成，对各个概念进行了清晰的界定，而且对主观幸福感各成分的重要性也进行了深入分析。

在前人研究的基础上，迪纳（2003）构建了一个较为综合的描述主观幸福感的多层次结构模型，将主观幸福感的概念划分为三个层次和四个领域。其中，最高层是总体幸福感，它反映了对人们生活是否幸福的整体性评价；第二层包括积极情感、消极情感等两个情感成分，以及一般生活满意度和具体领域生活满意度这两个认知成分；第三层则是四个指标的具体可操作的成分。迪纳认为，应该在对认知和情感各指标进行综合评价的基础上，才能对主观幸福感的各水平及分布情况产生全面、准确、深入的了解（王瑞敏，2006）。

（2）本研究对主观幸福感的界定

综合以上对主观幸福感概念和成分的分析，参考迪纳提出的模型，在这里我们把主观幸福感界定为：个体依据其自身设定的标准，对其目前生活质量的现状所做的综合性评价，它由认知评价和情感体验两部分组成。具体来看，主观幸福感主要包括以下两个方面的内容：①认知评价，包括个体对自身生活质量和对自我的评估。前者涉及个体在总体上对自身的生活质量、物质条件等外部条件做出满意程度的认知性评价，后者主要指个体的自尊水平，即个体珍视、赞许或喜欢自己的程度。我们将自尊引入主观幸福感，是为了考察个体在多大程度上相信自己是有能力的、成功的和有价值的，即为了考察个体对自身的评价是否积极。②情感体验，即积极情感和消极情感。其中，积极情感指高兴、愉悦、觉得生活有意义、对外界事物感兴趣、心满意足、对未来充满希望等积极的情绪体验；消极情感指抑郁、沮丧、忧虑、孤独、悲伤、烦躁等消极的情绪体验。另外，我们将个体对幸福的整体体验也纳入到了主观幸福感的范

289

畴，将它作为衡量贫困家庭儿童幸福感的整体指标。个体对生活的满意程度越高，对自身的评价、接纳程度越高，体验到的积极情感越多、消极情感越少，则个体的幸福感体验也就越强。在这里，我们认为主观幸福感是衡量个体生活质量的重要的综合性心理指标。

2. 主观幸福感的理论

对于贫困家庭儿童来说，主观幸福感存在一定的缺失现象是如何产生的呢？一些有关主观幸福感的理论对我们理解这一问题有一定的帮助。

（1）目标理论

主观幸福感的目标理论最早由迪纳（1984）在他的一篇综述中加以概括总结（王瑞敏，2007）。该理论认为，当需要满足和目标实现时，个体能够获得主观幸福感。因此，一个人拥有的目标特征，例如目标种类、目标的层次、在实现目标过程中取得的成就以及目标的最终实现情况，都对个体的情感体验和生活满意度产生影响（Emmons，1986）。目标理论认为，当一个人在实现目标的过程中取得不断的成功时，应对外界生活压力事件时会变得更加积极、主动，反之，则会更多地采取消极的应对方式。因此，生活中有没有目标、目标是否实现就成为了情感系统重要的参照标准，个体如果有一定的切合实际的生活目标，就会感到生活有意义，产生自我效能感，并能够应对生活中的各种问题而最终实现目标，从而使人在面对生活困境时保持良好状态（转引自马存燕，2005）。

城市贫困家庭由于经济压力过大，物质的需要满足较为困难，这就使儿童实现自己的目标时缺乏相应的资源。例如，在我们的访谈中，家庭的经济条件使贫困儿童接受更高级的教育较为困难。在质性访谈中我们也发现，贫困儿童中倾向于回避困难的孩子要远远多于积极面对挑战的孩子，而孩子应对苦难的方式也有着家传渊源。贫困家庭中的父母大多会采用消极的应对方式，而大部分孩子也会采用自发回避的方式来应对问题。这种应对方式为贫困儿童解决问题、实现自身理想带来了较大的阻碍。因此，贫困儿童在实现自身的目标遇到困难的过程中，幸福感可能会下降。

（2）期望值理论

早期的期望值理论认为，过高的期望值会阻碍个体幸福感的获得。正所谓中国人说的"知足常乐"，对生活有过高的期望而实现不了，就会产生更大的失落，主观幸福感下降。而埃蒙斯（Emmons，1992）认为，并不是过高的期望值，而是人们的期望值和实际成就之间会存在着差距，正是这种差距影响了主观幸福感。差距过大时，个体会丧失信心和勇气；差距过小时，个体会感到厌倦。因此，期望值本身并非是主观幸福感较好的预测指标，而期望值、现实状态与个体目前拥有的外在资源（社会支持、经济条件、社会地位等）和内在特征（个人的人格、外貌、人力资本等）是否相符，可以在一定程度上决定个体主观幸福感的获得（Diener & Fujita，1995）。另外，卡塞尔和瑞安（Kasser & Ryan，1993）的研究还发现，期望的内容比期望实现的可能性对主观幸福感的作用更大。个体对实现内在期望（如个人发展）的可能性估计越高，主观幸福感也越高；而个体对外部期望（如名誉、金钱）的可能性估计越高，个体主观幸福感会越低。

而对于贫困家庭儿童来说，达到内在期望与外在的经济条件有着密切的联系。对于贫困家庭的父母，改变捉襟见肘、拆东墙补西墙的经济窘境是他们每天要思考的目标，家长的幸福感在这一目标受到挫折时可能会下降；而贫困家庭儿童对未来也会有着自己的愿望，但是家庭的外在资源却无法满足他们的这一期望，这种不一致现象会导致他们的幸福感下降。

（3）判断理论

判断理论认为，个体通过将现实条件同某一标准进行比较判断时，就会体验到相应的主观幸福感。这里的标准可以是来自自身（例如家庭过去的经济条件），也可能来自外界（例如周围家庭的社会经济地位）。当现实状态优于设定的标准时，主观幸福感就较高；反之，主观幸福感会下降。个体在判断时所使用的标准是这一理论的基础。由于判断标准内容的不同，研究者提出了不同的理论，其中，社会比较理论较为著名（段建华，1996）。

可以说，社会比较存在于人类生活的方方面面。人们在现实生活中定义自己的特征（如能力、观点、身体健康状况等）时，不是通过客观的评价，而是通过和周围的他人，或自身以往的状态进行主观比较而获得其意义的。早期社会比较理论强调对比效果，即个体与比自己较好的人比较，会导致主观幸福感的下降；而与比自己在各方面较弱的人比较，则会导致主观幸福感的提升（Diener & Fujita，1997）。社会比较对主观幸福感的作用会受其他因素（例如人格因素）的影响，例如乐观者在与比自己强的人进行比较时，并不一定会导致主观幸福感的下降（McFarland & Miller，1994；Ahrens，1991；Wheeler & Miyake，1992）。并且，社会比较只是能够暂时地影响个体的主观幸福感，而并不能够为个体主观幸福感带来长久的影响（Buunk，Collins，Taylor，et al.，1990），只有当社会比较的结果能够决定个体的目标是否实现时，社会比较才会显著地预测个体的主观幸福感的获得。

在第一部分的研究中我们提到，家庭的社会经济地位较低是相对的，贫困家庭的社会经济地位高于流动儿童、留守儿童家庭，但是同属于长期生活在城市中的居民，贫困家庭与城市正常家庭的社会经济地位仍然有着较为明显的差距。他们不像农村人群那样，周围所接触到的人都是一样贫困，他们生活在城市这样一个经济发展相对较快的地方，同学朋友中不乏"富家子弟"。特别是生活在北京、上海、广州这样发达城市的儿童，贫富悬殊相当严重。贫富社区相隔很近，甚至在同一个社区、同一所学校中都生活着来自不同生活水平家庭的孩子。在这种情况下，贫困家庭的家庭成员可能会与城市家庭进行自觉或不自觉的社会比较，而比较的结果会导致他们的幸福感下降。并且，这种不平衡往往导致贫困儿童一系列的心理问题，如低自尊、攻击性强、亲子关系恶化等（周拥平，2003）。

（4）适应理论

适应理论认为，当外界刺激不断地作用于个体的生活时，个体会对有关刺激的认识进行重新建构，并获得对刺激的进一步解释（Diener et al.，1999）。当外界的积极或消极事件对人们产生影响时，人们会主动地调整自己的情绪状态，不至于过于快乐或者悲伤。并且，个体的情绪系统起初对新刺激的反应会较为强烈，而随着时间的推移，这种反应的强度就会下降。布理克曼（Brickman）和坎贝尔（Campbell）认为，对幸福的追求是"享受的苦役"，当人们的成就和财富增加时，人们的快感也会相应地增加，但人们的情绪会很快停留在这个新的水平上，而不再感到快乐。同理，当人们遭遇到磨难时，也会感到痛苦沮丧，但人们会逐渐适应这一状态，不再沉浸在痛苦中。该理论可以很好地解释一些研究结果，例如，为什么生活事件对主观幸福感的影响不显著，并且主观幸福感更容易受到新近发生的事件，而不是早已发生的事件的影响（Headey & Wearing，1989；Suh，Diener，& Fujita，1996）。这表明，随着时间的推移，人们会逐渐适应过去发生的事件，这些事件对个体的影响作用已逐渐减弱。这种适应能够帮助人们在一定程度上及时地调整自己的情绪状态，从而使自己的幸福感保持在一定的水平上。

可见，对于贫困家庭儿童，家庭的经济压力是儿童及其家长的持久性的应激源，但处于贫困状态下的家庭能够以自己的方式适应贫困生活，缓解贫困带来的压力，从而使幸福感保持在相对较低但是较为稳定的状态下。

3. 主观幸福感的测量指标

本研究将主观幸福感的测量指标界定为以下四个指标。其中，（1）属于个体对总体幸福感的评价，（2）和（3）属于主观幸福感的认知评价部分，（4）属于情感体验部分。

（1）对幸福的整体体验，指个体依据自己设定的标准对其生活质量所做的整体评价。它是一种主观的、整体的概念，并且相对稳定，用来评估个体相当长一段时期的整体情感状态和生活满意度。

（2）生活满意度，指儿童基于自身的标准，对自己生活的总体评价情况。

（3）自尊水平，指个体在社会比较过程中所获得的有关自我价值的积极的评价和体验。

（4）积极情感和消极情感。前者指高兴、愉快、觉得生活有意义、精神饱满等积极的情感体验；后者指抑郁、忧虑、孤独、悲伤、厌烦等消极的情感体验。

综合第二部分的研究结果，以上述指标为基础，贫困儿童的主观幸福感现状为：在认知方面，贫困儿童的生活满意度显著低于正常家庭组儿童；自尊显著高于正常家庭组儿童。在情感体验方面，积极、消极情绪与正常家庭组儿童无显著性差异。贫困儿童对幸福的整体体验显著低于正常家庭儿童。可见，贫困家庭儿童的幸福感与城市正常家庭儿童相比存在着缺失，但我们并不能简单地看待贫困家庭的幸福感的缺失问题。

三、 主观幸福感的影响因素

对于青少年主观幸福感影响因素的研究，对外部因素的考察主要集中在父母教养方式、同伴接纳、生活事件、父母的社会经济地位等方面，对个体因素的考察主要集中在大三大五人格、自我概念、归因方式、应对方式、自尊等方面（王瑞敏，2007）。而对于贫困家庭儿童，根据以往的研究以及质性访谈的结果，课题组重点考察了社会经济地位、家庭功能和父母应对方式对贫困家庭儿童主观幸福感的影响。

1. 社会经济地位

经济状况与主观幸福感的关系问题，一直存在着争论。一些研究认为，经济收入越高，主观幸福感越强。另外的研究则认为，收入仅在家庭非常贫穷时会与幸福感有关，当基本生存需要得到满足时，经济状况对主观幸福感的影响就会变得很小（于静华，2005）。迪纳（1993）在对经济收入与主观幸福感关系进行综述时发现，在经济不发达的国家中，个人收入与主观幸福感有较强的相关。而由于多数青少年、儿童并没有经济收入，因此对于青少年主观幸福感的影响因素，研究者们主要探讨了父母的社会经济地位（包括父母的文化程度、经济收入和职业类型）对其主观幸福感的影响作用（王瑞敏，2007）。

严标宾等人对大学生样本的研究发现，低家庭经济收入的大学生生活满意度也较低（严标宾、郑雪、邱林，2002）。伊斯特林（Easterlin，2001）认为，经济状况并不直接影响主观幸福感的获得，这一过程会受到个体对物质条件的期望等主观因素的调节。而王金霞、王吉春（2005）的研究则发现，家庭所在地、家庭经济状况、父母职业和文化程度等考察家庭背景的变量，对中学生的一般生活满意度没有显著影响。可见，关于家庭社会经济地位对儿童主观幸福感的影响作用结论不一致，需要进一步探讨。贫困家庭儿童家庭经济收入较差，属于低社会经济地位群体，那么他们的经济收入与幸福感之间有怎样的关系呢？本研究试图揭示社会经济地位对贫困儿童幸福感的影响机制。

2. 家庭功能

良好的家庭功能对儿童青少年的心理发展起着非常重要的积极影响作用。家庭功能不良会导致儿童产生适应不良的表现，出现更多的外化和内化行为问题，心理健康也会受到消极影响。舍克（2002）研究发现，青少年的家庭功能越差，就会表现出越多的心理健康和行为问题，并会表现出较差的学校适应。舍克也发现，家庭功能与贫困家庭的青少年的良好适应有较强的正相关，而与非贫困家庭青少年的适应性相关较低。这与有关心理弹性的理论和研究是一致的，即良好的家庭功能对高危环境中的青少年的良好适应的影响更为显著。其可能的解释是：当缺乏经济物质资源和其他的可能获得的资源（比如人力资本、社会关系网络等）时，家庭功能对处于资源缺乏的家庭成员来说，就构成了特别重要的应对资源，也成为贫困儿童发展的一个保护性因素。在这里，我们主要考察贫困家庭的父母教养方式和亲子关系对儿童幸福感的影响。

（1）父母教养方式

① 贫困环境下父母教养方式的特点

近年来，低保家庭父母教养方式和家庭环境对子女的影响越来越受到人们的广泛关注。科尼等人发现，贫困的环境可能会导致父母的情绪状况恶劣、夫妻关系恶化，家庭成员之间也倾向使用攻击性的语言来交流。生活在这样家庭环境中的儿童容易表现出抑郁、愤怒和攻击性等情绪特点。

首先，由于各种资源的短缺，贫困家庭的夫妻和亲子之间常常因为如何分配资源和使用金钱而发生争吵。而由于住房条件的限制，父母不可能单独找一个地方来解决冲突，家庭冲突往往直白地发生在子女面前。在中国，低保家庭常常采取三代同堂的居住方式，家庭冲突还会发生在代际之间，使得情况更加复杂。而帕特森等人发现，在贫困家庭中，家庭冲突是导致子女产生适应不良的重要因素，尤其是当冲突发生之后，家长没有妥善修复在冲突中受损的家庭气氛，甚至将孩子卷入冲突中（Achenbach，1991b）。

其次，在家庭教养环境中，父母无疑扮演了绝对重要的角色。美国一项纵向研究中发现，若以贫困环境作为预测变量，儿童的心理发展状况作为结果变量，那么家庭教养环境因素，诸如父母教养方式、父母婚姻状况以及情绪状况对于子女的情绪和行为发展有着重大的影响。研究结果还发现，贫困家庭的父母教养方式呈两极化，或者因为生活压力太大疲于应付而忽视子女教育，或者因为急于让孩子摆脱贫困的束缚而关注孩子成长的点点滴滴，要求他在学习、特长方面尽最大的努力（Edler，1999a）。同时，另一项研究则发现，恶劣的经济状况，如低收入、债台高筑、失业会通过日常生活的种种压力严重影响家庭成员之间的关系，而成人在经历了经济状况的恶化后，情绪会变得抑郁、低落，对未来非常消极，情绪稳定性也大大降低，在教育子女的时候显得不耐烦、忽视，甚至将愤怒发泄在子女身上（Attar，Guerra，Tolan，1994）。

在这种情况下，一方面，父母疲于应付恶劣的生活和婚姻关系中出现的问题，无法付出足够的时间和精力处理子女的成长问题，而常常把子女的问题当作生活中的又一压力源。另一方面，当夫妻之间出现争吵，相互之间被对方激怒之后，很容易将这种带有敌意和攻击性的相处模式再应用到和孩子的相处之中。这种从经济压力到夫妻关系恶劣再到亲子关系恶劣的连锁反应是导致贫困家庭青少年儿童适应不良的重要因素。

再次，贫困人群长期生活在压力环境中，每天都必须应对各种资源稀缺带来的困难和由此孳生的问题。面对着贫困和资源稀缺这一慢性的压力源，生活在长期贫困中的家庭成员，很容易陷入无助又无奈的状态，即习得性无助。相关研究发现，应对方式对贫困人群的情绪有着明显的调节作用，但也许是因为遭遇了太多挫折，贫困人群在面对生活中的种种困难时，普遍倾向于使用否认、忽视、被动等风格的应对方式，很少主动积极地解决困难。被动的应对方式往往和抑郁情绪有高相关。并且，父母是孩子进行社会学习的第一榜样，因而父母的应对方式也很容易传承给下一代（Martha E. Wadsworth，1999）。

从上面的描述可以看出，总的来说，贫困家庭的父母教养方式有两方面的特点：第一，惩罚、忽视型的教养行为较多；第二，父母对子女的支持性教养行为不足。这些教养方式特点会对贫困儿童的情绪行为产生影响。

② 父母教养方式对儿童情绪行为的影响

人们常说，父母是孩子的第一对老师。而在孩子的成长过程中，亲子之间的互动是通过父母的教养行为来完成的，父母教养方式无疑会影响孩子的情绪行为。贫困的物质环境会通过家庭教养环境影响儿童的情绪行为。

一方面，僵硬、苛刻、亲子之间缺乏依恋的教养方式是导致儿童适应障碍的重要因素。伦佩斯（Lempers）等人的研究发现，父母失业的儿童和同龄人相比抑郁、孤独和情绪敏感的程度都更高。当调查了这些家庭的教养方式后发现，失业致贫的父母教养方式前后不一致且常使用惩罚性的管教方式，父母常表现出对子女不接纳的态度。唐尼（Downey）等人的研究指出，对于孩子情感和身体上的虐待会导致儿童出现一系列的社会适应问题，如消极悲观、社交退缩、低自尊、社会关系受损等。奇洛蒂（Cicchetti）等人于 1984～1994 年在美国拉美裔贫困儿童中追踪调查了他们的父母教养方式和社会适应过程。结果发现，生活在以严厉责罚或语言指责为主的环境中的儿童与其他孩子相比愤怒、沮丧的程度更高，同时语言指责还能较好地预测孩子的攻击性行为以及不服从管教的行为。

另一方面，在困难的生活环境下，支持性的父母教养方式是保护儿童心理健康的重要因素。伦佩斯等人的研究表明，如果父母能在抚养子女的过程中让孩子感到切实有效的帮助，感到被爱和被关注，那么孩子与父母沟通的意愿会显著增强，沟通的频率会显著增加。同时，父母的支持能显著地降低儿童焦虑、愤怒情绪的水平。贫困家庭父母的一大担忧就是子女和行为不良的同伴在一起，特别是进入青春期的少年，归属于某个同伴群体的渴望增强，很容易加入某些不良群体，习得不良的行为。在坎德尔（Kandel）等人的研究中明确指出，支持性的教养行为能够增进亲子之间的依恋，同时避免了儿童从不良同伴那里寻求情感支持。

（2）亲子关系

良好的亲子关系是家庭功能良好的又一表现。关于亲子关系与青少年心理健康、社会适应的研究发现，与父母关系亲近的青少年的自尊水平较高、对自我更加满意，抑郁也较低（Field et al., 1995；Lasko et al., 1996）。拉斯克（Rask, 2003）等人发现，青少年的主观幸福感与他们所体会到的家庭氛围有较强的相关。家庭较为稳定、成员间的相互关心支持、家庭矛盾较少对青少年总体生活满意度有积极影响。而如果青少年体会到家庭关系松散和严重的家庭矛盾，就会造成他们的幸福感下降（王芳、陈福国，2005）。我国的王金霞、王吉春（2005）的研究表明，亲子关系满意度、对父母婚姻幸福程度的评价能够显著影响中学生的一般生活满意度。另外，李思霓（2007）发现，家庭的和谐能够促进亲子两代幸福感的提高。

可见，良好的家庭功能、父母的良性教养方式能够带来亲子关系的和谐，使儿童的幸福感提升；不良的教养方式会损害贫困家庭中的亲子关系，使儿童的幸福感降低。

3. 父母应对方式

（1）应对方式及其影响

应对方式指的是个体在应激环境下所做出的自发反应，以及个体减轻痛苦和渡过难关的方式。应对方式是个体成熟而稳定的思维、行为方式，个体在面对应激环境时会采取何种反应模式取决于个体的人格特质，同时也和能获得的应对资源有关。

大量的研究表明，应对方式能够中介或调节应激环境对人心理状态的影响。沃德沃恩（Wadworth）等人指出，应对方式决定了人们在遇到威胁性、挑战性事件之后如何在认知系统表征事件性质的方式，倾向于使用逃避、回绝或幻想来应对压力的人在遇到应激事件后会将之表征为威胁，感到自己无力改变现状，对情境失去控制感。特别是对于贫困人群来说，他们每天都面对着大大小小的应激事件，如前文所说，对一般人不构成威胁的事件，如疾病、子女就学等会对他们造成不小的压力。沃德沃恩等人的研究发现，使用参与式应对方式的贫困家庭在面对压力事件时更倾向去承认现实、解决问题、寻求帮助并且保持乐观的心态，父母和子女的焦虑、抑郁以及愤怒情绪都明显低于采用逃避式应对的贫困人群。相反，孔帕（Compas）等人发现，反复回想应激事件但不做出相应行为应对的个体，抑郁的程度明显高于常人；而班亚德（Banyard）等人的研究发现，消极的应对方式与贫困个体的抑郁、焦虑等情绪障碍以及攻击、退缩等行为问题有高相关。

（2）贫困家庭的父母应对方式特点

心理学家指出，长期贫困是一个巨大的应激环境。贫困生活使人们逐渐丧失了各种资源，常感到沮丧、无助；同时，在面对生活中的应激事件，贫困人群比一般人更加容易受到伤害；而有时对一般人威胁不大的事件，例如生病、子女上学等，对贫困人群来说是足以威胁到温饱的应激事件。简而言之，贫困人群长期生活在压力环境中，每天都必须应对各种资源稀缺带来的困难和由此孳生的问题，因而研究他们的应对方式对关注贫困人群的心理健康很有价值。

那么，贫困人群的应对方式有哪些特点呢？总的来说，贫困人群倾向使用自发回避型的应对方式。国外的相关研究表明，贫困人群在面对生活中的种种困难时，普遍倾向于使用否认、忽视、被动等风格的应对方式，很少主动积极地解决困难。沃德沃恩等人在针对美国中西部黑人贫民区的质性研究发现，在面对困难时，虽然一部分人也会采取处理问题、认知重建等方式来应对，但是64%的人会采用逃避问题的方式——他们逃避找工作的情景，限制孩子和邻居、甚至亲戚的来往，在采访中拒绝谈论对于自身处境的体会或者宣泄情绪的方式，他们或者沉浸在悲伤的情绪中无法自拔，或者发泄对社会、命运的不满。这种情绪往往不经过个体的管理就发泄在家人或者孩子身上。

贫困人群的应对资源较少，无论是经济资源、社会支持还是自身的情感资源都在长期贫困的环境中被慢慢耗尽。根据在第一部分提到的 COR 理论，当个体感受到自己的资源不足，会想办法保持自己的资源、减少资源付出。使用自发回避型应对方式的个体需要付出的情感和认知资源较少，而自发参与式应对需要个体面对困难、评估困难，进行认知重建，保持乐观的心态，同时耐心地寻找解决方式，这样付出的资源更多。这也是导致贫困人群采取自发回避应对方式的一大因素。

综上所述，面对应激环境，贫困家庭的父母会采取不当的应对方式，这种应对方式会间接地成为孩子学习的"榜样"，对孩子的应对方式也会产生影响。例如，父母会将经济压力带来的抑郁情绪发泄到孩子身上，成为孩子生活中的消极事件。这两种因素都会导致儿童的主观幸福感下降。

4. 家庭环境对主观幸福感的影响机制

社会经济地位、家庭功能都会对儿童主观幸福感产生影响，那么，这些因素之间有什么关系呢？我们发现，对于贫困家庭来说，根据儿童发展的生态学理论，社会经济地位的下降属于宏系统的变化，这一变化要对儿童产生影响，需要通过家庭的经济条件和儿童的教育资源、父母的教养方式等近环境因素的作用。对于这一问题，课题组的访谈结果和一些心理学理论、实证研究为我们提供了参考。

（1）家庭环境对幸福感的影响：质性访谈的结果

① 家庭经济环境对父母的伤害

在访谈中我们发现，在北京市的贫困家庭中，申请低保的过程虽然能够解决家庭的温饱问题，为他们带来收入，但是却伤害了家长的自尊心。在申请低保时，居委会或者社保办公室都会有一个公示的程序，就是将申请低保的家庭情况公开，包括家中财产的数目、具体有何物资、月收入多少、每一笔花销的去向、是否养宠物等，某种程度上相当于公开了这个家庭的隐私。家长对公示的看法分歧较大，30%的家长认为公示会带来一些负面的影响，会对孩子有不好的影响，而且公示这种揭露家庭隐私的做法伤害了他们，让他们觉得不好意思。另外有22%的家长觉得公示没有影响，有可能是既然他们要享受低保，就必须接受公示，他们无奈地接受了这个现实，因此觉得无所谓。还有可能是他们安于现状，对生活抱有无所谓的态度。只有9%的家长觉得这种做法是合适的。可见，低保申请的过程中，对家长的伤害较大。而家庭中的孩子对于公示这个程序的反应不大，也就是说，这一过程对孩子的伤害较小。那么，贫困家庭中孩子的应激源究竟体现在何处呢？

② 低保家庭的家庭功能

我们发现，在低保家庭中，亲子沟通的状况令人担忧。低保家庭中亲子之间的交谈内容比较肤浅，一般都只是督促孩子好好学习，了解一下孩子在学校学到了什么，关心孩子是否吃饱穿暖，亲子双方不会就真正引起孩子困扰的生活事件以及孩子的思想动态主动进行认真而有效的交谈。当涉及学习和为人处世等方面，家长的沟通方式倾向于说教，或者简单而粗暴的批评。同时，还有38%的家庭因为各种各样的原因（下文将具体分析）沟通时间非常少，父母或者孩子、甚至双方都没有意愿主动沟通，孩子在家中的活动仅限于做作业、吃饭、睡觉，亲子之间的互动方式也仅限于督促孩子做作业、让孩子来吃饭等。另外，低保家庭之间存在着较多的亲子冲突。在访谈中发现，低保家庭中的冲突主要是孩子和父母之间的冲突，这一比例占到47%。低保家庭的父母把希望寄托在孩子身上，希望孩子能帮他们摆脱贫困的生活现状，因此他们关注于给孩子提供他们所能提供的最好的学习条件，尽量满足孩子在学习方面所提出的要求。家长寄予这么高的期望，因此对孩子在学习上的一举一动加倍关注，由此引发的冲突也就更多。

为什么在低保家庭中，亲子沟通效率不高、父母倾向于采用不良的教养方式呢？我们发现，经济条件的限制以及父母的文化水平是阻碍亲子沟通的最大瓶颈。首先，低保家庭的经济负担都较重，按照北京市城市居民申请低保的相关政策规定，家庭收入在300元以下，或者家中成年成员完全丧失劳动力才可以申请政府的最低生活保障金，保障金在300～900元不等。对于这部分家庭来说，每个月几百元的收入明显不能维持家庭正常的开销，如果家庭成员中有人罹患重大疾病或者身患残疾就更是雪上加霜。同时，低保家庭的家长文化水平普遍在初中以下，这导致他们一般都只能选择环卫、交通引导员等纯体力劳动的工作，工作的时间和强度都很大。在采访中，许多家长和孩子都提到母亲或父亲要晚上九点之后才能到家，此时孩子都睡了，而父母在外工作一天身心俱疲，除了简单地过问一下孩子的生活起居之外，没有多余的精力来关心孩子的情绪、困惑或者其他一些重要的生活事件。另外，父母文化水平较低，导致了教育理念的落后。在贫困家庭中，父母的教育方式粗暴、没有意识到和孩子沟通的必要，许多家长对孩子的关注还只停留在吃穿需求和成绩分数上，当发现孩子心情不好时，也往往简单的几句安慰了事。在我们的受访者中，青少年对于父母教育方式的不满普遍集中在：家长、特别是父亲的脾气暴躁，常常用高声呵斥甚至体罚的方式教育子女；家长受到的压力过大，情绪不稳定，会将脾气发泄在孩子身上；注重孩子和他人的比较，常常拿孩子的短处和别人的长处相比以"激励"孩子；害怕孩子在外面惹事，所以当孩子和同龄人发生冲突的时候，总是先批评自己的孩子，而不是就事论事地解决问题。

可见，贫困是一个家庭的长期而巨大的应激源。在如此大的压力环境下，家长有焦虑、不满和愤怒等情绪是在所难免的，他们会很容易将情绪宣泄出来。但

299

是简单的情绪宣泄或沉浸在悲观失望的情绪中难以自拔则属于自发回避。我们发现,阻碍亲子沟通的不利因素之一是家长的脾气暴躁,孩子不敢和家长沟通,这里面有不少宣泄情绪的成分在内。当孩子遇到困难的时候向父母求助,这无疑是让父母又面临一个压力情境,而如果此时家长正处于应激状态,往往会将不满的情绪发泄在孩子身上。贫困家庭的家长的应对方式普遍偏向自我逃避,在面对困难的时候采取逃避、否认的方式,甚至将不满的情绪发泄在孩子身上。家长这种不良的应对方式会对孩子的发展结果产生较大的影响。

③ 低保家庭中孩子的应对方式和心理健康特点

我们发现,虽然贫困家庭中家长倾向于教育孩子采用积极的应对方式面对生活中的困难,但是在我们的访谈中,倾向于回避困难的孩子要远远多于积极面对挑战的孩子,而孩子应对苦难的方式也有着家传渊源。大部分孩子会采用自发回避的方式来应对问题。低保家庭的孩子或者害怕遭到拒绝,或者在家中常常被家长拿来与其他同学比较,心中很不满意。因此,他们很少向老师、同学求助。家长往往会鼓励孩子多问问题,不过孩子在这方面的行动很少。另外,贫困家庭的孩子会时时感受到别人的歧视,因此同伴交往较少,容易出现退缩等行为;他们的情绪稳定性较低,最容易出现愤怒情绪。

以上是我们访谈得出的结果。可以看出,贫困的家庭环境中,父母受到的伤害较大,而孩子受到的伤害往往是由于父母的应对方式、教养方式不当造成的。因此,我们可以假设,较低的社会经济地位、经济条件的贫乏,不会直接地对儿童的幸福感产生影响,而父母的应对方式、教养方式对儿童的影响可能相对较大。

(2) 贫困环境影响个体心理健康的理论思考

贫困对儿童生理健康的影响很直截了当,例如,贫困的孩子可能得不到适当的医疗保障,缺少营养,生活环境条件恶劣因此容易感染疾病等。但是,它对心理健康的影响也是如此吗?答案显然是否定的,心理学家 L. M. 里彻(L. M. Richer)曾提出,贫困环境对儿童心理健康的影响绝不是某一个简单的作用机制能概括的。总的来说,贫困使多种导致儿童情绪行为问题的危险因素危害性增大。首先,贫困儿童遭受歧视的可能性较大,例如,迪克斯(Dix)等人研究发现,贫困学生感受到被老师忽视和同伴排斥的程度要显著高于一般儿童;其次,恶劣的生活环境使贫困家庭的孩子接触暴力犯罪的几率增高,Rocher 等人的质性访谈结果显示,贫困儿童最害怕的是发生在居住区附近的暴力、贩毒和抢劫事件。贫困家庭的父母最担心子女习得了暴力行为,成为罪犯的一员;父母的教养方式也会受到贫困环境的影响,麦克罗埃德等人针对美国城市贫困母亲的研究也发现,贫困的妈妈对幼子缺乏爱和责任感,常常不耐烦、体罚子女。

贫困削弱了保护儿童心理健康的各因素的效用，例如家庭支持系统、社会保障系统以及个体对生活的控制感等。家庭支持系统的基础是家庭成员和谐相处，而里克特（Richter）等人在针对南非贫困家庭的研究发现，贫困家庭常常多代同居一室导致代际冲突严重，同时夫妻之间、亲子之间在如何使用金钱上常产生分歧，在家庭冲突环境下成长的子女对父母有较强的敌意情绪，攻击性行为较严重。社会保障本来是给贫困人群雪中送炭的主要资源，但是，世界银行2002年发布的《穷人的声音》白皮书指出：第三世界贫困儿童能够享受的医疗保险不及发达国家儿童的1/10。许多发展中国家没有针对儿童的心理保健系统。在心理学上，控制感指的是个体认识环境、改变环境能力的体现，临床显示，低控制感是抑郁症、焦虑谱系障碍病人的共同特点。纳拉扬（Narayan）等人在2003年的一项研究中指出，对于穷人来说，最可怕的莫过于那种一切都不在掌控之中的感觉。由于经济资源稀缺，生活中贫困人群可自主选择的机会很少，他们长期无法掌控自己的生活，习得无助的心理特点相当明显。

不管是哪种机制，在现有研究中，研究者一般认为贫困不会直接对儿童的情绪行为产生影响，而是通过家庭环境、教养方式以及学校系统等间接产生影响。这与我们在访谈中得到的结论一致。同时，对于不同年龄段的儿童，两个系统影响的比重不同。沙桑（Chassin）等人发现，对青春期初期以前的儿童，家庭系统在贫困环境和儿童情绪行为之间起到主要的中介和调节作用，而对于青少年来说，学校和同伴的影响更大。本研究针对的是6～14岁的儿童，因此将重点研究家庭教养环境的作用机制。

四、贫困儿童主观幸福感的量化研究

1. 我们关注的问题

如上所述，贫困家庭儿童的社会经济地位、控制感、父母的教养方式和应对方式都倾向于对他们的幸福感产生消极影响，那么，在总体幸福感存在一定缺失的情况下，为什么贫困儿童的自尊较高，而生活满意度较低呢？社会经济地位、父母的教养方式和应对方式究竟是以怎样的方式影响贫困儿童的幸福感呢？我们认为，较低的家庭收入并不直接影响儿童的主观幸福感各指标，而是通过家庭中的经济条件、教育资源等儿童能够感知到的条件，以及父母的教养方式和应对方式起作用的。基于上述思考，课题组将探讨家庭环境变量（社会经济地位、经济条件和教育资源，以及父母的应对方式、教养方式）对贫困儿童幸福感的影响。

301

2. 研究对象与工具

(1) 研究对象

见第一部分中对贫困家庭儿童取样描述。

(2) 研究工具

① 对家庭社会经济地位、经济条件和教育资源的考察

见第一部分中对四类处境不利儿童的社会经济地位、经济条件和教育资源的测量方式。

② 对幸福感各指标的考察

见第二部分中对处境不利儿童生活满意度、自尊、积极消极情绪和总体幸福感的测量问卷的描述。

③ 父母教养方式

采用父母教养方式量表（Parenting Behavior Instrument）分别考察贫困儿童父母教养方式。

量表为四点量表，由香港中文大学梁耀坚根据美国 Paker 等人的《家庭联系问卷》（Parental Bonding Instrument）编制而成，由 29 道题组成，由子女根据双亲的教养方式给父母分别评分，能够直接体现子女对父母教养方式的感受。该量表具有较好的信效度，内部一致性系数为 0.83，结构效度模型拟合度良好，GFI 系数为 0.91。量表包括三个非良性教养方式维度：过分保护、苛刻要求、亲子疏离；一个良性教养方式：提供帮助。将被试在良性维度上的得分减去非良性维度得分得出最后得分，分数越高说明教养方式越好。

④ 父母应对方式

采用简易应对方式问卷（Simplified Coping Style Questionnaire），分别考察贫困儿童父母的应对方式。

该量表为四点自评量表，由 20 题组成。分为自发参与和自发回避两个维度，两个维度各 10 题，在两个维度上得分越高分别代表着个体该种应对方式越明显。量表在国内的相关研究中广泛使用，经研究结果验证，量表内容符合我国人群特点。量表的重测信度为 0.89，α 系数为 0.90。量表因素分析结果与理论构想一致，显现出较好的构想效度。

3. 结果与分析

贫困儿童家庭社会经济地位、幸福感各指标的得分已在第一、二部分中列出。表 3-20 显示了本研究相关测查变量的描述统计结果，即贫困家庭的父母教养方式和父母应对方式的得分情况。

表 3 – 20 本研究相关变量的平均数和标准差

		M	SD	可能全距	实际全距
父母应对方式	父亲自发参与	29.34	4.85	10.00 ~ 40.00	13.00 ~ 40.00
	父亲自发回避	25.08	5.31	10.00 ~ 44.00	12.00 ~ 41.00
	母亲自发参与	29.14	4.46	10.00 ~ 40.00	15.00 ~ 40.00
	母亲自发回避	26.33	5.20	10.00 ~ 44.00	13.00 ~ 40.00
父母教养方式	父亲过分保护	10.96	2.54	5.00 ~ 20.00	5.00 ~ 20.00
	父亲苛刻要求	13.84	4.94	7.00 ~ 28.00	7.00 ~ 28.00
	父亲亲子疏离	13.96	3.60	7.00 ~ 28.00	8.00 ~ 27.00
	父亲提供帮助	30.90	6.95	10.00 ~ 40.00	10.00 ~ 40.00
	母亲过分保护	11.14	2.63	5.00 ~ 20.00	5.00 ~ 18.00
	母亲苛刻要求	13.93	4.66	7.00 ~ 28.00	7.00 ~ 28.00
	母亲亲子疏离	13.97	3.42	7.00 ~ 28.00	9.00 ~ 28.00
	母亲提供帮助	32.64	6.04	10.00 ~ 40.00	10.00 ~ 40.00

可见，贫困家庭中，父母的自发参与的应对方式得分相近，而母亲倾向于较多地采用自发回避的应对方式。父母在不良教养方式上得分倾向于一致，其中母亲的过分保护得分较高。而在提供帮助方面，母亲的得分较高。由平均数的分布来看，贫困儿童父母自发参与的应对方式处于中等偏上的水平，自发回避处于中等水平。父母的良性教养方式处于中等偏上水平，而不良教养方式处于偏下水平。

下面，我们将重点考察社会经济地位、父母应对方式、教养方式对贫困儿童幸福感的影响。

（1）家庭环境与贫困家庭中父母应对方式、教养方式的关系

在访谈中我们了解到，贫困家庭中长期的资源紧张造成父母应对方式和教养方式的不良。首先，我们具体考察了贫困家庭中父母应对方式和教养方式的影响因素。

① 家庭环境与贫困家庭中父母应对方式的关系

我们发现，在社会经济地位、教育资源指数、物质资源指数等考察家庭环境的指标中，贫困家庭中父母自发回避的应对方式与家庭外社会资本、家庭物质资源指数存在着显著的相关。表 3 – 21 显示了相应的相关系数，这里只呈现了相关显著的情况。

表 3 - 21　　　　　贫困家庭中父母的应对方式与家庭环境的相关

	家庭外社会资本	家庭物质资源指数
父亲自发回避	—	- 0. 16 *
母亲自发回避	- 0. 17 *	- 0. 16 *

可见,物质资源指数和贫困家庭父母采取回避的应对方式有密切关联。家庭越贫困,父母感受到的经济压力越大,就越倾向于采取自发回避的不良应对方式。而父母的自发参与应对方式与家庭的物质资源指数并无显著相关。可见,家庭的贫困对应对方式的影响,主要是通过诱发个体采用消极的应对方式起作用的。以往的研究也表明,应对方式对贫困人群的情绪有着明显的调节作用,但也许是因为遭遇了太多挫折,贫困人群在面对生活中的种种困难时,普遍倾向于采用否认、忽视、被动等风格的应对方式,很少主动积极地解决困难。

另外,母亲的自发回避的应对方式与儿童家庭外社会资本也存在着显著的负相关。与男性的个性特征不同,女性的应对方式更容易受到外界的社会支持的影响。当处于弱势群体的妇女感受到更多的社会支持时,她们会更主动地利用它,因而社会支持较高的个体会更倾向于采用主动寻求支持等积极的应对方式。另外,当个体主动寻求社会支持时,个体就会获得更多的资源,从而帮助个体更有效地应对刺激(唐剑,2002)。

此外,我们还发现,贫困家庭中父母的应对方式存在着一致性。父亲的自发参与和母亲的自发参与应对方式的相关为 0. 47 ($p = 0.00$);父亲自发回避和母亲自发回避的应对方式的相关为 0. 50 ($p = 0.00$)。可见,在家庭中,父母一方的应对方式的特点,会导致另一方采取相同的应对方式,家庭中父母的应对方式趋于一致。

② 家庭环境与贫困儿童父母教养方式的关系

我们发现,家庭外社会资本、教育资源指数与贫困家庭父母的各种教养方式之间存在着较为显著的相关。为了清晰起见,我们计算了教养方式的总分,即负性教养方式分量表得分减去良性教养方式分量表得分。分数越高表明父母越倾向于使用不良的教养方式。表 3 - 22 显示了相关情况。

表 3 - 22　　　　　贫困家庭中父母教养方式与家庭环境的相关

	家庭外社会资本	教育资源指数
父亲的教养方式	- 0. 20 **	- 0. 25 ***
母亲的教养方式	- 0. 26 ***	- 0. 29 ***

可见，贫困家庭儿童的教育资源越多，家庭外社会资本越多，贫困家庭父母的教养方式越好。教养子女是一项长期而艰巨的任务，在贫困家庭这样有限的物质条件下，子女的教育更加成为一种主要的应激源。因此，当儿童能够获得的教育资源越多、父母感受到越多的社会支持时，父母感受到的教育子女的压力就越少，就会越倾向于采用良性的教养方式。

另外，我们也发现，贫困家庭中父母教养方式之间也存在着显著性相关，相关系数为 0.84（$p = 0.00$）。可见，在同一家庭中，父母采用的教养方式趋于相同。

（2）家庭环境因素与贫困儿童幸福感的相关分析

社会经济地位得分、物质资源指数和教育资源指数、父母的应对方式、教养方式与贫困儿童幸福感各指标的相关系数如表 3 – 23 所示。

表 3 – 23　　　　　　环境因素与贫困儿童幸福感的相关分析

		生活满意度	自尊	积极情绪	消极情绪	总体幸福感
社会经济地位	经济资本	0.19 **	0.11	0.04	– 0.04	0.03
	人力资本	– 0.03	0.17 *	0.09	– 0.11	0.03
	家庭内社会资本	0.08	0.01	0.04	– 0.06	– 0.07
	家庭外社会资本	0.11	0.11	0.24 **	– 0.09	0.09
家庭物质资源指数		0.28 ***	0.25 ***	0.21 **	– 0.07	0.15 *
教育资源指数		0.26 ***	0.31 ***	0.22 **	– 0.16 *	0.26 ***
父母应对方式	父亲自发参与	– 0.03	– 0.05	0.01	– 0.01	– 0.07
	父亲自发回避	– 0.00	0.00	– 0.04	0.05	0.05
	母亲自发参与	0.14 *	0.12	0.14	– 0.08	0.15 *
	母亲自发回避	– 0.14 *	– 0.02	– 0.06	0.07	– 0.11
父母教养方式	父亲过分保护	0.07	– 0.17 *	0.04	0.09	– 0.08
	父亲苛刻要求	– 0.13	– 0.36 ***	– 0.34 ***	0.40	– 0.25 ***
	父亲亲子疏离	– 0.09	– 0.39 ***	– 0.26 ***	0.31 ***	– 0.18 *
	父亲提供帮助	0.33 ***	0.28 ***	0.41 ***	– 0.28 ***	0.33 ***
	母亲过分保护	0.07	– 0.20 **	– 0.02	0.08	– 0.19 **
	母亲苛刻要求	– 0.10	– 0.28 ***	– 0.31 ***	0.37	– 0.28 ***
	母亲亲子疏离	– 0.06	– 0.35 ***	– 0.22 **	0.25 **	– 0.17 *
	母亲提供帮助	0.34 ***	0.32 ***	0.47 ***	– 0.34 ***	0.36 ***

结果表明，家庭经济资本只与贫困儿童的生活满意度相关显著，人力资本只与自尊相关显著，家庭外社会资本只与积极情绪相关显著。由于生活满意度反映

了儿童对自己的生活质量的评估，因此与反映家庭经济条件的经济资本有密切关系。而家庭人力资本间接地反映了父母的职业水平和收入，儿童通过父母的文化程度、职业水平能够间接地感知到家庭的社会经济地位，因此人力资本与儿童自尊相关较显著。家庭外社会资本越多，表明家庭与外界的联系、建立的社会网络越丰富，儿童因此得到的间接的支持、帮助也越多，体验到的积极情绪也越多。

除消极情绪外，家庭物质资源指数与贫困儿童的幸福感各指标均存在着显著性相关，而教育资源指数与贫困儿童幸福感各指标相关均显著。家庭的经济条件越好，教育资源越多，儿童体会到的积极情感越多，幸福感、自尊、生活满意度也越高，而体会到的消极情感越少。除家庭外，儿童的主要社会生活环境就是学校了，在班级里，贫困儿童会将自己的家庭经济条件和教育资源与其他儿童进行比较，这一社会比较的过程必然会降低儿童的主观幸福感。从相关情况看，社会经济地位各指标与贫困儿童幸福感的关系，不如家庭的物质资源指数、教育资源指数与贫困儿童幸福感的关系密切。正如上文中所述，家庭社会经济地位属于儿童发展的远端环境，而家庭物质资源指数是儿童生活的物质条件的具体反映，教育资源指数反映了与儿童上学、受教育有关的软、硬件资源。与社会经济地位各指标不同，这两个指标体现了贫困儿童切实感受到的各种资源。因此，这两类指标与贫困儿童的幸福感相关更加密切。

从相关系数的分布情况看，父亲的应对方式与贫困儿童幸福感各指标相关均不显著，而母亲的应对方式与贫困儿童的生活满意度、总体幸福感之间相关显著。可见，母亲的应对方式在贫困儿童生活中起着较为重要的作用。

父母教养方式与贫困儿童的自尊、积极和消极情感、总体幸福感有着较多的显著性相关，而与生活满意度相关较少。自尊等变量反映了儿童的心理健康水平，而贫困家庭的父母教养方式对这些变量有着较多的影响。另外，相关情况显示，父母教养方式趋于良好，即父母对儿童提供的帮助越多，贫困儿童的幸福感也越强。总之，父母的教养方式与贫困儿童的幸福感各指标有较为密切的关系。

（3）环境因素对贫困儿童幸福感的回归分析

如上所述，社会经济地位、父母应对方式与贫困儿童的幸福感之间存在着一定的相关，而家庭物质资源指数和教育资源指数、父母教养方式与贫困儿童的幸福感存在着较为密切的关系。那么，这些因素对贫困儿童幸福感的各指标具体有怎样的影响呢？下面将对这一问题进行具体分析。

采用分层回归分析的方法考察社会经济地位、物质资源和教育资源，以及父母的应对方式、教养方式对贫困儿童幸福感的作用。首先，在第一步采用强迫进入（enter）的方法纳入年级和性别，对它们在其中的作用进行控制；其次，分别在第二、三、四、五步采用逐步回归分析（Stepwise）的方法纳入家庭社会经济地位、教育和物质资源指数、父母应对方式和父母教养方式，以考察在控制了上述因素后环境变量对贫困儿童幸福感各指标的影响作用，结果如表 3 – 24 所示。

表 3 – 24　　　　环境因素影响贫困儿童幸福感各指标的回归分析

	生活满意度		自尊		积极情绪		消极情绪		总体幸福感	
	β	ΔR^2	β	ΔR^2	β	ΔR^2	β	ΔR^2	β	ΔR^2
Block 1		0.03		0.01		0.01		0.02		0.03
年龄	-0.19*		0.16*		0.21**		-0.09		0.12	
性别	-0.04		0.00		0.04		0.15*		0.01	
Block 2										
经济资本	0.13*	0.04	—	—	—	—	—	—	—	—
人力资本	—	—	0.17**	0.02	—	—	—	—	—	—
家庭外社会资本	—	—	0.04	0.02	0.17**	0.06	—	—	—	—
Block 3										
物质资源指数	0.25**	0.08	—	—	—	—	—	—	—	—
教育指数	—	—	0.27**	0.10	0.13*	0.04	-0.07	0.03	0.22**	0.07
Block 4										
母亲自发回避	-0.12*	0.02	—	—	—	—	—	—	—	—
Block 5										
父亲过分保护	—	—	—	—	0.19**	0.02	—	—	—	—
父亲苛刻要求	—	—	—	—	-0.40**	0.03	0.33**	0.16	—	—
父亲亲子疏离	—	—	-0.26**	0.10	—	—	—	—	—	—
母亲苛刻要求	—	—	—	—	0.27*	0.02	—	—	—	—
母亲提供帮助	0.31***	0.09	0.21*	0.04	0.41***	0.18	-0.22**	0.04	0.31***	0.09
R^2	0.25		0.30		0.35		0.25		0.17	
F	10.29		11.20		12.08		11.98		9.28	
p	<0.001		<0.001		<0.001		<0.001		<0.001	

　　分层回归分析表明，在控制了年级、性别等人口学变量后，环境因素对贫困儿童的幸福感各指标仍然都具有显著的预测作用，回归方程都达到了显著的水平。家庭经济条件能够解释贫困儿童生活满意度变异量的12%，而母亲为儿童提供帮助的程度能够解释生活满意度变异量的9%。家庭社会经济地位、教育指数能够解释贫困儿童自尊变异量的14%，父母的教养方式能够解释14%。家庭环境变量能解释贫困儿童积极情绪的10%，而父母教养方式能够解释积极情绪的25%。教育指数能够解释消极情绪变异量的3%，而父母教养方式能够解释消

307

极情绪变异量的 20%。教育指数能够解释总体幸福感变异量的 7%，而父母教养方式能够解释总体幸福感变异量的 9%。

进一步通过比较预测作用发现，与社会经济地位相比，物质资源指数、教育资源指数对贫困儿童的幸福感指标具有较好的预测作用。而与父母的应对方式相比，父母的教养方式，特别是母亲良性的教养方式对贫困儿童的幸福感具有较好的预测作用。这进一步提示我们，与较为抽象的社会经济地位相比，代表儿童在家庭和学校生活中切实享有的资源的指标——物质资源指数、教育资源指数对贫困儿童的幸福感起着较大的预测作用，而与父母应对贫困的方式相比，父母对儿童的直接作用方式——教养方式对贫困儿童的预测作用更大。

4. 讨论

（1）社会经济地位和物质资源指数、教育资源指数对贫困儿童幸福感的影响

本研究发现，与社会经济地位相比，物质资源指数、教育资源指数对贫困儿童的幸福感各指标具有较好的预测作用。在第一部分的研究结果中，我们发现贫困儿童的家庭物质资源、教育资源指数都显著低于正常家庭儿童。贫困儿童会切身感受到家庭物质资源的缺乏，导致生活满意度的下降。而上学、接受教育是6～15 岁儿童生活中的主要活动，教育资源的贫乏使这些儿童学校生活的方方面面受到影响，会影响到贫困儿童的自尊、积极和消极情绪以及总体幸福感。

根据布朗芬布伦纳的儿童发展的生态环境理论，可以更好地理解本研究的结果。正如第一部分中所述，布朗芬布伦纳认为，儿童发展的生态环境由若干相互嵌套在一起的系统组成，包括微系统、中间系统、外层系统和宏系统。其中，宏系统只是一些本身缺乏解释力的标签，例如儿童家庭社会经济地位等，这是个体的一种最远端的环境。社会经济地位反映了儿童家庭的贫困程度，但不能直接地决定儿童的幸福感程度，儿童的幸福感程度是要通过一些具体的影响因素，例如儿童切身获得的家庭物质资源和教育资源来起作用的。贫困儿童所能够感觉到的家庭资源的缺失，不会是抽象的家庭月收入的具体钱数，而更可能是家庭活动空间的狭小、家庭中电器的短缺、营养食物的缺乏等给日常生活带来不便的事实带来的。贫困儿童的教育资源缺失，也不是由于父母的文化水平过低等家庭经济条件较差的原因所直接带来的，而是由于在家中没有相应的学习环境、学习用品缺乏等带来的。因此，贫困儿童的家庭经济条件的贫乏，是由他们切身感受到的环境资源不足引起的。

（2）父母教养方式对贫困儿童幸福感的影响

① 非良性的教养方式对幸福感的影响

在本研究中，非良性的教养方式表现为：亲子之间没有亲密的联系，关系疏

离；对子女要求过高，标准苛刻，常给予负性反馈；对子女过分保护，限制子女独立自由地与人交往或承担某项义务；对于子女的需求不能给予有效的帮助等。贫困家庭的父母如果表现出过度保护、过度严苛、疏离等教养特点，这对于子女的心理健康发展无疑是负面的。本研究发现，父母的过分保护、亲子疏离、苛刻要求等不良的教养方式，与贫困儿童的自尊、积极情绪和消极情绪、总体幸福感有着较多的负相关。回归分析表明，父亲的亲子疏离对贫困儿童的自尊、父亲的苛刻要求对贫困儿童的积极情绪有显著的负向预测作用，而父亲的苛刻要求对贫困儿童的消极情绪有显著的正向预测作用。

父母非良性的教养方式能够导致儿童主观幸福感的下降。以往对普通儿童幸福感和父母教养方式关系的研究支持了这一结论。黄晓艳（2007）发现，高中生的主观幸福感与父母的拒绝否认、母亲的惩罚严厉型教养方式呈显著的负相关。张丽芳（2006）对农村中学生的调查发现，初中生的总体幸福感与母亲的拒绝否认型和惩罚严厉型教养方式呈显著的负相关。王金霞等（2005）也发现，母亲的惩罚严厉型、父亲的拒绝否认型教养方式对中学生的一般生活满意度有显著的消极影响。非良性的教养方式，容易导致儿童和家长的沟通不畅，沟通效率较低；同时，父母的非良性教养方式非但不能为儿童提供相应的社会支持，反而会损害儿童的社会支持网络；父母非良性的教养方式本身也是儿童生活中的一个压力事件。这些原因，都会使家庭中的亲子关系恶化，儿童的主观幸福感下降。

在贫困家庭中，父母的教养方式有其自身的特点。一方面，随着经济压力的增大，父母不堪重负，在调查中贫困家庭的父母不是因为身体残疾或能力欠缺没有工作，就是为了微薄的收入疲于奔命，贫困家庭的母亲工作时间平均每天为8.75小时，母亲疲于应对生活压力，大部分精力都要放在如何应对拮据的生活上，没有足够的精力来教育子女，无法抽身关注孩子的需求，因而造成亲子疏离。贫困家庭中父母辅导孩子功课的次数远远不如正常家庭，这固然有父母文化水平不高的原因，但也从一个侧面反映出亲子疏离、父母无法顾及子女需求的问题。另一方面，母亲会将改善生活境遇的期望寄托在孩子身上，害怕孩子因为出身贫寒受到伤害，过度保护自己的孩子免于经历风雨；同时希望孩子能够通过努力学习或努力奋斗改变贫困的命运，对孩子的学习和各方面要求都比较苛刻。因此，在这样的教养环境下，贫困儿童的主观幸福感会受到影响，例如自尊下降、积极情绪减少而消极情绪增加。

对于贫困儿童来说，其经济环境限制了他们探索新环境、锻炼自身能力的机会，因此和他人相比获得别人赞同、表扬的机会较少。而他们的父亲，由于受到经济压力的影响，面对无法供养家庭、满足家庭经济条件的困境，因而不能有效地给予子女关爱，提供温暖和支持。我国传统观念认为"男主外、女主内"，家庭中以男性作为"一家之主"。作为家庭中的丈夫、父亲，面对持久的经济压力，会体验到自身无法改变贫困现状的挫折感。这种体验一旦长期形成，就会对亲子关系产生一定的负面影响，表现为亲子关系的淡漠。而贫困家庭的子女会不时体会到父亲面对窘境时一筹莫展的焦虑，也会体会到父子关系的冷淡。这两者都会影响贫困儿童的自尊水平。

本研究还发现，父亲的过分保护和母亲的苛刻要求，会对贫困儿童的积极情绪有显著的正向预测作用。贫困家庭的父母由于面临着比正常家庭更大的经济压力，因此会对外界的刺激产生特别的敏感。他们会倾向于保护子女，不使子女面临困难和受到伤害。并且，出于保护子女远离危险的目的，限制子女在他们认为安全的范围内活动，并限制子女的社交对象，为子女设置行为处事的"模板"，甚至代替子女做决定，这种教养方式虽然能够在一定程度上使儿童体会到安全感，体会到生活中的一些积极事件，但是也会减少贫困儿童培养独立自主能力的机会，减少他们的社会经验和尝试新环境、承担新任务的可能性。

由于家庭贫困，贫困儿童面临着更多的压力。他们不能像正常家庭的孩子那样拥有更多的资源，因此他们的日常活动会受到一些限制。而贫困儿童的母亲会对孩子寄予较高的期望，对孩子的一些不良行为进行限制。而贫困儿童也会深深地体会到家庭的困难，自身也会对自己严格要求。因此，母亲的苛刻要求正好符合贫困儿童对自己的态度，会对贫困儿童的积极情绪有着正向的影响。而贫困儿童的父亲对孩子的苛刻要求为什么会对他们的积极情绪起到负向的预测作用呢？我们推断，这可能是由于贫困儿童父母与孩子的沟通方式不同造成的。面对压力，贫困儿童的父亲可能会表现出暴躁、焦虑，对孩子的要求也常常以命令的方式强迫、压制孩子的行为，因此，父亲的强制、命令式的苛刻要求越高，孩子的积极情绪就会随之下降。而母亲与孩子的沟通方式可能较为温和、平缓，使孩子乐于接受母亲的要求和指导。因此，母亲的苛刻要求可能在方式上容易被孩子接受。当孩子的态度与母亲的要求一致时，孩子的积极情感就会上升。

② 良性的教养方式对幸福感的影响

本研究发现，父母提供帮助的教养方式，与贫困儿童幸福感各指标存在着显著的相关。特别是母亲提供帮助的教养方式对贫困儿童的生活满意度、自尊、积极情绪和总体幸福感都有显著的正向预测作用，对贫困儿童的消极情绪有显著的负向预测作用。

以往的研究表明，父母的良性教养方式对儿童的幸福感有一定的积极影响。王极盛（2003）采用积极情绪、生活满意感、自我满意感等综合指标作为主观幸福感的指标，发现父母的理解型教养方式对幸福感有显著的预测作用。黄晓艳（2007）也发现，高中生的主观幸福感与父母的理解型教养方式呈正相关。另一些研究表明，社会支持，特别是家人的社会支持对个体幸福感有积极作用。胡瑜凤（2007）对贫困大学生幸福感的考察发现，家人的社会支持对贫困生的积极情绪、生活满意度有显著的正向预测作用，对消极情绪有显著的负向预测作用。可以说，父母的积极教养方式，能够成为儿童主要的社会支持来源，促进儿童幸福感的获得。父母提供帮助的教养方式，能够使贫困儿童形成对贫困环境的积极应对方式，并且能够为儿童提供情感上的支持。在这样的氛围中，儿童更容易得到父母的认可，获得相应的自尊。

另外，我们发现，在贫困家庭中母亲的良性教养方式作用较大，而父亲的教养方式对贫困儿童幸福感各指标的影响相对较小。可见，在贫困家庭中，母亲对孩子有着较大的影响。正如上文中指出的，贫困家庭中的父亲可能体验到更多的挫折，而造成亲子疏离，而母亲一般扮演着为孩子提供支持的角色。这提醒我们，一方面要发挥母亲对孩子的积极作用，另一方面也要注重父亲在家庭中的角色。

③ 父母良性的教养方式对贫困儿童积极、消极情绪的影响

以上，我们概括地讨论了父母的不良教养方式和良好的教养方式对贫困儿童的幸福感各指标的影响机制。在第二部分中我们发现，贫困儿童的积极情绪、消极情绪与城市正常家庭儿童无显著性差异。而对贫困儿童父母教养方式对积极、消极情绪的影响的探讨中发现，贫困儿童母亲的良性教养方式，对贫困儿童的积极情绪有着显著的正向预测作用，对消极情绪有着显著的负向预测作用。那么，造成贫困儿童积极、消极情绪与非贫困儿童无差异的一个原因，可能就是贫困儿童母亲的良性教养方式的积极影响。因此，家庭的贫困，不能导致儿童积极情绪的下降和消极情绪的提高，这其中存在着一些促进贫困儿童心理健康发展的因素，即促使处境不利儿童发展的"保护性因素"。

根据第一部分中提到的"心理弹性"的理论，心理弹性即是与危险因素产生交互作用的保护性过程。在近年来的研究中，研究者开始注重保护性因素在处境不利儿童的发展过程中所起的作用。对于贫困儿童，我们发现虽然家庭处于资源稀缺的状态，他们的积极情绪、消极情绪却与正常儿童无显著性差异。

城市贫困儿童特定的家庭环境，使他们大多数在学习时期除刻苦读书外，不可能有太多的机会及资源进行社会拓展，视野相对狭隘。与社区或学校那些经济条件好的城市正常家庭学生相比，他们可能会发现自己不单是衣着寒碜、谈吐笨拙、饮食太差，特别是在文具或玩具方面更加稍逊一筹，而且因为家里一般也没有宽裕条件供他们周末出去游玩以及参加各类特长辅导班，从而使其在社会活动、业余特长、人际交往等方面也会感到自不如人。这些生活事件都有可能造成贫困儿童体会到更少的积极情绪、更多的消极情绪。但是，母亲为儿童提供帮助

这一过程能够缓和各种生活压力事件带来的影响。在本研究中我们可以看出，贫困家庭中母亲提供帮助的教养方式，对贫困儿童主观幸福感的获得起到了积极的作用。母亲提供的社会支持作为贫困儿童应对外界压力的重要资源，能够促进儿童主观幸福感的获得。

5. 结论

（1）贫困家庭中父母自发回避的应对方式与家庭物质资源指数存在着显著的相关；母亲的自发回避的应对方式与家庭外社会资本存在着显著性相关。贫困家庭中父母的教养方式与家庭外社会资本、儿童的教育资源指数相关显著。贫困家庭中，父母应对方式、父母教养方式之间存在着显著的相关。

（2）在家庭社会经济地位指标与贫困儿童的幸福感各指标的相关方面，家庭经济资本只与贫困儿童的生活满意度相关显著，人力资本只与自尊相关显著，家庭外社会资本只与积极情绪相关显著。而除消极情绪外，家庭物质资源指数与贫困儿童幸福感各指标相关均显著，教育资源指数与贫困儿童幸福感各指标均存在着显著性相关。

在父母应对方式与儿童幸福感的相关中，只有母亲的自发回避的应对方式与贫困儿童的生活满意度存在着显著的负相关。父母教养方式与贫困儿童的自尊、积极和消极情感、总体幸福感有着较多的显著性相关，而与生活满意度相关较少。

（3）分层回归分析表明，在控制了年级、性别等人口学变量后，环境因素对贫困儿童的幸福感各指标仍然都具有显著的预测作用。贫困儿童的家庭经济条件、母亲为儿童提供帮助的教养方式对生活满意度有显著的预测作用。家庭社会经济地位、教育资源指数、母亲的帮助对贫困儿童自尊有显著的正向预测作用，而父亲的亲子疏离对贫困儿童的自尊有显著的负向预测作用。家庭外社会资本、教育资源指数、父亲过分保护、母亲的苛刻要求对贫困儿童积极情绪有显著的正向预测作用，而父亲的苛刻要求对积极情绪有显著的负向预测作用。父亲的苛刻要求对儿童的消极情绪有显著的正向预测作用，而母亲的帮助对贫困儿童消极情绪有显著的正向预测作用。最后，家庭教育资源指数、母亲的帮助对贫困儿童的总体幸福感有显著的正向预测作用。

6. 对干预的启示

（1）对贫困家庭父母的干预措施：社区工作者的作用

我们认为，社区是贫困家庭的主要生存环境，而父母对家庭贫困的认知主要来自于社区中的社会比较。因此，对贫困家庭父母的干预，离不开社区的帮助。

1）社区工作者的努力

① 建立个性化的服务档案。导致家庭贫困的因素有很多，例如家人患病、父母离异、父母下岗等。社区工作者首先要明确家庭面对的主要困难，这才能够有针对性地帮助解决。社区可以建立贫困家庭的档案，包括家庭的结构、面临的主要问题、家庭冲突的频率等内容。当家庭需要帮助时，这些档案可以为社区工作者提供参考。例如，针对父母脾气粗暴的家庭，可以适当地提供一些教育子女的有效方法；对于单亲家庭，可以适当地鼓励家庭成员外出串门、散心等；对于父母下岗的家庭，可以鼓励他们寻找就业途径。针对不同的家庭，社区工作者可以发挥他们的优势，为家庭提供个性化的帮助。

② 做好初级预防工作。三级预防是临床心理学中的一个重要概念。其中，初级预防指帮助还没有心理疾患的人群预防心理疾病的产生，帮助他们克服种种困难，健康、正常、有序地生活工作。也就是说，初级预防指减少正常人中发生心理疾病的可能（唐剑，2002）。社区工作者应当及时发现贫困家庭中存在着的各种心理隐患，例如，面对长期的经济压力而产生的焦虑、抑郁等心理状态，应及时地提供帮助和疏导，尽量使这些家庭问题不致扩大、严重，进而影响家庭成员的生活。

2）心理疏导：采用良性的应对方式

正如前文中所述，贫困对家庭来说，是一个巨大、慢性的应激源，长期的贫困使家庭在应对过程中耗尽了资源。个体在应激环境下往往会产生一系列负性情绪，许多贫困家庭家长的委屈、焦虑和恐惧无法得到舒解，自身也没有能力进行情绪管理，就向其他家庭成员发泄。另外，应对方式也会与父母相应的教养方式相关联，从而影响儿童的幸福感。那么，如何对这些贫困家庭中的家长的应对方式进行干预呢？我们认为，可以从改变家长对贫困的认知做起。

① 引导家庭合理认识贫困的现状。在相同的环境下，人们对贫困的感知是有所不同的。有的人认为贫困只是暂时的一种生活状态，而另一部分人认为贫困是无法逾越的鸿沟。心理学家艾利斯认为，当面对资源稀缺以及由它带来的生活压力事件时，个体会产生一些不合理的信念。例如，为了使下一代摆脱贫困的困扰，贫困家庭的父母会对孩子产生过分的绝对化要求，要求孩子"一定好好学习"，一旦孩子没有完成任务，父母就会变得更加悲观，亲子关系恶劣；再如，当家庭缺少强壮的劳动力、没有稳定收入时，父母会变得悲观、绝望，认为家庭的现状糟糕至极，在未来不会再摆脱贫困；当家庭经济资源稀缺时，家长疲于应对经济困难，只注意到了生活中的消极事件，而对生活中的积极事件却不加理睬，拒绝寻求外界的支持，将生活的贫困作为巨大的灾难迁移到了生活的方方面

面。艾利斯认为上述三种信念都是不合理的，这些不合理的信念会导致个体采取不良的应对方式。

如何摆脱这三种不合理的信念造成的消极影响呢？贫困是这些家庭中所有生活事件的根源，在经济压力下，父母很容易产生不合理的认知方式。因此，在对贫困现状进行认识的过程中，父母可以与自己的不合理信念进行辩论，从而寻找对事物的新认识。例如，家长面对经济困难时，可能会产生对未来感到无助的信念。这时，与该信念辩论的论据可以是：第一，北京市像这样申请低保的家庭有很多；另外，想想北京市的农民工朋友的生活条件，人家才真的不容易。跟他们比一比，我们这样已经很好了。第二，很多家庭也经历过贫困，但是有些家庭也会摆脱贫困，生活中也还会充满希望的。第三，对孩子来说，从小吃点苦也并不是坏事。很多优秀的人才都是从逆境中成长起来的。我们常说的"退一步，海阔天空"也是这层含义。正如一位家长在课题组的访谈中所说："就跟咱们走的路一样，可能这段路比较平坦，咱们俩可以手拉手。她可以领着我跑。可能这段路就特别难走，比较崎岖，比较坎坷，坑坑洼洼的，对不对？甚至有时候还得上台阶下台阶。人生就是这样，可能这一段比较顺、比较平坦，对吧？就用一个挺平常的心对待就行了。"

如何将心理咨询的理论运用到贫困家庭中呢？社区工作者要发挥很大的作用。社区工作者在做好本职工作，例如为贫困家庭介绍工作、帮助家庭申请低保的同时，也应当适当地关心贫困家庭成员的心理健康。社区工作者可以适当地与贫困家庭的家长谈心、交流，用最平实朴素的语言将"与不合理信念辩论"的方法提供给贫困儿童的父母。

② 鼓励贫困家庭寻求社会支持。当个体遇到外界压力时，社会支持是重要的资源。而贫困家庭的邻里关系也能够为贫困家庭提供较多的社会支持。但是，在贫困家庭中，家长很少采用自发参与的应对方式寻找社会支持，同时，在我们的访谈中也了解到，家长也会害怕孩子因为家境不好而被欺负，阻止孩子和同学、邻居甚至亲戚有深入的交往。因此，社区在为贫困家庭提供社会支持的同时，也要鼓励贫困家庭主动寻求社会资源。

在这里，社区工作者首先要尽量削弱低保制度对家庭的影响。对于申请低保的公示程序，要做到尽量低调；在当邻里之间谈论某个贫困家庭时，尽量阻止或使影响降到最小。在适当的情况下，社区工作者也要提醒社区成员们尊重贫困家庭，让普通家庭理解贫困家庭生活的不易。同时，要创设和谐的社区氛围，呼吁并促进社区中的家庭为贫困家庭提供支持。例如，当贫困家庭中的病人需要照看、孩子需要照顾的时候，邻里、社区之间都应当伸出援助之手。

社区工作者还要消除贫困家庭的防御心理。可以采取与"与不合理信念辩论"的方式，对贫困家庭父母认为"邻里歧视自己的家庭"的信念进行辩论，提醒他们"远亲不如近邻"，注重与邻里之间搞好关系。在淡化给这些家庭贴上"贫困"标签的基础上，为贫困家庭成员提供更多串门、与邻里家庭沟通的机会。例如，当贫困家庭遇到一些困难时，社区工作者可以陪同贫困家庭的父母向一些普通家庭求助；当普通家庭遇到困难时，也可以鼓励他们向贫困家庭寻求支持，这样可以使贫困家庭成员体会到被尊重的感觉，消除贫困家庭的戒备心理。社区工作者也可以在组织社区活动时，多鼓励贫困家庭成员的加入。

3）父母教养方式的转变

对儿童发展来说，民主型的教养方式是最有利的。而低保家庭的父母文化教育程度不高，在教育孩子的过程中往往忽略方式方法，加之父母对孩子望子成龙心切，不免急于求成，恨其不争，进而采取粗暴的方式，导致孩子和父母之间产生冲突。在冲突的过程中不管孩子采取积极或消极的方式应对，都会让孩子体验到消极的情感。频繁的家庭冲突不仅会伤害父母与孩子之间的感情、破坏家庭和谐，也会伤害到孩子的自尊自信，对孩子的健康成长留下隐患。在研究中，我们发现，良好的教养方式能够促进儿童主观幸福感的获得，而不良的教养方式却会降低儿童的幸福感。那么，如何使父母的教养方式趋于良好呢？

① 减少亲子冲突和不良的教养方式。首先，正如上文中所说，贫困家庭对孩子过分绝对化的要求，是导致亲子冲突的根源。因此，社区工作者可以与家长讨论孩子的成长问题，尽量消除家长对孩子的不合理的、绝对的期望。可以用通俗易懂的话语提醒家长，不到万不得已，不要采取体罚等粗暴的方式对待孩子，例如，告诉家长"每打一次孩子，孩子的自信就降低一分"。同时，社区工作者应当使贫困家庭的父母认识到，只有家庭的氛围和谐，给孩子提供温暖，才能够抵消物质资源的缺失，使孩子感觉到幸福。因此，社区工作者在对贫困家庭进行帮助时，要强调贫困家庭中的主要矛盾，号召家庭成员携手共同面对经济资源的缺失，而家庭的内部矛盾——制造家庭冲突、亲子冲突只会使家庭应对贫困的资源更加缺失。

对父母的干预也应当包括适当地减少家庭中的亲子冲突。社区工作者可以帮助贫困家庭父母采取合理的宣泄方式。社区工作者可以作为贫困家庭父母的倾听者，鼓励父母倾诉在家庭中遇到的烦恼，或者鼓励贫困家庭的父母向亲友、邻居倾诉。另外，社区工作者应当提醒父母，当发生冲突时尽量避开孩子，以免孩子受到伤害；也可以在贫困家庭父母冲突时，为孩子提供一个暂时的"避难所"，尽量避免使孩子卷入到父母冲突之中，当父母冲突过后再让孩子回家。

② 提倡父母的帮助和民主型教养方式。社区工作者应当鼓励贫困家庭的父母采取良性的教养方式。一方面，可以将以往良性教养方式取得成功的案例与贫

315

困家庭分享；另一方面也要为父母的教养方式提供切实可行的建议。例如，社区工作者可以劝说父母放弃自己"权威"的一面，与孩子平起平坐地交流、讨论问题。社区工作者也可以利用社区的资源，例如举办"亲子交流平台"活动，为孩子和家长提供一个温馨的环境让他们沟通；让孩子和家长分别写下最想对对方说的一句话；主持召开一次"家庭会议"，促进父母与孩子沟通，形成良性的教养方式。

（2）对贫困家庭儿童的干预措施：学校的作用

① 完善心理咨询服务

首先，学校应当配备相应的心理健康教师和心理咨询室，完善心理咨询服务。学校应当定期地针对学生的成长特征，开设心理健康课程。心理咨询室也可以进行一些小规模的团体活动，例如，组织一定数量的贫困家庭儿童、后进生、离异家庭儿童等一些特殊的、需要帮助的群体进行团体辅导。并且，学校应当发挥心理咨询室的职能，鼓励遇到困难的学生向心理咨询室求助。

② 削弱孩子对家庭冲突的卷入

低保家庭的家庭冲突主要体现在亲子冲突、夫妻冲突，以及老人与父母之间的冲突这三个方面，其中亲子冲突最为突出，表现为因为孩子的学习问题，孩子做错事等原因在父母教育孩子的过程中发生冲突。另外，资源稀缺导致的家庭冲突对于孩子的教育也有极其不利的影响。当共同面对一个捉襟见肘的困境时，夫妻二人很容易陷入互相埋怨指责的怪圈。这时，孩子难免会被卷入家庭纠纷，在本来就困难的生存环境中又添加了一重压力，也就无怪乎孩子会产生反感、烦躁、伤心、难过等负性情绪，幸福感水平降低。

作为教师，应当认真地关心贫困家庭儿童的情绪变化。如果这些儿童表现出沮丧、苦恼，教师应当及时与他们沟通、谈心，找出他们苦恼的原因，并为他们提供社会支持。在此基础上，教师可以适当地为这些儿童提供教导和建议，例如，让孩子认识到家庭的贫困现象只是暂时性的，要让孩子以积极的心态面对生活。教师也应当相应地进行家访，与贫困儿童的父母进行交流，了解孩子和家庭遇到的困难，并与家长商议相应的解决对策。

③ 消除歧视体验

城市中贫困家庭的儿童接触到的孩子，大多数家庭条件要比自身优越。在与这些孩子进行社会比较时，贫困儿童的歧视感会加强，会感受到同伴、朋友不尊重自己。研究中发现，贫困儿童在"希望为自己获得更多的尊重"上的得分显著高于普通家庭，这个现象就说明了这一问题。因此，如何消除贫困儿童的歧视体验也是教师需要关注的问题。一方面，教师要尽量不公开贫困儿童的家庭情况，尽量淡化贫困家庭儿童的家庭经济条件，同时建立融洽、和谐的班级文化，鼓励班级的同学们互帮互助，不能看不起性格内向、学习成绩不好的同学，消除班级同学对个别同学的排斥现象。另一方面，教师也要采取谈话的方式，鼓励贫困家庭儿童建立适当的社会比较观念，即不必与同学们比较谁的父母文化水平高、谁家的条件好等环境条件，但是可以与同学们比较自身的交往能力、学习能力等自身因素。

教师也应当注重与贫困家庭儿童的沟通方式。贫困家庭中，父母对待这些孩子一般采取粗暴、强硬的教养方式，而不能心平气和地与孩子沟通。贫困家庭的父母还倾向于对这些孩子过度保护。因此，教师与贫困家庭儿童谈话时，应尽量以对待成人的语气和态度，与学生平起平坐地交流、讨论他们生活中遇到的问题，鼓励孩子把老师看做愿意帮助自己的人。在劝说贫困儿童接受某一观点或完成某一学习任务时，也要尽量地本着尊重的原则，让他们自觉地认同教师的观点，而不要粗暴地以说教的方式教导贫困儿童。

④ 为孩子树立适当的目标和"榜样"

对于个体来说，较高的、不切实际的目标会阻碍个体实现目标的动机，导致幸福感下降；而对未来的合理预期和理想会促进个体去实现目标。贫困家庭的孩子会有自己的未来理想。当自己的目标过高而又由于受经济等条件的制约难以实现时，就会产生沮丧和失落的情绪，导致幸福感的下降。因此，教师应当帮助学生，特别是贫困家庭中的孩子树立起符合现实条件、能够改善他们生活现状的理想。例如，教师在不断督促贫困儿童努力学习、提高成绩的基础上，可以适当地鼓励他们为自己的未来设计切合实际的"蓝图"，并予以指导。

对于贫困家庭中的孩子，也会为自己树立很多榜样，例如崇拜歌星影星、世界名人等。在这时，教师应当将在逆境中成长、奋发图强，最后终于取得成功的历史或当代的名人介绍给他们，鼓励他们以这些人为榜样，坚强、勇敢地面对生活中的挑战。

第四章

教 育 建 议

根据质性和量化的研究结果，我们提出了针对流动儿童、留守儿童、离异家庭儿童、贫困家庭儿童的教育和干预建议。建议包括政策的制定、干预的手段和儿童的学校、家长应当采取的措施等。

第一节　针对流动儿童的教育建议

一、针对流动儿童的政策建议

在研究中我们发现，与城市儿童相比，流动儿童的家庭社会经济地位较低，拥有的教育资源、家庭经济资源较少。特别是在打工子弟学校就读的流动儿童，这一问题显得更为突出。因此，如何让流动儿童享受到相应的教育资源，需要政府各部门做出努力。

1. 提高进城务工人员的收入水平，改善其家庭生活条件

进城务工人员经济地位低下，他们整天为了赚钱而疲于奔命，他们的子女——流动儿童面临的教育问题，很多都是由于经济方面的原因导致的。因此，提高进城务工人员收入水平，不仅仅是社会公平问题，也有助于改善其子女的受教育条件。

2. 制定相应的政策法规，改变教育拨款方式，保证流动儿童真正享受义务教育的权利

虽然国家政策规定要以流入地政府为主、以公办学校为主来解决流动儿童的教育问题，但根据我国的国情，目前若考虑流动儿童的教育经费由哪一级政府全部承担下来，是不太现实的。因此，关键的问题是解决流动儿童教育经费的分担问题。打破户口限制后，不能再以地方常住人口为基准来划拨义务教育投入，而应该建立起一套完善的各地区儿童流动情况的管理机制，以保证资金跟随学生流动，从而使流动儿童在任何地方都可以享受到义务教育的投入。

3. 各部门齐抓共管，做好政策配套工作

由于义务教育是政府根据本地儿童的数量进行拨款，而流动儿童到流入地就读之后，他们的义务教育费用并没有随之转移过来，如何调节这种矛盾，单靠一两个省市的合作是不行的，国家必须进行宏观规划。比如计生部门应该做好外来务工人员的计划生育问题，我们的调查资料显示流动儿童中多子女家庭较多，74.3%的流动儿童家庭有2个及以上的孩子，计划生育的问题正是一个比较突出的问题，无论家里有几个孩子，都要解决他们的上学问题，这势必增加了流入地接纳外来务工人员子女入学的压力问题；统计部门做好流动人口的普查工作，以便了解流入地流动儿童的入学率，如果这个数字无法确认，教育部门无法估算流动儿童的入学情况，难以做出长远的规划。公安部门应做好外来务工人员的登记工作，所得数据资源可为相关部门共享。特别是16岁以下的流动儿童没有进行登记，未纳入管理统计系统，其人身安全和各项合法权益得不到基本保证，无法确定需要义务教育的适龄儿童的实际人数，影响各级政府制定社会、经济发展规划和工作决策。所以任何一个部门的工作都是环环相扣，缺一不可，单纯靠任何一个部门是很难做到尽善尽美的。

4. 建立适应人口流动的接纳性教育体制

完善学生流动的管理和登记制度。以户籍改革为依托，打破城乡壁垒，建立全国统一的中小学生学籍档案。加强各级教育管理机构的横向沟通，使学生的档案能够随着学生的流动而流动。

针对流动人口子女在生活习惯、语言习惯、学习方式、心理发展等方面的特殊需求，研究探索具有接纳性的教育教学方法，以使他们尽快适应新环境的学习生活，享受到高质量的国民基础教育。

319

5. 充分发挥公立学校的主渠道作用，增强其吸纳流动儿童入学的能力

在当前人口出生率降低，入学高峰回落的新形势下，部分公立学校可以充分利用自身资源，根据本校和本地区实际探索新的办学思路，因地制宜设计办学模式，既可以为学校谋求新的发展，又可为流动儿童的教育做出贡献，让更多的流动人口子女进入公立学校学习。比如北京市，教育资源处于闲置、半闲置的学校多数位于市中心地区，而流动人口子女大多居住在城乡结合部，因而如何充分利用这些资源，还需要教育行政部门统一规划与协调，并纳入到当地学校布局的调整与整体规划之中。

6. 改变办学理念，积极探索办学方式

如何使学校资源利用最大化，积极探索办学思路是很有必要的，可以采取以下几种形式：第一，公办模式，可以利用学校的闲置资源独立设班、设校或随班就读招收流动儿童。第二，国有民办模式，由当地政府提供场所、校舍和教学设施，给予政策支持，按照民办学校的机制运作。第三，公办民助，通过购买、整体接管的方式将简易打工子弟学校办成公办学校的分校，由接收的公办学校统一管理，并争取企业与社会的支持与资助。如北京石景山区麻峪小学在生源严重不足的情况下，认真分析了自身的优势和不足，考虑到流动儿童就学的巨大需求，重新设计了学校的办学模式。作为规模小、地处偏远的农村小学，争取到了麻峪农工商公司的经济资助和场地支持，以政府办学、企业出资的形式开办了面向外来务工子弟的麻峪小学流动人口子女分校。

7. 正确看待打工子弟学校存在的意义，加强引导，规范管理

打工子弟学校的出现是中国社会急剧变迁过程中，现行教育体制无法适应社会转型和变迁的结果。这些学校由于收费低廉，办学灵活，在当前教育资源总量不足的情况下，打工子弟学校的存在是有其积极意义的，它对解决流动儿童义务教育问题，发挥了对现行体制的"补充"及自救的功能。应鼓励社会团体和公民个人在符合国家基本办学条件和教学质量的前提下，针对流动人口子女需求，开办打工子弟学校。目前应采取措施，引导非正规打工子弟学校向健康的方向发展。对于各级政府而言，当务之急就是把现有打工子弟学校列入城市的教育管理体系之中，为其留出制度化的发展空间，使其得到规范有序的发展。如，在审批标准上，除一些直接关系到儿童安全、健康的硬件指标外，其他标准不应搞

"一刀切"，而要考虑到学校所在地区的实际情况，以能满足当地流动儿童教育需求为原则。

8. 改善学校学生的学籍管理制度和收费方式

由于流动人口具有流动性的特点，学校可以对学生的学籍实行动态化管理。学校可以改变现行的缺乏灵活性的招生、插班制度，只要班级中有名额，只要符合入学的条件，就允许学生随时插班就读；只要有正当理由，就允许随时转学，并按照这种方法对学籍进行动态化管理。流动人口的突出特点就是工作生活的流动性和经济状况的不稳定性，而按学年一次性缴纳学杂费和其他费用对于流动人口来说困难很大，建议接收流动儿童的公立学校可采取灵活多样的收费方式，可按月份、季度或学期收费，也可实行分期付款等多种收费方式，以适应他们流动性和收入不稳定的特殊要求。

9. 促进公立学校和打工子弟学校之间的交流互动，促使优质教育资源在更大范围内发挥作用

公立学校可在教育资源上为打工子弟学校提供帮助和支持。公立学校可与附近的打工子弟学校实施有偿或无偿的资源共享，这样既提高了教育资源的利用率，也极大地支持了打工子弟学校的发展，提高了它们的教育质量。这种支持既可以是硬件方面的，也可以是软件方面的，例如公立学校教学设施更新后，可将还能再利用的桌椅、电脑等资源无偿捐给打工子弟学校，使资源能充分利用；公立学校师资力量充足，在不影响本校教学的情况下，在校教师可以支教的方式到打工子弟学校为流动儿童上课，或与打工子弟学校的老师交流教学经验，并给予打工子弟学校老师教学上的指导，把最好最新的教学方法传递给他们，共同促进流动儿童的教育发展。另外，公立学校应主动促进本校学生与附近打工子弟学校学生之间的交流与融合。城市居民子女与流动人口子女通过互相学习和交流，共同成长，共同进步。

10. 当地教育主管部门应当给予流动儿童家长择校方面的指导

流动儿童的家长在挑选学校时无法了解该区所有学校的情况，就近入学或听人介绍是主要的途径，而繁重的工作、知识的匮乏使得他们没有很多机会了解学校的教学质量。建议教育部门在摸清本地区打工子弟学校情况的基础上，制作相关介绍资料，对经过审批的打工子弟学校进行介绍和推荐，对尚未取得合法办学资格的学校也按照相关标准进行评估并公布评估结果。在流动人口聚居区、街道

办等场所散发这些介绍材料，有助于降低流动儿童家长选择学校的盲目性，从而也使流动儿童学习趋于稳定。

11. 促进流动家庭、流动儿童适应城市生活

对于流动家庭，要采取各种措施促进他们尽快地适应城市生活，融入到城市生活中去。长期以来，城乡二元的户籍制度对农民工及其子女进行了种种的限制，不利于农民工家庭对城市生活的适应，以及流动儿童的健康发展。因此，如何削弱城乡户籍制度的差异，以及采取各种措施促使农民工及其子女享受到与市民同等的生活和受教育条件，还需要政府和教育部门的不断努力。同时，有关部门可以采取对农民工进行培训、促使他们在适当的时间接受相应的教育等措施，来提高农民工家庭的人力资本。

二、对学校、社区、家庭的建议

学校、社区、家庭是儿童生活的主要场所。如何通过学校和家庭促进流动儿童享受到相应的教育资源，也需要学校、家庭共同努力的。

1. 加强家庭与学校的联系

流动儿童的基础教育除了与学校有关外，取得家庭的支持和配合也是非常重要的。学校可以采取如下方法：第一，建立家长委员会。无论是公立学校还是打工子弟学校都应该发挥家长委员会的作用，让家长了解学校办学的思路、参与学校管理、掌握子女的学习状况。如北京金顶街职业高中成立的家长委员会就值得借鉴，家长委员会每年定期召开会议，凡学校举行重大活动或有关提议都要经过家长委员会讨论和协商，特别是有关收费等敏感的问题，如定购校服、购买保险等。这样便于制定有针对性的有效的政策规定。第二，采用多种方式加强与家长的联系。学校可以通过家长会、家校联系卡、电话等途径了解学生的家庭状况、通报学生的学习进展、明确家长的责任，使学校和家庭有效结合起来。第三，定期开展家访。开展家访有助于深入了解流动儿童的实际问题，使教育工作更加有效。在家访过程中，与家长沟通信息，交换意见，提出建议，帮助家长树立正确的家庭教育意识，并向他们传授科学的家庭教育理念和方法。

2. 关注流动儿童的心理健康问题，开展打工子弟学校教师培训

调查表明，与城市儿童相比，流动儿童自尊和主观幸福感较低，问题行为较

多。学校要积极为流动儿童的学习和发展创造有利的环境，教师除了完成日常的教学任务以外，还要关注流动儿童的心理健康问题，有针对性地加以疏导。在流动儿童的基础教育中，教师起着非常重要的作用。特别是在当前开展的基础教育课程改革以及流动儿童的特殊性和复杂性，都给教师提出了更新更高的要求。而打工子弟学校由于条件艰苦，待遇偏低，很难吸引资历丰富的教师，这些学校的教师大多数没有教师资格证书，多数是半路出家的非师范类院校毕业的新手，因此为打工子弟的教师提供培训或继续教育的机会是很有必要的。比如，在为公立学校教师培训的同时，适当考虑增加打工子弟学校教师的培训名额，提高他们的教学水平；在培训的内容上除了与教学有关的知识外，还应适当开设与青少年心理健康有关的知识讲座，使他们了解流动儿童在各个时期的心理表现，在面对学生的心理问题时能够帮助他们有效解决。

3. 发挥社区功能，促进并丰富流动儿童的课余生活

流动家庭大多居住在城乡结合部，与自己的亲戚、朋友、同乡居住在一起，形成了独特的流动家庭社区。应当思考如何发挥这些社区的作用的问题，增加流动家庭的家庭外社会资本，从而为流动儿童提供良好的成长环境。流动儿童社区可以建立"流动儿童活动室"，组织流动儿童在父母忙于工作时进行一些有意义的活动，或者组织教育工作者定期地对流动儿童的父母进行相应的培训等，帮助流动儿童和流动家庭适应城市生活。

第二节　对留守儿童的政策、教育建议

一、对社会、政府的政策建议

1. 留守儿童的成长环境需要政府的不断投入

随着留守儿童年龄的增长，社会的影响和教育对其社会化的影响越来越大。为此，邻里、社区乃至整个社会应给予他们更多的关爱。一般而言，留守儿童较多的农村地区经济相对比较贫困，学校普遍存在经费不足、人员流失和教学设施差的现状。要解决这一问题，政府应加大对农村社区的教育投入，制定和实施相应的政策及措施，从根本上帮助学校走出当前所面临的困境。同时，应大力改善农村中小学的办学条件，特别是学生的住宿条件，让寄宿在校的留守儿童有一个良好的居住环境。

2. 发挥非政府组织的作用

单靠政府的力量是有限的，为了帮助留守儿童健康成长，还需要充分发挥非政府组织的作用，开展综合扶助留守儿童的项目工程。例如，利用社区机构组织成立"留守儿童之家"，实行有偿代养；帮助贫困村设立爱心电话厅，使留守儿童及监护人与外出打工人员能更加便捷地进行沟通，以减少外出打工父母与家庭及子女情感交流上的困难；加大对留守儿童心理发展特点和机制的研究，为留守儿童的心理健康教育提供科学建议。此外，还可以资助和扶持对贫困母亲的文化教育、健康教育和心理教育，从整体上提高她们的文化素质，使其能够更好地承担起对留守子女的抚养和教育责任。

3. 关注农民工在城市的生活

需要说明的是，虽然留守儿童问题表现在农村，但解决留守儿童问题的关键应在城市，需要流入地和流出地政府、学校和社会的共同努力。为此，社会和政府需要为农村子女在城市生活创造一定的条件。一方面，城市的公立学校要关注流动子女这个特殊的弱势群体，减少对农村流动人口的歧视政策，摒弃对流动人口及其子女的歧视心理。学校要积极与家长取得联系与沟通，双方共同关心孩子的成长。另一方面，由于外来务工人员属于低社会经济地位人群，流动儿童在城市的教育费用过高也是导致农村留守子女规模巨大的一个重要原因。因此，各级政府应适当降低教育收费，提高农民工的工资，尽量使留守儿童能享受到平等的教育权利。

4. 对农村的政策倾斜

针对留守儿童日益增多、留守带来的问题日益明显的现象，政府、社会各界也应当向留守儿童伸出援助之手。从根本上来说，留守现象的存在，是由于贫富差距明显，农民的收入不能满足生活需求，因此不得不背井离乡、留下子女而外出打工。因此，政府要对农业、农村给予一定的政策倾斜。我们可喜地看到，免除农业税、"两免一补"等具体政策的实施，为增加农民的收入提供了保障，吸引了一些外出务工的农民返回家园。我们也希望看到，惠农政策为农民带来更多的收益，使农民在家乡安居乐业。因此，消除留守现象的关键，要靠我国相应政策，特别是惠农政策的不断完善。

二、 给学校、教师的建议

在家庭功能不健全的情况下，学校成为留守儿童社会化过程中一个极其重要的场所，如果学校能给予留守儿童更多的关爱与帮助，注重培养他们的社会适应能力和心理承受能力等，将会在很大程度上弥补他们在家庭教育上的缺憾。

1. 构建积极的校园文化

学校可以倡导构建和谐、积极向上的校园文化，为留守儿童的发展提供较好的校园环境。同时，学校也应该定期地与留守儿童的监护人、家长进行沟通，做到"互通有无"，积极了解留守儿童生活中出现的问题，并且向留守儿童的监护人、家长提出相应的教育对策。

学校应制定专门针对留守儿童的教育计划。在农村，一些父母刚刚外出的儿童可能没有被及时发现，因而得不到学校的关注，这是一个需要引起注意的问题。鉴于此，学校应定期了解留守儿童的基本情况、临时监护人的基本情况和外出务工父母的基本情况，建立留守儿童档案，并注意随时保持更新。档案中可以记录留守儿童的生活状况、心理健康水平，并根据档案制定相应的教育计划，记录这些教育计划的实施结果。

2. 教师对留守儿童应给予更多的关注

教师是留守儿童重要的社会资源。老师应该加强对于班级内留守儿童的关注，多与留守儿童的家长和监护人进行沟通，及时了解班里留守儿童的家庭情况变化，尽可能多地与学生进行交流，帮助留守儿童解决学习及心理上的困惑。尤其是留守儿童非常重视来自老师的信任和肯定，为此，老师应该以理解和宽容的态度去接纳留守儿童，多肯定和挖掘他们身上的闪光点。

教师在倡导良好班风的同时，可以督促、发动学生展开丰富多彩的班级活动，让留守儿童在学校体会到"家庭"的温暖。首先，教师平时要多对留守儿童进行关注，及时表扬他们的优点、较好的行为，同时也要针对留守儿童的不良行为进行批评教育。其次，教师可以通过召开主题班会等班级生活的方式，号召全班同学都来关注父母外出这一现象。教师还可以教给学生一些解决冲突、应对生活压力的策略，培养留守儿童树立合作、宽容等积极的理念。对于社会能力较差的留守儿童，教师可以通过使学生结成"一帮一"、互助小组的形式，通过构建积极的同伴交往氛围来提高留守儿童的适应能力。此外，教师可以设置"师生沟通信箱"，以写信的形式与留守儿童进行沟通，为他们提供生活、学习方面的鼓励和建议。

3. 开展丰富多彩的学校活动

一方面，学校可以通过丰富多彩的活动来不断丰富留守儿童的课外生活，利用互助互学的同伴友谊来弥补其在家庭中缺失的亲情，例如，组织同学为留守儿童过生日等。另外，利用节假日开设心理活动课也是一个有效的方法。通过心理活动课，可以教导孩子怎么排除消极情绪，同时设立心理咨询室等，给孩子提供倾诉的对象和空间。当然，留守儿童的健康成长关键取决于自身的内在努力，学校在创设外在环境的同时要加强对留守儿童的自强、自尊、自立方面的教育，使其从挫折和困境中解脱出来。例如，老师可以有选择地为留守儿童推荐一些课外读物，教育他们要相信自己，自强自立，努力在逆境中实现美好的人生未来。

三、给父母和监护人的建议

1. 父母应当与留守儿童进行有效沟通

父母外出打工，在很大程度上会导致家庭对子女的教育功能、情感交流功能等的弱化。在外打工的父母与留守儿童进行有效沟通的数量较少。一部分留守儿童的家长把教育子女的权利和义务推给了学校和监护人，他们则主要负责孩子的生活费，其他问题一概不管或者很少关注。这种重"抚养"轻"教育"的观念给儿童的发展带来很多不利影响。为改善家长的教育观念和教育方式，可以举行一些专门针对外来打工人员的家长教育学校，向他们传授科学的家庭教育理念；同时，也可以发挥电视、书报等大众传媒的宣传和教育作用，帮助农民工改变"读书无用"的观念和只顾挣钱而忽视对子女教育的现象。

在外打工的父母不仅要提高与留守儿童通电话、回家探视孩子的频率，还要学会与留守儿童沟通的技巧。很多家长在孩子出现不良行为的时候总是简单地对孩子进行批评教育，这样的沟通方式可能会对孩子的发展产生更为不利的影响。因此，建议留守儿童的父母在与孩子沟通的过程中尽量倾听孩子的说话内容，并且与孩子讨论，尽量以朋友的身份出现在孩子面前。此外，在外打工的父母对留守儿童日常的行为监控也较为薄弱。这一方面为留守儿童提供了更多的"自由"，另一方面也为他们产生不良的适应行为提供了可能。因此，父母应该适当地与孩子的监护人保持联系，从而了解孩子的发展状况，对孩子的不良行为进行监控。

2. 监护人应当关心留守儿童的心理需求

留守儿童的监护人在留守儿童的生活中发挥着重要作用。他们负责留守儿童的日常生活，对留守儿童的心理健康产生着直接的影响。监护人不仅要满足留守儿童的生活需求，也要经常主动地了解留守儿童的心理需求，尝试与留守儿童沟通。

本研究还发现，双亲在外打工的留守儿童产生了更多的适应不良现象，同时他们对父母回家的心理需求也最多。我们建议，夫妻两人尽量不要同时外出务工，保证父母双方至少有一人在家，可以更好地增进与孩子的亲情交流，关心其成长。对于双亲在外打工的留守儿童，更需要监护人、外出的父母尽到自己的责任，给予恰当的关怀和教育。

第三节　针对离异家庭儿童的教育建议

一、给社会的建议

1. 对离异家庭给予更多的关心

家庭是社会的基本单位，与社会发展有着密不可分的联系。离异家庭作为一种家庭形式，一种家庭生活的选择方式，在我们的社会里客观存在并且急剧增加。社会对离异家庭儿童青少年的健康成长有着重要的影响作用，全社会都应重视和关心离异家庭儿童青少年，为他们创造有利的成长环境。

传统观念认为离异是不幸的，离异家庭对其子女的影响是负面的，这些过度强调负面作用的评价严重影响了离异家庭的社会适应，阻碍了离异家庭儿童青少年的健康成长。我国台湾学者彭淑华和张英陈（1994）研究发现，与传统的家庭概念相比，离异家庭虽然缺少了一个成员，但是作为社会的最基本的组织，其功能的发挥并不逊色于完整家庭，和睦而富有亲情的单亲家庭比冷漠或充满争斗的双亲家庭更具有家庭的本质意义，更有利于孩子的健康成长。在我们的研究中也发现，父母冲突特征比离异可以更好地预测儿童青少年的心理健康。

孩子是否幸福关键在于父母自身是否感到幸福。离婚作为重大生活应激事件，全社会应给予关怀和支持，特别是要帮助单亲母亲，据统计单亲母亲约占已婚妇女的10%～15%，她们面临经济窘迫、独立承担家务的重任，生活缺乏安

327

全感、亲子交往存在困惑、再婚困难等多种生活压力。这就要求我们的社会要建立健全离异家庭服务机构和社会支持系统，为生活困难的单身母亲提供必要的帮助和支持。

2. 改变对离异家庭的态度

全社会应当通力一致，构建新时期的离婚文化：首先，应该教育人们，特别是青年人，婚姻是神圣严肃的，不能草率行事，加强他们未来婚姻的稳固性；强化对已婚夫妇相应的责任和义务的教育，为给孩子创造良好的生活环境奠定基础。其次，对于离异家庭，社会应该纠正原有的"残缺家庭"、"问题儿童"等偏见，而应更理性地看待多元化的家庭结构和生活方式，要本着尊重理解的态度，不要嘲笑挖苦；更全面合理地评价离异对孩子的实际影响，应给予离异家庭以人文关怀及心理、法律和经济上的援助，在改善物质生活条件的同时，提升文化和精神生活的质量。

二、给学校的教育建议

离异家庭子女大多都处于未成年阶段，正是接受学校教育的主要时期，离异家庭学生作为学校和社会一个特殊群体，早已不是社会生活中的陌生话题，关心和教育离异家庭学生也已成为学校教育工作的重要组成部分。学校应创设一种关爱离异家庭儿童青少年的环境，使他们在平等的氛围里，在师爱和友情中愈合身心创伤，重新树立自尊、自信，健康成长。

1. 营造和谐的教育氛围

离异家庭儿童青少年是学校教育不容忽视的特殊群体，要从离异家庭儿童青少年在校实际出发，努力创造公正、公平、共同关心的教育氛围。首先必须消除学校中存在的歧视和不公正现象。由于学校教育的某些弊端和离异家庭儿童青少年自身的"不良"表现，离异家庭学生更容易遭受不公平的对待，甚至歧视。这就要求每一个教师都应该做到一视同仁，不能受世俗眼光的影响，简单地认为离异家庭儿童青少年一定不好，不得以任何借口给予离异家庭儿童青少年不公正、不平等的待遇，还应该发动和鼓励同学们在学习和生活上主动关心和帮助这些孩子们；学校要制定具体规范，强化教师的职业道德和教育人性化的观念，热爱、尊重、关心每一个学生，转变学生观，科学地评价学生。

2. 引导儿童调整心态

父母离异的儿童青少年很容易产生不安全感、自卑感、孤独感等消极的情绪体验，特别是那些处于父母婚姻破裂之中和之初的孩子们。另外，邻居和同伴对父母离异的议论，也会使离异家庭的儿童青少年感到受歧视，羞于见人等。学校教育要引导这些孩子正视父母离异的现实，正确处理好与父母的关系。要让学生懂得，离婚是父母的一种选择，在他们做出离婚决定后再硬要让他们生活在一起，家庭也不会快乐幸福。现在能做的是正视现实，调整好心态，以积极的态度面对生活和学习。还要让学生懂得尊重父母，尊重父母的选择，不应因为父母离异而心存怨恨。另外，对于离异家庭父母，学校应主动与他们取得联系，经常沟通，及时向家长通报这些孩子在学校的表现。

3. 加强对离异家庭儿童青少年的心理健康教育和辅导

近年来，我国越来越注重对儿童心理健康的教育，并且许多中小学校都建立了正式的心理辅导室，配备了专业的心理辅导人员，来帮助儿童青少年更好地成长。离异家庭的儿童作为学校中一个需要特殊关怀的群体，更需要专业的心理支援。我们以上的研究结果显示，离异家庭的儿童与正常家庭的儿童相比，有更多的消极情绪，更少的幸福感体验，更低的自尊和感受到更多的社会歧视和个体歧视，这些可能都是幸福家庭的孩子永远都不会经历到的。这些消极的心理体验给儿童青少年的生活带来很多的阴影，学校教育应大力借助心理辅导的方式走进离异儿童青少年的心灵，和家长一起用爱滋润儿童青少年受伤的心灵。在对儿童青少年进行心理辅导的同时，一方面从改变儿童青少年认知的角度入手，帮助他们正确地对待挫折和不幸。另一方面要创设情境，使他们能够自由地表达受压抑的情感，针对不良的情绪情感，给予合理的疏导。

4. 为儿童提供适当的教育资源和培训

离异家庭儿童父母由于忙于工作，无暇照管这些儿童，也不能及时地为他们提供学习、生活方面的辅导。这时，学校应当发挥积极的作用，例如在放学后，为离异家庭儿童，以及其他一些有特殊原因而暂时不能回家做作业的儿童提供教室等安静的学习环境，并在条件允许的情况下配备教师进行辅导。再如，学校可以设立一些特殊的"劳动课程"，教给学生一些必备的生活常识和应急知识等技能。

三、给社区的建议

1. 设立亲职教育机构

"亲职教育"又称"家长教育",指帮助父母获得有效地担任父母这一角色的过程(盖笑松、王海英,2006)。目前,我国针对父母开展的亲职教育较为缺乏。而对于离异家庭,显著地存在着父母亲职的变化问题。例如,离异后父母对孩子的照顾和养育主要表现在经济上面,并且往往忽略了对孩子的教育问题。

因此,在社区可以开展相应的亲职教育课程,帮助家庭,特别是离异家庭、贫困家庭等低社会经济地位家庭的家长更好地履行父亲或母亲的职责。例如,可以根据离异家庭的需要,开设有针对性的课程,包括对离异后父母双方沟通的指导、如何为孩子提供良性的教养方式、如何应对孩子的消极情绪等内容丰富的课程,来帮助离异家庭等特殊家庭的家长采取适当的教育方式。

2. 鼓励离异家庭寻找社会支持

外界的社会支持,例如亲戚、邻里之间的支持对离异家庭,特别是离异家庭儿童来说是十分重要的。当离异家庭的父母忙于工作,没有时间照管孩子时,邻居可以发挥较大的作用。社区应当鼓励离异家庭寻找社会支持,帮助离异家庭处理好邻居之间的关系,同时提醒社区的其他家庭为离异家庭提供帮助。另外,社区本身也可以为离异家庭提供一定的社会支持,例如倾听离异家庭父母的倾诉、为离异家庭提供教育孩子的建议等。

四、针对离异家庭儿童父母的建议

离异家庭最主要的特征是父母亲情的缺失。在离异家庭中,儿童是父母冲突乃至离异的最主要的受害者。第二部分的研究表明,他们的心理健康各指标与正常儿童相比都存在着显著性差异。在我们的研究中发现,父母的冲突特征比离婚能更好地预测儿童青少年的心理健康。因此,父母应该尽量避免在孩子面前批评挖苦对方,甚至发生肢体攻击,这对孩子的负面影响超出了家长的想像。一方面会让孩子厌烦生活,这也就解释了为什么父母冲突对儿童青少年的心理健康有更显著的预测作用;另一方面使孩子形成使用"斗争"方式处理矛盾的错误观念,不利于其与他人相处。父母应该营造民主的家庭气氛,尽量用孩子能够理解的语言向他们解释冲突的原因,帮助孩子树立积极的解决问题的态度。还应该留给孩子一个辩证思考的空间，帮他们看到事物的两面性，特别是积极的一面。帮助孩子用理解和宽容的态度对待父母的冲突，而不是简单地以"对"与"错"做出道德判断。

对于已经离婚的家庭，作为家长，离异父母更要共尽义务和责任，关心、爱护孩子，帮助他们适应生活的变化，为他们营造健康成长的生活环境。

1. 要调整好自己的心态，正确处理亲子关系

作为家庭的重要一员，孩子有权利了解事实真相，这样也可使他们更勇敢地面对现实。父母可以用孩子能够接受的语言和方式，向他们说清楚家庭的变化。隐瞒事实反而会增加孩子的不安，失去孩子对家长的信任。在向孩子解释离婚原因的时候，要客观公正，不要将错误简单地归咎于对方，而使孩子产生仇恨情绪。不与孩子生活在一起的离异父母，应该通过各种适当的方式保持和加强与孩子在生活和心理上的联系，使孩子在心理上得到安慰和满足。离婚父母在处理亲子关系时都要防止出现两种极端倾向：一种是对子女不闻不问，放任自流，使孩子从此失去父母之爱和家庭温暖；另一种是百依百顺，过分溺爱，使孩子养成很多不良的行为习惯。

2. 关注孩子的心理感受，给孩子创造爱的氛围

离异家庭的儿童青少年大多会出现不同程度的心理变化，一方面是因为离婚前后不良的家庭氛围，另一方面是因为孩子不适应家庭结构的突变。离婚以后，家长要及时关注孩子的心理感受，让孩子相信父母的婚姻不是因为他的过错而发生了变化，给予孩子温暖的情感支持，离异分居的父母应给予积极主动的配合，共同解决孩子的生活和教育问题，让他们在父母的关爱中健康成长，将离婚对孩子的消极影响降到最低。

3. 帮助孩子处理好与老师和同学的关系

离婚家庭的儿童青少年感受到的心理压力很大一部分是来自于同学，因此家长要鼓励孩子与同学们一起学习、游戏，形成良好的同伴关系，培养良好的人际交往能力。家长要经常和老师联系，及时了解孩子的心理行为状态和变化。如果在学校中出现伤害性的言行，家长应协同老师妥善解决，为孩子创造良好的生活学习氛围。

4. 培养孩子乐观的生活态度

离异家庭与正常家庭相比，面对着较多的压力，例如单亲家庭中父母工作与

照料孩子的时间分配问题、父母再婚问题，以及社会对离异家庭的偏见等。在这样的压力下，如何保持乐观的心态是很重要的，它能够帮助家庭以积极的方式应对困难。因此，离异家庭的父母首先要对未来充满信心，相信家庭的不幸最终会得到解决，并且会通过其他的一些积极的生活事件进行弥补。并且，父母也应当使孩子充分认识到，家庭的破裂不是"世界末日"，而是父母通过一种途径解决问题之后的生活状态。这时的家庭从某种程度上讲，可以说是一个"新生的家庭"，这个家庭需要孩子和抚养者共同呵护。这一过程中，应当培养孩子的乐观向上的生活态度，并提醒孩子多关注生活中的积极事件，从中体会到快乐、幸福等积极情绪。

5. 采取民主型的教养方式

以往的研究普遍表明，民主型的教养方式有利于儿童青少年的发展，儿童在这一教养方式下表现出更多的社会适应行为和成就倾向（罗红玲，2007）。因此，在离异家庭中，父母采用民主型的教养方式最有利于儿童的发展。在面对一些家庭中的重大事件时，父母应当与儿童商量，听取并尊重他们的意见；在儿童犯了错误时，父母也不应当一味地批评，而是弄清孩子犯错背后的原因，并给予适当的建议。在孩子遇到困难时，家长不应当替他们解决问题，而是鼓励孩子去主动探索可利用的资源。

6. 注重家庭角色的变化

离异前，在家庭中父母的职责可能各有分工，而离异后，原来属于夫妻双方分工的教育任务落到了一个人的肩上，因此原先对孩子的教育方式应当有相应的变化。在访谈中我们发现，单亲在对子女的陪伴和教育上存在着差异。女户主单亲家庭较男户主单亲家庭的亲职资源更丰富，这不仅由于女性家长较多的亲职资源投入，而且她们比男性家长更善于利用亲职资源的社会支持。因此，对于离异家庭中的男性家长，应适当地改变在家庭中"父亲"的角色，注重与孩子的沟通，并在生活中照看孩子的态度上表现得更加细致、耐心。例如，作为父亲也应当适当地关心孩子的学习、检查作业，照料孩子的生活起居等。另外，女户主的单亲家庭，家长也要防止出现照顾过分周到、溺爱孩子的现象，应当鼓励孩子主动地克服困难。

7. 明确非抚养方的责任

在很多离异家庭中，抚养孩子变成了孩子的法定监护人的责任，而父母的另一方——非抚养方却往往对孩子不闻不问。这种态度会强化孩子认为自己生活在残缺不全的家庭中的看法，导致孩子对父母、家庭产生失望。

非抚养方首先要认识到，家庭离异并不是孩子的错误，而家庭的破裂对孩子来说并不公平。因此，非抚养方也应当为抚养孩子、为孩子提供社会支持尽一份力量。作为孩子的非抚养方，不仅要为孩子提供每月的抚养费，还应当关心孩子的生活起居、情绪变化、学习情况，使孩子意识到，自己虽然没有跟孩子生活在一起，但是仍然在关心着他们。另外，非抚养方也要与抚养孩子的父亲或母亲保持一定的联系，及时了解儿童的发展情况。对于父母的抚养方，不能限制孩子与非抚养方的接触和交流；而作为非抚养方应当与孩子定期地以通电话或通信的方式沟通；在条件允许的情况下，非抚养方可以定期地将孩子接到自己的住处，陪伴孩子玩耍或学习，或者带孩子出去参观游览。

第四节　对贫困儿童的教育建议

一、对贫困儿童家长的建议

父母是儿童的第一位老师。因此，父母如何面对贫困，并且如何教育孩子面对贫困，对贫困儿童的应对方式、心理健康有着重要的影响。

1. 进行有效的亲子沟通

家长应有意识地与孩子沟通，沟通时不应仅关注孩子的生活起居，还应当多关注孩子的个人情绪变化。而亲子沟通最好的契机莫过于孩子遇到困难心情低落或者受到鼓励心情高涨的时候，父母应当付出一些耐心倾听孩子的表达，鼓励孩子在家中表达自己的情绪，这也是鼓励孩子主动社交的有效方式。在沟通过程中，鼓励固然重要，但若只是简单的口头鼓励往往收效甚微，父母可以根据孩子遇到的具体困难，帮助孩子分析，找到解决困难的具体方法，当孩子在父母这里得到实际可行的帮助，那么亲子沟通也就自然得到加强。

2. 家长应当从改变自身的应对方式做起

家长教育孩子采取积极主动解决问题的应对方式无疑是重要的，而这个教育最好从父母自身的应对方式做起，父母多采用自发参与的应对方式，做到言行一致才能使教育效果达到最佳。同时，父母要重视孩子遇到的困难和疑惑，解决学习生活中的实际问题，使孩子看到自发参与方式的好处，这样自然会增加他们积极面对生活的信心。

家长教育孩子的时候讲大道理是在所难免的，有时也是必要的。但是长期如此不但会造成孩子的反感还会影响教育的长期效果。因此家长应该改变自己的那种"讲大道理"的教育方式，转而关注孩子的内心世界，静下心来和孩子好好沟通，注意教育的时机和技巧，最好做到言传身教并且鼓励孩子自尊自信，对孩子的缺点和错误要实行"沟通加讲理"的处理方式。

二、给学校和社区的建议

1. 发挥中小学心理咨询机构的作用

中小学的心理辅导室、心理咨询室等专门的心理机构，要切实发挥它应有的作用，而不能仅仅作为摆设安置在学校的某个角落。心理咨询室的老师要主动对这些贫困儿童的心理状态进行关注，如他们的自尊问题、情绪问题等，可以通过个别的辅导或者团体的咨询来鼓励这些孩子正确看待贫穷和挫折，或者教育孩子如何处理自己的情绪。

2. 学校应为贫困儿童的发展提供必要的教育资源

贫困家庭儿童的教育资源缺失问题，主要是由于家庭经济条件和父母文化水平导致的，贫困家庭中，父母对儿童的教育资源的满足可以说是"心有余而力不足"。为了补偿这类儿童的教育资源的缺失，学校可以采取各种措施改善贫困儿童的教育资源。例如通过在班级内部订购公共的期刊，购买公共的书籍，或者在学校建立图书馆等措施，为贫困家庭儿童提供充足的图书、报刊资源。同时，学校可以为贫困儿童设置课余辅导班，在放学后敦促贫困儿童在课余辅导班中学习，在学校为贫困儿童提供安静、适宜的学习环境。同时，学校也可以略微降低贫困儿童参加辅导班的费用等。

3. 社区应当进行适当干预

对于贫困家庭及贫困家庭的儿童，需要社区为这类家庭提供相应的扶持和帮助，为这类家庭的父母提供一些他们力所能及的工作，帮助他们走出贫困的阴影；或者为这些家庭提供相应的社会资源，组织建立"一帮一"家庭联系活动，帮助贫困家庭建立起社会支持网络。

社区应该不断完善社会福利保障制度，鼓励低保家庭再就业，以切实改变低保家庭的生活困境。同时社区应该设立免费的心理咨询机构，由专门的心理咨询人员对这些贫困家庭的成员进行各方面的辅导和疏通，改善贫困家庭中沟通不畅、冲突频繁的现象。

4. 提高家庭的人力资本

家庭的贫困，是由于贫困家庭较低的人力资本造成的。较低的人力资本会带来家庭的经济收入下降。另外，由于申请低保，使家庭有了稳定的收入，家庭成员可能会缺乏继续就业、寻找工作的动机。因此，鼓励有劳动能力的贫困家庭成员自食其力，做些力所能及的工作，能够为家庭带来一些经济收入。因此，如何鼓励这些家庭"自救"，也是社区和政府应当关注的方面。社区、有关部门可以组织有劳动能力的贫困家庭成员参加相应的培训，提高他们的人力资本，并为这些家庭介绍相应的工作，使他们为家庭带来固定的收入。

三、给政府的建议：反贫困项目的实施工作

目前，城市的低保制度能够切实地解决低收入家庭的温饱问题，取得了很大的成效，也得到了广泛的认可。但是，如何使反贫困的项目为更多贫困的家庭提供帮助，如何更有效地推广反贫困项目的实施工作，还需要有关部门的进一步思考和完善。

对此，美国的一些反贫困实践能够为我们提供一些启示。在美国以往的反贫困项目中，很多项目是直接为儿童提供教育服务的，如美国的"先行计划"，指对低收入家庭婴幼儿以及他们的家庭所进行的干预，这种干预会持续到他们成长到3岁时停止。早期的先行计划试图通过一系列的服务，来促进儿童的健康发展。这些服务包括：照看儿童、家庭访问、对父母进行培训和为家庭提供社会支持。再如近期实行的"两代人项目"，该项目不仅包括为父母提供教育、社会支持等部分，还包括对儿童的服务，并且该项目比之前的项目更强调成人教育、读写训练和其他工作技能训练，以帮助家庭在经济上变得更宽裕一些（Mcloyd et al.，2006）。

近年来，美国政府逐渐认识到，只为家庭、儿童提供帮助是不够的，家庭不能够只领取福利，而应当接受教育并参加工作。并且，美国政府也日益关注贫困家庭儿童能否获得相应的幸福感这一问题。1996年，联邦福利改革法（PRWO-RA）颁布，其核心目标是减少家庭对福利的长期依赖、增加父母就业等自救行为、鼓励结婚，以及不鼓励非婚生子，而不是直接提升贫困儿童的幸福感。

经过改革后的美国的福利项目大致包括三类：发放现金补贴、给予就业指导

335

和提供限时的福利。例如，"新希望"项目会对有职业但收入较低的家庭提供间断性的补贴；"全国福利职业计划"，能够为贫困家庭提供接受教育、培训的机会，或者介绍工作，但是一般不会为家庭提供现金补贴；而另一些项目为贫困家庭提供限时的福利。限时的福利指在任何 60 个月的时间段内，为贫困家庭提供为期 24～36 个月的福利（时间段的长短取决于家庭的贫困程度）。一些研究表明，这些项目能够为提高父母的就业率和人力资本有所贡献，也会间接为贫困家庭中孩子的认知、情感方面的发展带来积极的影响，虽然这些影响并不明显（Mcloyd et al.，2006）。

另外，在美国，对于反贫困政策和项目的实施情况、实施结果都有相应的、较为完善的评估体系，以评估项目带来的直接或间接的收益，例如就业率是否提高、家庭收入是否增加、父母教养方式是否有所好转，以及儿童的心理发展结果（如智力、学业成就、同伴关系、问题行为、幸福感等）是否有所改善等。

这些反贫困的项目的实施和评估系统能够为我国的低保制度的实施提供一些启示。首先，低保制度可以适当地与贫困家庭的父母培训、鼓励再就业、职业介绍等工作相联系。其次，反贫困的实践应当注重对孩子教育的投资，而不仅仅是为家庭提供经济上的补贴。最后，可以完善反贫困项目的评价机构，建立全面的评价机制，对低保制度等项目进行评估，找出其优缺点，并进行相应的改进。

第五章

处境不利儿童的个案研究

在本研究中，课题组主要采用了量化数据的形式，向读者呈现了处境不利儿童心理发展的现状。除了问卷调查，课题组还采取了访谈的形式获取了处境不利儿童的一些资料。在访谈中，课题组成员通过与这些孩子面对面的交流，对这些孩子的内心世界有了真实、充分的了解。为了更细致地勾画出流动儿童、留守儿童、离异家庭儿童、贫困家庭儿童的心理发展现状以及突出的心理问题，我们选取了访谈中获得的一些有代表性的个案呈现给读者。在案例后，我们对这些案例进行了分析，并提供了一些针对个案的教育建议。我们希望这些案例能够使读者加深对处境不利儿童的认识、了解，为帮助更多的处境不利儿童提供参考。

第一节 流动儿童案例

一、"只要一家人在一块儿，再苦也没什么"

"我觉得在这边过日子，初到北京经济肯定不怎么样，唯一支持我的就是一家人都在一块儿，再苦也没什么。"小苏的脸上绽放出欣慰的笑容，在北京这样的大都市里能够全家人生活在一起，显然已经成为她快乐的源泉和精神的支柱。

流动儿童：小苏，女，1990年生，初三，就读于某打工子弟学校。

亲人情况：家里有爸爸、妈妈、姐姐和小苏四口人。爸爸是绿化工人，妈妈是食品公司职员，姐姐初中毕业，现在也在食品公司上班。爸爸和妈妈都是小学文化程度。目前四口人都在北京生活。

小苏是三年前来北京的。她家最早来北京的是姐姐，她初中毕业后就过来了。三年前，姨父帮爸爸找好工作后，小苏和爸爸妈妈也一起来到了北京。

小苏感到特别开心的是，来北京后见识了很多新鲜的东西。以前在老家活动的范围特别小，见识也少，但在这里就不同了，"能看到很多稀奇的东西，特别高兴，比如能到长城游玩，能见到好多新奇的玩意，这儿有好多高楼大厦，每天都有新的发展，在老家很少。"与老家相比，北京的发展非常迅速，她用诗一般的语言描述了她对北京日新月异发展的感受，"老家跟这儿（相比），北京日益增新，好像一眨眼就是一个新的东西诞生了，让你看到与世界同进，同时，文化跟建设都连接在一起。在老家，觉得大城市就是那种很遥远、梦想的地方，在北京感觉在自己梦想的地方，能看到好多跟世界一体的……在老家感觉时间是一段一段的，在老家就会想到北京是一个特别神圣的地方根本就去不了，在这就能看到很多。"小苏越说越兴奋，用了很多手势，脸上的表情非常生动，甚至连眼睛都散发出兴奋的光芒，一种非常能感染人的很陶醉的感觉，就像她所说的那样，是一种能够生活在自己曾经梦想的地方的感觉。小苏觉得来京后不仅增长了见识，自身的素质也提高了不少，改掉了一些像说脏话那样的不良习惯，还学会了如何应付一些场面。

小苏最初就读于离家很近的智泉学校，后来它的初中部搬到东三旗那边去了，于是她就转到智宏学校，在这个学校上了一学期，学生越来越少，办不下去了，于是她又转到目前的学校。这种频繁的转学经历对小苏的影响很大，"学习情况还有环境老变，我觉得挺不适应的"。

现在一学期快过去了，感觉比较适应了，不过小苏又该走了，因为寒假爸爸要带她回老家继续上初三，以便在老家参加中考并继续读高中考大学。小苏特别爱学习，成绩在班里名列前茅，因此她心无旁骛，一心考大学，"如果可以，我爸带我回家我就一直上学，没想过打工或者工作什么的。"但对于自己的前途，小苏还是很担心的，"我觉得回老家考高中够呛（很难），别的倒没什么好担心的，就是学习，在这儿还行，回老家就排不上了，要再加把劲，把学习再提高一下。"

不久就要离开这里了，小苏对目前就读的打工子弟学校充满留恋。她很喜欢这里的老师，"我觉得这边的老师特别负责任，每天都花费很多心血教我们，起早贪黑的。"虽然与老家正规的学校相比，这里的学校各方面条件都比较差，但小苏觉得这里的老师"跟老家的老师相比，就是更多一份辛苦更多一份责任感"。在遇到困难时，她也会向老师寻求帮助，比如吃饭的钱没了，她就会向老师借；有时候中午扫地没吃饭，班主任就会给看大门的说一声，让她出去买饭去。她也很喜欢这里的同学，同学的帮助和关心让她感到很温暖，"如果我今天不来就会有同学给我打电话，我觉得最欣慰的就是这些好朋友对我挺不错，挺关心的。"

小苏对目前的学校不太满意的就是班里的纪律不好。"因为初三了，有的不想学就在班里闹腾，因为在不同的环境里能影响不同的人，即便你特别想好好学习，也不能全心全意地投入进去，因为周围的人根本跟你想的都不一样。"那些升学无望的学生逐渐对学习失去了兴趣，开始"混"日子，毕业后回老家或者出去打工。到了初三，在班里面特别爱学习的也就是十几个。

令小苏觉得苦恼的是，和老家相比，这里存在一种相互攀比的风气。"在我们老家本来一年买一套衣服，或者根本就不用买，在这儿，几乎每天看他们都……虽然说有时候也不在乎，觉得穿得随便也是个人的事，穿得好也是个人的事，但毕竟他们就在你身边，都在你周围影响着你，还是觉得有点自卑感，觉得没他们穿得好。"其他的同学可能爸妈来的时间长点，经济状况更好些，他们每星期都买好几件衣服，小苏是一年才买两三套衣服，但她会这样调节自己的心情，"穿得平常一点，也是跟他们在一堆，我不想比穿着怎么好，我只想跟他们比学习。"

小苏觉得不公平的事有三件：其一是上学受限制，若是北京当地人，上学根本就不用顾虑什么，外地人上学就特别麻烦，想上个正规的公立学校要通过考试，花费还特别多。小苏在来北京之前原以为每个学校都跟老家一样都是正规的，根本没有什么正规学校与打工子弟学校之分，全都是一样的统一的学校，"来到这儿发现不一样，觉得特别不公平，都是人，来到这儿还有歧视外地的"；其二是生活条件与城市人相比存在很大差距，"你看人家住的都是又宽敞又亮的房子，我们住的就是随时都可能掉顶的房子；饮食习惯也可能不同，他们早上可能是一杯热牛奶，面包，我们可能忙了早上根本就吃不上饭"；其三是爸爸妈妈找工作的事，他们干的活11月份一放假就不能上班了，然后就得继续找工作，但大街上贴的广告很多都是骗人的，"觉得凭力气干活还没有人用，最不公平的就是这个。北京当地的人可以不用担心这些，可以直接上班。"小苏觉得父母工作难找的问题除了因为是外地人受排斥外，主要还是因为文化不高，"因为没学历，也没知识，肯定没人用"。

小苏是一个特别懂得感恩的人，虽然她认为有这么多不公平的事，但她并没有因此而变得愤世嫉俗，内心还是充满了对培育她成长的校长、老师还有父母的感激之情："最想说的就是感谢，如果没有这些校长办起这些打工子弟学校，有这些学校能收留我们，我们就不能在这儿上学也就不能来到北京了。老师们在这儿辛勤地培养我们，也不顾什么打工子弟学校来教我们，就是让我们学到跟他们一样多的东西，挺感谢老师的。然后唯一想到的就是，感谢我的爸爸妈妈对我的培养，我觉得他们特别辛苦，挣钱来供我上学。"

谈到自己的父母，小苏的脸上洋溢着幸福和满足，她觉得爸爸妈妈特别疼爱自己。小苏每天坐校车去学校，六点半就要赶到接送点，那时天还没亮，爸爸就每天骑车送她过去。"我爸骑车，早上那么冷还天天送我。"看得出来，说这些话的时候，小苏的眼里充满了感激。爸爸对小苏的学习也特别重视。"有时候比如洗碗什么的家务活，如果晚上有作业了，我爸爸从来不会让我干，他宁愿自己干也会让我写作业。他对我学习挺重视的，要是学校里要交什么资料费了，他就毫不犹豫地……就算家里没钱也会到外面借钱给我。"虽然经济拮据，但爸爸妈妈还是会尽量创造条件，带小苏出去游玩。妈妈带她去了长城、北海、故宫、颐和园等，要是爸爸妈妈没时间，他们就会让姨夫带她出去玩。小苏觉得与在老家时相比，父母变得越来越疼爱自己了。小苏觉得和爸爸妈妈的关系特别好，对他们非常地敬重，"我觉得人一生最值得尊重的就是父母"，因此小苏觉得现在父母对自己这么好，自己一定要好好珍惜，"我要是再有什么问题我觉得过意不去"。但若是有什么心里话，小苏还是最想跟姐姐说，"跟我姐就是全盘托出，比如在学校里发生的事，跟同学的关系啊，都会跟我姐说"。

小苏觉得最快乐的事就是天天能和家里人在一起，"中午还有晚上我们一家四口人，我姐也回来了，我妈还有我爸我们都回来了，我最快乐的就是天天都能和他们在一块儿，这是我最快乐的事了。"来北京之前并不是这样。那时，姐姐在北京打工，小苏和爸爸妈妈在老家，但小苏的中学是寄宿制，十天才回家一次，在家里住一下午第二天早上就得回学校了，因此，那时和家里人在一块儿的时间并不多。所以，虽然现在初三学习压力比较大，但"每天能看见我爸爸我妈妈还有我姐，就特开心，觉得一点儿也不累了"。

让小苏感到苦恼的是，父母有时候会因为经济上的问题而吵架。妈妈那边的亲戚有时向爸爸借钱，但因为家里开支比较多，经济比较拮据，爸爸妈妈就容易发生口角。这也是来到城市后的一种变化。小苏说爸爸妈妈"在老家时在一起时间长了也会发生口角，但肯定不是因为这个"。

虽然在北京生活存在很多困难，还感受到了一些社会不公平现象，但小苏感觉还是很幸福的，主要就是因为一家人能够生活在一起，彼此关心、相互扶持，"我觉得在这边过的日子，初到北京经济肯定不怎么样，唯一支持我的就是一家人都在一块儿，再苦点儿也没什么。"小苏很珍惜现在和家里人团聚的日子，对不久后回老家求学的生活也充满了希望。她希望回去后能够通过自己的努力考上大学，将来无论是做医生还是老师，都要为人民做贡献。

个案分析：

小苏的例子充分体现了家庭团聚对流动儿童发展的积极影响。在城市里生活，住房不如老家宽敞，生活条件不如城里人优越，父母也工作得非常辛苦，面对这一切，小苏依然觉得只要能全家人生活在一块儿，再苦也没什么。这体现了家庭团聚对儿童强大的心理支持作用。对小苏来说，来到城市后能够每天和家里人生活在一起，这已经成为她快乐的源泉和精神的支柱：她感觉父母对自己越来越疼爱，心中盈满了对父母的感激；有什么开心的烦恼的事都可以向姐姐倾诉；未来的求学之路充满艰难，但有爸爸强大的支持，使热爱学习的她将坚定不移地走下去。小苏是一个很有安全感，心中充满了幸福，并且特别懂得感恩的人。与家人良好的情感联结对发展其他的人际关系也有积极的影响，小苏对老师和同学都很信赖，建立了良好的师生关系和同伴关系。

儿童和父母在一起生活，这种共同生活能够为儿童的健康成长和发育提供比较理想的环境。家庭的重要性不仅在于能够满足儿童的物质需要，更重要的是能够满足其精神需要。爱是人的一种天然需要，充分的父母之爱，对儿童身心发展的影响比物质环境更重要。儿童的性格在很大程度上取决于他与各个家庭成员之间的关系。充分的爱包含着体贴、关心、爱护、依赖等，它能带给儿童满足与温暖，使儿童体会到生活充满幸福与光明，从而心情愉快、积极向上，并且会深切、真挚地去爱别人。爱是促使儿童心理健康发展的动力。得到父母亲密的爱的孩子，会比那些与家庭疏离的孩子更有安全感。

因此，建议在外打工的父母尽量把子女带在身边抚养，这样在共同的生活中，可以增加对子女的关心，给予子女更多的情感支持，满足子女的亲情需要，有利于他们的健康发展。但家庭团聚只是形式，在此基础上，还要强调家庭生活的质量。父母要重视与子女的交流，关心他们的所思所想，给他们提供切实的生活指导。

二、"还是老家好"

"我当时自己在家，没有人管我觉得很自在。……我在老家上了一年初中之后，准备还在老家，因为我不想现交朋友，后来是妈妈把我骗来的。当时相信了，就被骗来了。"在谈及当初来北京的情况时，小张如是说。虽然在后续的访谈中他表示对城市的生活感觉还算满意，但是从他表述的内容来看，我们依然可以看出，小张更眷恋故土，想念老家的好朋友，更加认同自己所属的群体。

流动儿童：小张，男，今年 16 岁，现在上初中一年级。

341

亲人情况：家里有爸爸、妈妈、姐姐、姐夫和小张5人，爸爸是物业管理人员，妈妈待业在家。姐姐初中毕业，是个体户。妈妈小学毕业，爸爸的文化程度是高中。

小张是父母在城市安顿好之后才到北京的，当时他14岁，至今已经有2年半时间了。现在回想起当初的情景，小张说："我当时自己在家，没有人管我觉得很自在。我是一个哥哥把我送来的，我在这里上了一年半小学，五年级下学期到六年级，后来又回老家去读的中学。我在老家上了一年初中之后，准备还在老家，因为我不想现交朋友，后来是妈妈把我骗来的。当时相信了，就被骗来了。"

尽管如此，来到北京和父母生活在一起，小张还是觉得很开心。他认为自己和父母的关系很要好，爸妈和以前一样很疼爱他，为此还举了一个生活中的例子，"父母很关心我，因为北京不像在老家，大家都认识，周围有来自四面八方的人，可能会有危险。我一旦回去晚了，爸爸下班家都不到，看我没有在家就马上转头来学校接我。"父母爱小张，他也感受到了父母无私的爱，但是他还是希望父母能多理解他。不过他知道父母也有难处，自己表示理解，希望以后有更多的时间来报答父母。可以看出特殊的成长过程让小张比同龄人在考虑问题时显得更为成熟。

来到北京后，小张目睹了父母的变化，感受到了家里面临的困难，激发了他的一些思考。他说，"爸妈来北京之后变化很大，我爸爸原来做买卖，赔了。他当时很失望，老了很多，瘦了很多，妈妈也是。情绪倒是没有什么大变化，虽然爸爸对我没有什么，但是我觉得爸爸内心感到自己出来打工让自己的孩子也跟着出来，回老家之后也不怎么好说，所以觉得爸爸比在老家脾气暴躁了，但对我没有，主要是对我妈妈暴躁一点。"父亲事业的挫折，给家里的经济带来直接的影响，再加上小张的妈妈身体欠佳，妈妈的病成了家里现在最主要的困难，小张说，"我爸爸现在总买彩票，我最大的愿望是有钱后，把我妈的病治好，也让我爸爸享福。我爸爸现在50岁了，天天骑自行车上下班，做物业，很辛苦，等我长大有钱后让他享福。"

面对现实，小张在谈到自己未来的打算时，他说，"我当然还是想上大学，如果我考不上大学，我不想像其他人那样，要看家长的意思，我不准备像别的孩子一样花钱上学，考不上我就去当兵，一边当兵一边学习，然后再考试。将来我希望自己能够做一名特警，训练狗的那种，因为我喜欢狗。保卫国家，回报我的父母。"小张对将来的计划再度体现出其思想的成熟，结合现实及个人的兴趣，说明其"内在、独特的自我导向"开始发展。

来到城市，学校在一定程度上是流动儿童的第二个家，但是从访谈中我们发现小张对这第二个家的评价并没有故乡的学校好，小张明显对故乡的学校、同伴表现出更多的眷恋。虽然在访谈中小张表示喜欢这里的同学、老师，对现在的学校"应该满意"。但是在他的叙述中，他说，"老家和这里有很多不一样的地方，在这儿的学校面积小了。我能理解因为这里都是私人学校，而老家的学校都是教学楼，一个班一个大电视。""我对现在的学校满意，来到北京就得这样，想上好学校，自己的家庭条件有限制，大了也应该懂事了，应该满意。"，小张来京已经两年半了，可是在遇到困难的时候，他说自己从来没有想过寻求老师的帮助，因为不熟悉。他觉得故乡的同学都是一个地方的，可以说心里话，在北京虽然有，但是刚来不久，不怎么认识，也不习惯。所以当自己遇到烦恼的时候，他说"我有心里话就会打电话给老家的朋友，然后让他们上网，我们会聊天"。从这里我们可以看出，小张会从故乡的同伴那里来寻求情感上的支持，虽然这能够帮助他排解情绪，促进心理的健康，但是不利于发展和新朋友的友谊。

当母亲生病的时候，来自邻居和老乡的社会支持也让小张更加意识到他们的重要性，更加认同自己所在的群体，他觉得自己故乡的人特实在。在对自己和北京孩子进行比较时，他说："我觉得我们更加大方，北京人特别吝啬，特别瞧不起人，80%的人是这样，我就瞧着不顺眼。"不过与此同时，小张也客观地看到"北京人也有优点，就是特别有礼貌，从小受的教育。不像我们这样说话比较粗。"并且表示"但是我会改的，不能在公共场所大喊大叫。"

在北京，小张感受到了家庭的困难、学校环境的不尽如人意，因此更加眷恋故乡的学校、同学，但是他觉得自己在这里"长大了，懂事了"、"在老家时学习不好，在这里第一次全班排第二，第二次第一，期中考试两个班综合排第五，感到很高兴。"学业上的进步在一定程度上促进了小张的学校适应，提高了他的自信心。现在他最担心的是"我害怕下次考试考不好，下次有个联赛，校长选了我，我怕我考不好。我不想让校长、家长、老师失望，相信我会尽自己的努力和用自己的实力去考试。"

现在小张已经基本适应了城市的生活，开始认真读书，希望将来能够赚钱回报父母，给辛苦工作的姐姐买房子，希望跟故乡的好友继续保持联络，增进感情。故乡的学校将成为永远的记忆埋藏在心中，老家的同学将伴随着他继续成长。

个案分析

从访谈中，我们发现，张某到北京已经两年半了，但是在内心深处，他并没有完全融入城市的生活。在他心里，更加眷恋故乡，更加认同来自生源地的群体，这突出表现在访谈过程中，张某有意及无意间表达出来的心声里。如在张某看来，自己是受到母亲的欺骗才来北京的；在对待学校的态度上，认为自己家庭条件限制，应该要满意目前的状况，谈及师生关系时，虽然他表示喜欢现在的老师，但是却从来没有想过寻求老师的帮助，感觉和老师不熟悉等。而且，他认为故乡的同学都是一个地方的，可以说说心里话，在北京虽然也有，但是刚来不久，也不怎么认识。所以当遇到烦恼时，会联系故乡的朋友倾诉心事。从张某的姐姐口中，我们了解到，张某在学校的师生关系并不和谐，学校的许多条件均不如老家，让他们不是很满意，但是面对公立学校高高的门槛，他们有心无力。

另外，在张某身上，我们也看到了城市二代移民的典型特征：他们来到城市后，希望融入主流社会，成为城市的正式居民，但是现实的残酷让他们的希望破灭，他们感到被排斥。各种各样的门槛令他们无法享受和城市人同等的待遇，他们是城市中的边缘群体，很少有机会和城里人交往，很少有城里的同龄朋友，他们担心被人看不起，觉得与相同身份、境遇的人在一起才是安全的，长此以往，形成了较为封闭的生活圈子，以及较为封闭的心理结构。在张某身上，显得更为极端一些，他更愿意从远在故乡的朋友当中来获得情感的支持。圈子的狭小，不利于他的适应和进一步发展。

亲戚、老乡或者邻居的帮助是流动儿童在京的三个支持来源。我们在对流动儿童进行访谈时，大部分孩子都提及了以上三种支持源的一种或多种。而这三种往往都是来自同一个地方的流动人口，他们一般混居在一起，互相扶持。特殊的环境、经历让他们更加认同自己的群体，排斥"外面的"城市人口。从张某对母亲生病、邻居给予及时帮助这件事的看法以及他对家乡人和北京人的比较，都可以看出他较强的"自我群体认同感"。

为此，针对张某的情况，我们认为可以从以下几方面着手介入，帮助更多和张某情况类似的打工子弟适应城市的生活，更好地成长：其一，通过个体辅导、成长小组等方式，帮助流动儿童正确认识和发展自我，纠正心理和行为偏差，培养健全人格；其二，开展小组活动，组织"我是北京小公民"、"我为北京做贡献"等活动，帮助流动儿童树立城市公民的意识，提高其对城市的认识，增强其归属感；第三，通过"结对子，一帮一"的方式，在城市公立学校和打工子弟学校之间搭建桥梁，让彼此有更多的机会认识、了解，建立相互支持的关系。既帮助流动儿童走出相对狭小的生活圈子，摆脱自我封闭的心理结构；同时，也让城市儿童走近同在一片蓝天下的伙伴，做到珍惜生活，善待他人。

第二节　留守儿童案例

一、"我想有个家"

"我希望爸爸妈妈早点儿回家，希望自己家跟别人一样，能真正成为一个家，有个自己的房子，这样心里比较充实。"小成说到这句话的时候，眼圈又红了，虽然她反复强调爸妈出去打工对自己的影响不大，但从她说话的语气中可以感到，小成心里很委屈。

留守儿童：小成，女，今年 14 岁，现在上初中二年级。

亲人情况：家里有爸爸、妈妈、哥哥和小成四个人。爸爸、妈妈和哥哥都在外面打工，其中爸爸妈妈外出打工 9 年了，哥哥刚外出 3 年。小成现在跟着亲戚（二奶奶）一起住，父母一年多回来一次，有时也不回来。

小成给人的第一印象是大方开朗，很爱笑，也比较健谈。但是，当谈到她的家庭时，这个爱笑的女孩表现出了很脆弱的一面，每次提到父母的外出，懂事的小成都会眼圈泛红。她说自己不怨恨爸爸妈妈，但有时候心里就很难过，尤其是看到别人都是一家人在一起的时候，心里特别委屈。

小成 5 岁的时候，爸爸妈妈就出去打工了，当时小成跟着奶奶一起住。现在回想起来，小成说："因为我是女孩，爸妈刚出去那会儿，村里有人就跟我说，爸爸妈妈不要我了，当时心里很难过……"小成说到这儿就哭了，等她心情平静下来，很不好意思地笑了一下，说自己心里挺委屈的，毕竟很小就离开了爸妈。不过，小成觉得自己还是能够理解父母的，"我知道爸妈也是为了生活得更好一些，在家里很苦，也没啥钱花，他们也是为了让我过得好一点儿（眼泪又落了下来）"。父母外出打工后，小成觉得爸爸妈妈之间的关系比以前融洽了，这是让小成最欣慰的一件事。"在家那会儿，他们经常吵架。这些年出门打工，时间长了都觉得生活在一起也不容易，就不吵了……有时候我妈打电话也跟我说，你现在别担心，我和你爸爸现在已经好了（小成又哭了）。"

小成七八岁的时候，奶奶就去世了，然后她就跟着二奶奶一家人生活。"二奶奶她那个人很好，十里八乡都知道。我二奶奶也稀罕（疼）我，就不让我下地干活，我几年都没有下过地了。"虽然二奶奶一家人在生活上给了小成很多照顾，但有时候，小成觉得自己还是个外人，她说"毕竟在人家屋里，我奶奶我爷爷不计较，但是我那个小娘（二奶奶的儿媳妇），她看起来很那个，我相信她

345

心里会有一种想法"。长期的寄居生活，让小成对一些事情变得比较敏感。小成的同学说，有时候别人不小心碰到小成的桌子，或者跟她开玩笑什么的，她很容易就当真，反应比较激烈。或许，这是小成自我保护的一种本能吧。

平时，小成主要通过电话与父母联系。小成的爸爸经常往学校里给她打电话，询问她的学习和生活情况。小成说："有时候跟我爸爸打电话，因为我经常不见爸爸的面，一听到他的声音，我就哭"，"我希望他们多问问我的想法，我现在毕竟大了……他们只是生活上关心，别的也不问，一点儿都不问我怎么想的。"虽然自己心里难过，但小成觉得自己在别人眼里还是挺幸福的，"同学们还是很羡慕我，因为我看起来很高兴，很开朗，都说我很幸福，不在乎爸妈出去打工"。可以看出，小成说这句话的时候心里并不好受。

小成是这样评价自己的，"我性格特别要强，不像别的女孩非要买衣裳什么的，我不在乎，我从小到大自己没有买过衣服，都是爸妈给我买。他们觉得我大了，也该买些衣服穿，可是我不想让他们买，因为那毕竟要花钱"，"我的生活范围也不是很大，我不喜欢四处走，我喜欢平静的生活"。小成的理想是当一个警察，"我希望是那种疾恶如仇的人，我的理想就是当警察，有时候我看电视时，看到那种坏人坏事就气愤地大喊大叫"，"实际生活中也有一些看不惯的事情，像我们村里就有那种坏人，特别凶狠，对别人不好。我经常想，如果我是警察，我肯定会抓他。"

现在，小成最希望的事情就是能有一个真正的家。她说："我希望爸爸妈妈和哥哥他们，赶快回来组成一个家。这十几年，我爸爸妈妈回来都是在二奶奶家过年，我们的房子都旧的不能住人了。虽然今年盖了房子，但是我还是希望他们早点回来，跟别人一样，能成为一个家……"，"毕竟有一个归宿，回去一起住，心里还是比较充实（眼睛红了）。"

小成是笑着走进访谈办公室的，访谈结束后，她又笑着跑回自己的教室，再次展现了这个小姑娘开朗的一面，就像我们平常看到的"幸福"小成一样。她说自己现在最重要的事情是好好学习，将来不能总是依靠父母，需要自己奋斗。她相信不久以后，自己就可以和爸爸、妈妈以及哥哥，在真正属于自己的家里过年。

个案分析

在我们访谈的留守儿童中，小成是发展较好的一名。"留守"给小成带来了明显的双重影响效应。一方面，"留守"让小成过早认识了生活的艰辛，变得更加懂事和坚强。父母外出打工后，随着经济条件的改善，家庭内部的冲突减少了，父母关系逐渐好转，这让小成感到了生活的希望，从而更加珍惜现在的生活；同时，奶奶和二奶奶对于小成的无私照顾，也在一定程度上弥补了亲情的缺乏，让小成感受到了家的温暖。另一方面，由于在亲戚家生活，这让小成产生了"寄人篱下"的感觉，变得比较敏感和自卑。而且，由于父母离得很远，平时的电话联系根本满足不了小成对亲情的渴望，小成现在非常缺乏倾诉的对象，她希望父母多关心一下她的想法。

如何缓解"留守"对小成带来的不良影响呢？当前，小成身上主要体现了两个缺乏：缺乏"家"的归属感觉和缺乏倾诉对象。针对这一现状，可以采取以下措施：

首先，作为父母，要常回家看看。访谈中发现，小成父母的主要精力在于打工赚钱，认为赚钱是头等大事，这样全家才能过上好日子。这种观念上的偏差反映在行为上就是一年最多回家一次，有时甚至不回来。无论是大小节日，小成都跟着二奶奶家一起过。这样时间久了，小成开始觉得自己是一个没有家的孩子，这不仅指现实中"有形"的家，还指精神上"无形"的家。对家的归属感的丧失，必然使小成产生不安全的感觉，并进一步导致对外界事物的敏感。为此，小成的父母在努力赚钱的同时，也应该尽量为孩子创设家庭的温暖，在各种节假日的时候，常回家看看。

其次，在与孩子沟通的过程中，父母应多关心小成的心理感受。虽然平时小成的父母也经常打电话，但电话内容主要涉及生活方面，很少考虑小成的内心想法。用小成自己的话说"希望爸爸妈妈多问问我的想法，我现在毕竟大了"。随着青春期的到来，处于小成年龄阶段的儿童在身心方面正经历着急速的变化，他们很容易感受到心理压力并产生各种困惑，为此，父母需要对他们进行特别关注，为其提供必要的情感支持、各种建议等，帮助他们顺利度过这一动荡多变的年龄阶段。

再次，作为小成的老师，应该多与她进行沟通和交流，不能只看表面现象。小成在外表上是一个开朗的孩子，但这并不意味着她就没有烦恼和困惑。因此，老师不能只看到"开朗"这一表象，认为这个孩子不需要关注，而应该定期与她进行沟通和交流，这样既为小成创设了倾诉的机会，也可以及时了解她的内心想法，为其在精神上提供引导。此外，老师也可以通过组织班级活动的形式，让小成在班级中感受到集体的温暖和友情的支持。

二、"倔强"的孩子

"姐姐，你对我太严格了。我想买点东西，你给我就是了，干嘛还要批评我、说我、让我好好学习？钱又不是你的，是爸爸妈妈的，你为什么不让我花?"14 岁的王贞总是想不通:"爸爸妈妈为什么出去打工,不待在家里?"

留守儿童:王贞(化名),男,今年14岁,现在读小学六年级。

亲人情况:父母都出去打工,与姐姐住在一起。

初见王贞,是一个长得高高大大的男孩,脸上似乎总是挂着一丝忧伤,难得见到同龄孩子纯真的笑容。时常紧闭的嘴角,透露出这个大男孩的一种倔强。王贞的爸爸妈妈出去打工已经有三四年的时间了,平时家里只有他和姐姐两个人。姐姐比他大五岁,已经辍学在家。平时,姐姐在村里打点零工,补贴家用。姐姐掌握着家里的开销,并负责弟弟的生活和学习。王贞在外打工的妈妈一个月回家一次,看望这对儿女。

"我喜欢算术、画画,性格非常倔强,因为自己想做的事一定要做到,没有人能管,即使爸爸妈妈说,我也不听。"王贞一开始的自我介绍,就把自己倔强、固执和任性的性格特点告诉了我们。"我想要录音机,爸爸不让,我非要,闹着不上学。爸爸最后还是给我买了;一次,我想要个游戏机,爸爸对我说游戏机对学习有害处,不给我买,我一直要,爸爸最后没有办法,就只好给我买了。前几天,我正在打游戏机,爸爸不让我打,可是我非要打,爸爸也没有办法。"在说这些事情时,王贞脸上的表情始终是淡淡的,仿佛在说其他人。由于爸爸妈妈常年不在家,王贞的倔强和固执给这个还没有长大的男孩带了较为极端的伤害。上小学四年级时,王贞因为在学校犯错被老师狠狠批评了一顿。结果,王贞回家之后就喝了农药。多亏被邻居发现得及时,不然,这个男孩今天就不会坐在这里了。

对于爸爸妈妈外出打工,王贞始终想不明白:"爸爸妈妈为什么出去打工,不待在家里?"在王贞看来:"爸爸妈妈不在家里,没有爸爸妈妈在身边不好。因为想要的东西跟姐姐要,姐姐不但不给,还会说我。如果爸爸妈妈在身边,一要他们就会给。"姐姐对王贞的管制和束缚,使他感到非常痛苦。"买东西要钱不好要。姐姐不让我出去玩,怕我学坏,非让我在家写作业、背书……有时会和姐姐争吵'为什么不让我出去玩'。最后争吵的结果还是听姐姐的话,因为姐姐的声音太大了。但是,我心里感到很不服气,心想,为什么要听她的话。不过还是没有勇气和她说下去。"姐姐知道,如果王贞在外面玩的时候碰到他想要的东西,他一定会想方设法弄到手。因此,姐姐总是限制王贞出去玩。在姐姐的这种管制下,王贞更喜欢在学校里,因为"在学校没有争吵,不受姐姐的限制。而且,还可以和同学们一起玩、写作业、背书;在家里一个人背书、写字,感到很闷。"

由于王贞的"喝农药事件",现在老师对这个倔强、固执的男孩的批评都是小心翼翼的,能不批评的时候尽量不批评。在同学的眼里,王贞是一个"爱打架、爱骂人"的"不良少年","上课的时候喜欢捣乱；下课好欺负他人，打骂同学；夏天，他晚上看电视，上课睡觉"。闲暇时间，与同伴们玩的时候，王贞经常和同学们打游戏机，甚至参加赌博（打牌赢钱）。谈到未来的理想，王贞告诉我们，"想去当兵。当兵可以强健身体，不受任何人的欺负"。对于学校里的学习，王贞似乎不怎么感兴趣。他对我们说："现在经常想，什么时候才能上完学呢？"在王贞看来，上完学后，自己就可以无拘无束地玩了，没有人管。另外一个很重要的原因就是，上完学后，可以经常和爸爸妈妈在一起。

个案分析

王贞的情况充分体现了父母外出打工给孩子造成的消极影响。从对王贞的描述中，我们可以看出，主要有两个不利因素影响着他的生活和成长：（1）性格上的倔强任性；（2）姐姐的管教不力。

那么，王贞的倔强任性是如何形成的呢？结合王贞的生活环境，我们认为主要有以下原因：第一，父母长期在外打工，使他们对自己的孩子持有一种"补偿心理"。这种补偿心理在日常生活中就表现为——有求必应。只要孩子提出要求，家长必然会尽量满足他们。即使孩子提出了不合理的要求（如买游戏机等），在孩子的坚持或威胁（如闹着不上学）下，也会满足孩子。这种有求必应的做法导致了两种后果：（1）会使孩子认为爸爸妈妈非常有钱，或者说赚钱很容易，认识不到父母外出打工的艰辛和无奈；（2）会在一定程度上降低孩子的耐挫折力。这样，在遭受外界的挫折时，很容易走向极端（如自杀）。第二，缺乏父母的引导。孩子的成长正如一棵小树，需要不断修剪那些不必要的枝丫，才能成为栋梁。父母长期不在身边，王贞的不良行为得不到及时的矫正。凡事按照自己的意愿进行，而不管其对错。久而久之，养成了任性的习惯。

在王贞眼里，姐姐是一个限制自己的人，而且觉得姐姐对自己的监督和限制是不公平的。这充分显示了姐姐作为监护者的管教不力。为什么会出现这种状况呢？第一，父母和姐姐对于王贞完全不一样的管教方式，导致了王贞对姐姐的不满。王贞问父母要什么，父母就给什么，而姐姐总是多加限制。同时，姐姐毕竟是和王贞同辈，因此，王贞觉得姐姐的限制对自己很不公平（如："钱又不是你的，是爸爸妈妈的，你为什么不让我花？"）。第二，姐姐的管教方式不当。从王贞的描述来看，无论是合理的要求还是不合理的要求，姐姐都会限制。对于弟弟倔强任性的特点（如看到想要的东西，非要弄到手才甘心），姐姐采用了压制的方式。这正如大禹的父亲鲧在治水时所用的"围堵障"策略：越是压制，"水灾"反而更为泛滥。

那么，应采用怎样的教育措施来促进王贞的健康成长呢？我们认为，可以采用以下方式：

第一，在日常生活中，王贞的父母要满足他的合理要求，对于不合理的要求应坚决制止。这样，让王贞逐渐在"失"与"得"的过程中，建立起正确的价值观。当然，在实施的过程中要注意循序渐进，避免引发王贞的抵触情绪。例如，王贞如果要坚持玩游戏机，可以给他限制时间，让王贞逐渐地养成规则意识，或者可以转移王贞的注意力，把他的注意力转移到其他有意义的活动上。

第二，父母可以把自己的"补偿思想"转移到对孩子的情感补偿上。在回家时，父母多和孩子谈心，了解孩子的思想或心事。不在家的时候，要经常与孩子电话联系或书信联系。这种经常的沟通可以在一定程度上弥补父母不在家所造成的感情缺失，会让孩子意识到父母时刻在自己的身边支持和保护自己。此外，在与孩子沟通的过程中，父母要有意识地教会孩子解决问题的方式。这样，当孩子遇到挫折时，就会最大限度地避免悲剧的产生。

第三，父母和姐姐对于王贞的管教方式要一致。王贞的父母要注意与女儿的沟通，尽量在对王贞的管教问题上达成一致意见。例如，零花钱问题、买东西问题（什么样的东西允许他买，什么东西不允许他买）、课余时间的安排问题等。对于王贞的倔强行为，姐姐不要一味采用压制的方式，可以考虑采用上述的"制定规则"或"转移注意力"的方式加以解决。同时，姐姐需要耐心地给弟弟讲道理，使弟弟"心服口服"地接受某种安排。

第四，老师和同学要给予王贞必要的帮助。对于老师来说，要与王贞的家长一起努力，帮助王贞建立起正确的价值观。在这一过程中，老师可以根据王贞的特点，采用他比较易于接受的方式（如说服教育），对他的思想和行为加以引导。从王贞的描述来看，他的许多课余时间都是在与同伴进行一些不良娱乐活动（如赌博等）中度过的。因此，老师可以适当地安排班级内一些发展比较好的同学，在课余时间主动与王贞接触，带他参加一些比较有意义的活动。同时，通过与这些同学的交往，也可以使王贞潜移默化地学习一些良好的品质和行为。

第三节　贫困儿童案例

一、泪光下的笑容与沉默

贫困儿童：马梦（化名），今年14岁，现就读初中二年级。

家庭状况：低保家庭，母亲做一份临时工作，父亲身体健康状况不好，丧失劳动力，待业在家。

马梦一家申请低保的原因在于父亲丧失劳动力。马梦的父亲从前是做私人运输的，由于长期酷爱饮酒，肝脏出现了毛病，不能辛苦工作，因此从 2001 年开始待业在家，将车也卖了，吃起了低保，平时喜欢和朋友在一起喝酒、养宠物。当我在居委会老奶奶的带领下走进马梦家的时候，她妈妈正带着满头的发卷在家吃早饭，当时已经是早上十点钟，我颇为惊讶，一问之下才知道妈妈刚下早班，马梦还在学校上学，而爸爸则是去宠物市场为家中的鸽子添置鸽食去了。

马梦妈妈对我挺热情，带我进家门后就忙着给我张罗茶水。我四处打量了一下这个狭小的生活空间，这是一个大约十平方米的平房，一个木工用的梯子通向二层小阁楼。房间里放着一张学生宿舍用的双层床，一张一米多长的沙发和一张吃饭的桌子，地上摆放着几箱酒，是那种最普通的北京土产白酒。朝南的墙边摆着一个壁橱，里面摆满了碗筷。除此之外，家中就没有什么重要的资产了。

马梦的学习生活都在小阁楼上，每天都和鸽笼做伴度过自己的作业时间，家中的常住居民除了一家三口之外，还有两只猫和一群鸽子，据说每月花在宠物上的花销将近一百元。在随后的访谈中，马母不断谈起父亲养鸽子的事情，对此非常不满。

一开始，我以为沙发是待客用的，未曾想后来在采访中妈妈提到，晚上马梦做完作业之后就睡在这张小沙发上。爸爸妈妈则睡在上下铺中。我十分惊讶，特别是采访完马梦之后，发现马梦的身高一米六左右，也就是说她长年以来都只能蜷着身体睡觉。

带着泪光的笑容与沉默——对马梦母女的采访

对于马梦母亲的采访从始至终伴随着她爽朗的笑声，无论是谈起家中拮据的经济状况、对女儿未来大学费用的担忧、对丈夫无法撑起一个家的不满，还是谈起在申请低保过程中遭遇的种种麻烦、不便以及对低保制度，特别是公示制度的不满，马母的笑声从未间断过。直到采访的最后，我随口问道："您的性格挺乐观、挺开朗的是吧？"马母说："人人都说我是个挺开朗的人，我不想开点能怎么办呢，要是不想开点我跳楼都跳好几回了……"此时，我才惊觉那爽朗的笑容中带着丝丝苦涩，笑成弯月的眼睛里也隐隐带着泪光。

如果说，母亲给我留下的深刻印象是泪光与笑容，那么马梦的最大特点就是带着泪光的沉默。而在整个采访过程中，内向、回避社交、逃避挑战、害怕拒绝等种种"沉默"的特质也一一呈现在我面前。

"我是不太爱说话。"

"平时我很少出去，有的时候和同学去逛逛街什么的，这也很少。"

"有问题？有的时候问问老师吧，不过老师上课一般都会讲。"

351

"有的时候我爸喝酒犯浑，我妈就和他饿饿几句，我也挺烦的……我就上我的阁楼去。"

无论是母亲还是马梦自己，当谈及马梦的性格特点时，都首先使用了"内向"这个词。母亲平时几乎觉察不到孩子的情绪变化，因此也下了结论："孩子还小嘛，家里的事情也不用她担忧的，她能有什么心事呢？"但是，马梦却对我说："我有心事就放在心里，不跟他们（指父母）说。"

让母亲不理解的是，马梦和父母没有话说，和同龄人的交往也很少。母亲从没有见过女儿把孩子带回家中做客，和别的女孩不同，女儿也很少有和伙伴出去玩或者去逛街的要求。当母亲问起，马梦就说："没意思。"马梦告诉我，她有几个好朋友，平时的交往也就仅限于在学校讨论一些学习的问题，聊聊同学之间的八卦。她不愿意带好朋友回家玩，"怕麻烦"，我追问到底是什么麻烦让她如此害怕，她低下头又选择了沉默。我不禁猜测，也许和家中的经济困境有关，因为马梦上的学校是区重点，班上不乏家境殷实的同学。

虽然母亲在采访中一再强调常鼓励马梦要勇敢、要积极面对困难，不过，连母亲自己都不得不承认马梦"胆子小"。综合母女两人叙述，马梦的胆子小表现为：（1）在学习上遇到困难时宁愿自己耗上个把小时也不愿向老师和同学求助。母亲说："屋对门住着个大学生，我每次说你去问问大哥哥，人家肯定会，她从来不去。"（2）在父母或老师的面前不敢说出自己的真实想法。马梦曾和班上一位学习不好的女生交朋友，老师和父母都很反对，认为这样会让马梦成绩退步，当师长阻止马梦和好朋友继续交往的时候，马梦一直在哭，但却没有说出自己的想法，最后也遵从了大人的意见和好朋友断交。母亲对马梦的"胆怯"颇为无奈，同时也一语道破天机："她就是怕老师说她，说她没学好。"

就是这样一个沉默的女孩，在采访时说到的一件情绪最激动的事情却是和她自己口口声声说最不在乎的"贫穷"有关。母亲说："我们家是低保户，说低补的家庭拿着证明可以免学杂费，我们家那个就哭了，孩子不让弄这个。那天交学费，我说这个都免，咱们拿着这个你去找老师，你的学费就不用，我就省了。结果她（女儿）就哭了。她爸一看也心疼了，我看也是，现在这孩子可不都要面子嘛，后来我说要多少钱就给多少钱，咱们别去弄这个了，因为是同学收，不是老师收。同学去收，她们班长去收学杂费。马梦说那哪儿行呀，我说那有什么呀，那穷孩子上大学的有的是，怎么了，我说你就这个条件，我说你学习好有什么寒碜不寒碜的呀。我说你们家条件就这样，能省就得省，有这钱我给你买件新衣服穿，她说那不行，怎么说都不行，哭，那就别免了。"当我就这件事情访问马梦时，马梦低头不语，沉默了一会儿，她说："就觉得挺丢人的。"看得出来，马梦对自己家"低保户"的身份远没有口中说的那样"无所谓"，而低保家庭子女这个标签也影响到她的自尊和自我评价，但是，在整件事情的过程中，马梦只是选择哭这个情绪宣泄的消极方式来应对，并没有说出自己的真实想法，没有和父母进行有效的沟通。

个案分析

从心理学的角度来看，马梦"沉默"的特点可以解读为：自尊水平较低，自我评价较负面，面对困难时采取自发回避的应对方式，在社交上较被动，同时简单地采取压抑和爆发这两种极端的情绪管理方式。

马梦心理行为发展状况的成因很大程度上是家庭的教养环境，总的来说可以归纳为三点：亲子沟通太少；父母在应对生活困难的教育上言行不一；父母对孩子的教育方式粗暴，常采用否定的方式来回应孩子。

马梦的家庭亲子沟通时间非常少，亲子双方都没有意愿主动沟通，孩子在家中的活动仅限于做作业、吃饭、睡觉，亲子之间的互动方式也仅限于督促孩子做作业、让孩子来吃饭等。因此，父母对孩子感受到的困扰并不了解。父母的教育理念就在于要保证孩子的吃饱穿暖，督促孩子好好学习，在外面不要闯祸，而没有意识到孩子在生活中、在人际交往中可能遇到疑惑或困难，需要父母帮助她渡过难关。除了教育意识不到位之外，父母的文化水平不高也是导致亲子沟通不畅的原因，马梦在采访的过程中曾经提到她害怕遭到老师和同学的拒绝，因此不愿意向他人请教学习上的问题，希望父母能够帮助她。可是她的父母均只有初中以下的文化水平，对于女儿学习上的问题一筹莫展。父母感觉到挫败，也阻止马梦继续向他们求助，母亲说："她有什么问题想来问我们，我们哪儿会啊，就让她问邻居大学生去，她又不去，你说这孩子怪不怪。"

除了亲子沟通不畅之外，父母在教育马梦如何应对生活中的困难时言行不一，不能给女儿以实质性的帮助，也是导致马梦采取自发回避应对方式的原因之一。在采访中，我发现，马梦的爸爸妈妈自身的应对方式属于自发回避型。例如，资源稀缺的生活环境、丈夫又无法分担生活重担，母亲在这样的情况下选择拒绝、转移注意力等消极的方式，只是简单地通过"不去想"的方式来回避问题。父亲在丧失劳动力之后，无法用自己的力量改善家庭环境，常常采用发脾气等情绪宣泄的方式来抒发心中的不满，同时常常和朋友出去喝酒聊天以逃避家中的困境。当教育马梦时，父母却不约而同地说要勇敢，要勇于向老师问问题，要坚强，不要害怕等。不过，父母的应对方式教育很表面化，仅仅是简单地鼓励两句，并没有帮助女儿分析困难情景，找出可能的解决方式，也就是说，父母的教育和实际生活中自己的应对方式脱节，同时也没有帮助女儿解决实际问题，这样的教育效果当然不好。

马梦的自尊水平较低，对于自我的评价比较负面，这从她特别害怕遭到拒绝这一点上就可以看出端倪。那么马梦为什么如此害怕遭到拒绝呢？在采访中，我们发现父母粗暴的教育方式在某种程度上就是对马梦最大的拒绝。举两个例子来说，马梦曾向母亲提起自己最大的理想是当一名电视主持人，母亲对此的评论是太不符合实际。从现实角度上来看，这个理想与马梦的实际生活状况确实比较脱节，但是母亲并没有就此进行客观地分析，仅是简单地说："这不是做梦吗？我就笑她。"另一个例子是马梦曾经有一个好朋友，那位朋友的学习成绩不好，父母和老师担心会影响马梦的成绩，因此采用比较粗暴的方式禁止两人来往。当女儿接到朋友来电话的时候会严厉地问，是不是那个谁谁的电话？怎么又开始聊了？女儿面对这样的压力只有哭，最后妥协。马梦在社交上原本就比较被动，父母这样否定式的教育方式无疑是一种更大的打击。

基于以上的分析，我们对于马梦一家提出如下的教育建议：

1. 提高亲子沟通的意识，父母要主动关心孩子的情绪状况以及生活中的疑难问题。鼓励孩子将心中的想法表达出来，用接纳的态度来应对女儿的想法。若马梦的思想、行为出现偏颇，可以尽量客观地帮助孩子分析，帮助孩子找出正确的行为方式，而不是简单地批评和否定。最后，亲子沟通是需要强化才可能顺畅地进行下去的，而最好的强化物无疑是孩子在父母这里能够得到支持和帮助，因此，当孩子向父母求助时，父母应当尽量给予帮助，而不是简单地一句带过。

2. 针对马梦逃避困难、挑战的应对方式，父母应当给予重视。首先不要给女儿太大的压力，避免在女儿面前谈论诸如"你要好好学习将来才能有个稳定工作，爸爸妈妈就靠你了"这样的话，同时也避免在孩子面前争吵，家庭内部的不和谐往往是孩子最大的压力源之一。其次，父母应在教育马梦的时候避免简单的鼓励，而是帮助马梦找到最适合的应对方式。例如，当鼓励马梦向邻居请教的时候，可以去邻居家里将大学生请来，帮助马梦把困难和疑惑表达出来。这样切实有效的帮助，会比简单的指示有效得多。

3. 马梦是一个对别人的评价比较敏感的孩子，特别是他人的负面评价。因此父母应注意教育方式不能简单粗暴。例如，在讨论马梦的理想时，母亲可以帮助马梦分析现在家中的实际状况与她理想之间的差异，如果要弥补这样的差异孩子需要做什么努力，让孩子自己选择。简单地说"这是做梦"无疑又是一种否定。马梦和同学、老师交往比较被动，因此在学校得到的鼓励和肯定较少，所以父母在平时生活中应该注意多给予实际而有效的鼓励，帮助马梦提高自尊水平。

二、"我都麻木了"

"我从小到大都没有收到过什么礼物，所以对这种事都麻木了。"对于家庭贫困给自己带来的心理感受，小梦如是说。提起出走的父母，小梦的话还是："我想他们，可是都已经麻木了，就连别人普通地叫一声爸爸妈妈心里都特别难受。"几十分钟的访谈，却两次说到自己的"麻木"，这让访谈者对这个 13 岁的女孩充满了同情和不忍。

贫困儿童：小梦（化名），女，13 岁，初中一年级。

家庭情况：小梦的父母在她七个月的时候就离婚了，母亲改嫁生子，从来没有抚养过小梦，父亲后来精神上受到刺激，离家出走，再也没有回来。现在小梦跟着年迈的奶奶和因家境困难一直没有成家的叔叔生活。叔叔因病不能工作，全家仅靠 1 000 多元（三人）的低保维持生活。

今年十三岁的小梦长得高高壮壮的，皮肤黝黑，穿着一身深色的运动服，留着短发，看起来大大咧咧，特别像个男孩子，可是目光中却带着同龄孩子少有的忧郁和成熟。小梦很健谈，完全不像她叔叔说的那样孤僻倔强。而且我们还看得出小梦十分诚实与单纯，因为她对我们问的每一个问题都十分配合。

小梦的父母在她很小的时候就离婚了，她现在完全由奶奶和叔叔抚养。提起父母，小梦说自己"已经麻木了，就连别人普通地叫一声爸爸妈妈也特别难受。"提起和奶奶叔叔的交流，小梦说，"我叔叔总是绕一个特大的弯，跟我说一大堆大道理，每天都说我就觉得有点儿烦。然后我奶奶每天唠叨个不停我也觉得烦。比如：她说你睡觉吧，我说好我马上就睡，可是她又来一句你睡觉吧，我就特讨厌。"所以小梦回到家几乎什么话都不说，奶奶和叔叔都认为小梦是一个十分"孤僻倔强"的孩子。

虽然小梦的叔叔自认在孩子的教育方面下了很大的功夫，也认为小梦能够从他所讲的大道理中受益，可是事实却正好相反。小梦对这些大道理感到"厌烦"，也不认同叔叔对她的教育方式。叔叔在她犯错误的时候，会让她"跪搓板"，她却觉得这样做不对，"即使让我跪了，这事我已经做了，不可挽回了。"而且小梦还认为有些事情在她看来十分微不足道，却还要接受体罚，甚至有时还会委屈她，这个时候小梦就会想"要是委屈我的时候，我总觉得跪搓板特别不好，我总觉得打死我也不能跪。"可是小梦却从来没有跟叔叔交流过自己的这些感受。叔叔好像也不太了解孩子真正需要的是什么，比如，叔叔认为应该培养孩子的独立自主性，可是小梦却觉得"如果他（指叔叔）看着我学习，我会更加有约束性。"叔叔认为小梦最缺的除了父母之爱之外就是物质上的东西，可是小梦却不喜欢叔叔"总拿物质的东西来奖励我"。

甚至奶奶和叔叔连小梦的学习情况和人际交往情况怎么样都不清楚。奶奶说小梦学习"好着呢，在班里总考一二名"。可是小梦却说："奶奶胡说八道，我小学和中学在班里总是排中等。"叔叔还认为小梦"人缘也好着呢，总有人来找她玩"。可是小梦却说自己"没有最好的朋友。我把话藏在心里，不太跟别人说，因为我怕他们说出去，我不太信任周围的同学。跟他们都不是特别要好。"可是她又仿佛很在乎同伴关系，她觉得"小学的时候，同学之间都挺单纯的，没有什么复杂的思想，然后一到中学，你就得处处提防着，生怕和别人吵架似的。"她还说她"不喜欢当班长，因为当班长就好像跟自己同学之间隔了一道墙似的，就是想跳过去也跳不过去"。

小梦的自我评价偏低，她说自己"缺点多，优点少"。说起老师的评价，她说："我学习不是特别好，长得也不特别漂亮。老师不会太喜欢我的。"虽然老师任命她当班长，可是她却说同学们认为她没有能力管好班级，甚至她感到同学们会经常"嘲笑、欺负"她，而她最讨厌的同学也是那种"专横跋扈，特瞧不起人的人"。也许是由于她的这种自卑，她的交友出现了各种各样的问题，一方面她交友十分被动，从来不主动跟人说话，而且越大越这样。另一方面，她对同伴的要求近乎苛刻，受不了别人的小毛病，她说她"喜欢不太了解的人。在一块儿久了你就了解他了，然后你就觉得他哪儿不好，就不会再和他像原来刚认识那样了"。

谈起自己的理想，小梦说："我想当一个成功的人，让别人都佩服我，敬仰我。如果可以的话，让全国的人都知道我。"小梦对自己理想的实现充满了信心，而且小梦也确信叔叔和奶奶希望自己成为一个"出人头地的人"，当我们问及"出人头地"的含义时，小梦说："就是受人敬仰，然后要在经济方面比别人宽裕。"可是叔叔说起对小梦的期望，心里却充满了愧疚："她在生活上绝对是一个成功者。在事业上，我不敢说。因为要是我有经济基础，今天我就敢回答这个问题。……现在经济上导致她成为……现在她画得好着呢，她画的福娃跟买的一样……但是没有办法，画的古代人物，画得是淋漓尽致……我是没有办法，我看到她能发展，我没有资金给她铺路。"

说起家庭的贫困，小梦显然有着很强的自我防御："我……就是从小到大都没有收到过什么礼物，所以对这种事都麻木了。""其实我有时候……有一回在政治课上老师给我们讲故事，然后我突然想起来，那些有钱的人像那些富家子弟有些是上不了大学，可是有些特别穷的人却能上得了大学。如果我以后有钱了，我会不会也扮穷，然后让我的孩子努力学习呢？"

可是小梦仍然会因为物质的满足而简单地快乐："就是一家人在一起挺

开心的，然后我叔叔有时候也会买一些好吃点儿的早餐，（快乐）大概就是这样。"

个 案 分 析

家庭的贫困无疑也给小梦带来了一些积极的影响，主要表现为：家庭的贫困激发了小梦改变现有生活状况的动机，学习目标十分明确，学习十分刻苦努力，因此学习成绩还比较不错，也获得了老师的信任，担任班长。可是，贫困也给小梦带来了非常多的消极影响，主要体现在以下几个方面：

1. 经济上的贫困导致了小梦的自卑心理，正是由于这种自卑心理作祟，一方面，小梦的自我评价较低，对自己的学业、人际交往、外貌等方面都没有什么信心，甚至认为自己不是一个能够吸引人的人，另一方面，这种自卑又使得小梦对他人格外挑剔，受不了别人的小毛病，因此总是感觉孤独。

2. 小梦的叔叔自认在对孩子的教育上下了很大的功夫，也自认自己的教育方法和教育内容都是十分必要的，可是他却从来没有和小梦做过有效的沟通，甚至连小梦讨厌的"大道理"也认为小梦能够理解。久而久之，小梦更加不跟叔叔和奶奶交流自己的心里话，有事总是憋在心里，养成了在叔叔看来"倔强孤僻"的性格特点。

3. 小梦的叔叔在对小梦的教育上总是采取讲大道理或者物质奖励加体罚的方式，不注意和小梦进行心灵的沟通，因此导致了他们互相不理解。而且叔叔从未夸奖过小梦，这在小梦的自卑中应该也起了重要的作用。

基于这些分析，我们认为应该采取下列的教育对策来促进小梦的健康发展：

首先，小梦叔叔应该改变自己的那种"讲大道理"的教育方式，转而关注小梦的内心世界，静下心来跟小梦好好沟通，了解小梦心里真正的想法。同时，也要经常鼓励小梦主动地跟叔叔和奶奶交流，而不是完全被动等待。

其次，小梦叔叔应该对小梦的优点和成绩进行语言上和情感上的鼓励，尤其需要鼓励其自尊自信，对她的缺点和错误实行"沟通加讲理"的处理方式。

最后，小梦是一个看起来适应良好（学习不错，当班干部，有篮球特长，能够接受自己的家境，乐观进取）的孩子，但是却存在很多深层次的心理问题，如果这些问题不能有效解决，会影响小梦的心理健康水平。而解决这些深层次的问题恐怕需要专业的心理咨询人员。因此普及和深入中小学生的心理辅导势在必行。

第四节　离异家庭儿童案例

一、"感觉像个孤儿"

美家（化名）说："爸爸妈妈离婚的时候，感觉怎么把我留下了，住在别人家，不要我了一样。感觉那个时候，挺不理解他们的。感觉就像孤儿一样，感觉特别难受。"当美家跟妈妈表达她的感受时，妈妈就会伤心得哭泣，这个时候，美家就觉得自己不对，妈妈和爸爸离婚也是有他们的原因的，是可以理解的。但是时间一长，她又会回到那种父母都不要她的想法中去。

离异家庭儿童：美家，女，今年16岁，现在读初中二年级。

父母情况：父母在其6岁时离婚，父母离婚后，她和姑姑住在一起。

美家进入访谈室的时候，很紧张不安。她是一个很漂亮的小姑娘，长着两个甜甜的小酒窝，但是打扮得却像街上很酷的男生，头发剪得短短的，挑染了几缕头发。

美家的父母离婚时，她才六岁，她说："当时，只知道爸爸妈妈分开了，但是我也不明白是什么意思。""当时也没有什么感觉，到了后来想起来才觉得心里难受。"

美家觉得，小时候她受爸爸妈妈离婚这件事情影响挺大的，"看到别的父母带着孩子就觉得挺寒心的。然后就回家也不说什么，感觉那时候有点封闭。也不喜欢说话。"她在上课的时候也常常会想起这些事情，对她的学习也产生了很大的影响。

长大后这种影响少了很多。这种影响的变化，跟美家对父母离婚看法的转变有很大的关系，"小的时候就感觉父母离婚，就把我丢下来了。现在感觉他们分开，也有他们自己的理由，我姑对我还不错，就像对自己孩子似的。也体会那种母爱了，也可以了。"美家说，她是从五六年级的时候，开始有这样的想法的。很巧的是，在问及她的学习成绩的变化时，我们也发现，她在六年级的时候，成绩开始有了很大的提高。

美家花了五六年的时间，去明白和理解她的父母。在姑姑的帮助下，现在，尽管美家依然会有自己是个孤儿的感觉，但是，也算勉强安下心来关注自己的生活了。

因为不和爸爸妈妈住在一起，美家平常很难见到他们，平均一个月才能见一次妈妈，一个星期可以见一次爸爸。她说她很想念妈妈，希望妈妈能够多来看看她。说起这些事情，美家的脸上就会有忧伤的表情。

个案分析

总体上来讲，美家还是很好地适应了父母离异后的生活的。当然，这和姑姑一家人强有力的支持作用有关。但是，我们也看到美家在适应父母离异上，花了非常久的时间，内心有很多痛苦的体验。这对她的个性和学业成绩都产生了不良的影响。对个性的影响，表现在她在人际交往中的退缩；对学业成绩的影响，则表现在她没有精力去学习。

实际上，无论是家长还是老师，都可以做很多事情，来帮助美家更快更好地适应这个过程，从而使得她过得快乐一些，发展得更加好一些。具体建议如下：

1. 在离婚之前，父母要坐下来和孩子好好沟通，告诉孩子他们的决定，并向她/他强调，尽管他们分开了，但是她/他依然是他们的孩子，他们对她/他的爱没有丝毫的改变。这可能不会让孩子完全没有被抛弃的感觉，但是，至少可以减轻这种感受的强度。

2. 当美家问爸爸妈妈："你们为什么要离婚，你们是不是不要我了？"这样的问题时，妈妈的反应是哭泣。这种反应是可以理解的，这是一个母亲，因为自己的行为，给她的孩子造成了伤害而感到伤心。但是，这样的行为并不能帮助孩子。无论是父亲还是母亲，他们都可以笃定地回答："爸爸妈妈都很爱你，爸爸妈妈永远不会抛弃你的，你永远是我们的孩子。"

3. 美家心里最主要的情绪是：被抛弃感、委屈和恐惧。比较小的孩子，很容易有这样的感受，如果心理老师能够帮助她，在父母离婚刚刚发生的阶段，帮她去澄清和表达自己的感受，释放这种感受，那么美家的情绪发展和学业发展都会有质的不同。

二、"我为我的家可以不要前途"

"失去的可能是我的前途"。当我问小楠："父母离婚这样的经历，让你失去了什么"时，小楠这样回答。她的眼泪夺眶而出，我的鼻子也酸了。

"那你觉得，你从这种经历中得到了什么呢？"小楠回答："我感觉我得到了人生的很多经验。越难克服的困难，我一定要克服过去，应该说是先苦后甜吧。"

离异家庭儿童：小楠，16 岁，现在读初中二年级。

家庭情况：她 7 岁时父母离婚，父亲两年后再婚，父亲与后母有一个男孩。

现在，小楠和父亲生活在一起。

小楠在访谈的过程中，几次泪如雨下，仿佛心里有流不尽的泪水一样。

父母离婚，对小楠的学习成绩产生了非常大的影响。她说："我上小学一年级的时候，学习在班级里还是不错的。后来慢慢知道了以后，学习就再也没有那么太好了。像小学一年级的时候，期末考试都是双百；到三年级往后，一直都是70～80分之间，飘浮不定的那种。"在父母离婚之后，小楠总是在想爸爸妈妈的问题。"总在想妈妈和爸爸为什么会分开，为什么不在一起？因为那时还小，看着别人的孩子放学的时候，都是父母接送，我就不是，从我上小学一年级的时候，就是自己坐车上学，父亲偶尔会去接一下，就是那样。"

后来父亲再婚，她说那个时候，她的压力更加大了，根本无法学习了。她这样描述她的心理过程："他们俩经常吵架，我就总感觉是不是我做了什么不对的事，没法向我说，所以他们俩才争吵。从那以后，每天上学我都没有心情去学习，只是在想我应该怎么回家去做，才能做得更好一些，不让他们再继续吵下去。""他们每天都在争吵，学习环境和普通的人不同。心里偶尔地会做思想斗争，所以有的时候，没有心思去学习，没有心思去想这道题怎么做，那道题怎么去解。而是将心思留在这个家庭怎么维持它，让它好起来，不让他们每天都在争吵。"

小楠和后母的关系也不是很好，她在家中和后母是不说话的。她说她的成绩一直都好不起来，她说要是和后母的关系能好一些，说不定她的成绩能够好一点。

"我基本上和后母发生争吵的时候，父亲都不在家，我什么事都不跟父亲说，瞒在自己心里。因为我怕他为我着急，上火。父亲身体不好，脑颅做过手术。虽然说，别的方面做得不好，但这方面一定要做好。"

后母有了孩子之后，小楠的生活多了一项更艰苦的任务，她需要承担家中很多的家务。"在家里，她上班，我爸爸也上班。在家里收拾屋子，洗碗，做饭，带弟弟，这些都是由我来。"

无论是父母离异，还是父亲再婚后和第二任妻子的冲突，还是小楠和后母关系的不和，还是父亲有恙在身，这都使得小楠几乎把全部的精力都放在家庭中。小楠还在做的一件事情，就是努力使她的爸爸妈妈重新走到一起。

我问小楠："你的好多精力，都耗在你的家庭上面，而不是学习上面，有没有想过其实可以把你的家庭放一放？"

小楠认真地说："偶尔也会想，但一旦真的放下来了，也不是那么容易，因为以前习惯这种生活了，放下来了可能有点不太习惯。而且我不能放，为了我的家我可以不要我的前途。"

360

个 案 分 析

1. 小楠是陷入在家庭中，为了家庭而放弃了自己应该完成的发展的孩子。她在她的家庭中，扮演着一个拯救者的角色。她要拯救父亲，要拯救父母的婚姻。她也是一个受害者的角色，承受父母离婚的痛苦，承受父亲再婚、不和谐的痛苦，承受和继母关系不好的痛苦，承受家务重担的压力。这个孩子完全没有心思和精力来关注她自己的发展，包括学业上的发展，和同伴关系的发展。这对她的智力、个性和社会性都会造成不利的影响。教师和心理工作者需要做的一项非常重要的工作，就是让这个孩子能够分心出来去发展她的学业。

2. 实现上面的目标的一个方法是，培养其情绪觉察和管理的能力。应该教会小楠能够在上课的时间，暂时把从家里带来的压力和痛苦放下，能够有效地管理这样的情绪。另一个方法是，把学习和其救助家庭联系起来，提高其学习的动机。从而，把父母离异和父亲再婚带给小楠的痛苦和伤害降到最低，使她的发展不会远远落后于同龄人。

参考文献

北京市流动儿童就学及心态状况调查课题组："北京市流动儿童学校师生心态状况调查研究"，载于《新视野》，2005 年第 3 期。

毕玉："贫困压力对儿童情绪、行为的影响以及家庭教养环境的中介、调节作用"，北京师范大学硕士学位论文，2008 年。

陈芬："老年大学学员主观幸福感及影响因素研究"，载于《中国健康心理学杂志》，2005 年第 2 期。

陈岚："转型期社会弱势群体及其思想政治教育研究"，西南政法大学硕士论文，2006 年。

陈龙安：《创造性思维与教学》，中国轻工业出版社 1999 年版。

陈美芬："外来务工人员子女人格特征的研究"，载于《心理科学》，2005 年第 6 期。

陈敏："论特困生心理特征与健康教育"，载于《心理视点》，2007 年第 14 期。

陈嵘、秦竹、李平："云南贫困医学生心理控制感及其相关因素的研究"，载于《健康心理学杂志》，2003 年第 5 期。

陈文锋、张建新："积极消极情感量表中文版的结构和效度"，载于《中国心理卫生杂志》，2004 年第 11 期。

池莉萍、辛自强："幸福感：认知与情感成分的不同影响因素"，载于《心理发展与教育》，2002 年第 3 期。

迟兆艳："流动儿童子女行为问题与父母教养方式的相关研究"，家庭和谐与青少年成长国际研讨会会议论文，2007 年。

崔丽霞、郑日昌："中学生问题行为的问卷编制和聚类分析"，载于《中国心理卫生杂志》，2005 年第 5 期。

答会明："父母教养方式与孩子的自信、自尊、自我效能及心理健康水平的相关研究"，载于《中国健康教育》，2002 年第 8 期。

丁新华、王极盛：“中学生生活事件与焦虑关系研究”，载于《中国学校卫生》，2003年第1期。

董奇、夏勇：“离异家庭儿童心理健康研究”，载于《中国心理卫生杂志》，1993年第5期。

董奇：“离异家庭儿童良好适应的影响因素研究”，载于《心理发展与教育》，1991年第3期。

段成荣、梁宏：“我国流动儿童状况”，载于《人口研究》，2004年第1期。

段建华：“主观幸福感概述”，载于《心理学动态》，1996年第1期。

范方、桑标：“亲子教育缺失与‘留守儿童’人格、学绩及行为问题”，载于《心理科学》，2005年第4期。

范如芬：“贫困大学生负性情绪及其相关因素研究”，河南大学硕士学位论文，2007年。

方双虎：“家庭环境对子女心理健康状况、人格特征的影响”，载于《安徽师大学报（哲学社会科学版）》，1997年第2期。

方晓义、李晓铭、董奇：“青少年吸烟及其相关因素的研究”，载于《中国心理卫生杂志》，1996年第2期。

方晓义、张锦涛、徐洁、杨阿丽：“青少年和母亲知觉的差异及其与青少年问题行为的关系”，载于《心理科学》，2004年第1期。

冯建、罗海燕：“‘留守儿童’教育的再思考”，载于《广东教育学院学报》，2005年第2期。

冯晓黎、梅松丽、李晶华、孙彩平：“初中生心理健康状况及家庭影响因素分析”，载于《中国公共卫生》，2007年第11。

盖笑松、王海英：“我国亲职教育的发展状况与推进策略”，载于《东北师范大学学报（哲学社会科学版）》，2006年第6期。

耿耀国、李飞、苏林雁、曹枫林：“初一网络成瘾学生情绪与人格特征研究”，载于《中国临床心理学杂志》，2006年第2期。

郭良春、姚远、杨变云：“公立学校流动儿童少年城市适应性研究——北京JF中学的个案调查”，载于《中国青年研究》，2005年第9期。

郭良春、姚远、杨变云：“流动儿童的城市适应性研究——对北京市一所打工子弟学校的个案调查”，载于《青年研究》，2005年第3期。

郭小艳、王振宏：“积极情绪的概念、功能与意义”，载于《心理科学进展》，2007年第5期。

郭志刚：《社会统计分析方法——SPSS软件应用》，中国人民大学出版社1999年版。

国务院妇女儿童工作委员会办公室：《让我们共享阳光——中国九城市流动儿童状况调查研究报告》，2003 年 9 月。

韩华："浅析女大学生消极情绪与消极自我意识"，载于《社会心理科学》，2002 年第 4 期。

郝振、崔丽娟："自尊和心理控制源对留守儿童社会适应的影响研究"，载于《心理科学》，2007 年第 5 期。

何亚平："上海市贫困人口生活满意度调查"，载于《上海第二医科大学学报》，2005 年第 6 期。

贺红梅、王凤、赵艳梅、欧阳春花："离异家庭儿童异常行为、情绪调查"，载于《河南大学学报（医学科学版）》，2001 年第 1 期。

胡卫平、PhilipAdey、申继亮、林崇德："中英青少年科学创造力发展的比较"，载于《心理学报》，2004 年第 6 期。

胡卫平、林崇德、申继亮、PhilipAdey："英国青少年科学创造力的发展研究"，载于《心理科学》，2003 年第 5 期。

胡卫平：《青少年科学创造力的发展与培养》，北京师范大学出版社 2003 年版。

胡心怡、刘霞、申继亮、范兴华："生活事件、应对方式对留守儿童心理健康的影响"，载于《中国临床心理学杂志》，2007 年第 5 期。

胡瑜凤、唐日新："社会支持对贫困大学生主观幸福感的影响"，载于《中国健康心理学杂志》，2007 年第 8 期。

黄爱玲："留守孩心理健康水平分析"，载于《中国心理卫生杂志》，2004 年第 5 期。

黄爱玲："留守孩儿的心理健康问题及教育对策"，载于《中小学心理健康教育》，2002 年第 1 期。

黄家亮："论社会歧视的社会心理根源及其消除方式——社会心理学视野下的社会歧视"，载于《思想战线》，2005 年第 5 期。

黄希庭："青少年学生自我价值感全国常模的制定"，载于《心理科学》，2003 年第 2 期。

黄晓艳："高中生主观幸福感与人格、父母教养方式、应对方式、生活事件的相关研究"，中国医科大学硕士学位论文，2007 年。

黄雅静："情绪研究中的一种整体观——弗里达群集理论述评"，载于《心理学探新》，2002 年第 4 期。

姜又春："家庭社会资本与留守儿童养育的亲属网络——对湖南潭村的民族志调查"，载于《南方人口》，2007 年第 3 期。

364

课题组："农村留守儿童问题调研报告"，载于《教育研究》，2004 年第 10 期。

孔德生、张微："贫困大学生生活事件、应付方式、社会支持与其主观幸福感的关系"，载于《中国临床心理学杂志》，2007 年第 1 期。

雷有光："都市'小村民'眼中的大世界——城市流动人口子女社会认知的调查研究"，载于《教育科学研究》，2004 年第 6 期。

李春玲："当代中国社会的声望分层——职业声望与社会经济地位指数测量"，载于《社会学研究》，2005 年第 2 期。

李宏利、张雷："家庭社会资本及其相关因素"，载于《心理科学进展》，2005 年第 3 期。

李慧、陈英和、王园园、方晓义、齐琳："离异家庭儿童的心理适应阶段探析"，载于《中国教育刊》，2007 年第 6 期。

李靖、赵郁金："Campbell 幸福感量表用于中国大学生的试测报告"，载于《中国临床心理学杂志》，2000 年第 4 期。

李立靖："'三女童出走'引发的社会忧虑——贵州省安龙县留守孩子热点透视"，载于《中国民族教育》，2004 年第 5 期。

李梅："近十年来我国儿童问题行为研究现状述评"，载于《徐州师范大学学报（哲学社会科学版)》，2002 年第 2 期。

李庆丰："农村劳动力外出务工对留守儿童发展的影响"，载于《上海教育科研》，2002 年第 9 期。

李思霓、崔丽娟："家庭亲子关系对亲子两代主观幸福感影响的比较研究"，载于《全国心理学学术会议论文》，2007 年。

李晓巍、邹泓、金灿灿、柯锐："流动儿童的问题行为与人格、家庭功能的关系"，载于《心理发展与教育》，2008 年第 2 期。

李晔、龙立荣、刘亚："组织公正感研究进展"，载于《心理科学进展》，2003 年第 1 期。

李银萍、庞庆军："影响大学生主观幸福感的社会学分析"，载于《中国健康心理学杂志》，2007 年第 1 期。

李玉英："试谈对城市流动人口子女认识上的误区"，载于《陕西教育学院学报》，2005 年第 1 期。

林崇德："创造性人才，创造性教育，创造性学习"，载于《中国教育学刊》，2000 年第 1 期。

林崇德：《教育的智慧》，开明出版社 1999 年版。

林崇德：《教育为的是学生发展》，北京师范大学出版社 2006 年版。

林崇德："离异家庭子女心理的特点"，载于《北京师范大学学报（社会科学版）》，1992 年第 1 期。

林宏："福建省'留守孩'教育现状的调查"，载于《福建师范大学学报（哲学社会科学版）》，2003 年第 3 期。

林晓佳、何少颖、赵凌波、段华平："高校贫困生自尊水平与心理健康的相关研究"，载于《中国健康心理学杂志》，2006 年第 4 期。

林晓娇："流动人口主观幸福感现状考察"，载于《南京人口管理干部学院学报》，2007 年第 4 期。

林幸台、王木荣：《威廉斯创造力测验》，（中国台北）心理出版社 1994 年版。

林志海、陈筱蓉："父母离异学生心理状况的调查研究"，载于《基础教育研究》，2006 年第 6 期。

刘爱楼："近二十年我国情绪心理学研究的解析与思考"，南京师范大学硕士论文，2006 年。

刘春梅："初中生自尊发展特点的研究"，载于《哈尔滨学院学报》，2002 年第 4 期。

刘洁："青少年生活满意度国内研究进展"，载于《社会心理学》，2007 年第 2 期。

刘萍："小学离异家庭子女心理问题及教育对策的比较研究"，四川师范大学硕士论文，2003 年。

刘庆："离异家庭背景下城市高中生的社会支持与主观幸福感的状况及关系研究"，四川师范大学硕士论文，2007 年。

刘旺、田丽丽："小学生生活满意度现状研究"，载于《上海教育科研》，2005 年第 11 期。

刘旺、冯建新："初中生的学校适应及其与一般生活满意度的关系"，载于《中国特殊教育》，2006 年第 6 期。

刘旺："中学生生活满意度的城乡差异"，载于《中国心理卫生杂志》，2006 年第 10 期。

刘霞、申继亮等："不同社会支持源对农村留守儿童孤独感的影响"，载于《河南大学学报（社科版）》，2008 年第 1 期。

刘霞、申继亮等："初中留守儿童社会支持的特点及其与问题行为的关系"，载于《心理发展与教育》，2007 年第 3 期。

刘霞、申继亮等："农村留守儿童的情绪与行为适应特点"，载于《中国教育期刊》，2007 年第 6 期。

刘霞、赵景欣、申继亮等："初中留守儿童社会支持状况的调查"，载于

《中国临床心理学杂志》，2007 年第 2 期。

刘贤臣、刘连启、李传琦等："青少年应激性生活事件与应对方式研究"，载于《中国心理卫生杂志》，1998 年第 5 期。

刘正荣："进城就业农民子女心理健康问题研究"，扬州大学硕士论文，2006 年。

刘祖云、刘敏："关于人力资本、社会资本与流动农民社会经济地位关系的研究述评"，载于《社会科学研究》，2005 年第 6 期。

柳海民、林丹："'生活方式'成为教师职业观：教师职业幸福感的真正来源"，载于《中国教师》，2008 年第 1 期。

卢利亚："农村留守儿童的心理健康问题研究"，载于《求索》，2007 年第 7 期。

陆玉林、焦辉："中国城市青少年弱势群体问题分析"，载于《中国青年政治学院学报》，2003 年第 6 期。

罗红玲："父母教养方式与儿童青少年发展研究综述"，载于《考试周刊》，2007 年第 2 期。

马存燕："大学生的主观幸福感及其与目标、归因风格的关系"，北京师范大学硕士论文，2005 年。

马晓云："对西安市某社区贫困居民生活满意度的调查"，载于《理论导刊》，2006 年第 9 期。

马颖等："中学生学习主观幸福感及其影响因素的初步研究"，载于《心理发展与教育》，2005 年第 1 期。

孟庆茂、侯杰泰：《协方差结构模型与多层线性模型原理及应用》，北京师范大学心理计量与统计分析研究室，2001 年。

孟昭兰：《人类情绪》，上海人民出版社 1989 年版。

聂衍刚、郑雪："儿童青少年的创造性人格发展特点的研究"，载于《心理科学》，2005 年第 2 期。

潘晓群、史祖民、袁宝君、戴月："江苏省中学生消极情绪及其相关因素分析"，载于《中国学校卫生》，2006 年第 12 期。

潘晓群、史祖民、袁宝君、戴月："中学生消极情绪与相关健康危险行为关系的研究"，载于《中国校医》，2006 年第 4 期。

彭聃龄：《普通心理学》，北京师范大学出版社 2001 年版。

彭立荣：《婚姻家庭大词典》，上海社会科学院，1988 年。

彭颂、卢宁："深圳市暂住人口儿童自我意识与父母养育方式的相关研究"，载于《预防医学情报杂志》，2005 年第 5 期。

乔建中、王云强："情绪状态与身体健康研究的新进展"，载于《中国心理卫生杂志》，2002 年第 10 期。

乔建中：《情绪研究：理论与方法》，南京师范大学出版社 2003 年版。

阚祥才："人力资本与城市家庭贫困的关系研究"，载于《广州广播电视大学学报》，2004 年第 2 期。

任华能、杨小青、张金沙、刘明莫、龚海虹、刘帅保："医学生焦虑抑郁情绪与人格特征的相关性"，载于《中国学校卫生》，2005 年第 11 期。

任云霞、张柏梅："社会排斥与流动儿童的城市适应研究"，载于《山西青年管理干部学院学报》，2006 年第 2 期。

邵淑娟、王敬群、窦温暖："中学生自尊与社会支持的影响因素及相关研究"，载于《中国健康心理学杂志》，2008 年第 1 期。

申继亮、胡心怡、刘霞："流动儿童的家庭环境：特点及其对自尊的影响"，载于《华南师范大学学报（哲学社会科学版）》，2007 年第 6 期。

申继亮、王兴华："流动对儿童意味着什么——对一项心理学研究的再思考"，载于《教育探究》，2006 年第 2 期。

申继亮、武岳、刘霞："留守儿童的心理发展：对环境作用的再思考"，载于《河南大学学报（社科版）》，2008 年第 1 期。

申继亮、师保国："创造性测验的性别与材料差异效应"，载于《心理科学》，2007 年第 2 期。

申继亮、王鑫、师保国："青少年创造性倾向的结构与发展特点研究"，载于《心理发展与教育》，2005 年第 4 期。

申继亮："从跨文化比较看我国创造性人才培养"，载于《中国人才》，2004 年第 11 期。

申继亮等：《透视处境不利儿童的心理世界》，北京师范大学出版社，2008 年版。

师保国、申继亮："家庭社会经济地位、智力和内部动机与创造性的关系"，载于《心理发展与教育》，2007 年第 1 期。

师保国、申继亮："创造性系统观及其对创新教育的启示"，载于《中国教育学刊》，2005 年第 8 期。

师保国、申继亮："家庭社会经济地位、智力和动机与创造性的关系"，载于《心理发展与教育》，2006 年第 1 期。

师保国、张庆林："顿悟思维：意识的还是潜意识的"，载于《华东师范大学学报（教科版）》，2004 年第 3 期。

师保国："城乡流动与儿童创造性的关系"，北京师范大学博士论文，

2006 年。

师迎春、王良健："农民家庭收入变化的人口流动因素分析——以湖南省为例"，载于《西北人口》，2005 年第 5 期。

石林："情绪研究中的若干问题综述"，载于《心理学动态》，2000 年第 1 期。

时建朴、王惠萍："父母离异青少年自尊心发展的比较"，载于《枣庄师专学报》，1997 年第 4 期。

时蓉华：《社会心理学》，上海人民出版社 2002 年版。

四川省眉山市妇联、四川省眉山市妇儿工委办："农村留守学生调查与思考"，载于《中国妇运》，2004 年第 10 期。

宋慧："大学贫困生抑郁状况调查与教育对策研究"，载于《高教探索》，2005 年第 5 期。

孙凤华、高凌飚："少年儿童自尊发展特点与自身因素的关系"，载于《教育科学研究》，2007 年第 8 期。

孙琳：《中小学离异家庭学生问题及教育对策》，2004 年版。

谭春芳、邱显清、李焰："初中生幸福感影响因素的研究"，载于《中国心理卫生杂志》，2004 年第 10 期。

唐剑："上海城市弱势妇女群体主观幸福感及其影响因素的研究"，华东师范大学硕士学位论文，2002 年。

唐日新、解军、林崇德："自尊水平划分方法与青少年自尊的现状"，载于《心理科学》，2006 年第 3 期。

陶琳瑾："离异家庭儿童依恋缺失及师生关系的依恋补偿"，载于《时代教育》，2007 年第 9 期。

陶沙、李蓓蕾："母亲社会情绪行为的相关因素研究"，载于《心理科学》，2003 年第 2 期。

陶沙："乐观、悲观倾向与抑郁的关系及压力、性别的调节作用"，载于《心理学报》，2006 年第 6 期。

田丽丽、刘旺、RichGilma："国外青少年生活满意度研究概况"，载于《中国心理卫生杂志》，2003 年第 12 期。

田丽丽、刘旺："多维生活满意度量表中文版的初步测试报告"，载于《中国心理卫生杂志》，2005 年第 5 期。

汪向东、王希林、马弘：《心理卫生评定量表手册——Rutter 儿童行为问卷》，中国心理卫生杂志社，1999 年。

王超、马迎华、李幼莉、张新、张冰、郭新军、王静："北京、河南新乡部分中学生健康危险行为相关研究"，载于《中国预防医学杂志》，2006年第1期。

王大华："亲子支持对老年人主观幸福感的影响机制"，载于《心理学报》，2004年第1期。

王东宇、林宏："福建省284名中学'留守孩'的心理健康状况"，载于《中国学校卫生》，2003年第5期。

王东宇："小学'留守孩'个性特征及教育对策初探"，载于《健康心理学杂志》，2002年第5期。

王芳、陈福国："主观幸福感的影响因素"，载于《中国行为医学科学》，2005年第6期。

王惠萍、张积家、曲世莲、陈宗仁："父母离异儿童应激的比较研究"，载于《心理发展与教育》，1996年第1期。

王极盛、丁新华："北京市初中生主观幸福感与父母教养方式的关系研究"，载于《中国健康教育》，2003年第11期。

王金霞、王吉春："中学生一般生活满意度与家庭因素的关系研究"，载于《心理与行为研究》，2005年第4期。

王金霞、王吉春："中学生自尊水平与家庭因素的关系"，载于《中国心理卫生杂志》，2005年第10期。

王金云："离异家庭子女心理变化及其心理维护"，载于《天中学刊》，1998年第3期。

王丽芳、邢凤梅："社会支持与老年人抑郁情绪关系的调查与分析"，载于《中国初级卫生保健》，2003年第7期。

王璐、李先锋："农村贫困家庭儿童社会化研究"，载于《四川职业技术学院学报》，2007年第2期。

王美萍："父母教养方式、青少年的父母权威观、行为自主期望与亲子关系研究"，山东师范大学硕士学位论文，2001年。

王萍、蒙进怀、严志玲、曾宪柳、杨兵华、廖志华："柳州市中学生健康危险行为现况研究"，载于《中国校医》，2006年第5期。

王萍："城市离异家庭与完整家庭子女心理健康状况比较研究"，硕士论文，2007年。

王瑛："离异家庭儿童情绪与行为"，载于《教育科学研究》，1990年第1期。

王莹："对城市中流动儿童社会适应状况的考察与分析"，郑州大学硕士学位论文，2005年。

魏运华："自尊的结构模型及儿童自尊量表的编制"，载于《心理发展与教育》，1997 年第 3 期。

温忠麟、侯杰泰、马什赫伯特："结构方程模型检验：拟合指数与卡方准则"，载于《心理学报》，2004 年第 2 期。

温忠麟、张雷、侯杰泰、刘红云："中介效应检验程序及其应用"，载于《心理学报》，2004 年第 5 期。

闻哲："2000 万农村留守儿童生存发展面临五大突出问题"，载于《新华网》，2006 年 10 月。

吴丹伟、刘红艳："大学生的主观幸福感与社会支持的相关研究"，载于《河北科技大学学报（社会科学版）》，2005 年第 3 期。

吴恒祥："关于公办学校中流动儿童少年就学状况的调查"，载于《教学与管理》，2003 年第 23 期。

武欣、张厚粲："创造力研究的新进展"，载于《北京师范大学学报（社会科学版）》，1997 年第 1 期。

席居哲："基于社会认知的儿童心理弹性研究"，华东师范大学博士学位论文，2006 年。

夏俊丽："高中学生人际关系与主观幸福感关系的研究"，载于《神经疾病与精神卫生》，2007 年第 1 期。

肖水源："社会支持对身心健康的影响"，载于《中国心理卫生杂志》，1987 年第 4 期。

谢桂阳、程刚："高校贫困生的个性特征及心理健康状况"，载于《心理科学》，2002 年第 5 期。

熊少严："城市流动儿童的社会整合与学校教育的指导策略"，载于《广东社会科学》，2006 年第 1 期。

许晶晶、申继亮、师保国、胡卫平："创造性测验材料的差异性初探"，《全国心理学学术大会》，2005 年 10 月。

许晶晶："初一年级打工子弟学校流动儿童自尊特点及与家庭因素的关系"，北京师范大学硕士论文，2006 年。

严标宾、郑雪、邱林："大学生主观幸福感的影响因素研究"，载于《华南师范大学学报（自然科学版）》，2003 年第 2 期。

严标宾、郑雪、邱林："家庭经济收入对大学生主观幸福感的影响"，载于《中国临床心理学杂志》，2002 年第 2 期。

严标宾、郑雪、邱林："主观幸福感研究综述"，载于《自然辩证法通讯》，2004 年第 2 期。

严标宾、郑雪、邱林："社会支持对大学生主观幸福感的影响"，载于《应用心理学》，2003年第4期。

杨婉秋："中小学教师主观幸福感研究"，载于《健康心理学杂志》，2003年第4期。

姚春荣、李梅娟："家庭环境与幼儿社会适应的相关研究"，载于《心理科学》，2002年第5期。

姚春生、何耐灵、沈琪："老年大学学员主观幸福感及有关因素分析"，载于《中国心理卫生杂志》，1995年第6期。

叶敬忠、王伊欢："留守儿童的监护现状与特点"，载于《人口学刊》，2006年第3期。

叶敬忠、詹姆斯·莫瑞：《关注留守儿童》，社会科学文献出版社2005年版。

叶曼、张静平、贺达仁："留守儿童心理健康状况影响因素分析及对策思考"，载于《医学与哲学（人文社会医学版）》，2006年第6期。

叶仁敏、洪德厚、保尔·托兰斯："《托兰斯创造性思维测验》（TTCT）的测试和中西方学生的跨文化比较"，载于《应用心理学》，1988年第3期。

叶子："论儿童关系亲子关系、同伴关系和师生关系的相互关系"，载于《心理发展与教育》，1999年第4期。

一张："留守儿童"，载于《瞭望》，1994年第45期。

易红："贫困儿童弹性发展研究及其启示"，载于《社会心理科学》，2007年第3期。

尹志刚、洪小良："北京城市贫困劳动人口的就业及社会支持网络调查报告"，载于《新视野》，2006年第3期。

于肖楠、张建新："韧性（resilience）在压力下复原和成长的心理机制"，载于《心理科学进展》，2005年第5期。

余欣欣："贫困生主观幸福感及影响因素分析"，载于《高教论坛》，2007年第3期。

俞大维、李旭："儿童抑郁量表（CDI）在中国儿童中的初步运用"，载于《中国心理卫生杂志》，2000年第4期。

俞俭、金超、杨步月："关注城市贫困家庭"，载于《瞭望新闻周刊》，2001年第2期。

曾守锤、李其维："儿童心理弹性发展的研究综述"，载于《心理科学》，2006年第6期。

翟宏、傅荣："心理健康的评价指标与心理健康标准"，载于《赣南师范学院学报》，1999年第4期。

张彬、陈艳："高职贫困生幸福感缺失的原因探究"，载于《教育探索》，2007 年第 12 期。

张春兴：《现代心理学：现代人研究自身问题的科学》，上海人民出版社 2003 年版。

张锋、冯庆林、何亚云："20 年来的西方创造性心理测量研究：方法与问题"，载于《西北师范大学学报（社科版）》，2003 年第 1 期。

张鹤龙："远离父母，他们失去了什么？留守儿童问题调查"，载于《半月谈》，2004 年第 10 期。

张虹、陈树林、郑全全："高中学生心理应激及其中介变量的研究"，载于《心理科学》，1999 年第 6 期。

张兰君："贫困大学生焦虑水平与社会支持研究"，载于《中国心理卫生杂志》，2000 年第 3 期。

张丽芳、唐日新、胡燕等："留守儿童主观幸福感与教养方式的关系研究"，载于《中国健康心理学杂志》，2006 年第 4 期。

张丽芳："留守儿童自尊的特点及其家庭影响因素"，江西师范大学硕士学位论文，2007 年。

张倩姝："青年群体主观幸福感研究述评"，载于《山东省青年管理干部学院学报》，2007 年第 6 期。

张庆林、Sternberg：《创造性研究手册》，四川教育出版社 2002 年版。

张铁成、李淑民、谭欣："离异家庭子女情绪情感特点及变化过程的研究"，载于《心理发展与教育》，1990 年第 1 期。

张文新：《青少年发展心理学》，山东人民出版社 2002 年版。

张文新："初中学生自尊特点的初步研究"，载于《心理科学》，1997 年第 20 期。

张雯、郑日昌："大学生主观幸福感及其影响因素"，载于《中国心理卫生杂志》，2004 年第 1 期。

张玉茹、林世华："全语言教学在国中英语课之实验研究"，载于《（台湾）师大学报·教育类》，2001 年第 2 期。

张转玲："中国家庭人力资本投资的现状及改革思路"，载于《西北大学学报（哲学社会科学版）》，2004 年第 5 期。

赵夫明等："初中生应对方式与生活事件、父母养育方式的相关研究"，载于《山东精神医学》，2006 年第 3 期。

赵景欣、刘霞等："农村留守儿童的社会支持源与社会能力、问题行为之间的关系"，载于《心理发展与教育》，2008 年第 1 期。

赵景欣、张文新："农村留守儿童生活适应过程的质性研究"，载于《河南大学学报（社会科学版）》，2008 年第 1 期。

赵景欣、申继亮、刘霞："留守青少年的社会支持网络与其自尊、交往主动性之间的关系——基于变量中心和个体中心的视角"，载于《心理科学》，2008年第 1 期。

赵景欣："压力背景下留守儿童心理发展的保护因素与抑郁、反社会行为的关系"，北京师范大学博士论文，2007 年。

郑宏志："社会支持对老年人主观幸福感的影响"，载于《济南大学学报》，2005 年第 5 期。

郑莉君、韩丹："大学生主观幸福感的影响因素"，载于《中国组织工程研究与临床康复》，2007 年第 11 期。

郑名："离异家庭儿童行为问题与父母教养方式的研究"，载于《中国特殊教育》，2006 年第 3 期。

郑信军、岑国桢："家庭处境不利儿童的社会性发展研究述评"，载于《心理科学》，2006 年第 3 期。

郑雪、严标宾、邱林、张兴贵：《幸福心理学》，暨南大学出版社 2004年版。

郑雪、严标宾、邱林："广州大学生主观幸福感研究"，载于《心理学探新》，2001 年第 4 期。

中国民政部：《2006 年民政事业发展统计报告》，2006 年。

中国社会科学院语言研究所词典编辑室：《现代汉语词典（第五版）》，商务印书馆 2005 年版。

周福林、段成荣："留守儿童研究综述"，载于《人口学刊》，2006 年第 3 期。

周皓、陈玲："对流动儿童学校之合理性的思考与建议"，载于《人口与经济》，2004 年第 1 期。

周莉、罗月丰："离异家庭影响青少年心理健康的因素与建议"，载于《中国青年研究》，2006 年第 10 期。

周宁、刘将："西南边疆高校教师总体幸福感的调查研究"，载于《红河学院学报》，2007 年第 6 期。

周燕："影响中小学生心理健康的主要家庭环境因素"，载于《华东师范大学（教育科学版）》，2000 年第 2 期。

周耀红："自尊、情绪调节预期对积极情绪一致性效应的影响"，首都师范大学硕士学位论文，2007 年。

周拥平："城市外来贫困人口的生活形态——来自北京 100 个外来贫困家庭

的调查",载于《中国青年政治学院学报》,2003 年第 4 期。

周宗奎、孙晓军、刘亚、周东明:"农村留守儿童心理发展与教育问题",载于《北京师范大学学报(社会科学版)》,2005 年第 1 期。

朱力:"群体性偏见与歧视——农民工与市民的摩擦性互动",载于《江海学刊》,2001 年第 6 期。

朱明和、晋柏:"中专生焦虑状况及影响因素分析",载于《疾病控制杂志》,1999 年第 2 期。

邹泓、屈志勇、张秋凌:"我国九城市流动儿童生存和受保护状况调查",载于《青年研究》,2004 年第 1 期。

邹泓、屈志勇、张秋凌:"中国九城市流动儿童发展与需求调查",载于《青年研究》,2005 年第 2 期。

邹泓、叶苑、窦东徽等:"北京市流动儿童教育与心理发展状况调查报告",2006 年。

邹泓:"北京市流动儿童的教育状况调查报告",北京师范大学发展心理研究所,2006 年。

Abbott D A, Sharma S, Verma S, The Emotional Environment of Families Experiencing Chronic Poverty in India. *Journal of Family and Economic Issues*, 68.

Achenbach T M, Edelbrock C. Manual for the adolescents self-report and profile, *Burlington*, *VT*: *Department of psychiatry*, University of Vermont, 1987.

Aik Kwang Ng: A cultural model of creative and conforming behavior. *Creativity Research Journal*. 2003, 2 & 3.

Aiken L S, West S G. Multiple regression: testing and interpreting interactions. *Newbury Park*, *CA*: *Sage*, 1991.

Allport G W. The nature of prejudice. Cambridge, *MA*: *Addison-Wesley*, 1954.

Amato P R, Booth A. Consequences of Parental Divorce and Marital Unhappiness for Adult Well-Being. *Social Forces*, 1991, 3.

Attar B K, Guerra N G, Tolan P H. Neighborhood disadvantage, stressful life events, and adjustment in urban elementary-school children. *Journal of Clinical Child Psychology*, 1994, 23.

Baer, J. Kaufman, J. C. Bridging generality and specificity: the Amusement Park Theoretical (APT) model of creativity. *Roeper Review*. 2005, 3.

Baltes P B, Reese H W, Lipsitt L P. Life-span developmental psychology. *Annual review of psychology*, 1980, 31.

Bandura A, Barbaranelli C, Caprara G V, Pastorelli C. Multifaceted impact of self-efficacy beliefs on academic functioning. *Child development*, 1996, 67.

Banyard V L, Graham-Bermann S A. Surviving poverty: Stress and coping in the lives of housed and homeless mothers. *American Journal of Orthopsychiatry*, 1998, 68.

Barber B K, Olsen J E, Shagle S C. Associations between parental psychological and behavioral control and youth internalized and externalized behaviors. *Child development*, 1994, 65.

Barber B K, Stolz H E, Olsen J A. Parental support, psychological control, and behavioral control: assessing relevance across time, culture, and method. *Monographs of the society for research in child development*, 2005.

Barber B K. Family, personality and adolescent problem behaviors. *Journal of marriage and the family*, 1992, 54.

Baron R M, Kenny D A. The moderator-mediator variable distinction in social psychological research conceptual strategic and statistical considerations. *Journal of Personality and Social Psychology*, 1986, 6.

Baumrind D. The influence of parenting style on adolescent competence and substance use. *Journal of early adolescence*, 1991, 11.

Beam M R, Gil-Rivas V, Greenberger E, Chen C. Adolescent problem behavior and depressed mood: risk and protection within and across social contexts. *Journal of youth and adolescence*, 2002, 31.

Bean R A, Barber B K, Crane D R. Parental support, behavioral control, and psychological control among African American youth: the relationships to academic grades, Delinquency, and depression. *Journal of family issues*, 2006, 27.

Beck A T: Rush A J, Shaw B F, Emery G: Cognitive therapy of depression, *New York Guilford*, 1979.

Beck A T: Cognitive therapy and the emotional disorder, *New York*: *International Universities Press*, 1976.

Belle D, Doucet J. Poverty, inequality, and discrimination as sources of depression among U. S. women, *Psychology of Women Quarterly*, 2003, 27.

Ben-Zur H: Happy Adolescents: The Link between Subjective Well-Being, Internal Resources and Parental Factors. *Journal of Youth and Adolescence*, 2003, 32.

Bergman L R., Magnusson D A. person-oriented approach in research on developmental psychopathology. *Development and psychopathology*, 1997, 9.

Blanehflower D G. Well-being over Time in Britain and the USA. *NEVER Conference*, London, UK, 2000.

Bradley R H, Corwyn R F. Socioeconomic status and child development. *Annual review of psychology*, 2002.

Brady S S, Matthews K A. The effects of socioeconomic status and ethnicity on adolescents' exposure to stressful life events. *Journal of pediatric psychology*, 2002, 27.

Branden N: *The six pillars of self-esteem*, Bantam Books, 1994.

Branscombe N R, Schmitt M T, Harvey R D. Perceiving pervasive discrimination among African Americans: Implications for group identification and well-being. *Journal of Personality and Social Psychology*, 1999, 77.

Broman C L, Mavaddat R, Hsu S: The experience and consequences of perceived racial discrimination: a study of African Americans. *Journal of Black Psychology*, 2000, 26.

Bronfenbrenner U. The ecology of human development. *Camvridge, Harvard University Press*, 1979.

Bronfenbrenner, U: Ecological systems theory. *Annual of child development*, 1989, 6.

Brown C S, Bigler R S. Children's perception of discrimination: Adevelopmental model. *Child Development*, 2005, 76.

Brown C S, Bigler R S. Children's perceptions of gender discrimination, *Developmental Psychology*, 2004, 40.

Brown C S: Children's perceptions of discrimination: Antecedents and consequences. Unpublished doctoral dissertation, *The University of Texas at Austin*, 2003.

Brown J D, Dutton K A. The thill of victory, the complexity of defeat: self-esteem and people's emotional reactions to success and failure. *Journal of Personality and Social Psychology*, 1995, 68.

Brown, J. D: Self-esteem, mood, and self evaluation: Changes in mood and the way you see you. *Journal of Personality and Social Psychology*. 1993, 64.

Byrnes D A, Kiger G: Contemporary measures of attitudes toward Blacks. *Educational and Psychological Measurement*, 1988, 48.

Cameron J E: Social identity, modern sexism, and perceptions of personal and group discrimination by women and men-statistical data included. *Sex roles*, 2001, 45.

Chen E, Langer D A, Raphaelson Y E, Matthews K A. Socioeconomic status and health in adolescents: the role of stress interpretations. *Child development*, 2004, 75.

Chen E, Matthews K A. Cognitive appraisal biases: an approach to understanding the relation between socioeconomic status and cardiovascular reactivity in chil-

dren. Annuals of behavioral medicine, 2001, 23.

Clark R, Anderson N B, Clark V R, Williams D R. Racism as a stressor for African Americans: a biopsychosocial model. *American psychologist*, 1999, 54.

Cohen L, Burt C, Bjorck J. Life stress and adjustment: effects of life events experiences by young adolescents and their parents. *Developmental psychology*, 1987, 23.

Cohen S, Hoberman H. Positive events and social supports as buffers of life changes stress. *Journal of applied social psychology*, 1983, 13.

Cole D A, Jordan A E. Competence and memory: integrating psychosocial and cognitive correlates of child depression. *Child development*, 1995, 66.

Coley R L, Hoffman L W. Relations of parental supervision and monitoring to children's functioning in various contexts: Moderating effects of families and neighborhoods. *Journal of applied developmental psychology*, 1996, 17.

Collins W A. Parsing parenting: refining models of parental influence during adolescence. *Monographs of the society for research in child development*, 2005, 70.

Colvin C T, Block J. Do positive illusions foster mental health? An examination of the Taylor and Brown Formulation. *Psychological bulletin*, 1994, 116.

Compas B E, Davis G E, Forsythe C J, Wagner B M: Assessment of major and daily stressful events during adolescence: the adolescent perceived events scale. *Journal of consulting and clinical psychology*, 1987, 55.

Connor-Smith J K, Compas B E: Vulnerability to Social Stress: Coping as a Mediator or Moderator of Sociotropy and Symptomsof Anxiety and Depression. *Cognitive Therapy and Research*, 2002, 26.

Coopersmith S: The Antecedents of Self-esteem. San Francisco: *W. H. Freeman*, 1967.

Creasey G, Mitts N, Catanzaro S J. Associations among daily hassles, coping, and behavior problems in nonreferred kindergartners. *Journal of clinical child psychology*, 1995, 24.

Crick N R, Dodge K A: A review and reformulation of social information processing mechanisms in children's social adjustment. *Psychological bulletin*, 1994, 115.

Crick N R, Dodge K A: Social information-processing mechanisms in reactive and proactive aggression. *Child development*, 1996, 3.

Crocker J, Major B. Social stigma and self-esteem: The self-protective properties of stigma. *Psychological Review*, 1989, 4.

Crosby F: The denial of personal discrimination, *American Behavioral Scientist*,

处境不利儿童的心理发展现状与教育对策研究

1984, 27.

Csikszentmihalyi, M: Society, culture, and person: A systems view of creativity, The nature of creativity: *Contemporary psychological perspectives*. New York: Cambridge University Press, 1988.

Csikszentmihalyi, M., Wolfe, R: New conceptions and research approach to creativity: Implications of a systems perspective for creativity in Education, *International Handbook of Giftedness and talent*, NY: Elsevier. 2000.

Cumins R A: Manual for the Comprehensive Quality of Life Scale- Student. (Grade7 – 12): ComQol – S5 (5thed), *School of Psychology*, Melbourne, Deakin University, 1997.

Damon W, Lerner R M: 儿童心理学手册（2006 年第六版），华东师范大学出版社.

Davies P T. and Cummings E M: Exploring children's emotional security as a mediator of the link between marital relations and child adjustment, *Child Development*, 1998, 1.

Davis-Kean P E, Sandler H M: A meta-analysis of measures of self-esteem for young children: A framework of future measures, *Child Development*, 2001, 72.

DeLongis A, Coyne J, Dakof G A, Folkman S, Lazarus R S: Relationship of daily hassles, uplifts, and major life events to health status, *Health psychology*, 1982, 1.

DeLongis A, Folkman S, Lazarus R S: The impact of daily stress on health and mood: Psychological and social resources as mediators, *Journal of personality and social psychology*, 1988, 54.

Diakidoy, I. A., Spanoudis, G: Domain specificity in creativity testing: a comparison of performance on a general divergent-thinking test and a parallel, content-specific test, *Journal of Creative Behavior*, 2002, 1.

Diener E et al.: Personality, culture, and subjective well-being: Emotional and Cognitive Evaluations of life, *Annual Review of Psychology*, 2003, 54.

Diener E R, Tamir D M: The psychology of subjective well-being, 2004, 2.

Diener E, Biswas-Diener R: Will money increases Subjective well-being: A literature review and guide to needed research, *Social Indicators Research*, 2002, 57.

Diener E, Eunkook M S, Richard E, et al.: Subjective Well-Being: Three Decades of Progress, *Prochology Bulletin*, 1999, 2.

Diener E, Oishi S, Lucas R E: Personality, culture, and subjective well-being:

Emotional and cognitive evaluations of life, *Annual Review of Psychology*; 2003, 54.

Diener E, Sandvik E, Seidlitz L, Diener M , The Relationship between Income and Subjective Well-being: Relative or Absolute? *Social Indictors Research*, 1993, 28.

Diener E, Scollon C N, Lucas R E: The evolving concept of subjective well-being: the multifaceted nature of happiness, *Advances in Cell Aging and Gerontology*, 2003, 15.

Diener E: Sujective well-being, *Psychological Bulletin*, 1984, 95.

Dion K L, Kawakami K: Ethnicity and perceived discrimination in Toronto: Another look at the personal/group discrimination discrepancy, *Canadian Journal of Behavioral Science*, 1996, 28.

Dodge K A, Coie J D: Social-information-processing factors in reactive and proactive aggression in children's peer groups, *Journal of personality and social psychology*, 1986, 53.

Dohrenwend B P, Shrout P E: "Hassles" in the conceptualization and measurement of life stress variables, *American psychologist*, 1985, 40.

Dohrenwend B S, Dohrenwend B P: Life stress and illness: formulations of the issues, *Stressful life events and their contexts*, New Brunswick, NJ: Rutgers University Press, 1984.

Doris R. Entwisle, Nan M. Astone. Some: Practical Guidelines for Measuring Youth's Race/ Ethnicity and Socioeconoic Status, *Child Development*, 1994, 6.

Doyle K W, Wolchik S A, Dawson-McClure S R, Sandler I N: Positive events as a stress buffer for children and adolescents in families in transition, *Journal of clinical child and adolescent psychology*, 2003, 32.

Doyle K W, Wolchik S A, Dawson-McClure S: Development of the stepfamily events profile, *Journal of family psychology*, 2002, 16.

DuBois D L, Felner R D, Mears H, Krier M: Prospective investigation of the effects of socioeconomic disadvantage, life stress, and social support on early adolescent adjustment, *Journal of abnormal psychology*, 1994, 103.

Dubow E F, Tisak J: The relation between stressful life events and adjustment in elementary school children: the role of social support and social problem-solving skills, *Child development*, 1989, 60.

Dumont M, Seron E, Yzerbyt V Y, et al. : Social comparison and the personal-group discrimination discrepancy, *Social comparison processes and levels of analysis: Understanding culture, inter group relations, and cognition*, Cambridge, UK: Cambridge University Press. 2004.

Dunn J: Children as psychologists: The later correlates of individual differences in understanding of emotions and other minds, *Cognition and Emotion*, 1995, 9.

Eccles J S, Wigfield A, Flanagan C, Miller C, Reuman D, Yee D: Self-concept, domain values, and self-esteem: Relations and changes at early adolescence, *Journal of Personality and social Psychology*, 1989, 57.

Endler N S, Magnusson D: Toward an international psychology of personality, *Psychological bulletin*, 1976, 83.

Ennis N E, Hobfoll S E, Schroder K E: Money doesn't talk, it swears: How economic stress and resistance resources impact inner-city women's depression mood, *American Journal of Community Psychology*, 2000, 2.

Felner R D, Farber S S, Primavera J: Transitions and stressful events: a model for prevention, *Preventive psychology: theory, research, and practice*, New York: Pergamon, 1983.

Fishbein H D: *Peer prejudice and discrimination: Evolutionary, cultural, and developmental dynamics*, Boulder, CO: Westview Press, 1996.

Fisher C B, Wallace S A, Fenton R E: Discrimination distress during adolescence, *Journal of Youth and Adolescence*, 2000, 29.

Flavell J H: Perspectives on perspective taking, *Piaget's theory: Prospects and possibilities*, Lawrence Erlbaum Associates, 1992.

Foley S, Hang-Yue N, Wong A: Perceptions of Discrimination and Justice: Are there Gender Differences in Outcomes? *Group and Organization Management*, 2005, 4.

Formoso D, Gonzales N A, Aiken L S: Family conflict and children's internalizing and externalizing behavior: protective factors, *American journal of community psychology*, 2000, 28.

Fredrickson B L: The role of positive emotions in positivepsychology: The Broaden-and-Build Theory of positive emotions, *American Psychologist*, 2001, 56.

Fuligni A J: Authority, autonomy, and parent-adolescent conflict and cohesion: a study of adolescents from Mexican, Chinese, Filipno, and European backgrounds, *Developmental psychology*, 1998, 34.

Galambos N, Barker E, Almeida D M: Parents do matter: trajectories of change in externalizing and internalizing problems in early adolescence, *Child development*, 2003, 74.

Garber J, Robinson N S, Valentiner D: The relations between parenting and adolescent depression: self-worth as a mediator, *Journal of adolescent research*, 1997, 12.

Garcia C C, Lamberty G, Jenkins R et al. : An integrative model for the study of developmental competencies in minority children, *Child Development*, 1996, 5.

Gerstorf D, Smith J, Baltes P B: A systemic-holistic approach to differential aging: Longitudinal findings from the Berlin aging study, *Psychology and aging*, 2006, 21.

Gilman R: *Review of life satisfaction measures for adolescents*, Behaviour Change, 2000, 3.

Goffman E: Stigma: *Notes on the Management of Spoiled Identity*, Engelwood Cliffs, NJ: Prentice-Hall, 1963.

Grant K E, Compas B E, Stuhlmacher A F, Thurm A E, McMahon S D, Halpert J A. Stressors and child and adolescent psychopathology: Moving from markers to mechanisms of risk, *Psychological bulletin*, 2003, 3.

Gray M R, Steinberg L: Unpacking authoritative parenting: reassessing a multidimensional construct, *Journal of marriage and family*, 1999, 61.

Gruber, H. E. Wallce, D. B: The case study method and evolving systems approach for understanding unique creative people at work, *Handbook of Creativity*, New York: Cambridge University Press, 1999.

Grych J H, Fincham F D: Interventions for children of divorce: toward greater integration of research and action, *Psychological bulletin*, 1992, 111.

Grzywacz J G, Almeida D M, Neupert S D, Ettner S L: Socioeconomic status and health: a micro-level analysis of exposure and vulnerability to daily stressors, *Journal of health and social behavior*, 2004, 45.

Guerra N G, Slaby R G. Evaluative factors in social problem solving by aggressive boys, *Journal of abnormal child psychology*, 1989, 17.

Guilford J. P: Creativity, *American Psychologyist*, 1950, 5.

Han, Ki-Soon: Domain-specificity of creativity in young children: how quantitative and qualitative data support it, *Journal of Creative Behavior*, 2003, 2.

Harris P L, Donnelly K, Guz G R, et al. : Children's understanding of the distinction between real and apparent emotion, *Child Development*, 1986, 57.

Harter S: Developmental, perspective on the self system, *Handbook of child Development*, 1983, 4.

Hetherington E M, Cox M, Cox R: Long term effects of divorce and remarriage on the adjustment of children, *Journal of the American academy of psychology*, 1985, 24.

Hettema P J: *Personality and environment: assessment of human adaptation*, Chichester, England: Wiley, 1989.

Holahan C K, Holahan C J, Belk S S: Adjustment in aging: the role of life stress, hassles, and self-efficacy, *Health psychology*, 1984, 3.

Holden C: Global survey examines impact of depression, *Science*, 2000, 288.

Holmes T H, Rahe R H: The social readjustment rating scale, *Journal of psychosomatic research*, 1967, 11.

Huebner E S: Preliminary development and validation of a multidimensional life satisfaction scale for children, *Psychological Assessment*, 1994, 2.

Inman M L, Baron R S: Influence of prototypes on perceptions of prejudice, *Journal of Personality and Social Psychology*, 1996, 70.

Jackson Y, Warren J: Appraisal, social support, and life events: predicting outcome behavior in school-age children, *Child development*, 2000, 71.

James S, Coleman: Social Capital in the Creation of Human Capital, *The American Journal of Sociology*, 1988, 94.

James, K, Asmus C: Personality, cognitive skills, and creativity in different life domains, *Creativity Research Journal*, 2000 – 2001, 2.

Jessor R, Jessor S L: *Problem behavior and psychosocial development: a longitudinal study of youth*, New York: Academic press, 1977.

Jeynes W H: The challenge of controlling for SES in social science and education research, *Educational Psychology Review*, 2002, 2.

Kanner A D, Coyne J C, Schaefer C, Lazarus R S: Comparison of two modes of stress measurement: daily hassles and uplifts versus major life events, *Journal of behavioral medicine*, 1981, 4.

Katz P A, Sohn M, Zalk S R: Perceptual concomitants of racial attitudes in urban grade-school children, *Developmental Psychology*, 1975, 11.

Kim K J, Conger R D, Elder G H, Lorenz F O: Reciprocal influences between stressful life events and adolescent internalizing and externalizing problems, *Child development*, 2003, 74.

Kochanska G: Toward a synthesis of parental socialization and child temperament in early development of conscience, *Child development*, 1993, 64.

Kraener H C, Kazdin A E, Offord D R, Kesler R C, Jensen P S, Kupfer D J: Coming to terms with the terms of risk, *Archives of general psychoatry*, 1997, 54.

Krahe B, Abraham C, Felber J, et al. : Perceived discrimination of international visitors to universities in Germany and the UK, *British Journal of Psychology*, 2005, 3.

Krantz S E, Clark J, Pruyn J P, Usher M: Cognition and adjustment among children of separated or divorced parents, *Cognitive therapy and research*, 1985, 9.

Lau S, Cheung P C: Relations between Chinese adolescents' perception of parental control and organization and their perception of parental warmth, *Developmental psychology*, 1987, 23.

Lazarus R S, Delongis A, Folkman S, Gruen R: Stress and adaptation outcome: the problem of confounded measures, *American psychologist*, 1985, 40.

Lazarus R S, Folkman S: *Stress, appraisal, and coping*, New York: Springer, 1984.

Lazarus R S: *Emotion and adaptation*, New York: Oxford university press, 1991.

Lazarus R, Kanner A, Folkman S: "Emotions: a cognitive phenomenological analysis, *Theories of emotions*, New York: Academic press, 1980.

Leitenberg H, Yost L W, Carroll-Wilson M: Negative cognitive errors in children, *Journal of consulting and clinical psychology*, 1986, 54.

Lempers J D, Clark-Lempers D, Simons R: Economic hardship, parenting and distress in adolescence, *Child development*, 1989, 60.

Lerner R M, Kauffman M B: The concept of development in contextualism, *Developmental review*, 1985, 5.

Lerner R M: A "goodness of fit" model of person-context interaction, In D. Magnusson V. L. Allen (Eds.), *Human development: An international perspective*. New York: Academic press, 1983.

Leung J P, Leung K: Life satisfaction, self-concept and relationship with parents in adolescence, *Youth Adolescence*, 1992, 21.

Link B G, Phelan J C: On stigma and its public health implications, *the International Conference on Stigma and Global Health: Developing a Research Agenda*, Bethesda, MD, 2001.

Lubart, T. I: Creativity across cultures, *Handbook of Creativity*, Cambridge: Cambridge University Press. 1999.

Luthar S S, Cicchetti D, Becker B: The construct of resilience: a critical evaluation and guidelines fro future work, *Child development*, 2000, 71.

Luthar S S, Zelazo L B: Research on resilience: An integrative review, *Resilience and vulnerability: adaptation in the context of childhood adversities*, New York: Cambridge University Press, 2003.

Luthar S, Cicchetti D, Becker B: The contruct of resilience: a critical evaluation and guidelines for future work, *Child development*, 2000, 71.

Magnusson D, Stattin H: Person-Context interaction theories, Theoretical models of human development, *Handbook of child psychology*, New York: Wiley, 1998.

Magnusson D, Stattin H: The person in context: a holistic-interactionistic approach, Theoretical models of human development, *Handbook of child psychology*, New York: Wiley, 2006.

Magnusson D, Personality development from an international perspective, *Handbook of child psychology*, New York: Wiley, 2006.

Magnusson D: Personality development from an international perspective, *Handbook of personality*, New York: Guilford Press, 1990.

Martindale, C: Biological bases of creativity, *Handbook of Creativity*, Cambridge: Cambridge University Press, 1999.

Martinez C R, Forgatch M S: Adjusting to change: linking family structure transitions with parenting and boys' adjustment, *Journal of family psychology*, 2002, 16.

Masten A S, Garmezy N, Tellegen A, Pellegrini D S, Larkin K, Larsen A: Competence and stress in school children: the moderating effects of individual and family qualities, *Journal for child psychiatry and psychology*, 1988, 28.

Masten A S: Ordinary magic: resilience processes in development, *American psychologist*, 2001, 56.

Masten A S: Resilience in individual development: successful adaptation despite risk and adversity, *Risk and resilience in inner city America: challenges and prospects*, Hillsdale, NJ: Erlbaum, 1994.

Mazur E, Wolchik S A, Virdin L, Sandler I N, West S G: Cognitive moderators of children's adjustment to stressful divorce events: the role of negative cognitive errors and positive illusions, *Child development*, 1999, 70.

McCallum D M, Arnold S E, Bolland J M: Low-Income African-American Women Talk About Stress, *Journal of Social Distress and the Homeless*, 2002, 3.

McCord J: Problem behaviors, *At the threshold: the developing adolescent*,

Cambridge, MA: Harvard University Press, 1990.

McKown C, Weinstein R S: The development and consequences of stereotypes consciousness in middle childhood, *Child Development*, 2003, 74.

McMahon S D, Grant K E, Compas B E, Thurm A E, Ey S: Stress and psychopathology in children and adolescents: is there evidence of specificity? *Journal of child psychology and psychiatry and allied disciplines: Annual research review*, 2003, 44.

Meier A: Social Capital and School Achievement among Adolescents, *CDE Working Paper*, 1999: 99 - 18.

Mendez J L, Fantuzzo J, Cicchetti D: Profiles of social competence among low-income African American preschool children, *Child development*, 2002, 73.

Moghaddam F M, Stolkin A J, Hutcheson L S: A generalized personal/group discrepancy: Testing the domain specificity of a perceived higher effect of events on one's group than on oneself, *Personality and Social Psychology Bulletin*, 1997, 23.

Monroe S. M: Major and minor events as predictors of psychological distress: further issues and findings, *Journal of behavioral medicine*, 1983, 6.

Moos R H, Moos B S: *Family environment scale manual.* Palo Alto, CA: Consulting psychologists press, 1981.

Moradi B, Subich L M: A concomitant examination of the relations of perceived racist and the sexist events to psychological distress for African American women, *Counseling Psychologist*, 2003, 31.

Mounts N S: Contributions of parenting and campus climate to freshmen adjustment in a multiethnic sample, *Journal of adolescent research*, 2004, 19.

Myaskovsky L, Wittig M A. Predictors of feminist social identity among college women. *Sex Roles*, 1997, 37.

Nettles S M, Pleck J H: *Risk, resilience, and development: The multiple ecologies of black adolescents in the United States*, Ibid, New York: Cambridge University Press. 1994.

Nolen-Hoeksema S, Girgus J S, Seligman M E P. Predictors and consequences of childhood depressive symptoms: a 5-year longitudinal study, *Journal of abnormal psychology*, 1992, 101.

Ogbu J. Frameworks-variability in minority school performance: A problem in search of an explanation, *Minority education: Anthropological perspectives*, Norwood, NJ: Ablex Publishing Corp. 1993.

Olson D H, Sprenkle D H, Russell C S. Circumplex model of marital and family systems: cohesion and adaptability dimensions, family types, and clinical applications, *Family process*, 1979, 18.

Operario D, Fiske S T: Ethnic identity moderates perceptions of prejudice: Judgments of personal versus group discrimination and subtle versus blatant bias, *Personality and Social Psychology Bulletin*, 2001, 5.

Ortony A, Clore G L, Collins A: *The Cognitive Structure of Emotions*, Cambridge University Press, Cambridge, 1988.

Parke R D: Development in the family, *Annual review of psychology*, 2004, 55.

Peterson G W, Rollins B C: Parent-child socialization, *Handbook of marriage and the family*, New York: Plenum, 1987.

Phinney J S, Madden T, Santos L J: Psychological variables as predictors of perceived ethnic discrimination among minority and immigrant adolescents, *Journal of Applied Social Psychology*, 1998, 11.

Plucker, J. A& Runco, M. A: The death of creativity measurement has been greatly exaggerated: Current issues, recent advances, and future directions in creativity assessment, *Roeper Review*, 1998, 1.

Postmes T, Branscombe N R: Influence of long-term racial environmental composition on subject well-being in African-Americans, *Journal of Personality and Social Psychology*, 2002, 3.

Quinn K A, Olson J M: Framing social judgment: Self-ingroup comparison and perceived discrimination, *Personality and Social Psychology Bulletin*, 2003, 29.

Quinn K A, Roese N J, Pennington G L, et al. : The personal/group discrimination discrepancy: The role of informational complexity, *Personality and Social Psychology Bulletin*, 1999, 23.

Rabkin J G, Struening E L: Life events, stress and illness, *Science*, 1976, 194.

Rander D, Ge X: Economic Stress, Coercive Family Process, and Developmental Problems of Adolescents, *Child Development*, 2005, 2.

Reich J, Zautra A: Life events and personal causation: some relationships with satisfaction and distress, *Journal of personality and social psychology*, 1981, 41.

Rhodes J, Roffman J, Reddy R, et al. : Changes in self-esteem during the middle school years: a latent growth curve study of individual and contextual influences, *Journal of School Psychology*, 2004, 42.

Rohner R P: *The warmth dimension: foundations of parental acceptance-rejection*

387

参考文献

theory, Thousand Oaks, CA: Sage, 1986.

Romero A J, Roberts R E: Perception of discrimination and ethnocultural variables in a diverse group of adolescents, *Journal of Adolescence*, 1998, 21.

Rowlison R T, Felner R D: Major life events, hassles and adaptation in adolescence: confounding in the conceptualization and measurement of life stress and adjustment revisited, *Journal of personality and social psychology*, 1988, 55.

Ruggiero K M, Taylor D M: Why minority members perceive or do not perceive the discrimination that confronts them: The role of self-esteem and perceived control, *Journal of Personality and Social Psychology*, 1997, 72.

Rutter M. Psychosocial resilience and protective mechanisms, *American journal of orthopsychiatry*, 1987, 57.

Sameroff A, Gutman L M, Peck S C: Adaptation among youth facing multiple risks: Prospective research findings, *Resilience and vulnerability: Adaptation in the context of childhood adversities* (pp. 364 – 391), New York: Cambridge University press, 2003.

Sampson R J, Raudenbush S W, Earls F: Neighborhoods and violent crime: a multilevel study of collective efficacy, *Science*, 1997, 227.

Sanchez J I, Brock P: Outcomes of perceived discrimination among Hispanic employees: Is diversity management a luxury or a necessity? *Academy of Management Journal*, 1996, 39.

Sandler I, Wolchik S, Braver S, Fogas B. Stability and quality of life events and psychological symptomatology in children of divorce, *American journal of community psychology*, 1991, 19.

Sandler L, Wolchik S, Braver S. The stressors of children's postdivorce environments, *Children of divorce. Empirical perspectives on adjustment* . New York: Gardner Press, 1988.

Schaefer E S: Children's reports of parental behavior: an inventory, *Child development*, 1965, 36.

Schermerhorn A C, Cummings E M, Davies PT: Children's Perceived Agency in the Context of Marital Conflict: Relations With Marital Conflict Over Time, *Merrill-Palmer Quarterly*, 2005, 2.

Schofield J W: *Black and White in school: Trust, tension, or tolerance*? New York: Teacher's College Press. 1989.

Segal Z V, Dobson K S. Cognitive model of depression: report form a consensus development conference. *Psychology inquiry*, 1992, 3.

Selman R L, Byrne D F. A structural-developmental analysis of levels of role-taking in middle childhood, *Child Development*, 1974, 45.

Selye H: *The stress of life*, New York: McGraw-Hill, 1956.

Sheets V, Sandler I, West S G. Appraisals of negative events by preadolescent children of divorce, *Child development*, 1996, 67.

Shek D T L: Economic stress, psychological well-being and problem behavior in Chinese adolescents with economic disadvantage, *Journal of Youth and Adolescence*, 2003, 4.

Slater A, Bremner G: *An introduction to developmental psychology*, Malden MA: Blackwell publishing Ltd, 2004.

Sloane D M, Potvtn R. H: Religion and delinquency: cutting through the maze, *Social forces*, 1986, 65.

Smith C A, Kirby L D: Affect and cognitive appraisal processes, *Handbook of affect and social cognition*, London: Lawrence Erlbaum advocates, 2001.

Smith C A, Lazarus R S. Appraisal components, core relational themes, and the emotions, *Cognition and emotion*, 1993, 7.

Steinberg L, Fletcher A, Darling N. Parental monitoring and peer influences on adolescent substance use, *Pediatrics*, 1994, 93.

Steinberg L. Autonomy, conflict, and harmony in the family relationship, *At the threshold: the developing adolescent*, Cambridge, MA: Harvard university press, 1990.

Steinberg L: Reciprocal relation between parent-child distance and pubertal maturation, *Developmental psychology*, 1988, 24.

Steinberg L. The impact of puberty on family relations: effects of pubertal status and pubertal timing, *Developmental psychology*, 1987, 23.

Sternberg, R. J. WICS: a model of positive educational leadership comprising wisdom, intelligence, and creativity synthesized, *Educational Psychology Review*, 2005, 3.

Sternberg, R. J., Lubart T I. Investing in creativity, *American Psychologist*, 1996, 51.

Stone A A, Marco C A, Cruise C E, Cox D S, Neal A. Arestress-induced immunological chanegesmediated by mood? A closer look at how both desirable and undesirable dallyevents influence antibody, *International Journal of Behavoral Medicine*, 1996, 3.

Stone A A, Neale J M, Cox D S. A Dally even-aye associated with secretory immune responseto an antigen in men, *Heslth Psychology*, 1994, 13.

Stone S, Meekyung H. Perceived school environments, perceived discrimination, and school performance among children of Mexican immigrants, *Children and Youth Services Review*, 2005.

Stone W. Measuring Social Capital: Towards a Theoretically Informed Measurement Framework for Researching Social Capital in Family and Community Life, *Research Paper*, 2001, 24.

Stroebe W, Stroebe M. The soeial psychology of social suppot, *Social pschology*: *Handbook of basicprinciples*, New York: Guilford Press, 1996.

Susan M. The key role of authenticity, *Technology&Learning*, 2003, 6.

Swearingen E, Cohen L. Measurement of adolescents' life events: the junior high life experiences survey, *American journal of community psychology*, 1985, 13.

Tajfel H, Turner J C. An integrative theory of inter group conflict, *The social psychology of intergroup relations*, 1979.

Taylor S E, Brown J D. Illusion and well-being: a social psychological perspective on mental health, *Psychological bulletin*, 1988, 103.

Taylor S E, Kemeny M E, Reed G M, Bowe J E, Gruenewald T L: Psychological resources, positive illusions, and health, *American Psychologist*, 2000, 55.

Taylor S E: Adjustment to threatening events: a theory of cognitive adaptation, *American psychologist*, 1983, 38.

Taylor S E: *Positive illusions: creative self-deception and the healthy mind*, New York: Basic books, 1989.

Tennant C. Life events, stress and depression: a review of recent findings, *Austrian and New Zealand Journal of Psychiatry*, 2002, 36.

Theimer C E, Killen M, Stangor C. Preschool children's evaluations of exclusion in gender-stereotypic contexts, *Developmental Psychology*, 2000, 37.

Tom D: Effects of perceived discrimination: rejection and identification as two distinct pathways and their associated effects, *Unpublished doctoral dissertation*, *The Ohio State University*, 2006.

Tong Y, Song S. A study on general self-efficacy and subjective well-being of low SES college students in a Chinese university, *College Student Journal*, 2004, 4.

Torrance E P: *Guiding creative talent. Englewood Cliffs*, NJ: Prentice-Hall, 1962.

Torrance E P: *Test of Creative Thinking. Lexington*, MA: Personnel Press, 1966.

Torrance, E. P. The nature of creativity as manifest in it's testing, *The nature of*

处境不利儿童的心理发展现状与教育对策研究

creativity：*contemporary psychological perspectives*，New York：Cambridge University Press，1988

Twenge J M. Campbell W K. Age and birth cohort differences in self-esteem：A cross-temporal meta-analysis，*Personality and Social Psychology Review*，2001，5.

Urban. K. K. Recent trends in creativity research and theory in Western，*Europe European Journal for high ability*，1990，1.

Urie Bronfenbrenner：*The Ecology of Human Development*，Cambridge，Harvard University Press，1979.

Van Leeuwen K G，Mervielde I，Braet C，Bosmans G. Child personality and parental behavior as moderators of problem behavior：variable-and person-centered approaches，*Developmental psychology*，2004，40.

Verhulst F C，Van der Ende J，Koot H M：*Handleiding voor de CBCL/4 – 18*，Erasmus universities Rotterdam，Afdeling Kinder-en Jeugdpsychiatrie，1996.

Verkuyten M，Brug P. Education performance and psychological disengagement among ethnic minority and Dutch adolescents，*Journal of Genetic Psychology*，2003，2.

Verkuyten M，Kinket B，Weilen C. Preadolescents' understanding of ethnic discrimination，*The Journal of Genetic Psychology*，1997，158.

Wadsworth M E，Tali Raviv M A，Compas B E，Connor-Smith J K. Parent and Adolescent Responses to Poverty-Related Stress：Tests of Mediated and Moderated Coping Models，*Journal of Child and Family Studies*，2005，2.

Weinstein R S：*Differences among classroom achievement cultures*，*Reaching higher. The power of expectations in schooling. Cambridge*，MA：Harvard University Press，2002.

Wellman H M，Cross D，Watson J. Meta-analysis of theory of mind development：The truth about false belief，*Child Development*，2001，72.

Wheaton，B. Sampling the stress universe，*Stress and mental health：Contemporary issues and prospects for the future*，New York：Plenum Press，1994.

Wigfield A，Eccles J S. Children's competences beliefs，achievement values，and general self-esteem：change across elementary and middle school，*Journal of early adolescence*，May，1994，2.

Wilton R D. Poverty and Mental Health：A Qualitative Study of Residential Care Facility Tenants Community，*Mental Health Journal*，2003，2.

Wolfradt，U. & Pretz，J. E. Individual differences in creativity：personality，story writing，and hobbies，*European Journal of Personality*，2001，4.

Wong C, Eccles J S, Sameroff A. The influence of ethnic discrimination and ethnic identification on African American adolescents' school and socioemotional adjustment, Journal of Personality, 2003, 71.

Wylie R C: The self-concept, *Lincoln*: *University of Nebraska Press*, 1979.

Ybarra V C: Mexican American adolescents' understanding of ethnic prejudice and ethnic pride, *Unpublished doctoral dissertation*, *The University of Texas at Austin*. 2000.

Zhang L F, *Postiglione G A. Thinking styles*, *self-esteem*, *and soico-economic status*, Personality and Individual Difference, 31.

处境不利儿童的心理发展现状与教育对策研究

后 记

　　目前，处境不利儿童的发展问题已经得到了心理学、教育学、社会学等领域的研究者的广泛关注。我们认为，研究处境不利儿童的发展问题，主要应当集中于研究不利的发展环境如何影响发展结果的问题。在探讨这一问题时，应当关注外界环境对儿童发展的影响机制。在研究中，我们应当持有生态学的观点，探讨不同的环境系统及各种环境系统的交互作用对儿童发展的影响；并且，我们也要注重儿童发展的个体差异性，注重对儿童发展的"心理弹性"的探讨，不能武断地为处境不利儿童贴上"问题儿童"的标签。我们要认识到，处境不利只是儿童发展的一个暂时的阶段，是一种生活状态，而并非永久的、难于改变的窘境；儿童在这一环境中会感受到生活的压力、苦恼，但是不利的环境也为儿童上了一堂终生难忘的生活训练课。他们在这一环境中可能会感到彷徨、无助，但是也有一部分孩子能够勇敢地面对生活中的挑战，实现自己的理想。我们也关注处境不利儿童在环境适应中所表现出的积极心理特征，以及引发这些积极特征的有效心理资源。这些心理资源是帮助处境不利儿童的基础和出发点。我们希望越来越多的生活在不利环境中的孩子，能够在逆境中成长起来，表现出良好的发展结果。

　　"处境不利儿童的心理发展现状与教育对策研究"是一项具有很强现实性的综合研究，并且对于阐释"环境与个体心理发展的关系"这一基本理论问题具有重要意义。通过我们对流动儿童、留守儿童、离异家庭儿童、贫困家庭儿童的家庭环境特点、心理发展现状的考察，以及对各类处境不利儿童心理发展的突出问题的形成原因的探讨，丰富了国内外关于处境不利儿童群体的研究领域和研究成果，对环境与儿童心理发展之间的关系、儿童心理发展的特点和规律等问题进行了一定的回答和阐释。

　　本研究的研究成果向社会提供了一个了解处境不利儿童心理发展现状的窗口，这可以进一步增强人们对处境不利儿童生存环境、发展状况以及基本权利的重视，为接下来开展的处境不利儿童心理问题的预防和干预提供科学依据。当

　　然，为处境不利儿童提供适当的发展环境，对他们已经出现的心理健康问题进行干预，这些问题的解决是长期的工作，需要社会、政府、社区、学校和家庭等各方面的共同努力。

已出版书目

书　名	首席专家
《马克思主义基础理论若干重大问题研究》	陈先达
《网络思想政治教育研究》	张再兴
《高校思想政治理论课程建设研究》	顾海良
《马克思主义文艺理论中国化研究》	朱立元
《弘扬与培育民族精神研究》	杨叔子
《当代科学哲学的发展趋势》	郭贵春
《当代中国人精神生活研究》	童世骏
《面向知识表示与推理的自然语言逻辑》	鞠实儿
《中国大众媒介的传播效果与公信力研究》	喻国明
《楚地出土戰國簡册［十四種］》	陳　偉
《中国特大都市圈与世界制造业中心研究》	李廉水
《WTO主要成员贸易政策体系与对策研究》	张汉林
《全球经济调整中的中国经济增长与宏观调控体系研究》	黄　达
《中国产业竞争力研究》	赵彦云
《东北老工业基地资源型城市发展接续产业问题研究》	宋冬林
《中国民营经济制度创新与发展》	李维安
《东北老工业基地改造与振兴研究》	程　伟
《中国加入区域经济一体化研究》	黄卫平
《金融体制改革和货币问题研究》	王广谦
《中国市场经济发展研究》	刘　伟
《我国民法典体系问题研究》	王利明
《中国农村与农民问题前沿研究》	徐　勇
《城市化进程中的重大社会问题及其对策研究》	李　强
《中国公民人文素质研究》	石亚军
《生活质量的指标构建与现状评价》	周长城
《人文社会科学研究成果评价体系研究》	刘大椿
《教育投入、资源配置与人力资本收益》	闵维方
《创新人才与教育创新研究》	林崇德
《中国农村教育发展指标研究》	袁桂林
《高校招生考试制度改革研究》	刘海峰
《基础教育改革与中国教育学理论重建研究》	叶　澜
《处境不利儿童的心理发展现状与教育对策研究》	申继亮
《中国和平发展的国际环境分析》	叶自成

即将出版书目

书　名	首席专家
《中国司法制度基础理论问题研究》	陈光中
《完善社会主义市场经济体制的理论研究》	刘　伟
《和谐社会构建背景下的社会保障制度研究》	邓大松
《社会主义道德体系及运行机制研究》	罗国杰
《中国青少年心理健康素质调查研究》	沈德立
《学无止境——构建学习型社会研究》	顾明远
《产权理论比较与中国产权制度改革》	黄少安
《中国水资源问题研究丛书》	伍新木
《中国法制现代化的理论与实践》	徐显明
《中国和平发展的重大国际法律问题研究》	曾令良
《知识产权制度的变革与发展研究》	吴汉东
《全国建设小康社会进程中的我国就业战略研究》	曾湘泉
《现当代中西艺术教育比较研究》	曾繁仁
《数字传播技术与媒体产业发展研究报告》	黄升民
《非传统安全与新时期中俄关系》	冯绍雷
《中国政治文明与宪政建设》	谢庆奎